五南出版

基礎雷射物理

Fundamental Laser Physics

倪澤恩 著

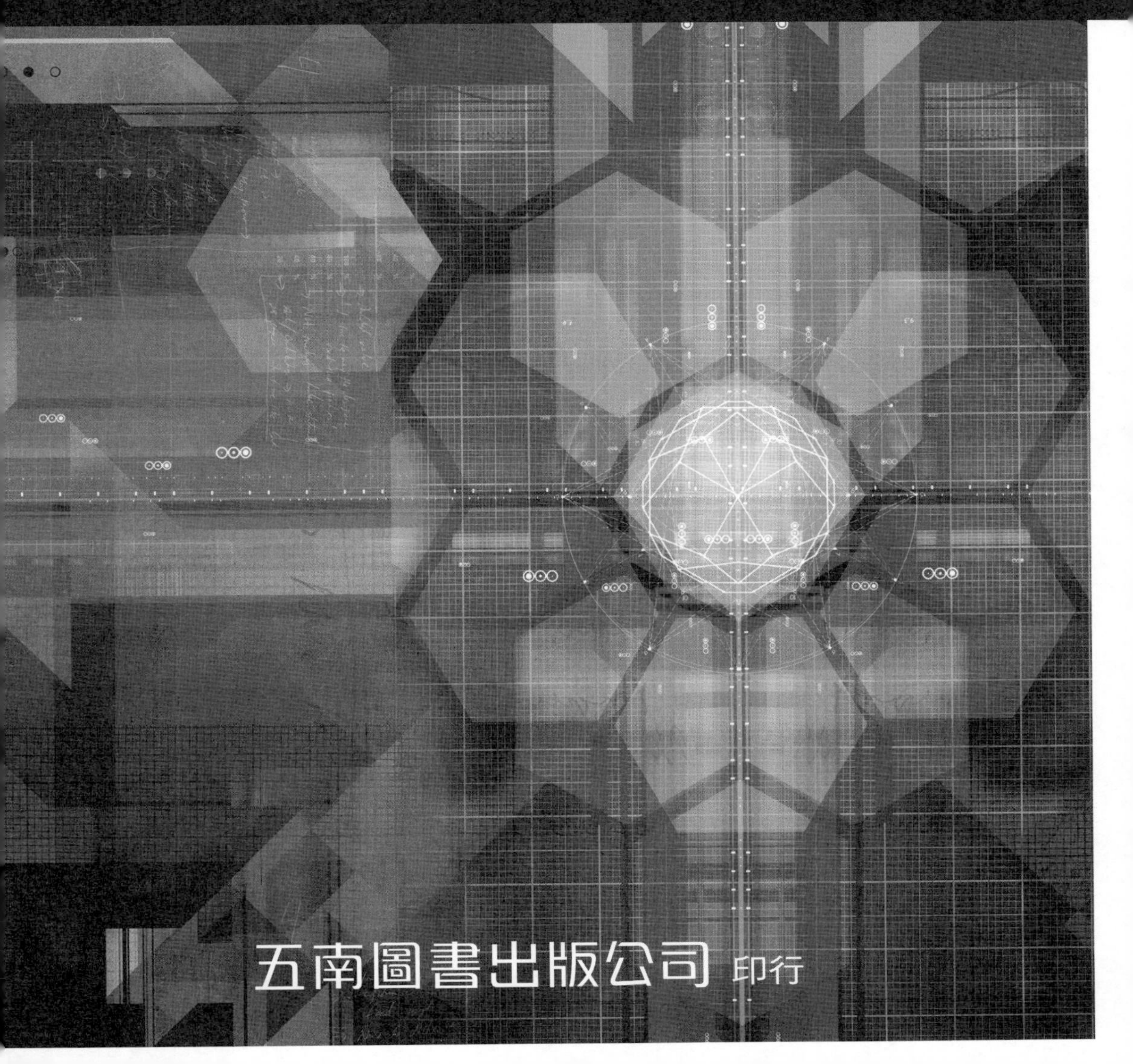

五南圖書出版公司 印行

誌　謝

敬以此書獻給我敬愛的家人

倪誠忠先生、倪歐瑞芬女士、貞芳、咸安、咸曄

自 序

雷射的發展過程充滿著戲劇性，雷射對於現代科學與技術的影響更是無遠弗屆，在光電相關的領域中的光電半導體、晶體光學、非線性光學、Fourier 光學、波導光學、量子光學、紅外線物理都離不開雷射物理學。

本書是脫胎於長庚大學的「雷射物理」課程講義，主要是介紹基礎的雷射物理概念，除了代數方程式之外，還加入了幾何作圖的方式說明。

「擁書權拜小諸侯，開卷猶勝真神仙」，天命之年將屆，想起綠草如茵的百年中大，撰寫這本書獻給百年華誕的國立中央大學及三十五歲的電機工程學系，希望能提供有興趣的讀者些許幫助。

書的完成，要感謝貞芳、咸安、咸曄對於我的支持及包容，更要感謝安安在周三下午課餘時間完成的畫作。

長庚大學 電子工程學系／光電工程研究所

倪澤恩

目　錄

第 1 章　雷射的基本物理概念　1

1.1　雷射的基本特性　4

1.2　構成雷射的條件　8

1.3　雷射物理的學習　10

第 2 章　光輻射的特性　13

2.1　光的同調性　16

2.1.1　時間同調和空間同調　16

2.1.2　Michelson 干射　25

2.1.3　Young 雙狹縫干射　28

2.2　光波與光子　30

2.2.1　波動觀點的光波模態密度　30

2.2.2　量子觀點的光子模態密度　33

2.3　電磁輻射的古典理論　36

2.3.1　Larmor 功率公式　36

2.3.2　Abraham-Lorentz 運動方程式　41

2.3.3　電磁輻射弛豫過程的古典理論　45

2.4　電磁輻射的半經典理論　47

2.5　電磁輻射的全量子理論　55

第 3 章　雷射的躍遷與增益　71

3.1　均勻線寬與非均勻線寬　73

3.1.1　均勻線寬的輻射函數　74

3.1.2　非均勻線寬的輻射函數　82

3.1.3　Lorentz 函數和 Gauss 函數的比較　87

3.2　自發輻射、受激輻射和吸收　88

3.3　雷射介質的增益係數　95

3.3.1　布居反轉　96

3.3.2　增益係數　98

3.4　增益飽和　110

3.4.1　均勻線寬與非均勻線寬的增益飽和—綜合的觀點　113

3.4.2　均勻線寬與非均勻線寬的增益飽和—個別的觀點　121

3.5　雷射燒孔現象　129

3.5.1　空間燒孔現象　131

3.5.2　光譜燒孔現象　133

3.6　雷射的速率方程式　135

3.6.1　Liouville 方程式　137

3.6.2　量子 Boltzmann 方程式　140

3.6.3　算符期望值的運動方程式　142

3.6.4　雷射的速率方程式　148

3.6.5　雷射的動態行為方程式　157

3.7 MASER 162
3.8 雷射激發與臨界條件 169
3.8.1 二階系統無法形成雷射 170
3.8.2 三階雷射系統的激發過程 172
3.8.3 四階雷射系統的激發過程 176
3.8.4 三階雷射和四階雷射的比較 180

第 4 章　雷射共振腔 185

4.1 Fabry-Pérot 標準儀 189
4.2 光線矩陣 193
4.2.1 光線矩陣的緣起 194
4.2.2 幾個常見的 ABCD 矩陣 195
4.3 雷射共振腔的穩定性 202
4.3.1 穩定共振腔與透鏡波導 203
4.3.2 判斷共振腔的穩定性幾何方法 210
4.3.3 非穩定共振腔 218
4.4 等價共焦腔 219
4.5 頻率牽引 221
4.5.1 均勻線寬的雷射介質折射率變化 223
4.5.2 非均勻線寬的雷射介質的折射率變化 232
4.5.3 介質頻率對共振腔頻率的牽引作用 235

4.6 共振腔的損耗 241

4.6.1 共振腔的 Q 值 242

4.6.2 繞射耗損 244

4.6.3 反射耗損 246

4.6.4 吸收耗損 247

4.7 雷射的最佳輸出耦合 248

4.7.1 激發速率的最佳輸出耦合 249

4.7.2 透射損耗的最佳輸出耦合 256

4.7.3 最佳輸出耦合的 Rigrod 理論 265

第 5 章 雷射光束 275

5.1 Gauss 光束的基本特性 278

5.1.1 Gauss 光束的基本參數 278

5.1.2 Gauss 光束的形式 285

5.2 Gauss 光束的轉換矩陣 287

5.2.1 ABCD 規則的一般性 288

5.2.2 近軸光學的 ABCD 規則 289

5.2.3 Gauss 光束的聚焦 293

5.3 Gauss 光束的幾何作圖 304

5.3.1 Gauss 光束參數的幾何關係 305

5.4 Gauss 光束的幾何關係 315

5.5 Gauss 光束傳遞的幾何作圖法 321
5.5.1 Gauss 光束特性的幾何作圖法— Collins 圖 321
5.5.2 Gauss 光束特性的幾何作圖法— Smith 圖 329
5.5.3 Gauss 光束特性的幾何作圖法—傳播圓法 341
第 6 章 雷射脈衝 349
6.1 Q 開關雷射的基本原理 355
6.2 鎖模雷射的基本原理 366
第 7 章 半導體雷射二極體概要 381
7.1 半導體雷射結構設計 384
7.2 半導體雷射結構特性 388
7.2.1 半導體雷射的結構分析 389
7.2.2 半導體雷射的光學特性分析 391
7.2.3 半導體雷射的電學特性分析 392
7.2.4 半導體雷射的光譜 393
7.2.5 半導體雷射輸出強度與電流注入的關係 394
7.3 半導體雷射元件特性 395
7.3.1 半導體雷射的特徵溫度 396
7.3.2 半導體雷射的量子效率與損耗 397

7.3.3 半導體雷射的脈衝操作與連續操作 401
7.4 半導體雷射的論文發表 402
7.4.1 序言 403
7.4.2 實驗 403
7.4.3 結果與討論 404
7.4.4 結論 407
參考資料 409
索　引 411

第一章

雷射的基本物理概念

1 雷射的基本特性
2 構成雷射的條件
3 雷射物理的學習

雷射（LASER）或激光其實是一個由幾個英文的字首所組合成的字詞（Acronym），即 Light Amplification by Stimulated Emission of Radiation，LASER。

1960 年美國物理學家 Theodore Harold Maiman 做出了史上第一個紅寶石雷射（Ruby laser），這也是世界上第一個雷射。自此之後，雷射和各種學科與技術結合形成了許多重要的學科，例如：光子學（Photonics）、雷射光譜學（Laser spectroscopy）、雷射化學（Laser chemistry）、非線性光學（Nonlinear optics）、雷射全像術（Laser holography）、雷射生物醫學（Laser biomedicine）、雷射計量學（Laser dosimetry）、超快光電子學（Ultrafast photonics）、雷射加工處理（Laser machining）等等。

然而什麼樣的光是雷射呢？雷射和太陽光、蠟燭光、燈泡光有什麼不同呢？簡單來說，一般發光元件或系統的光強度會隨著所注入的電流或能量增加而呈線性的增強，然而雷射的現象卻會使光強度達到臨界電流、臨界條件或閾值條件（Threshold condition）之後突然增加。以半導體雷射爲例，由圖 1.1 所示，從光譜上可以很清楚的觀察到，當注入的電流由 49 mA 增加到 50 mA，則波長爲 980 nm 的光強度突然增強，而且光譜的寬度很窄；或者由輸出光強度與注入電流的關係也可以觀察，只要有「光的強度突然呈現大幅度的增加」現象，大概就表示我們手邊的元件是一個雷射。

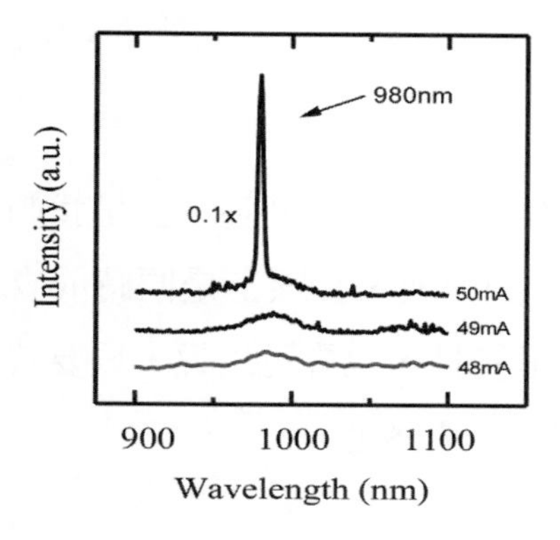

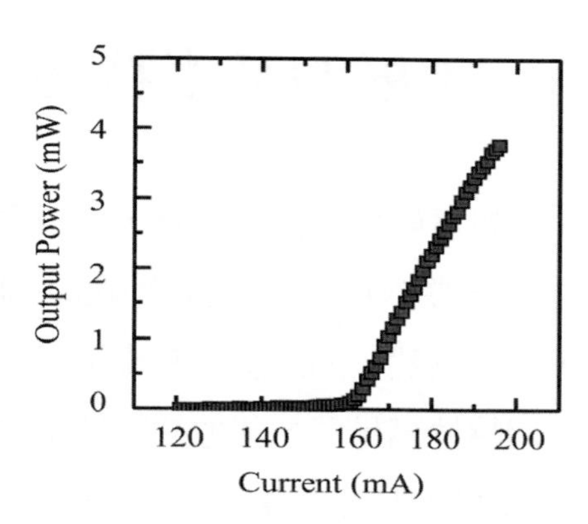

圖 1.1　雷射現象的觀察

雷射的種類依介質型態來分可以有：氣態雷射（Gas lasers）、固態雷射（Solid state lasers）、液態雷射（Liquid lasers）、半導體雷射（Semiconductor lasers）、化學雷射（Chemical lasers）、自由電子雷射（Free electron lasers，FEL）、X 射線雷射（X-ray lasers）、光纖雷射（Fiber lasers）、Boser（Boson lasers）……等等，其中要特別注意的是半導體雷射和固態雷射是不同的。而依雷射操作方式分類又可分爲連續（Continuous-wave operation）雷射和脈衝（Pulsed operation）雷射。

在本章中，我們會先介紹四個雷射的基本特性，包含：相干性或同調性（Coherence）、單色性（Monochromaticity）、方向性或指向性（Directionality）、高亮度（Brightness）。此外，爲了方便說明，我們還可以把構成雷射的條件分別列出來，即雷射介質（Laser media）、共振腔（Resonator 或 Cavity）或反饋（Feedback）、激發（Excitation 或 Pumping）、布居反轉（Population inversion）、閾値條件。最後，對於雷射物理的學習，第三節也建立了三個需要注意的重點。

1.1 雷射的基本特性

在對雷射特性作簡介時，一般會列出幾個各別分立的特性，但是我們會發現這幾個特性並非互相獨立，也無法分別完成，實際上是同時成立的，所以雖然分開說明，其實是只有「一個」特性，也許可以說，只要其中一個特性滿足了，其他的特性都將「自然的」會滿足。

我們把雷射的幾個重要的特性列表 1.1 如下。

表 1.1　雷射的幾個重要的特性

Light Amplification by Stimulated Emission of Radiation-LASER			
Coherent Light			
Highly Degenerate Photon Beam（Many Photons in Same Mode）			
Coherence		Brightness	
Temporal Coherence	Longitudinal Coherence	Monochromaticity	Narrow Bandwidth
Spatial Coherence	Transverse Coherence	Directionality	Small Solid Angle

這四個雷射的特性當然也就可以使雷射具有短脈衝（Short pulses）的特性，即 Q 開關雷射（Q-switched lasers）和鎖模雷射（Mode-locked lasers），我們會在第六章作說明。

1.1.1 相干性或同調性

相干性或同調性意謂在不同時間或不同空間，還能保持固定的相對相位。時間相干（Temporal coherence）是在同一個位置點，在不同的時刻的光波相關程度，因為時間相干，所以波的相位和波的速度就會保持一定；空間相干（Spatial coherence）是同一個時刻，在不同空間各點所發出的光波的相關程度，因為空間相干，所以波的頻率、傳遞方向、電場極化就會保持一定。如圖 1.2 所示，由時間相干的長度 l_c 和空間相干的面積 ΔA_c，所構成的相干體積（Coherence volume）內的所有的光子就是同調光子，也就是雷射。

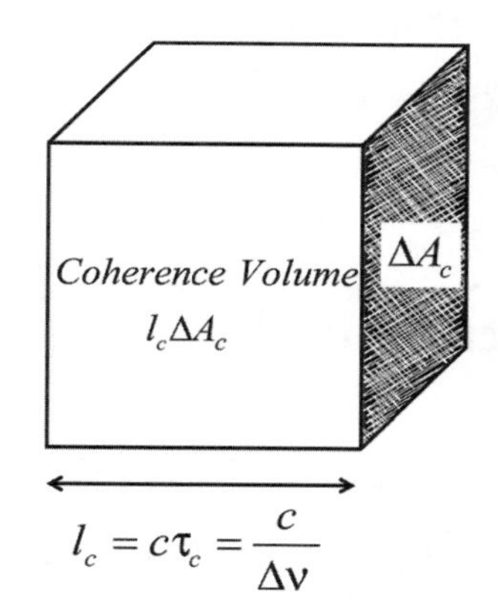

圖 1.2　相干體積是由相干長度和相干面積所構成的

1.1.2 單色性（Monochromaticity）

單色性是指波長單一的程度，又稱為縱向相干（Longitudinal coherence）。光束的時間相干性和它的單色性是同義的。

因為相干時間 τ_c 和光輻射的頻率變化或頻寬（Spectral width）$\Delta\nu$ 的關係為

$$\tau_c = \frac{1}{\Delta \nu}, \tag{1.1}$$

所以光輻射的頻率變化 $\Delta \nu$ 越小，即單色性越高，相干時間 τ_c 就越長，而由相干長度 l_c 和光輻射波長 λ 的關係爲

$$l_c = \lambda\left(\frac{\lambda}{\Delta \lambda}\right) = \frac{\lambda^2}{\Delta \lambda}, \tag{1.2}$$

其中 $\Delta\lambda$ 爲光輻射的波長變化，所以光輻射的波長變化 $\Delta\lambda$ 越小，即單色性越高，相干長度 l_c 就越長。

1.1.3 方向性（Directionality）

方向性是指光束的平行度，又稱爲橫向相干（Transverse coherence）。光束的空間相干性和它的方向性是同義的。

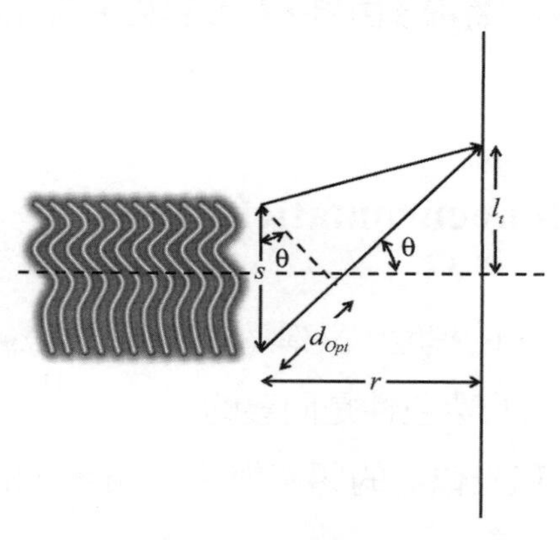

圖 1.3　橫向相干

我們可用 Young 干射實驗（Young's interference）來解釋橫向相干的作用。如圖 1.3 所示，光程差（Optical path difference）d_{Opt} 爲

$$
\begin{aligned}
d_{Opt} &= k \cdot s \cdot \sin\theta \\
&\cong \frac{2\pi}{\lambda} \cdot s \cdot \theta \\
&\cong \frac{2\pi}{\lambda} \cdot s \cdot \frac{l_t}{r} \leq 2\pi \text{ ，}
\end{aligned}
\tag{1.3}
$$

其中 l_t 爲縱向同調長度（Transverse coherence length）；λ 爲光輻射波長；s 爲可發生干射的光源範圍；r 爲光源與觀察干射現象之間的距離。

則
$$l_t \leq \frac{r\lambda}{s} \text{ ，} \tag{1.4}$$

又
$$\theta \cong \sin\theta = \frac{s}{r} \text{ ，} \tag{1.5}$$

則縱向同調長度 l_t 與光輻射發散的角度 θ 的關係爲

$$l_t \leq \frac{\lambda}{\theta} \text{ ，} \tag{1.6}$$

所以光輻射發散的角度 θ 越小，即方向性越好，相干長度或縱向同調長度 l_t 就越長。

1.1.4 高亮度（Brightness）

高亮度是指光源在單位面積及單位角度內的光強度。單位截面 ΔS、單位譜線寬 $\Delta\nu$、單位立體角 $\Delta\Omega$ 的光輻射功率 P 的單色定向亮度 B_V 爲

$$B_\nu = \frac{P}{\Delta S \Delta\nu \Delta\Omega} \text{ ，} \tag{1.7}$$

其中 $\Delta\nu$ 爲單位譜線寬和橫向相干性有關，如前所述，光的單色性越好、橫向同調性越高，則譜線寬度 $\Delta\nu$ 越小，而 $\Delta\Omega$ 爲單位立體角（Solid angle）和縱向相干性有關，光的指向性越好、縱向同調性越高，則立體角越小，即雷射光束傳播了很長的距離之後，其光束的直徑變化很小。

1.2 構成雷射的條件

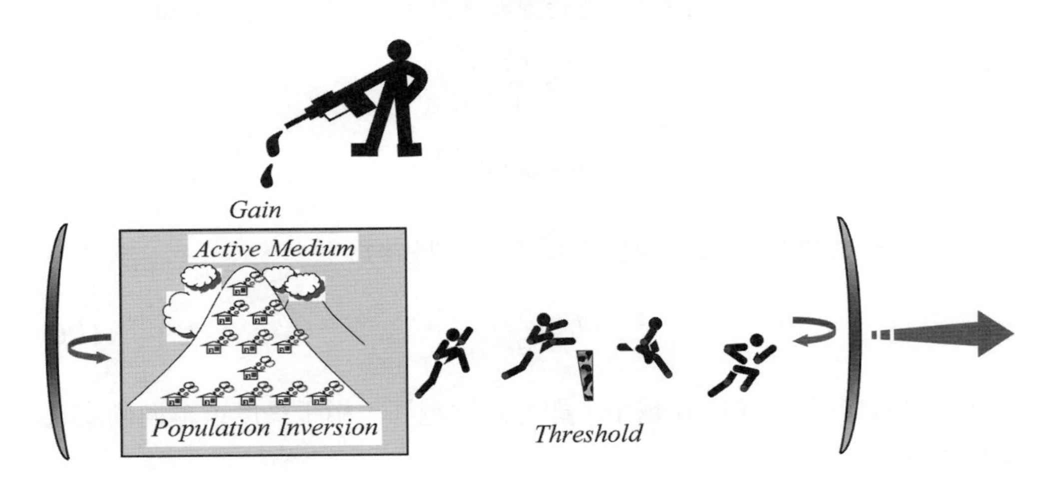

圖 1.4 構成雷射的五個條件

對於剛開始接觸雷射物理或技術的人而言，大概都會很希望馬上知道構成雷射的條件，換言之，要如何儘快的做出一個雷射？其實答案很簡單，就是：「想辦法提高光子的簡併度」。

所有構成雷射的條件，目的都是爲了提高光子的簡併度。然而，什麼是「高度簡併的光子」呢？簡單來說就是「有很多完全相同的光子」，所謂「完全相同」意指波長、頻率、方向、速度、相位、極化方向都相同。我們可以舉一個很粗糙的例子來說明什麼是簡併度，如果一對雙胞胎在身、心、靈各方面「都完全一樣」，則簡併度為 2；如果是三胞胎在身、心、靈各方面「都完全一樣」，則簡併度為 3；如果四胞胎在身、心、靈各方面「都完全一樣」，則簡併度為 4……，相似的說法，我們在第三章會看到，雷射光子的簡併度將是一般鎢燈絲產生光子的簡併度的數十萬倍！

以下我們羅列出構成雷射的五個條件，示意如圖 1.4。

[1] 雷射介質或活性介質（Active media）：雷射工作物質包括：晶體、玻璃、陶瓷、光纖、半導體、氣體、液體、固體、原子及自由電子，甚至是 Boson……等等有數百種之多。

[2] 共振腔：要有一個「容器」「容納」雷射介質以及侷限著光束（Waveguide）並提供回饋（Feedback）。

[3] 激發或泵浦：激發雷射的方式有光激發、放電激發、電激發、熱激發、化學激發和核能激發……等等多種方式。

[4] 布居反轉或增益（Gain）：或稱為負溫度（Negative temperature）現象，這個條件或現象是五個條件中，唯一的近代物理結果，也就是說，在古典物理的範疇中是不會發生布居反轉的。

[5] 閾值條件：基本上，增益要克服損耗（Loss）才能產生雷射。

雖然有五個看似不同的條件，每個條件都各有其關鍵性的作用，如上所述，但是綜合來說，如果問道：「為什麼要選擇這個介質作為雷射介質？」，我們可以回答：「因為可以提高光子的簡併度！」；如果問道：「為什麼要有共振腔？」，我們可以回答：「因為可以提高光子的簡併度！」；如果問道：「為什麼要激發？」，我們可以回答：「因為可以提高光子的簡併度！」；如果問道：「為什麼要達到布居反轉？」，我們可以回答：「因為可以提高光子的簡併度！」；如果問道：「為什麼要達到閾值條件？」我們可以回答：「因為可以提高光子的簡併度！」。

此外，要說明的是，也許嫻熟於雷射物理的學者會對於如此的分類有些不以為然，但是，對於雷射物理的初學者而言，將不啻是一種容易入門的理解方式，所以，我們還是採取這樣的方式來建立雷射物理的概念。

1.3 雷射物理的學習

雷射物理是一門綜合性的學科，除了基本的四個基本力學，即古典力學、電動力學、量子力學、統計力學之外，最直接的還涉及了原子分子物理、氣體動力學、固態物理、半導體物理、光學、材料科學、眞空技術、超快技術……等等，涵蓋的層面從科學到技術，包羅萬象不一而足。所以如果有了一個比較明確的學習方針，就容易學好雷射物理，否則不是只注意微觀的過程而無法與巨觀的現象作聯結的「見樹不見林」，就是只知道外在操作技術而不知道內稟理論細節的「見林不見樹」。於是我們大膽的歸納出三個有關學習雷射物理過程中的注意要點，其中的細節會在書中稍後相關的章節作介紹。

1.3.1 雷射的奧義

永遠要記著「雷射就是光子的簡併度很高的光」。

在學習基本雷射物理或發展新式雷射技術的思考過程中所遇到的各式問題，「爲什麼會這樣呢？」、「要如何作才可以達成呢？」，諸如此類的問題，我們幾乎可以作如是回答：「爲了提高光子的簡併度！」、「設法提高光子的簡併度！」。

1.3.2 時間和空間

我們在分析雷射的過程中，常常需要從時間（Temporal 或 Spectral）和空間（Spatial）二個面向來討論，在本書中會介紹的就有時間同調和空間同調或稱爲縱向相干和橫向相干，如前所述，其分別對應的是雷射的單色性和指向性。燒孔（Hole burning）現象也分成時間燒孔（Spectral hole burning）和空間燒孔（Spatial hole burning）。

1.3.3 均勻線寬（Homogeneous broadening）和非均勻線寬（Inhomogeneous broadening）

雖然輻射躍遷的線寬（Broadening 或 Linewidth）一般是具有 Voight 函數（Voight function）的形式，但是爲了討論方便，我們把輻射線寬分成兩個極端的情況，即均勻線寬以及非均勻線寬，於是光學增益（Optical gain）就有均勻線寬的增益與非均勻線寬的增益，而均勻線寬的燒孔現象和非均勻線寬的燒孔現象分別對應於空間燒孔和光譜燒孔；增益飽和（Gain saturation）也有均勻線寬的增益飽和與非均勻線寬的增益飽和，而其所處的共振腔的最佳耦合（Optimal coupling）的條件，也分別不同；

均勻線寬的增益與非均勻線寬的增益對於介質折射率（Refractive index）的影響不同，所以導致頻率牽引（Frequency drag）就不同。此外，在分析雷射實際輸出的 Rigrod 理論（Rigrod theory）也不同。

如果能夠隨時掌握這三個要點，相信可以更有脈絡的了解雷射物理的過程與現象。

第二章

光輻射的特性

1 光的同調性
2 光波與光子
3 電磁輻射的古典理論
4 電磁輻射的半經典理論
5 電磁輻射的全量子理論

基本上，因爲雷射現象是一個量子的過程，也是光和物質的交互作用結果，所以如果要完整的了解雷射發生的機制，應該要從量子的觀點來定義光和物質，也就是以 Schrödinger 方程式來描述光和物質以及其交互作用，所建立的相關理論就稱爲雷射的全量子（Full quantum）理論，其實這也就進入了量子電動力學（Quantum electrodynamics）的範疇了。

雷射的全量子理論固然可以全面性的分析雷射行爲，但是對於量子力學不甚熟稔的雷射物理初學者而言，可能會因爲引入量子力學的抽象概念而無法一窺雷射物理之堂奧。有鑑於此，如果我們以古典電動力學的方式處理光波；而以量子力學的方式處理物質，兩者所構成所謂的雷射半經典理論或稱爲 Lamb 理論（Lamb theory），除了雷射的暫態（Laser transient）現象分析略顯薄弱之外，對於最基本的雷射性質大概都還能夠以速率方程式（Rate equation）作相當清楚的描述，這也是本書論述的理論主軸。

在本章中，我們將先由輻射的古典理論（Classical radiation theory）開始說明，依次再談輻射的半經典理論，最後是輻射的全量子理論。以上所提及的雷射與輻射的相關理論如表 2.1 所示，我們在第三章還會作延伸的介紹。

表 2.1　雷射與輻射的相關理論

Laser Theory				
Treatments / Interactions	Classical Approach	Semiclassical Approach（Lamb Theory）	Fully Quantum Approach（Quantum Electrodynamics）	Rate-Equation Approach
Matters	Classical Oscillators	Schrödinger's Equation	Schrödinger's Equation	Energy Levels
Fields	Maxwell's Equations	Maxwell's Equations	Quantized Maxwell's Equations	Photon（Quantized Fields）

一般來說，因爲雷射也是電磁波，而且是簡併度很高的電磁波，所以電磁輻射理論，甚至是古典的電磁輻射理論，當然就可以應用在雷射的分析上。然而在進入古典的輻射的理論之前，我們首先要介紹的是光波的同調性或相干性（Coherence）。同調的觀念對於初學者來說稍嫌抽象，雖然在中學課程已經有了簡單的介紹，但是在教學與學習的經驗上，似乎仍舊不易理解，所以我們會用一些篇幅再簡要的說明一下，誠如第一章所提到的一樣，時間同調（Temporal coherence）又稱爲縱向同調（Longitudinal coherence），和雷射的單色性（Monochromaticity）有直接的關聯；空間同調（Spatial coherence）又稱爲橫向同調（Transverse coherence），和雷射的指向性（Directionality）有直接的關聯。

2.1　光的同調性

如果有一個波動在空間中傳播，則無論是定義在時間上（Time domain）或者是空間中（Space domain），這個波動的相位在不同時間點或不同空間點的相關性（Correlation）就可以用同調性表示出來。

我們可以舉一個簡單的例子來具象的了解波動的同調性是取決於波源的特性。如果有二個軟木塞浮在水面上，當我們用一支木棍有規律的（Harmonically）輕觸水面，則這二個軟木塞的律動將是完美的相關，換言之，雖然這二個軟木塞的相位可能是不同的，但是二個軟木塞的相位差卻是隨時保持著定値，則我們可以說波源是完全同調的，其實，一個諧振（Harmonic oscillation）的點波源就會產生完美的同調波。

我們會把光波的同調性分成時間同調和空間同調，時間的同調性可以 Michelson 干射（Michelson interference）度量；空間的同調性則可以 Young 雙狹縫干射（Young's double-slit interferometer）度量。

2.1.1 時間同調和空間同調

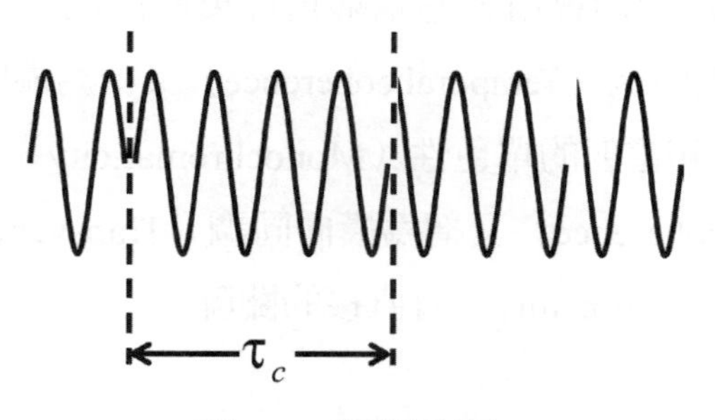

圖 2.1　同調時間

時間同調和空間同調的觀念對於初學光學者而言，的確不容易作很直觀的想像，也似乎不容易解釋清楚，但是仍然值得花一點時間來理解。顧名思義，時間同調是在時間軸上或在時間定義域中，固定的相位差可以維持多久的時間，如圖 2.1 所示的波，這個時間就稱為同調時間（Coherence time）$\tau_{Coherence}=\tau_c$，在同調時間內所行進的距離就稱為同調長度（Coherence length）$l_{Coherence}=l_c$；空間同調是在空間中或在空間定義域中，固定的相位差可以包含多大的空間，而這個空間是二度的平面，這個平面的大小就稱為同調面積（Coherence area）$A_{Coherence}$，同調長度 $l_{Coherence}$ 乘上同調面積 $A_{Coherence}$ 就構成了同調體積，即 $V_{Coherence}=l_{Coherence}A_{Coherence}$，同調體積 $V_{Coherence}$ 內的光子都是同調的，示意如圖 2.2。

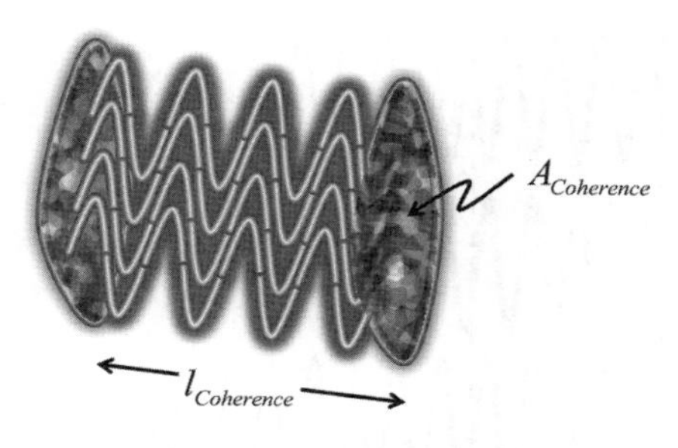

圖 2.2　同調體積

要特別強調的是，以上所說的同調長度乃是時間同調的度量方式，不是空間同調的度量方式。

2.1.1.1 時間同調

時間同調是用來度量在沿著波前進方向上的不同時間點之間的相位關聯性。時間的同調正顯示著光源的單色性，雷射的時間相干性也就是縱向相干性。

如果我們知道光源所含的波長組成分布，我們就可以計算出同調長度 $l_c = l_{Coherence}$；如果我們知道光源的頻率分布，我們就可以計算出同調時間 $\tau_c = \tau_{Coherence}$；而如前所述，光波在同調時間 τ_c 內所行進的距離就定義爲同調長度 l_c。若光束之間的光程差（Optical path difference）大於同調長度 $l_{Coherence}$ 或時間差大於同調時間 $\tau_{Coherence}$，那麼我們就觀察不到干射圖形。如圖 2.3 所示的波，它的同調時間爲 $\tau_{Coherence}$，很清楚的，經過了同調時間 τ_c 之後，波的相位或波的振幅會有明顯的變化。

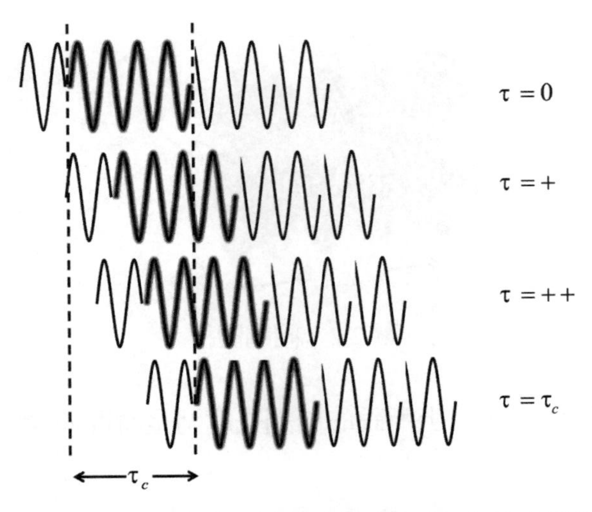

圖 2.3　經過了同調時間，波的相位或振幅會有明顯的變化

如果有一個單一頻率的波，波的振幅是時間的函數，如圖 2.4 實線所示，在經過了延遲時間 τ 之後，我們複製了這個波，如圖 2.4 虛線所示，則無論延遲時間 τ 有多久，因爲實線波和虛線波是完全同調的，所以會完美的產生干射現象，我們可以想像實線波和虛線波的相關性是完美的，或者實線波和虛線波在任何時間的相位差都是保持一定，所以這個波的同調時間 τ_c 是無限長的。

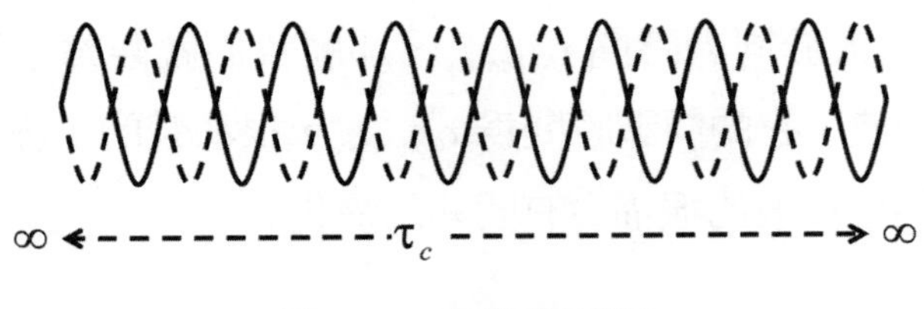

圖 2.4　完美的同調

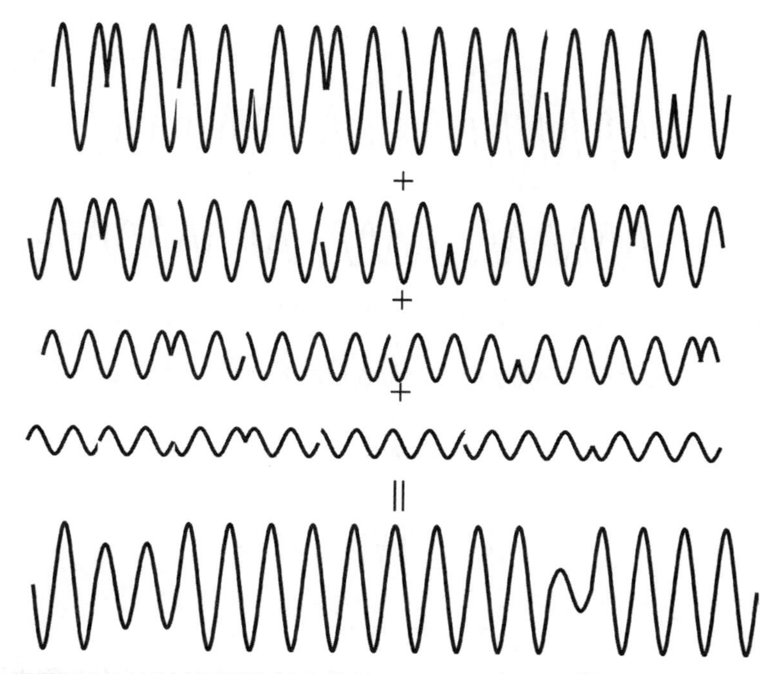

圖 2.5　不同調的光波互相干射之後形成一個相位和振幅都不固定的連續光波

時間同調也是用來度量相對延遲時間爲 τ 兩個波之間的關聯性的一個物理量。換句話說，時間同調能用來分析一個波在不同的時間內可以和自己產生干射的程度。隨著延遲時間 τ 的增加，這個波和自己產生干射的程度就愈來愈小，也就是說，這個時候的波和原來的波之間的關聯性也將明顯的降低。所以，延遲時間 τ 爲零的波和原來的波是完美的同調或完全相關；而延遲時間 τ 大於 τ_c 的波和原來的波不再是同調或完全不相關。所以光譜不同調的光波互相干射之後會形成一個相位和振幅都不固定的連續光波，如圖 2.5 所示。而如果光譜同調但是頻率不同的光波。互相干射之後將會形成一個光波脈衝，如圖 2.6 所示。

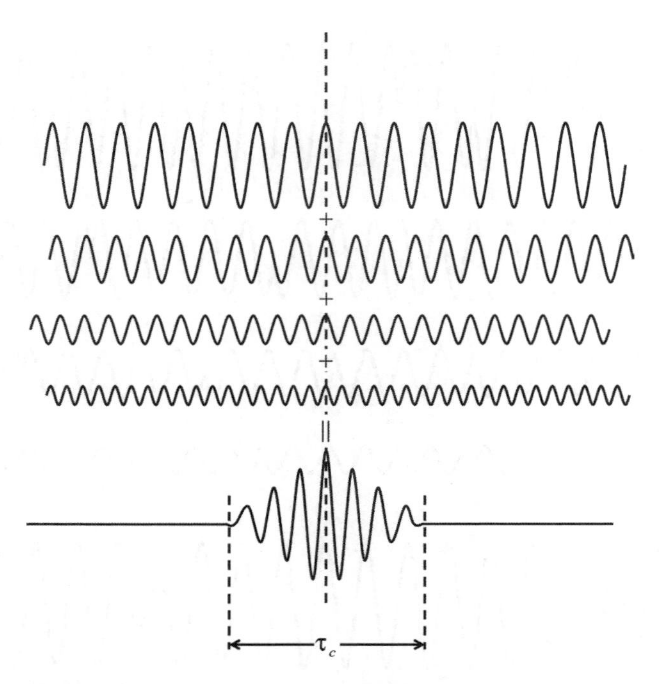

圖 2.6 光譜同調但是頻率不同的光波，互相干射之後將會形成一個光波脈衝

我們可以再從另外一個角度來看待同調時間 τ_c，在同調時間 τ_c 內，光波的振幅隨著時間而變化，如圖 2.7 的實線波所示，如果我們複製這個光波，但是時間延遲了二倍的同調時間 τ_c，如圖 2.7 的虛線波所示，則可以直觀的想像得到一半的實線波和虛線波是同相的，也就是當兩個波的相關性高，則會產生建設性干射；而一半的實線波和虛線波是反相的，即兩個波的相關性低產生破壞性干射。我們可以根據這樣的現象進行同調時間的量測。

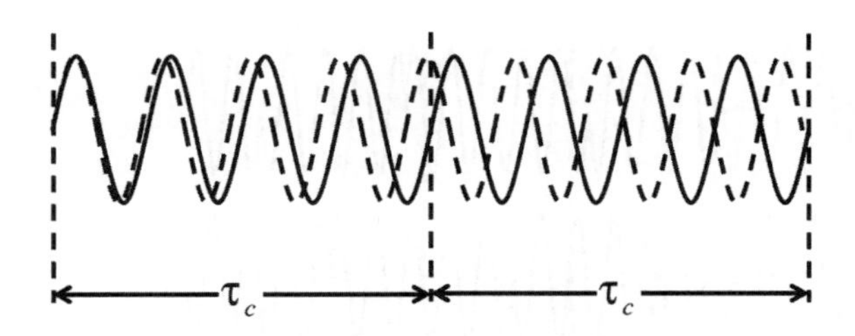

圖 2.7　實線波和虛線波的相關性

由一個已知同調時間的光波與欲測量的光波進行干射作用，如果該已知同調時間的光波與欲測量的光波具有相同的同調時間 τ_c，且若光波的同調是完美的對稱，我們可以把這個完美對稱的光波分成兩個相同的部分，則如前所述，從 $\tau = 0$ 開始到 $\tau = \tau_c$，兩個光波干射後的強度會由大漸次到小；而從 $\tau = 0$ 開始回溯到 $\tau = -\tau_c$，兩個光波干射後的強度也會由大漸次到小，結果如圖 2.8 所示，所以我們取最大干射波的一半強度時間定義爲同調時間 τ_c。

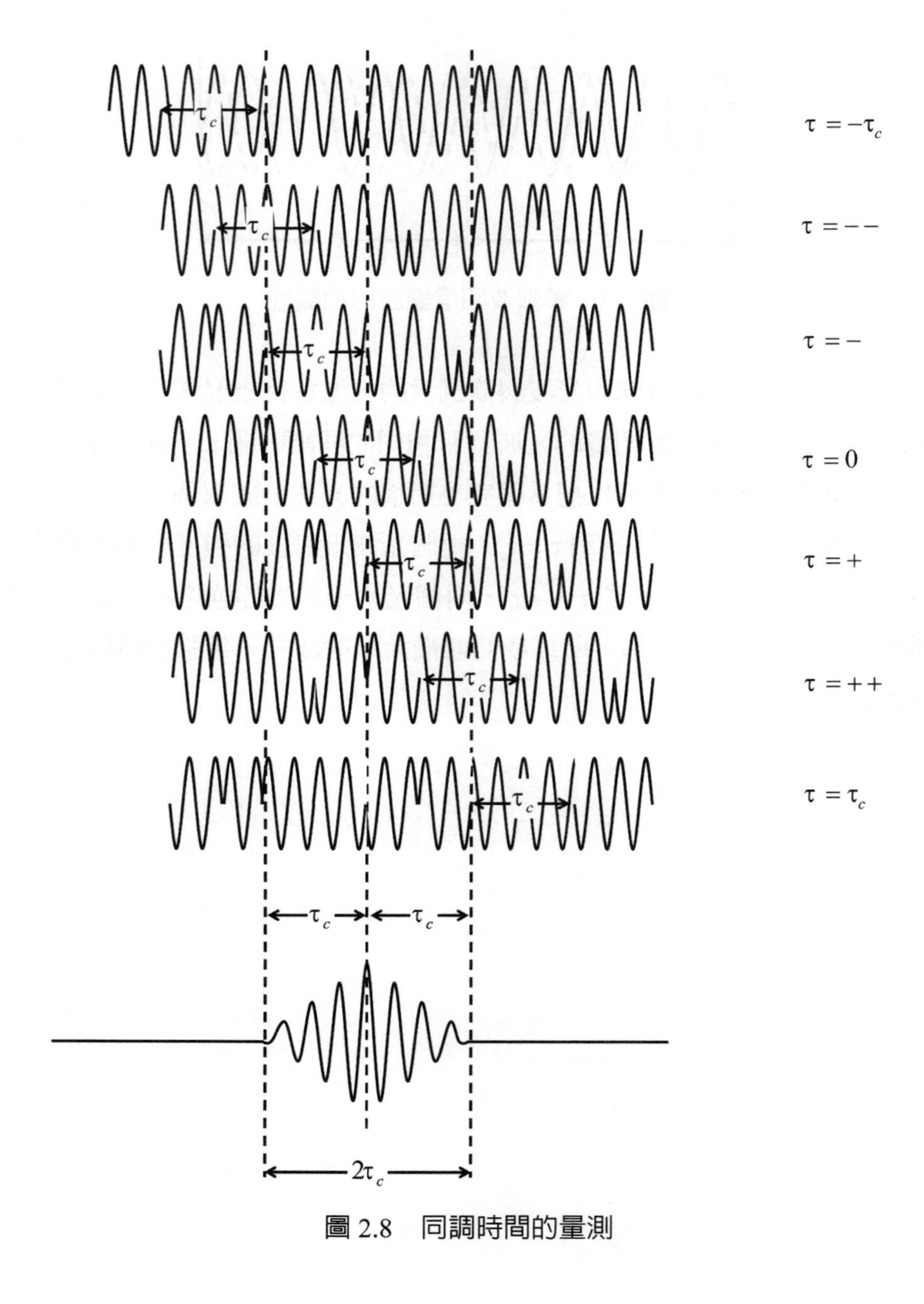

圖 2.8　同調時間的量測

2.1.1.2 空間同調

空間同調是用來描述光波在垂直於傳播方向上不同的兩點之間的相位關聯性，所以空間同調可以告訴我們波前的均勻性，或者也可以換一種方式來說，空間相干性是指光源在同一時刻在不同空間各點發出的光波相位關聯程度。其實，光束的空間相干性和光束的方向性是同義的，雷射的空間相干性也就是橫向相干性，也就是方向性或指向性。

我們先以示意圖來說明，如圖 2.9 所示，一個平面波的同調長度（Coherence length）$l_{Coherence}$ 是無限長的；同調面積（Coherence area）$A_{Coherence}$ 是無限大的。即使平面波的波前是有變化的，如圖 2.10 所示，波的同調長度 $l_{Coherence}$ 仍是無限長的；同調面積 $A_{Coherence}$ 也還是無限大的。

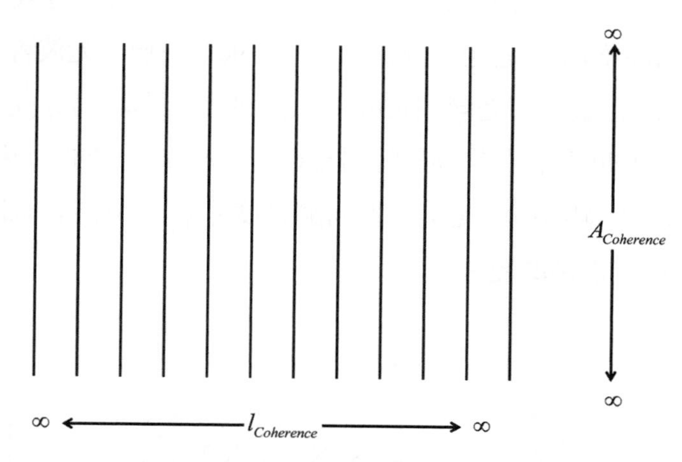

圖 2.9　無限長的同調長度且無限大的同調面積

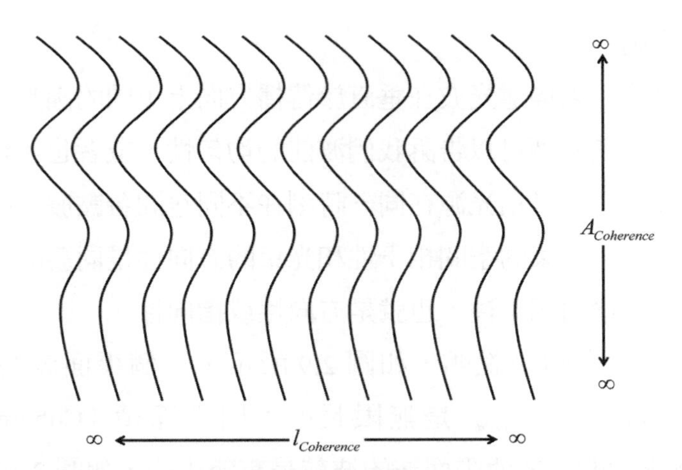

圖 2.10　有變化的波前有無限長的同調長度，也有無限大的同調面積

如果光波的同調長度 $l_{Coherence}$ 和同調面積 $A_{Coherence}$ 都是有限的，如圖 2.11 所示，則當這個光波通過一個孔洞（Pinhole）之後的光波會具有無限大的同調面積 $A_{Coherence}$；但是同調長度 $l_{Coherence}$ 或是同調時間 τ_c 還是和通過孔洞之前的同調長度 $l_{Coherence}$ 或同調時間 τ_c 相同，換言之，同調面積 $A_{Coherence}$ 可以藉由通過了孔洞而被改變；但是同調長度 $l_{Coherence}$ 或同調時間 τ_c 並不會因爲通過了孔洞而被改變。

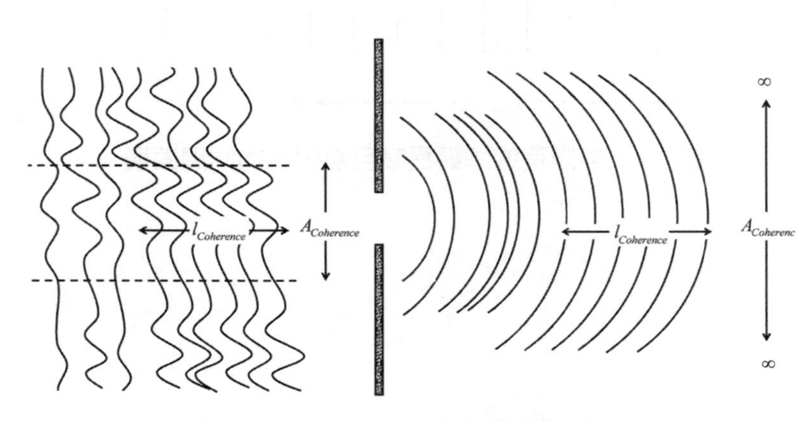

圖 2.11　光波通過一個孔洞之後會具有無限大的同調面積

2.1.2 Michelson 干射

我們可以用 Michelson 干射來說明光波的時間同調或光譜的單色性，主要的是介紹 Michelson 干射儀（Michelson interferometer）中，如圖 2.12，反射面鏡的移動距離與光譜的單色性之間的關係。

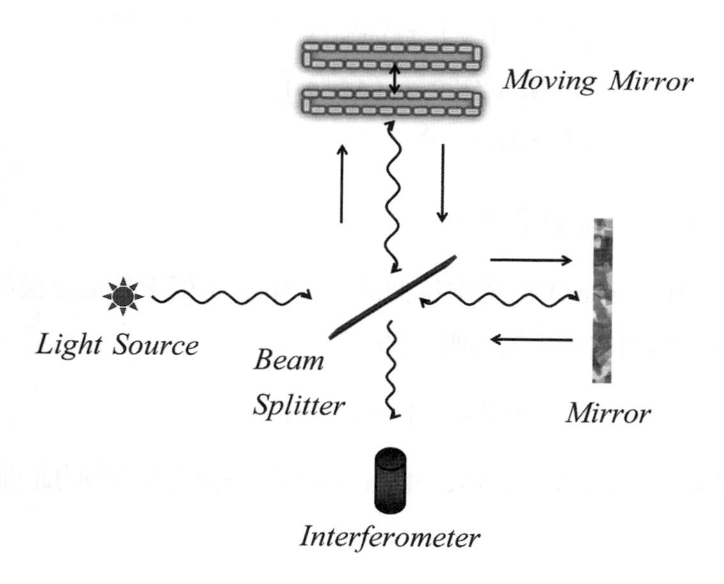

圖 2.12　Michelson 干射

假設有一個非單色光源是由波長 λ_1 和 λ_2 兩個強度相同的單色光所組成的，我們將看看這束光在通過干射儀之後的干射條紋的變化與波長差異 $\Delta\lambda$ 或頻率差異 $\Delta\nu$ 的關係爲何？

首先，我們要知道應該如何表示波長相同但是相位不同的光，也就是相位變化的單色光要怎麼表示。若有相同頻率 ω，但是相位 ϕ 不同的兩道光，分別可以表示成

$$\begin{cases} \overrightarrow{\mathscr{E}_1} = \overrightarrow{\mathscr{E}_{10}} e^{i(\omega t - \phi_1)} \\ \overrightarrow{\mathscr{E}_2} = \overrightarrow{\mathscr{E}_{20}} e^{i(\omega t - \phi_2)} \end{cases} \text{。} \tag{2.1}$$

這兩道光產生的干射光譜強度 I 爲

$$\begin{aligned} I &= \left[\overrightarrow{\mathscr{E}_1} + \overrightarrow{\mathscr{E}_2}\right]^* \left[\overrightarrow{\mathscr{E}_1} + \overrightarrow{\mathscr{E}_2}\right] \\ &= \left(\overrightarrow{\mathscr{E}_{10}}\right)^2 + \left(\overrightarrow{\mathscr{E}_{20}}\right)^2 + \overrightarrow{\mathscr{E}_{10}}\overrightarrow{\mathscr{E}_{20}}\left[e^{i(\phi_1 - \phi_2)} + e^{-i(\phi_1 - \phi_2)}\right] \\ &= I_0 + I_0 + I_0\left[2\cos(\phi_1 - \phi_2)\right] \\ &= 2I_0 + 2I_0\cos\delta \text{ ，} \end{aligned} \tag{2.2}$$

其中相位差 $\delta = \phi_1 - \phi_2$ 且 $\left|\overrightarrow{\mathscr{E}_{10}}\right|^2 = \left|\overrightarrow{\mathscr{E}_{20}}\right|^2 = I_0$ 。

所以在 Michelson 干射儀中每個波長的單色光相干疊加之後的光強度 $I(\delta)$ 可以表示爲相位差 δ 的函數，即

$$I(\delta) = I_0(1 + \cos\delta) \text{ ，} \tag{2.3}$$

其中相位差 $\delta = k\Delta L$；ΔL 爲 Michelson 干射儀移動臂所移動的距離。又 $k = \dfrac{2\pi}{\lambda}$ ，則

$$I(k\Delta L) = I(\Delta L) = I_0\left[1 + \cos(k\Delta L)\right] \text{。} \tag{2.4}$$

所以，波長爲 λ_1 和 λ_2 所產生的干射光譜強度分別爲

$$I_1(\Delta L) = I_{10}\left[1 + \cos(k_1\Delta L)\right] \text{；} \tag{2.5}$$

$$I_2(\Delta L) = I_{20}\left[1 + \cos(k_2\Delta L)\right] \text{，} \tag{2.6}$$

其中 $k_1 = \dfrac{2\pi}{\lambda_1}$ 且 $k_2 = \dfrac{2\pi}{\lambda_2}$ 。

若兩道光的強度相等，即 $I_0 = I_{10} = I_{20}$，則光的總強度會等於兩束光的非相干疊加，即

$$I(\Delta L)=I_1(\Delta L)+I_2(\Delta L)$$
$$=I_0\left[2+\cos(k_1\Delta L)+\cos(k_2\Delta L)\right]$$
$$=2I_0\left[1+\cos\left(\frac{\Delta k}{2}\Delta L\right)\cos(k\Delta L)\right]\ ,\qquad(2.7)$$

其中波向量平均值爲 $k=\frac{k_1+k_2}{2}$，而波向量差爲 $\Delta k=k_1-k_2$。

因爲兩道光的波向量差異 Δk 遠小於兩道光的波向量平均值 k，即 $\Delta k<<k$，所以干射光的強度 $I(\Delta L)$ 將會被波向量差異 Δk 所調變。因爲波向量差 Δk 相對小於波向量平均值 k，所以必須要有比較長的移動距離 ΔL 才會觀察到波向量差 Δk 的變化；反之，只要有比較短的移動距離 ΔL 就可以觀察到波向量平均值 k 的變化。

若干射光的強度變化由最強到最弱，或者說由亮紋變成暗紋，即 $I(\Delta L)=1\rightarrow 0$，則其對應的相位就是由同相變爲反相，即，$\frac{\Delta k}{2}\Delta L=0\rightarrow\frac{\pi}{2}$，則移動臂所移動的距離 ΔL 爲

$$\Delta L=\frac{\pi}{2}2\frac{1}{\frac{2\pi}{\lambda_1}-\frac{2\pi}{\lambda_2}}$$
$$=\frac{1}{2}\frac{\lambda_1\lambda_2}{\lambda_2-\lambda_1}$$
$$=\frac{1}{2}\frac{\lambda_1\lambda_2}{\Delta\lambda}$$
$$=\frac{c}{2}\frac{1}{\nu_1-\nu_2}$$
$$=\frac{c}{2}\frac{1}{\Delta\nu}\ ,\qquad(2.8)$$

所以當波長的差異 $\Delta\lambda$ 或頻率的的差異 $\Delta\nu$ 越小，越趨向單色光，時間同

調越高，則移動距離 ΔL 越大；換言之，從移動距離 ΔL 可測量出波長的差異 $\Delta\lambda$ 或頻率的差異 $\Delta\nu$ 的值。

2.1.3 Young 雙狹縫干射

我們可以用雙狹縫干射（Young's double-slit interference）來說明光波的空間同調或光波傳遞的方向性，如圖 2.13 所示，主要的是介紹干射條紋的亮暗變化與光源的空間同調之間的關係。

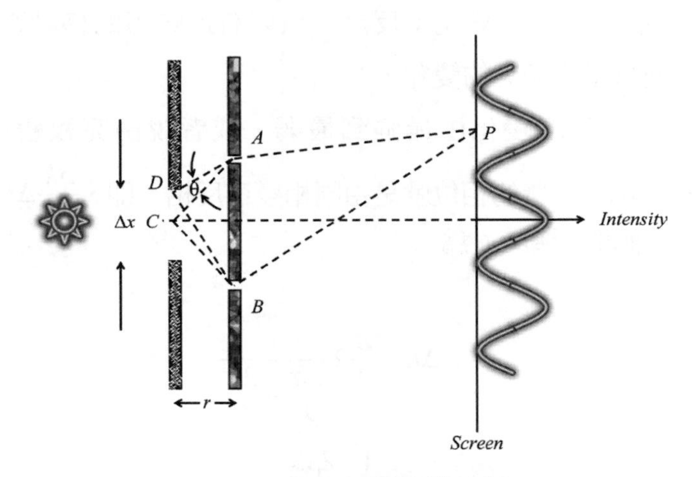

圖 2.13　Young 雙狹縫干射

因爲光源不可能是眞正的點光源，所以實際上 Young 雙狹縫干射實驗中，由光源到屏幕上的雙狹縫干涉是由在 Δx 範圍內的光源所造成的，如果想要在屏幕上形成清楚的亮暗條紋，最好的情況是 C 所發出的光和由 D 所發出的光是「相同」的，因爲 C 是在光源的中間位置，所以如果 C 和 D 是「相同」的，則可用「單狹縫繞射」的分析方式來理解，得知

整個光源 Δx 內都是「相同」的。但是當 C 和 D 之間有差異時，原來的亮暗之間開始重疊，最差的情況就是最暗和最亮發生重合，也就是要由原來亮紋、暗紋分明的樣子變成灰灰一片沒有條紋的樣子。

假設原來由 C，D 至 P 點造成亮紋的光程條件為

$$\left(\overline{CAP}-\overline{CBP}\right)-\left(\overline{DAP}-\overline{DBP}\right)=0\ , \tag{2.9}$$

而如果要得到暗紋，最簡單的想法就是通過 A、B 兩個狹縫的光都是黑的，也就是 C 和 D 兩個「光源」的光程差最小為 $\frac{\lambda}{2}$，即

$$\frac{\Delta x}{2}\sin\theta \le \frac{\lambda}{2}\ , \tag{2.10}$$

又在 θ 很小的情況下，則

$$\frac{\Delta x}{2}\sin\theta \cong \frac{\Delta x}{2}\Delta\theta\ , \tag{2.11}$$

所以可得

$$\Delta x \le \frac{\lambda}{\Delta\theta}\ , \tag{2.12}$$

其中 Δx 的物理意義為：在 Δx 範圍內所發的光，如果是同調的，則必須在 $\Delta\theta$ 的角度內的狹縫才能產生干射效應。也就是說如果空間相干性愈高，即 Δx 愈大，發散角 $\Delta\theta$ 就必須愈小。或者可以說，因為我們發現雷射光的發散角很小，即方向性很高，所以雷射光的空間相干性很高，當然反過來說因為雷射的空間相干性造成光束的方向性很好，所以只能在一個小角度範圍內作干射實驗，一般的光源，因為空間相干程度比較低，所以必須要先通過一個小孔，把光束過濾後，再作干射實驗。而實際上，我們可以看到一般的光源通過小孔的光束發散角很大，這當然不完全是因為繞射的原因。

2.2 光波與光子

波動與粒子的二象性（Wave-particle duality）是所有現象的一體兩面，對於光來說，光的波動性與粒子性分別就被稱爲光波與光子。這一節我們要說明的是，從波動的觀點，基於古典電磁輻射理論，所得到的「光波的模態數（Density of energy）」與從量子的觀點，基於光子相空間（Photon phase space），所得到的「光子的模態數（Photon mode）」結果是一樣的。

2.2.1 波動觀點的光波模態密度

依據古典電磁輻射理論，我們可以求出光波模態密度 $n(\lambda)\,d\lambda$，即波長介於 λ 與 $\lambda+d\lambda$ 之間的單位體積電磁波振動數（Density of state）。

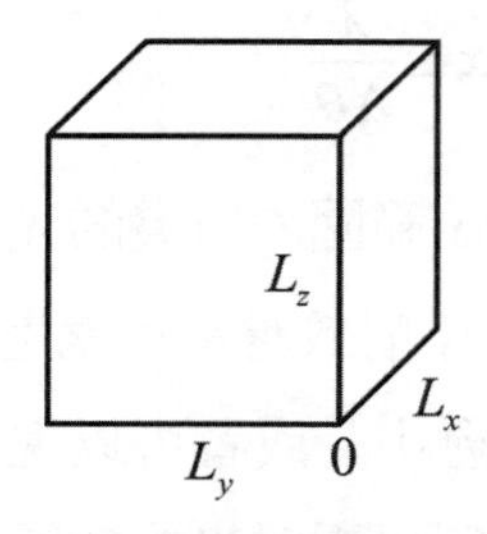

圖 2.14　金屬導體中的電磁波形成駐波

由 Maxwell 方程式可知金屬導體內部的電場一定爲零，即電磁波在金屬導體內部形成了駐波。如圖 2.14 所示，對體積 $V = L_x L_y L_z$ 之金屬長方體而言，內部的電場爲

$$\mathscr{E}(x)=\mathscr{E}_{x0}\sin(k_x x)\ ; \tag{2.13}$$

$$\mathscr{E}(y)=\mathscr{E}_{y0}\sin(k_y y)\ ; \tag{2.14}$$

$$\mathscr{E}(z)=\mathscr{E}_{z0}\sin(k_z z)\ , \tag{2.15}$$

所以形成駐波的條件爲 $\mathscr{E}(0)=0$，且 $\mathscr{E}(L)=0$，即

$$\mathscr{E}(0)=\mathscr{E}_{x0}\sin(0)=0\ ; \tag{2.16}$$

$$\mathscr{E}(L_x)=\mathscr{E}_{x0}\sin(k_x L_x)=0\ ; \tag{2.17}$$

$$\mathscr{E}(0)=\mathscr{E}_{y0}\sin(0)=0\ ; \tag{2.18}$$

$$\mathscr{E}(L_y)=\mathscr{E}_{y0}\sin(k_y L_y)=0\ ; \tag{2.19}$$

$$\mathscr{E}(0)=\mathscr{E}_{z0}\sin(0)=0\ ; \tag{2.20}$$

$$\mathscr{E}(L_z)=\mathscr{E}_{x0}\sin(k_z L_z)=0\ , \tag{2.21}$$

則

$$\begin{cases} k_x L_x = n_x\pi \\ k_y L_y = n_y\pi \\ k_z L_z = n_z\pi \end{cases}\ , \tag{2.22}$$

且其中的量子數 n_x、n_y、n_z 都要是正整數，即 $n_x, n_y, n_z>0$。

因爲

$$d^3k = dk_x dk_y dk_z = \frac{\pi^3}{L_x L_y L_z} dn_x dn_y dn_z\ , \tag{2.23}$$

又 $n(\lambda)d\lambda$ 爲單位體積波長介於 λ 和 $\lambda + d\lambda$ 之間的光波模態密度，所以

$$\begin{cases} n(\lambda)d\lambda = \dfrac{d^3n}{8V} \\ d^3k = \dfrac{\pi^3}{V}d^3n \end{cases} , \tag{2.24}$$

其中 d^3n 表示對三度空間積分；$\frac{1}{8}$ 表示因爲量子數 n_x、n_y、n_z 都要是正整數，所以在整個狀態空間上只佔了 $\frac{1}{8}$ 的卦限（Octant），即如上所述 $n_x, n_y, n_z>0$；$V = L_xL_yL_z$ 爲體積，則光波模態密度 $n(\lambda)\,d\lambda$ 爲

$$n(\lambda)d\lambda = \frac{d^3k}{8\pi^3} = \frac{d^3k}{(2\pi)^3} = \frac{4\pi k^2dk}{(2\pi)^3} , \tag{2.25}$$

又 $c = \lambda\nu$ 且 $k = \frac{2\pi}{\lambda}$ 爲波數（Wave number）或波向量（Wave vector），此外我們也用了關係式 $d^3k = 4\pi k^2dk$。

所以可得頻率介於 ν 與 $\nu + d\nu$ 之間的光波模態密度 dN 表示式爲

$$dN = 2n(\lambda)d\lambda = \frac{4\pi}{\lambda^4}d\lambda = \frac{4\pi\nu^2}{c^3}d\nu = n(\lambda)d\nu , \tag{2.26}$$

又因爲光波或電磁波有左右旋兩種偏極化，所以波長介於 λ 與 $\lambda + d\lambda$ 之間的光波模態密度 dN 爲（2.26）式的 2 倍，即

$$dN = 2n(\lambda)d\lambda = 2\left(\frac{4\pi}{\lambda^4}d\lambda\right) = \frac{8\pi}{\lambda^4}d\lambda ; \tag{2.27}$$

或者換一種表示方式，頻率介於 ν 與 $\nu + d\nu$ 之間的狀態密度 dN 爲

$$dN = n(\nu)d\nu = \frac{8\pi\nu^2}{c^3}d\nu 。 \tag{2.28}$$

此外，我們再補充一點有關光波模態密度的說明，其實光波的模態密度就是表示單位體積內光波的狀態數，因爲波數或波向量 $k=\frac{2\pi}{L}$ 含有 1 個光波狀態，所以單位波向量 Δk 含有 $\frac{L}{2\pi}$ 個光波狀態，則光波模態密度 dN 爲

$$dN = n(\lambda)d\lambda = \frac{\left(\frac{L}{2\pi}dk\right)^3}{V} = \frac{d^3k}{(2\pi)^3} = \frac{4\pi k^2 dk}{(2\pi)^3} \quad (2.29)$$

2.2.2 量子觀點的光子模態密度

電磁輻射或光波的量子化結果稱爲光子，我們也可以用光子的觀點來討論光輻射的特性。

在古典力學或統計力學中，無論是古典粒子、Fermion 或 Boson，我們定義出一種所謂相空間（Phase space）的概念來描述一個粒子的狀態。也就是把三度位置空間（Position space）（x_1, x_2, x_3）和三度動量空間（Momentum space）（p_1, p_2, p_3）合起來的（$x_1, x_2, x_3, p_1, p_2, p_3$）稱爲相空間或 Γ 空間（Γ − space），而其中的 x_1、x_2、x_3、p_1、p_2、p_3 的範圍都是從 $-\infty$ 到 ∞。所以要完整的描述一個含有 N 個粒子的系統在任何時間的三度空間中的狀態，就必須要確定 $3N$ 個位置和 $3N$ 個動量，這個位置和動量的 $6N$ 度空間就被稱爲這個系統的相空間。

因爲光子是一個自旋爲 1 或 $\hbar$ 的粒子，且具有一個額外的座標，稱爲自旋座標（Spin coordinate）。不同於上述的六個座標，這個自旋座標只有兩個分立的值，即 $+1$ 和 -1。所以，光子完整的相空間包含了兩個六維的超空間（Six-dimensional hyperspace），其中一個是自旋向上 $s=+1$；

一個是自旋向下 $s = -1$，如圖 2.15 所示，兩者沒有差別，只是一個代表自旋向上；一個代表自旋向下，則 $dx_1dx_2dx_3dp_1dp_2dp_3$ 表示在超空間中第一個位置座標（Position coordinate）在（$x_1, x_1 + dx_1$）範圍；第二個位置座標在（$x_2, x_2 + dx_2$）範圍；第三個位置座標在（$x_3, x_3 + dx_3$）範圍；第一個動量座標（Momentum space）在（$p_1, p_1 + dp_1$）範圍；第二個動量座標在（$p_2, p_2 + dp_2$）範圍；第三個動量座標在（$p_3, p_3 + dp_3$）範圍，所定義出的超體積（Hypervolume）。超體積 $dx_1dx_2dx_3dp_1dp_2dp_3$ 的大小就是光子模態數的多寡。

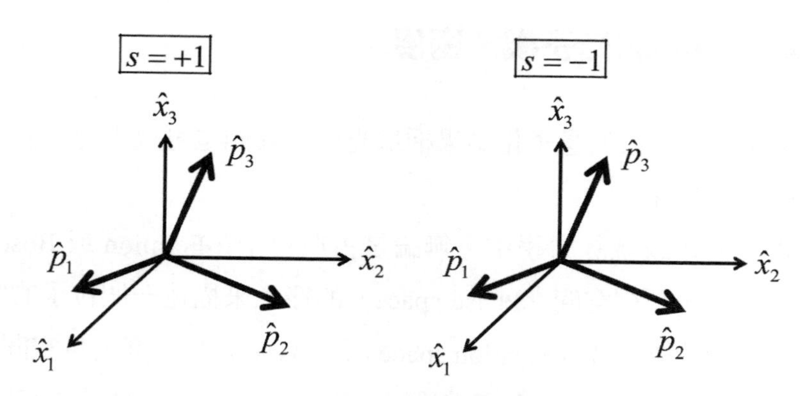

圖 2.15　光子的相空間包含兩個六維的超空間

由量子力學的 Heisenberg 原理（Heisenberg principle）可知，一個光子的模態體積為 $\frac{\hbar^3}{8\pi^3}$，所以在兩個超體積（Hypervolume）$dx_1dx_2dx_3dp_1dp_2dp_3$ 中的光子模態數 $d\mathbb{N}$ 為

$$d\mathbb{N} = \frac{2dx_1dx_2dx_3dp_1dp_2dp_3}{\hbar^3/8\pi^3} 。 \tag{2.30}$$

如果N爲具有小於或等於動量p的動量$\sqrt{p_1^2+p_2^2+p_3^2}$之光子模態數，則我們可以經過簡單的在三維位置空間作體積積分V；在三維動量空間作動量p積分，可得光子模態數 ℕ 爲

$$\mathbb{N}=\int d\mathbb{N}=\oiiint_p\oiiint_V\frac{2dx_1dx_2dx_3dp_1dp_2dp_3}{\hbar^3/8\pi^3}=\frac{2V\frac{4}{3}\pi p^3}{\hbar^3/8\pi^3}\text{ 。}\tag{2.31}$$

再考慮相對論中能量與動量的關係$E=cp$，則具有小於或等於能量的之光子模態數 ℕ 爲

$$\begin{aligned}\mathbb{N}&=\frac{\frac{8}{3}\pi VE^3}{c^3\hbar^3/8\pi^3}\\&=\frac{\frac{8}{3}\pi VE^3}{c^3h^3}\text{ ，}\end{aligned}\tag{2.32}$$

其中$\hbar=\dfrac{h}{2\pi}$ 。

所以爲了求能量介於E和$E+dE$之間的光子模態數，可對能量E微分得

$$\frac{d\mathbb{N}}{dE}=\frac{8\pi VE^2}{c^3h^3}=\frac{8\pi Vh^2\nu^2}{c^3h^3}\text{ ，}\tag{2.33}$$

且$E=h\nu$，則$dE=hd\nu$，得

$$d\mathbb{N}=\frac{8\pi Vh^2\nu^2}{c^3h^3}dE=\frac{8\pi Vh^3\nu^2}{c^3h^3}d\nu\tag{2.34}$$

所以頻率介於ν與$\nu+d\nu$之間的光子的模態數$d\mathbb{N}$ 爲

$$d\mathbb{N}=\frac{8\pi V\nu^2}{c^3}d\nu\text{ ，}\tag{2.35}$$

而單位體積頻率介於 v 與 $v + dv$ 之間的光子的模態數 dN 為

$$dN = \frac{8\pi v^2}{c^3} dv \quad , \tag{2.36}$$

和波動觀點的光波模態密度相同，即如（2.29）所示的結果相同。

2.3 電磁輻射的古典理論

古典電磁理論常常使用電偶極矩（Electric dipole）的振盪來描述電磁輻射，我們將藉由分析作加速度運動的電子之輻射，即 Larmor 功率公式（Larmor's formula），建立以及求解 Abraham-Lorentz 運動方程式（Abraham-Lorentz equation of motion），作為了解電磁輻射弛豫過程的基礎。

2.3.1 Larmor 功率公式

Larmor 功率公式是用來計算電子作加速度運動所輻射出的能量。

若在時間 $t = 0$ 時，電荷 q 靜止在原點，則電場線（Electric field lines）從原點向四面八方的每個方向發射，如圖 2.16 所示。

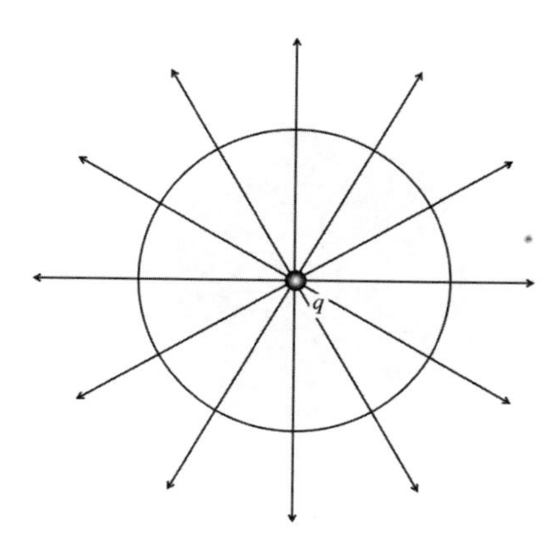

圖 2.16　靜止電荷的電場力線

接著，我們從時間 $t=0$ 開始，給電荷 q 一個加速（Acceleration）的外力，使電荷 q 在 Δt 時間內具有速度 Δv，假設速度 Δv 遠小於光速 c，即 $\Delta v << c$，所以不考慮相對論效應。

經過了時間 t 之後，對於電荷 q 而言，電荷 q 移動了距離，即

$$\begin{aligned} ds &= d\left(\frac{1}{2}at^2\right)dt \\ &= atdt \\ &= \frac{dv}{dt}tdt \\ &= tdv \\ &= t\Delta v \text{ 。} \end{aligned} \tag{2.37}$$

對於電場而言，因為電磁波是以光速 c 向外輻射，所以半徑為 ct 的圓之外的電場還是維持原來的輻射狀態，這是因為沒有訊號會傳遞得比光速快，所以半徑 ct 之外的輻射場「並不知道」電荷 q 已經移動了，所以輻射場保持原狀，如圖 2.17 所示。

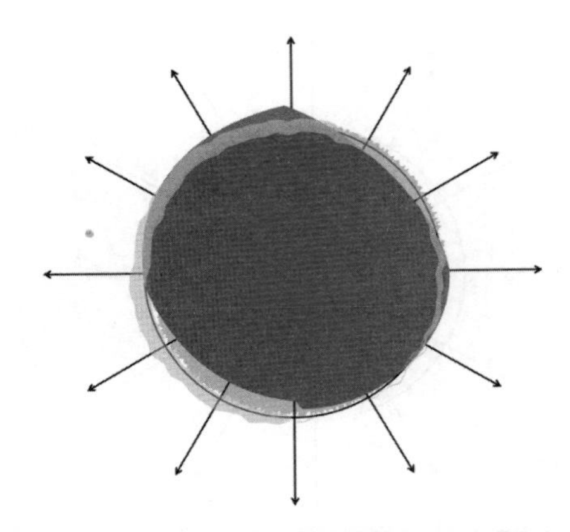

圖 2.17　半徑 ct 之外的輻射場保持原狀

但是因爲外力加速的電荷 q 移動了距離 Δs，所以在圓內的輻射場和圓外的輻射場之間的環狀區域 $c\Delta t$ 產生了非徑向的輻射場，如圖 2.18 所示。

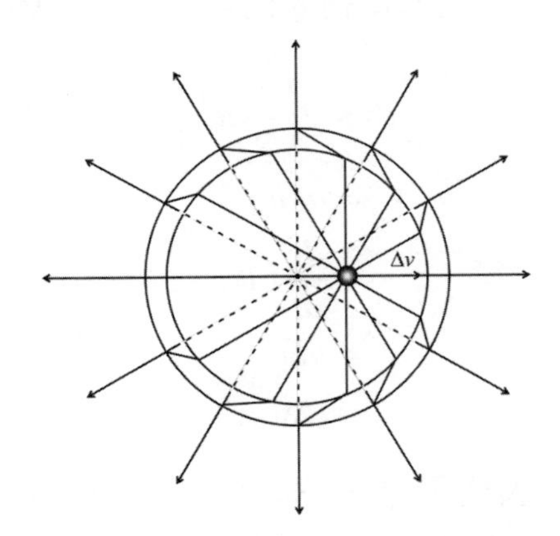

圖 2.18　在圓內的輻射場和圓外的輻射場之間的環狀區域產生了非徑向的輻射場

這個非徑向的輻射場顯然是隨著外力加速施加的時間 Δt 有關，依據古典電磁理論，隨時間變化的電場就會輻射出電磁波，這就是加速電荷產生電磁波的古典解釋。

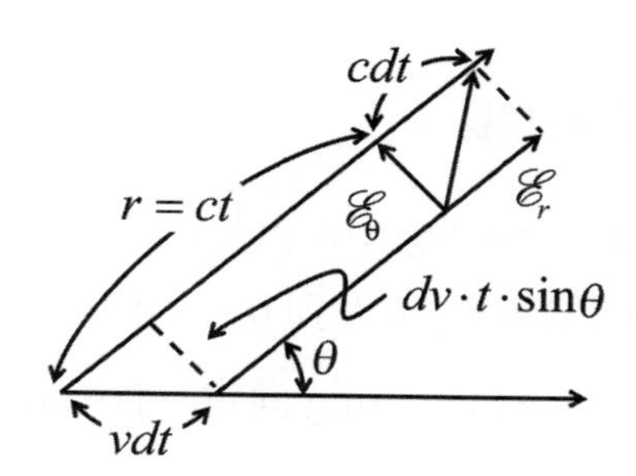

圖 2.19　加速電荷產生的電場和 Coulomb 電場

在這個環狀區域中，如圖 2.19 所示，加速電荷產生的電場 $\mathscr{E}_\theta$ 和 Coulomb 電場 $\mathscr{E}_r$ 的比例爲

$$\frac{\mathscr{E}_\theta}{\mathscr{E}_r} = \frac{\Delta s \sin\theta}{c\Delta t} \quad , \tag{2.38}$$

又電荷 q 經過了時間 t 之後移動距離 Δs 爲

$$\Delta s = t\Delta v \text{，} \tag{2.39}$$

維持原來的輻射狀態的圓半徑 r 爲

$$r = ct \text{，} \tag{2.40}$$

而 Coulomb 電場 $\mathscr{E}_r$ 爲

$$\mathscr{E}_r = \frac{1}{4\pi\varepsilon_0}\frac{q}{r^2} \quad , \tag{2.41}$$

所以加速電荷產生的電場 $\mathscr{E}_\theta$ 爲

$$\mathscr{E}_\theta = \frac{\Delta v}{\Delta t}\frac{t\sin\theta}{c}\mathscr{E}_r \tag{2.42}$$

$$= \frac{1}{4\pi\varepsilon_0 c^2}\frac{q\dot{v}\sin\theta}{r} \text{，} \tag{2.43}$$

其中$\dot{v} = \dfrac{\Delta v}{\Delta t}$；$\varepsilon_0$ 爲眞空介電常數。

在這個電磁脈衝（Electromagnetic pulse）中，極座標角 θ 方向的電場分量是由 0 增加到 $\mathscr{E}_\theta$，再由 $\mathscr{E}_\theta$ 減少到 0。所以單位時間單位面積的能量流（Energy flux）的大小可由 Poynting 向量（Poynting vector）S 得

$$\begin{aligned} S &= \left|\overline{S}\right| = \left|\overline{\mathscr{E}} \times \overline{\mathscr{H}}\right| \\ &= \mathscr{E}\frac{k}{\omega\mu_0}\mathscr{E} \\ &= \frac{1}{\mu_0 c}\mathscr{E}^2 \\ &= \sqrt{\frac{\varepsilon_0}{\mu_0}}\mathscr{E}^2 \\ &= \frac{\varepsilon_0}{\sqrt{\mu_0\varepsilon_0}}\mathscr{E}^2 \\ &= \varepsilon_0 c\mathscr{E}^2 \text{，} \end{aligned} \tag{2.44}$$

其中 μ_0 爲眞空磁導常數（Vacuum permeability）且因爲 $\nabla \times \overline{\mathscr{E}} = -\dfrac{\partial \overline{\mathscr{B}}}{\partial t}$，所以 $jk\mathscr{E} = j\omega\mu_0\mathscr{H}$，可得 $\mathscr{E} = \dfrac{k}{\omega\mu_0}\mathscr{H}$ 。

所以 Poynting 向量大小 S 爲

$$\begin{aligned} S &= \varepsilon_0 c\mathscr{E}_\theta^2 \\ &= \varepsilon_0 c\frac{1}{16\pi^2\varepsilon_0^2}\frac{q^2}{c^4 r^2}\dot{v}^2 \\ &= \frac{1}{16\pi^2 c^3\varepsilon_0 r^2}q^2\dot{v}^2\sin^2\theta \text{，} \end{aligned} \tag{2.45}$$

這就是 Larmor 公式，也可以有另外的表示法，說明如下。

我們可以對所有的空間作積分得到電荷所損失的總能量 $\frac{dE}{dt}$ ，即

$$\begin{aligned}\frac{dE}{dt} &= \int_{\Omega} S d\Omega \\ &= \int_0^{2\pi}\int_0^{\pi} \frac{1}{16\pi^2 c^3 \varepsilon_0 r^2} q^2 \dot{v}^2 \sin^2\theta r^2 \sin\theta d\theta d\phi \\ &= \frac{2\pi}{16\pi^2 c^3 \varepsilon_0} q^2 \dot{v}^2 \int_0^{\pi} \sin^2\theta \sin\theta d\theta \\ &= \frac{1}{8\pi c^3 \varepsilon_0} q^2 \dot{v}^2 \frac{4}{3} \\ &= \frac{1}{4\pi\varepsilon_0} \frac{2q^2\dot{v}^2}{3c^3} \\ &= \frac{q^2\dot{v}^2}{6\pi c^3 \varepsilon_0} \quad 。\end{aligned} \tag{2.46}$$

這是 Larmor 公式的 SI 制型式。

$$\frac{dE}{dt} = \frac{2}{3}\frac{q^2\dot{v}^2}{c^3} \quad 。 \tag{2.47}$$

這是 Larmor 公式的 cgs 制型式。

2.3.2 Abraham-Lorentz 運動方程式

電磁輻射的古典模型可以從帶電粒子的運動方程式中，把輻射效應納進來開始作討論，這也就是 Abraham-Lorentz 運動方程式。這一節，我們將在不考慮相對論的基礎上，由能量守衡的觀點開始介紹。

討論之始，我們先忽略輻射效應，則當有外力 $\overline{F}_{Ext}$ 施加時，質量爲 m，帶有 q 電荷的粒子運動方式是遵守 Newton 運動方程式（Newton equation of motion）的，即

$$m\frac{d\bar{v}}{dt}=\overline{F}_{Ext} \quad 。 \tag{2.48}$$

因爲粒子作加速度運動，所以會產生輻射，其輻射功率 $p(t)$ 爲

$$p(t)=\frac{1}{4\pi\varepsilon_0}\frac{2q^2}{3c^3}\left(\frac{d\bar{v}}{dt}\right)^2 \quad , \tag{2.49}$$

其中 ε_0 爲眞空的介電常數（Vacuum dielectric constant）；c 爲光速。

上式就是（2.46）Larmor 功率公式（Larmor power formula）。

接著，我們要把輻射耗損的因素考慮進來，即

$$m\frac{d\bar{v}}{dt}=\overline{F}_{Ext}+\overline{F}_{Rad} \quad , \tag{2.50}$$

其中 $\overline{F}_{Rad}$ 爲輻射作用力（Radiation reactive force）。

爲了要求出輻射作用力 $\overline{F}_{Rad}$，我們可以先看看輻射作用力 $\overline{F}_{Rad}$ 必須遵守的三個條件：

[1] 如果 $\frac{d\bar{v}}{dt}=0$，則因爲沒有輻射，所以也沒有輻射作用力，即 $\overline{F}_{Rad}=0$。

[2] 因爲輻射功率（Radiated power）和電荷的平方值 q^2 成正比例，且可以不用考慮電荷的正負符號，所以輻射作用力 $\overline{F}_{Rad}$ 也和電荷的平方值 q^2 成正比例。

[3] 要考慮特徵時間（Characteristic time）$\tau=\frac{1}{4\pi\varepsilon_0}\frac{2q^2}{3c^3}$。其實我們稍後會發現特徵時間和阻尼（Damping）的關係。

如果在時間 $t_1 < t < t_2$ 內，這個輻射作用力對這個粒子所作的功等於在 $t_1 < t < t_2$ 的時間內輻射能量損耗的負值 U，即

$$\int \vec{F}_{Rad} \cdot \vec{v} dt = -U \quad , \tag{2.51}$$

則我們可以求得輻射作用力 $\vec{F}_{Rad}$。

由 Larmor 功率公式

$$p(t) = \frac{1}{4\pi\varepsilon_0} \frac{2q^2}{3c^3} \left| \frac{d\vec{v}}{dt} \right|^2 \quad , \tag{2.52}$$

在帶電粒子的速度 $\vec{v}$ 遠小於光速 c 的條件下，即 $|\vec{v}| << c$，則帶電粒子在單位時間 dt 內所輻射出的能量 U 爲

$$\begin{aligned} \frac{dU}{dt} &= -p(t) \\ &= -\frac{1}{4\pi\varepsilon_0} \frac{2q^2}{3c^3} \left| \frac{d\vec{v}}{dt} \right|^2 \quad , \end{aligned} \tag{2.53}$$

所以在時間 $t_1 < t < t_2$ 內所輻射出的能量 U 爲

$$\begin{aligned} U &= -\int_{t_1}^{t_2} p(t) dt \\ &= -\frac{1}{4\pi\varepsilon_0} \frac{2q^2}{3c^3} \int_{t_1}^{t_2} \left| \frac{d\vec{v}}{dt} \right|^2 dt \\ &= -\frac{1}{4\pi\varepsilon_0} \frac{2q^2}{3c^3} \int_{t_1}^{t_2} \frac{d\vec{v}}{dt} \cdot d\vec{v} \\ &= -\frac{1}{4\pi\varepsilon_0} \frac{2q^2}{3c^3} \frac{d\vec{v}}{dt} \cdot \vec{v} \Big|_{t_1}^{t_2} + \frac{1}{4\pi\varepsilon_0} \frac{2q^2}{3c^3} \int_{t_1}^{t_2} \vec{v} \cdot d\left(\frac{d\vec{v}}{dt} \right) \text{。} \end{aligned} \tag{2.54}$$

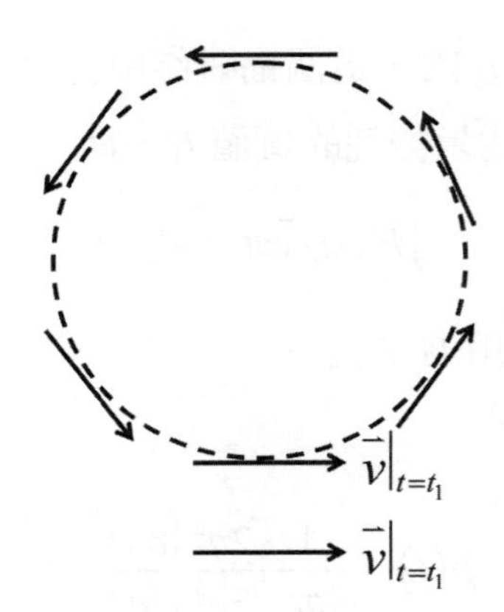

圖 2.20　粒子的週期運動

如果在 $t=t_1$ 和 $t=t_2$ 時，粒子恰好完成一個週期的運動，如圖 2.20 所示，或是在 $t=t_1$ 和 $t=t_2$ 時間點上，滿足 $\frac{d\vec{v}}{dt}\cdot\vec{v}=0$，則粒子輻射出的能量 U 爲

$$
\begin{aligned}
U &= \frac{-1}{4\pi\varepsilon_0}\frac{2q^2}{3c^3}\frac{d\vec{v}}{dt}\cdot\vec{v}\bigg|_{t_1}^{t_2} + \frac{1}{4\pi\varepsilon_0}\frac{2q^2}{3c^3}\int_{t_1}^{t_2}\vec{v}\cdot d\left(\frac{d\vec{v}}{dt}\right) \\
&= \frac{-1}{4\pi\varepsilon_0}\frac{2q^2}{3c^3}\int_{t_1}^{t_2}\vec{v}\cdot d\left(\frac{d\vec{v}}{dt}\right) \\
&= \frac{-1}{4\pi\varepsilon_0}\frac{2q^2}{3c^3}\int_{t_1}^{t_2}\vec{v}\cdot\frac{d^2\vec{v}}{dt^2}dt \text{ 。}
\end{aligned} \tag{2.55}
$$

綜合以上的結果，可得輻射作用力 $\vec{F}_{Rad}$ 和輻射能量 U 損耗的關係爲

$$
\begin{aligned}
\int\vec{F}_{Rad}\cdot\vec{v}dt &= -U \\
&= -\int\frac{1}{4\pi\varepsilon_0}\frac{2q^2}{3c^3}\int_{t_1}^{t_2}\vec{v}\cdot\frac{d^2\vec{v}}{dt^2}dt \text{ ，}
\end{aligned} \tag{2.56}
$$

則輻射作用力 $\overline{F}_{Rad}$ 為

$$\overline{F}_{Rad}=\frac{1}{4\pi\varepsilon_0}\frac{2q^2}{3c^3}\frac{d^2\overline{v}}{dt^2} \quad 。 \tag{2.57}$$

我們可以把輻射作用力 $\overline{F}_{Rad}$ 改寫為

$$\overline{F}_{Rad}=\frac{1}{4\pi\varepsilon_0}\frac{2q^2}{3c^3}\frac{d^2\overline{v}}{dt^2}=m\tau\frac{d^2\overline{v}}{dt^2} \quad , \tag{2.58}$$

其中 τ 為前述的特徵時間（Characteristic time）。

把 $\overline{F}_{Rad}=m\tau\frac{d^2\overline{v}}{dt^2}$ 代入 $m\frac{d\overline{v}}{dt}=\overline{F}_{Ext}+\overline{F}_{Rad}$，則

$$m\frac{d\overline{v}}{dt}=\overline{F}_{Ext}+m\tau\frac{d^2\overline{v}}{dt^2} \quad , \tag{2.59}$$

可得 Abraham-Lorentz 運動方程式為

$$m\left(\frac{d\overline{v}}{dt}-\tau\frac{d^2\overline{v}}{dt^2}\right)=\overline{F}_{Ext} \quad 。 \tag{2.60}$$

2.3.3 電磁輻射弛豫過程的古典理論

我們會發現要求解 Abraham-Lorentz 運動方程式是不容易的，在分析自發性輻射（Spontaneous emission）的問題上，我們作一些簡化迭代的運算來求解。

首先把 Abraham-Lorentz 運動方程式改寫為

$$m\frac{d^2\bar{x}}{dt^2}-m\tau\frac{d^3\bar{x}}{dt^3}=\bar{F}_{Ext}=-k\bar{x} \quad , \tag{2.61}$$

其中 $\bar{F}_{Ext}=-k\bar{x}$ 是把自發性輻射假設爲電偶極振子（Electric-dipole oscillator）所產生的，而 k 爲彈力常數；$\bar{x}$ 爲電偶極振子振盪的振幅，如果把沒有輻射作用力 $\bar{F}_{Rad}$ 作用下的解，即 $\bar{x}=\hat{x}\xi e^{j\omega_0 t}$，其中 $\omega_0=\sqrt{\frac{k}{m}}$ 爲電偶極振子的振盪頻率，代入 $\bar{F}_{Rad}$ 中，

則因

$$\begin{aligned}\frac{d^3\bar{x}}{dt^3}&=-j\omega_0^3\hat{x}\xi e^{j\omega_0 t}\\&=-\omega_0^2\left(\hat{x}j\omega_0\xi e^{j\omega_0 t}\right)\\&=-\omega_0^2\frac{d\bar{x}}{dt} \quad 。\end{aligned} \tag{2.62}$$

所以 Abraham-Lorentz 運動方程式可以化簡爲

$$\frac{d^2\bar{x}}{dt^2}+\frac{1}{4\pi\varepsilon_0}\frac{2q^2\omega_0^2}{3c^3m}\frac{d\bar{x}}{dt}=-\omega_0^2\bar{x} \quad 。 \tag{2.63}$$

令阻尼 $\gamma=\frac{1}{4\pi\varepsilon_0}\frac{2q^2\omega_0^2}{3c^3m}$，則

$$\frac{d^2\bar{x}}{dt^2}+\gamma\frac{d\bar{x}}{dt}+\omega_0^2\bar{x}=0 \quad 。 \tag{2.64}$$

設電偶極振子振盪的振幅爲 $\bar{x}=\hat{x}x_0e^{j\omega t}$，代入得

$$-\omega^2+j\gamma\omega+\omega_0^2=0 \quad , \tag{2.65}$$

則

$$\omega^2-j\gamma\omega-\omega_0^2=0 \quad , \tag{2.66}$$

則

$$\omega=\frac{j\gamma\pm\sqrt{-\gamma^2+4\omega_0^2}}{2} \quad 。 \tag{2.67}$$

若電偶極振子的振盪頻率 ω_0 遠大於阻尼 γ，即 $\omega_0 >> \gamma$，則

$$\omega \simeq j\frac{\gamma}{2}+\omega_0 \quad , \tag{2.68}$$

所以電偶極振子振盪的振幅 $\bar{x}$ 為，

$$\bar{x}=\hat{x}x_0 e^{-\frac{\gamma}{2}t}e^{+j\omega_0 t} \tag{2.69}$$

即電偶極振子振盪的振幅 $\bar{x}$ 會隨著時間衰減。

因為這個諧振子在一個週期的平均能量為

$$\begin{aligned} U &= \text{動能} + \text{位能} \\ &= \frac{1}{2}mv^2+\frac{1}{2}kx^2 \\ &= \frac{1}{2}m\left(\frac{d\bar{x}}{dt}\right)^2+\frac{1}{2}m\omega_0^2 x^2 \\ &= \frac{1}{2}m\left(\frac{\gamma^2}{4}+2\omega_0^2\right)x_0^2 e^{-\gamma t} \\ &= U_0 e^{-\gamma t} \quad , \end{aligned} \tag{2.70}$$

其中 $t=\frac{1}{\gamma}=\tau_r$ 稱為弛豫時間（Relaxation time）或是諧振子激發態的生命期（Lifetime）。

2.4　電磁輻射的半經典理論

電磁輻射的半經典理論是考慮原子具有量子化能態，例如圖 2-21 所示的二階系統，而電磁輻射場是古典的，即隨時間變化的輻射電場可以表

示爲

$$\overline{\mathscr{E}}(t) = \hat{e}\mathscr{E}_0 \cos(\omega t) \quad , \tag{2.71}$$

其中$\hat{e}$爲電場的單位向量；$\omega \cong \omega_{ba} = \dfrac{E_a - E_b}{\hbar}$ 爲電場的頻率，且假設非常接近發生躍遷的共振頻率，而且因爲其他更高階的激發態的頻率都遠大於ω，所以這些激發態可以被忽略，因此，我們將藉由量子力學的微擾理論（Perturbation theory）來建立電磁輻射的半經典理論。

$$E_b \;\text{———}\; |b\rangle$$

$$E_a \;\text{———}\; |a\rangle$$

圖 2.21　半經典的電磁輻射理論所考慮的原子具有量子化能態

因爲電場$\mathscr{E}(t)$的出現，所以整個包含原子和輻射場的系統之 Hamiltonian 爲

$$\begin{aligned} H &= H_0 + H' \\ &= \left(H_{Atom} + H_{Radiation}\right) + H_{Interaction} \\ &= H_0 + H_{Interation} \quad , \end{aligned} \tag{2.72}$$

其中 H_{Atom} 爲原子的 Hamiltonian；$H_{Radiation}$ 爲輻射場中的 Hamiltonian；H_0 爲未受電磁擾動的時間相依 Hamiltonian；而原子和輻射場的交互作用的微擾項 $H' = H_{Interaction}$ 可以表示爲

$$H' = -\overline{\wp} \cdot \overline{\mathscr{E}} = +q\overline{\mathscr{E}} \cdot \vec{r} = q\mathscr{E}_0 \left(\hat{e} \cdot \vec{r}\right) \cos(\omega t) \quad , \tag{2.73}$$

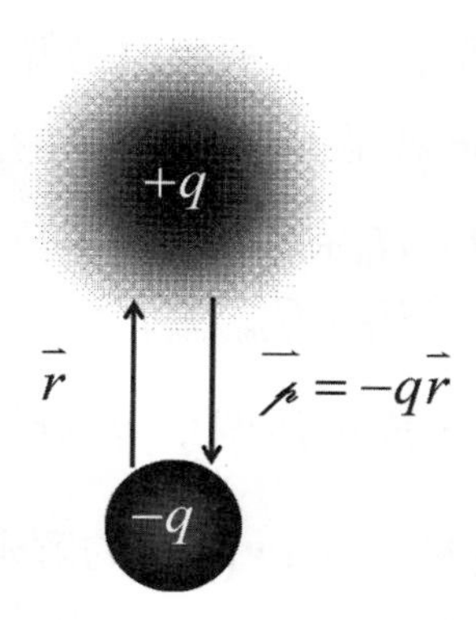

圖 2.22　電子相對於原子核的座標方向以及偶極矩的方向

要特別說明兩個向量的方向定義，如圖 2.22 所示，因為是電子相對於原子核的座標，所以方向 $\bar{r}$ 是由 $-q$ 到 $+q$；但是偶極矩（Dipole moment）$\bar{p}$ 的方向則是由 $+q$ 到 $-q$。

依據量子力學的原理，原子與輻射場耦合之前可以定義為未受擾動的，其時間相依 Schrödinger 方程式（Time-dependent Schrödinger equation）為

$$i\hbar\frac{\partial\Psi(\bar{r},t)}{\partial t} = H_0\Psi(\bar{r},t) \quad , \tag{2.74}$$

而 $\Psi(\bar{r},t)$ 必須具備 $\phi_n(\bar{r})e^{-iE_nt/\hbar}$ 的型式，且 $H_0\phi_n(\bar{r}) = E_n\phi_n(\bar{r})$，其中 $\phi_n(\bar{r})$ 和 E_n 分別為未受擾動的 Hamiltonian（Unperturbed Hamiltonian）H_0 的本徵函數（Eigenfunctions）和本徵能量值（Eigen-energy）。其實 $\phi_n(\bar{r})$ 就是原子的波函數（Atomic wave function）且滿足正交歸一的要求（Orthonormality），即

$$\langle\phi_n|\phi_m\rangle = \delta_{mn} \quad 。 \tag{2.75}$$

當原子與輻射場產生耦合，原子與輻射場就可以被視爲構成了一個系統，這個系統的 Hamiltonian 就是，

$$\begin{aligned} H &= H_0 + H' \\ &= H_0 + H_{Interation} \end{aligned} \quad , \tag{2.76}$$

依據量子力學的微擾理論，描述這個系統的時間相依 Schrödinger 方程式 $i\hbar \frac{\partial \Psi(\vec{r},t)}{\partial t} = H\Psi(\vec{r},t) = (H_0 + H')\Psi(\vec{r},t)$ 的解永遠可以用原子的波函數 $\phi_n(\vec{r})e^{-i\omega_n t}$ 的線性組合來表示，即

$$\begin{aligned} \Psi(\vec{r},t) &= \sum_n C_n(t) \left| \phi_n(\vec{r}), t \right\rangle \\ &= \sum_n C_n(t) \phi_n(\vec{r}) e^{-i\omega_n t} \end{aligned} \quad , \tag{2.77}$$

其中 $\omega_n = \frac{E_n}{\hbar}$ ，而 $C_n(t)$ 標示著原子波函數 $\phi_n(\vec{r})e^{-i\omega_n t}$ 的線性組合係數，顯然這個級數可以展開得很長。

但是如果我們假設躍遷可以簡化只發生在二個能態之間，如圖 2-21 所示，則波函數 $\Psi(\vec{r},t)$ 爲

$$\Psi(\vec{r},t) = C_a(t)\phi_a(\vec{r})e^{-i\omega_a t} + C_b(t)\phi_b(\vec{r})e^{-i\omega_b t} \quad , \tag{2.78}$$

代入時間相依的 Schrödinger 方程式

$$\begin{aligned} & i\hbar \frac{\partial}{\partial t}\left[C_a(t)\phi_a(\vec{r})e^{-i\omega_a t} + C_b(t)\phi_b(\vec{r})e^{-i\omega_b t} \right] \\ &\quad = (H_0 + H')\left[C_a(t)\phi_a(\vec{r})e^{-i\omega_a t} + C_b(t)\phi_b(\vec{r})e^{-i\omega_b t} \right] \end{aligned} \quad , \tag{2.79}$$

則 $$i\hbar \left\{ \left[\frac{\partial C_a(t)}{\partial t} - i\omega_a C_a(t) \right] e^{-i\omega_a t}\phi_a(\vec{r}) + \left[\frac{\partial C_b(t)}{\partial t} - i\omega_b C_b(t) \right] e^{-i\omega_b t}\phi_b(\vec{r}) \right\}$$

$$
\begin{aligned}
&=\left[E_a+q\mathscr{E}_0\left(\hat{e}\cdot\vec{r}\right)\cos\omega t\right]C_a(t)\phi_a\left(\vec{r}\right)e^{-i\omega_a t} \\
&+\left[E_b+q\mathscr{E}_0\left(\hat{e}\cdot\vec{r}\right)\cos\omega t\right]C_b(t)\phi_b\left(\vec{r}\right)e^{-i\omega_b t} \\
&=\left[i\hbar\frac{\partial C_a(t)}{\partial t}+\hbar\omega_a C_a(t)\right]e^{-i\omega_a t}\phi_a\left(\vec{r}\right) \\
&+\left[i\hbar\frac{\partial C_b(t)}{\partial t}+\hbar\omega_b C_b(t)\right]e^{-i\omega_b t}\phi_b\left(\vec{r}\right) \\
&=\left[E_a+q\mathscr{E}_0\left(\hat{e}\cdot\vec{r}\right)\left(\frac{e^{i\omega t}+e^{-i\omega t}}{2}\right)\right]C_a(t)\phi_a\left(\vec{r}\right)e^{-i\omega_a t} \\
&+\left[E_b+q\mathscr{E}_0\left(\hat{e}\cdot\vec{r}\right)\left(\frac{e^{i\omega t}+e^{-i\omega t}}{2}\right)\right]C_b(t)\phi_b\left(\vec{r}\right)e^{-i\omega_b t}\text{ ，} \qquad (2.80)
\end{aligned}
$$

則
$$
\begin{aligned}
&i\hbar\frac{\partial C_a(t)}{\partial t}e^{-i\omega_a t}\phi_a\left(\vec{r}\right)+i\hbar\frac{\partial C_b(t)}{\partial t}e^{-i\omega_b t}\phi_b\left(\vec{r}\right) \\
&=q\mathscr{E}_0\left(\hat{e}\cdot\vec{r}\right)\left(\frac{e^{i\omega t}+e^{-i\omega t}}{2}\right)\left[C_a(t)\phi_a\left(\vec{r}\right)e^{-i\omega_a t}+C_b(t)\phi_b\left(\vec{r}\right)e^{-i\omega_b t}\right]\text{ ，} \qquad (2.81)
\end{aligned}
$$

又
$$\left\langle\phi_a\left|\hat{r}\right|\phi_a\right\rangle=0\text{ ；} \qquad (2.82)$$

$$\left\langle\phi_b\left|\hat{r}\right|\phi_b\right\rangle=0\text{ ，} \qquad (2.83)$$

且
$$\omega_{ba}=-\omega_{ab}=\frac{E_b-E_a}{\hbar}\text{ ，} \qquad (2.84)$$

所以等號二側同乘 $\phi_a^*\left(\vec{r}\right)$ 之後，將全空間積分得，

$$i\hbar\frac{\partial C_a(t)}{\partial t}e^{-i\omega_a t}=\mathscr{E}_0\left\langle\phi_a\left|q\hat{e}\cdot\hat{r}\right|\phi_b\right\rangle C_b(t)e^{-i\omega_b t}\left(\frac{e^{i\omega t}+e^{-i\omega t}}{2}\right)\text{ ，} \qquad (2.85)$$

引入新的參數 $\overline{\wp_{ab}}=\left\langle\phi_a\left|q\hat{e}\cdot\hat{r}\right|\phi_b\right\rangle$ 以及 $\overline{D_{ab}}=\hat{e}\cdot\overline{\wp_{ab}}$ ，

則 $$i\hbar\frac{\partial C_a(t)}{\partial t}=\frac{\mathscr{E}_0}{2}D_{ab}\left(e^{i(\omega_a-\omega_b+\omega)t}+e^{i(\omega_a-\omega_b-\omega)t}\right)C_b(t)\quad, \tag{2.86}$$

所以 $$i\hbar\frac{\partial C_a(t)}{\partial t}=\frac{\mathscr{E}_0}{2}D_{ab}\left(e^{i(\omega-\omega_{ab})t}+e^{-i(\omega+\omega_{ab})t}\right)C_b(t)\quad。 \tag{2.87}$$

同理可得

$$i\hbar\frac{\partial C_b(t)}{\partial t}=\frac{\mathscr{E}_0}{2}D_{ba}\left(e^{i(\omega+\omega_{ab})t}+e^{-i(\omega-\omega_{ab})t}\right)C_a(t)\quad。 \tag{2.88}$$

如果我們現在只考慮吸收的過程，則可忽略掉 $e^{\pm i(\omega+\omega_{ab})t}$ 的項，

所以 $$\frac{\partial C_a(t)}{\partial t}=\frac{-i\mathscr{E}_0}{2\hbar}D_{ab}C_b(t)e^{i(\omega-\omega_{ba})t}\quad; \tag{2.89}$$

$$\frac{\partial C_b(t)}{\partial t}=\frac{-i\mathscr{E}_0}{2\hbar}D_{ba}C_a(t)e^{-i(\omega-\omega_{ba})t}\quad。 \tag{2.90}$$

爲了和稍後要介紹的輻射全量子理論的符號一致，所以把 C_a 改寫爲 C_1；把 C_b 改寫爲 C_2，則

$$\frac{\partial C_1(t)}{\partial t}=\frac{-i\mathscr{E}_0}{2\hbar}D_{ab}C_2(t)e^{i(\omega-\omega_{ba})t}\quad; \tag{2.91}$$

$$\frac{\partial C_2(t)}{\partial t}=\frac{-i\mathscr{E}_0}{2\hbar}D_{ba}C_1(t)e^{-i(\omega-\omega_{ba})t}\quad。 \tag{2.92}$$

現在開始求解，假設解的型式爲 $C_1(t)=e^{i\Omega t}$，代入（2.91）則

$$C_2(t)=-\frac{2\hbar\Omega}{\mathscr{E}_0 D_{ab}}e^{i(\Omega-\omega+\omega_{ba})t}\quad, \tag{2.93}$$

再代入（2.92），

則
$$-i\frac{2\hbar\Omega}{\mathscr{E}_0 D_{ab}}\left(\Omega-\omega+\omega_{ba}\right)=-\frac{i}{2\hbar}\mathscr{E}_0 D_{ba}\ 。\tag{2.94}$$

令
$$\Omega^2=\frac{D_{ba}D_{ab}\mathscr{E}_0^2}{\hbar^2}\ ,\tag{2.95}$$

則因
$$D_{ba}=D_{ab}\ ,\tag{2.96}$$

所以
$$\Omega_0^2=\frac{{D_{ab}}^2\mathscr{E}_0^2}{\hbar^2}\ ,\tag{2.97}$$

得
$$\Omega\left(\Omega+\omega_{ba}-\omega\right)-\frac{\Omega_0^2}{4}=0\ ,\tag{2.98}$$

則
$$\Omega^2+\left(\omega_{ba}-\omega\right)\Omega-\frac{\Omega_0^2}{4}=0\ 。\tag{2.99}$$

求解一元二次方程式，

則
$$\Omega_1,\Omega_2=\frac{-(\omega_{ba}-\omega)\pm\sqrt{(\omega_{ba}-\omega)^2+\Omega_0^2}}{2}\ 。\tag{2.100}$$

所以，（2.91）和（2.92）的方程組通解爲

$$C_1\left(t\right)=A_1e^{i\Omega_1 t}+A_2e^{i\Omega_2 t}\ ;\tag{2.101}$$

$$C_2\left(t\right)=\frac{-2}{\Omega_0}\left(\Omega_1A_1e^{i\Omega_1 t}+\Omega_2A_2e^{i\Omega_2 t}\right)e^{i\left(\omega_{ba}-\omega\right)t}\ 。\tag{2.102}$$

假設原子剛開始是在基態（Ground state），即

$$C_1\left(0\right)=1\ ;\ C_2\left(0\right)=0\ ,\tag{2.103}$$

則
$$A_1=-\frac{\Omega_2}{\Omega_1}A_2\ ,\tag{2.104}$$

且
$$1 = A_1 + A_2 = A_2 \frac{\Omega_1 - \Omega_2}{\Omega_1} = \frac{\sqrt{(\omega_{ba} - \omega)^2 + \Omega_0^2}}{\Omega_1} A_2 \quad , \tag{2.105}$$

或
$$A_2 = \frac{\Omega_1}{\sqrt{(\omega_{ba} - \omega)^2 + \Omega_0^2}} = \frac{\Omega_1}{\mho} \quad , \tag{2.106}$$

其中 $\mho = \sqrt{(\omega_{ba} - \omega)^2 + \Omega_0^2}$ 。

所以
$$C_2(t) = -i \frac{\Omega_0}{\mho} \sin\left(\frac{\mho t}{2}\right) e^{i(\omega_{ba} - \omega) t/2} \quad , \tag{2.107}$$

則吸收過程的躍遷機率（Transition probability）為

$$|C_2(t)| = \left(\frac{\Omega_0}{2}\right)^2 \left[\frac{\sin\left(\frac{\mho t}{2}\right)}{\frac{\mho}{2}}\right]^2 \quad 。 \tag{2.108}$$

下一章會介紹的全量子理論也是以相似的步驟，求出係數 $|C_2(t)|^2$ 之後，再求出 Einstein AB 係數（Einstein AB coefficient）。

我們可以看看 $\mho$ 可以作什麼樣的近似，

$$\mho^2 = (\omega_{ba} - \omega)^2 + \Omega_0^2 = (\omega_{ba} - \omega)^2 + \frac{D_{ab}^2 \mathscr{E}_0^2}{\hbar^2} \quad , \tag{2.109}$$

則因為
$$(\omega_{ba} - \omega)^2 >> \frac{D_{ab}^2 \mathscr{E}_0^2}{\hbar^2} \quad , \tag{2.110}$$

所以可得 $\mho$ 的近似為

$$\mho \simeq \omega_{ba} - \omega \quad , \tag{2.111}$$

則

$$\left|C_2(t)\right|^2 = \left(\frac{\Omega_0}{2}\right)^2 \left[\frac{\sin\left(\frac{\mho t}{2}\right)}{\frac{\mho}{2}}\right]^2 \Bigg|_{\mho \simeq \omega_{ba}-\omega}$$

$$\cong \frac{D_{ab}^2 \mathscr{E}_0^2}{4\hbar^2} \left[\frac{\sin\left(\frac{\omega_{ba}-\omega}{2}\right)t}{\frac{\omega_{ba}-\omega}{2}}\right]^2 \text{。} \tag{2.112}$$

如果作個代換，把 $\mathscr{E}_0^2$換成$\dfrac{2\hbar\omega n}{\varepsilon_0 V}$，就和下一節所介紹的電磁輻射全量子理論的結果（2.165）一樣了。

2.5　電磁輻射的全量子理論

電磁輻射的全量子理論的觀點是原子具有量子化能態，而電磁輻射場也是量子化的，簡單來說，就是原子和輻射場都以 Schrödinger 方程式的本徵狀態來表示。

當原子與輻射場產生耦合，原子與輻射場可以被視爲一個系統，若系統只有單一個原子，如前所述，則在輻射場中的系統之 Hamiltonian 爲

$$\begin{aligned} H &= H_0 + H' \\ &= H_{atom} + H_{Rad} + H_{Interaction} \\ &= H_0 + H_{Interection} \end{aligned} \text{，} \tag{2.113}$$

其中 H_{atom} 爲原子的 Hamiltonian；H_{Rad} 爲純輻射場的 Hamiltonian；$H_{Interaction}$ 爲原子和輻射場的交互作用；我們把 $H_0 = H_{atom} + H_{Rad}$ 爲非微

擾 Hamiltonian（Unperturbed Hamiltonian）；$H' = H_{Interaction}$ 則視爲微擾項（Perturbation），且

$$\begin{aligned} H_{Interaction} &= -\vec{\wp} \cdot \vec{\mathscr{E}} \\ &= q\left(\sum_{\lambda} \vec{\mathscr{E}_{\lambda}}\right) \cdot \vec{r} \\ &= q\vec{\mathscr{E}} \cdot \vec{r} \ , \end{aligned} \tag{2.114}$$

其中 $\vec{\mathscr{E}} = \sum_{\lambda} \vec{\mathscr{E}_{\lambda}}$ 表示輻射場有很多的輻射模態。

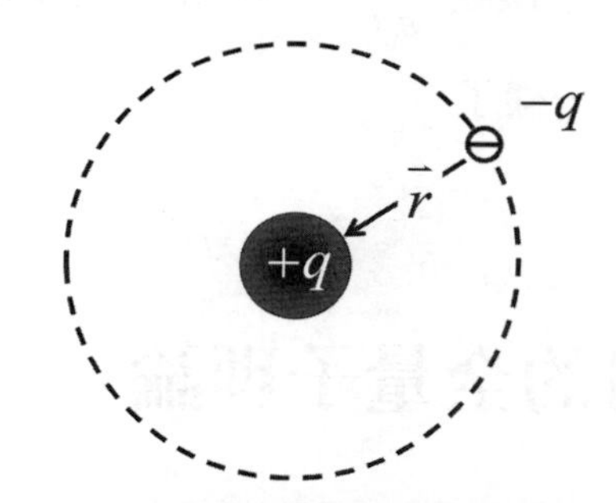

圖 2.23　電子相對於原子核的座標方向

和上一節的電磁輻射的半經典理論相似，我們要特別說明兩個向量的方向定義，如圖 2.23 所示，因爲 $\vec{r}$ 的定義是電子相對於原子核，而偶極矩（Dipole moment）$\vec{\wp}$ 的方向是由負到正，所以

$$\vec{\wp} = -q\vec{r} \ , \tag{2.115}$$

而 H_{atom} 和 H_{Rad} 的本徵值方程式（Eigenvalue equation）爲

$$H_{atom}|\psi_i\rangle = E_i|\psi_i\rangle \ ; \tag{2.116}$$

且　$$H_{Rad}\left|n_1,n_2,\cdots,n_\lambda,\cdots\right\rangle=\left[\sum_\lambda\left(n_\lambda+\frac{1}{2}\right)\hbar\omega_\lambda\right]\left|n_1,n_2,\cdots,n_\lambda,\cdots\right\rangle \quad , \tag{2.117}$$

其中$|\psi_i\rangle$爲原子的本徵狀態（Eigen-ket）；E_i爲原子的本徵能量（Eigen-energy）；$|n_1,n_2,\cdots,n_\lambda,\cdots\rangle$爲純輻射場（Pure radiation field）的本徵狀態；$\sum_\lambda\left(n_\lambda+\frac{1}{2}\right)\hbar\omega_\lambda$爲純輻射場的本徵值（Eigenvalue）。

符號定義清楚之後，我們就可以建立原子在和輻射場產生交互作用之前，也就是原子未受干擾之前的系統狀態的 Hamiltonian 爲

$$H_0=H_{atom}+H_{Rad} \quad , \tag{2.118}$$

則　$$H_0|u_n\rangle=W_n|u_n\rangle \quad , \tag{2.119}$$

其中　$$W_n=E_n+\sum_\lambda\left(n_\lambda+\frac{1}{2}\right)\hbar\omega_\lambda \tag{2.120}$$

爲未受干擾之前的系統本徵能量；

而　$$\begin{aligned}|u_n\rangle&=|\psi_i\rangle|n_1,n_2,\cdots,n_\lambda,\cdots\rangle\\&=|i;n_1,n_2,\cdots,n_\lambda,\cdots\rangle\end{aligned} \tag{2.121}$$

爲未受干擾之前的本徵狀態，這個本徵狀態$|i;n_1,n_2,\cdots,n_\lambda,\cdots\rangle$表示原子在$|\psi_i\rangle$的狀態，而輻射場在$|n_1,n_2,\cdots,n_\lambda,\cdots\rangle$的狀態。

現在考慮原子和輻射場產生交互作用，把微擾項$H'=H_{Interaction}$加進來之後完整的 Hamiltonian 爲

$$i\hbar\frac{\partial}{\partial t}|\Psi\rangle=(H_0+H')|\Psi\rangle \quad 。 \tag{2.122}$$

上式的解可以是未受干擾的本徵狀態 $|u_n\rangle$ 的線性組合，即

$$|\Psi\rangle = \sum_n C_n(t) e^{-iW_n t/\hbar} |u_n\rangle , \tag{2.123}$$

代回方程式 (2.122)，得

得
$$\begin{aligned} i\hbar \sum_n \left[\frac{dC_n(t)}{dt} - \frac{iW_n}{\hbar} C_n(t) \right] e^{-iW_n t/\hbar} |u_n\rangle \\ = H_0 |\Psi\rangle + H' |\Psi\rangle \\ = \sum_n C_n(t) W_n e^{-iW_n t/\hbar} |u_n\rangle + H' \sum_n C_n(t) W_n e^{-iW_n t/\hbar} |u_n\rangle , \end{aligned} \tag{2.124}$$

則
$$i\hbar \sum_n \frac{dC_n(t)}{dt} e^{-iW_n t/\hbar} |u_n\rangle = H' \sum_n C_n(t) e^{-iW_n t/\hbar} |u_n\rangle 。 \tag{2.125}$$

在左右二側都乘上 $\langle u_m|$，得

$$i\hbar \langle u_m| \sum_n \frac{dC_n(t)}{dt} e^{-iW_n t/\hbar} |u_n\rangle = \langle u_m| H' \sum_n C_n(t) e^{-iW_n t/\hbar} |u_n\rangle , \tag{2.126}$$

則
$$i\hbar \frac{d}{dt} C_m(t) e^{-iW_n t/\hbar} = \sum_n \langle u_m| H' |u_n\rangle C_n(t) e^{-iW_n t/\hbar} , \tag{2.127}$$

則
$$i\hbar \frac{d}{dt} C_m(t) = \sum_n \langle u_m| H' |u_n\rangle C_n(t) e^{-i(W_m - W_n)t/\hbar} , \tag{2.128}$$

其中，如前所述，原子和輻射場產生交互作用項爲

$$H' = q\vec{\mathscr{E}} \cdot \vec{r} = q\left(\sum_\lambda \vec{\mathscr{E}_\lambda} \right) \cdot \vec{r} , \tag{2.129}$$

而
$$\overline{\mathscr{E}_\lambda}=i\left(\frac{\hbar\omega_\lambda}{2\varepsilon_0 V}\right)^{\frac{1}{2}}\left(a_\lambda e^{i\overline{k_\lambda}\cdot\bar{r}}-\overline{a_\lambda}e^{-i\overline{k_\lambda}\cdot\bar{r}}\right)\hat{e}_\lambda \text{ ，} \tag{2.130}$$

所以
$$H'=iq\sum_\lambda\left(\frac{\hbar\omega_\lambda}{2\varepsilon_0 V}\right)^{\frac{1}{2}}\left[a_\lambda e^{i\overline{k_\lambda}\cdot\bar{r}}-\overline{a_\lambda}e^{-i\overline{k_\lambda}\cdot\bar{r}}\right]\hat{e}_\lambda\cdot\bar{r} \text{ 。} \tag{2.131}$$

因爲在$\langle u_m|H'|u_n\rangle$的運算中的微擾項$H'$有上式的$a_\lambda$和$\overline{a_\lambda}$，所以除非處於$\langle u_m|$和$|u_n\rangle$狀態的光子數只有一個光子的差別，否則$\langle u_m|H'|u_n\rangle$就爲零，即

$$\langle u_m|H'|u_n\rangle=0 \text{ ，} \tag{2.132}$$

所以
$$i\hbar\frac{d}{dt}C_m(t)=\sum_n\langle u_m|H'|u_n\rangle C_n(t)e^{-i(W_m-W_n)t/\hbar} \text{ 。} \tag{2.133}$$

很顯然的，這是一組含有無窮多個互相耦合方程式的方程組，將無法求出解析解。但是，現在我們可以用微擾理論來處理相關的吸收與輻射問題，先分析吸收的過程之後再以相似的方法分析輻射的過程。

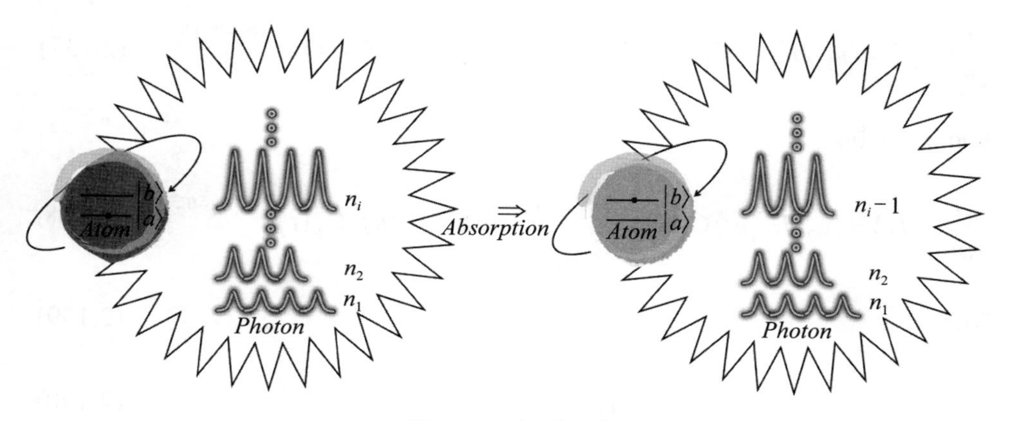

圖 2.24　吸收過程

假設有一個原子原來是處在$|a\rangle$的狀態下，後來從輻射場中的第 i 個模態吸收了一個具有能量爲$\hbar\omega_i$ 的光子，結果原子就躍遷至$|b\rangle$的狀態，如果我們採用前述（2.121）的符號來表示原子和輻射場的狀態，而且把原子和輻射場合併在一起成爲一個系統，則令

$$|1\rangle = |a; n_1, n_2, \cdots, n_\lambda, \cdots, n_i, \cdots\rangle \quad ; \tag{2.134}$$

$$|2\rangle = |b; n_1, n_2, \cdots, n_\lambda, \cdots, n_i - 1, \cdots\rangle \quad , \tag{2.135}$$

其中$|1\rangle$和$|2\rangle$是二個不同的本徵態，每一個本徵態都是在描述原子和輻射場所構成的系統狀態，所以$|1\rangle$表示原子原來處於$|a\rangle$的狀態，輻射場爲$|n_1, n_2, \cdots, n_\lambda, \cdots, n_i, \cdots\rangle$；$|2\rangle$表示原子從輻射場吸收了一個電子之後變成$|b\rangle$的狀態，而輻射場爲$|n_1, n_2, \cdots, n_\lambda, \cdots, n_i - 1, \cdots\rangle$，如圖 2.24 所示。

再重寫一次耦合方程式，

$$\frac{d}{dt} C_m(t) = \sum_n \langle u_m | H' | u_n \rangle C_n(t) e^{-i(W_m - W_n)t/\hbar} , \tag{2.136}$$

當 $m = 1$，則

$$\frac{d}{dt} C_1(t) = \langle u_1 | H' | u_1 \rangle C_1(t) e^{-i(W_1 - W_1)t/\hbar} + \langle u_1 | H' | u_2 \rangle C_2(t) e^{-i(W_1 - W_2)t/\hbar} \quad ; \tag{2.137}$$

當 $m = 2$，則

$$\frac{d}{dt} C_2(t) = \langle u_2 | H' | u_1 \rangle C_1(t) e^{-i(W_2 - W_1)t/\hbar} + \langle u_2 | H' | u_2 \rangle C_2(t) e^{-i(W_2 - W_2)t/\hbar} \quad , \tag{2.138}$$

然而

$$\langle u_1 | H' | u_1 \rangle = 0 \quad ; \tag{2.139}$$

$$\langle u_2 | H' | u_2 \rangle = 0 \quad , \tag{2.140}$$

且
$$H_0|1\rangle = H_0|u_1\rangle = W_1|u_1\rangle \quad , \tag{2.141}$$

即$H_0|a;n_1,n_2,\cdots,n_\lambda,\cdots,n_i,\cdots\rangle$

$$\begin{aligned}
&= \left[E_a + \left(n_1+\frac{1}{2}\right)\hbar\omega_1 + \left(n_2+\frac{1}{2}\right)\hbar\omega_2 + \cdots + \left(n_\lambda+\frac{1}{2}\right)\hbar\omega_\lambda + \left(n_i+\frac{1}{2}\right)\hbar\omega_i\right]|u_1\rangle \\
&= \left[E_a + \left[\sum_{\substack{\lambda=1\\ \lambda\neq i}}\left(n_\lambda+\frac{1}{2}\right)\hbar\omega_\lambda\right] + \left(n_i+\frac{1}{2}\right)\hbar\omega_i\right]|u_1\rangle \\
&= W_1|u_1\rangle \quad ,
\end{aligned} \tag{2.142}$$

即
$$W_1 = E_a\left(n_i+\frac{1}{2}\right)\hbar\omega_i + \sum_{\substack{\lambda=1\\ \lambda\neq i}}\left(n_\lambda+\frac{1}{2}\right)\hbar\omega_\lambda \quad ,$$

同理 $W_2 = E_b + \left(n_1+\frac{1}{2}\right)\hbar\omega_1 + \left(n_2+\frac{1}{2}\right)\hbar\omega_2 + \cdots + \left(n_\lambda+\frac{1}{2}\right)\hbar\omega_\lambda + \left(n_i-1+\frac{1}{2}\right)\hbar\omega_i$

$$= E_b + \left(n_i-\frac{1}{2}\right)\hbar\omega_i + \sum_{\substack{\lambda=1\\ \lambda\neq i}}\left(n_\lambda+\frac{1}{2}\right)\hbar\omega_\lambda \quad , \tag{2.143}$$

所以可得
$$W_1 - W_2 = E_a - E_b + \hbar\omega_i \text{ 。} \tag{2.144}$$

重新整理得

$$\frac{d}{dt}C_1(t) = \langle u_1|H'|u_2\rangle C_2(t)e^{+i(E_a-E_b+\hbar\omega_i)t/\hbar} \quad ; \tag{2.145}$$

$$\frac{d}{dt}C_2(t) = \langle u_2|H'|u_1\rangle C_1(t)e^{-i(E_a-E_b+\hbar\omega_i)t/\hbar} \quad , \tag{2.146}$$

其中
$$H'_{12} = \langle u_1|H'|u_2\rangle = \langle u_2|H'|u_1\rangle^* = {H'_{21}}^* \quad , \tag{2.147}$$

則 H'_{12}

$$=\langle a;n_1,n_2,\cdots,n_i,\cdots|(iq)\sum_\lambda\left(\frac{\hbar\omega_\lambda}{2\varepsilon_0V}\right)^{\frac{1}{2}}\left[a_\lambda e^{i\vec{k_\lambda}\cdot\vec{r}}-\overline{a_\lambda}e^{-ii\vec{k_\lambda}\cdot\vec{r}}\right]\hat{e}_\lambda\cdot$$

$$\vec{r}|b;n_1,n_2,\cdots,n_i-1,\cdots\rangle$$

$$=(iq)\left\{\sum_\lambda\langle a;n_1,n_2,\cdots,n_i,\cdots|\left(\frac{\hbar\omega_\lambda}{2\varepsilon_0V}\right)^{\frac{1}{2}}e^{i\vec{k_\lambda}\cdot\vec{r}}\hat{e}_\lambda\cdot\vec{r}a_\lambda|b;n_1,n_2,\cdots,n_i-1,\cdots\rangle\right.$$

$$\left.-\langle a;n_1,n_2,\cdots,n_i,\cdots|\left(\frac{\hbar\omega_\lambda}{2\varepsilon_0V}\right)^{\frac{1}{2}}e^{-i\vec{k_\lambda}\cdot\vec{r}}\hat{e}_\lambda\cdot\vec{r}\overline{a_\lambda}|b;n_1,n_2,\cdots,n_i-1,\cdots\rangle\right\}$$

$$=(iq)\left\{\sum_\lambda\left[\left(\frac{\hbar\omega_\lambda}{2\varepsilon_0V}\right)^{\frac{1}{2}}(n_i-1)^{\frac{1}{2}}\langle a|e^{i\vec{k_\lambda}\cdot\vec{r}}\vec{r}|b\rangle\cdot\hat{e}_\lambda\delta_{n_1,n_1}\delta_{n_2,n_2}\cdots\delta_{n_i,n_i-2}\cdots\right]\right.$$

$$\left.-\left[\left(\frac{\hbar\omega_\lambda}{2\varepsilon_0V}\right)^{\frac{1}{2}}(n_i)^{\frac{1}{2}}\langle a|e^{i\vec{k_\lambda}\cdot\vec{r}}\vec{r}|b\rangle\cdot\hat{e}_\lambda\delta_{n_1,n_1}\delta_{n_2,n_2}\cdots\delta_{n_i,n_i}\cdots\right]\right\}$$

$$=-iq\left(\frac{\hbar\omega_i}{2\varepsilon_0V}\right)^{\frac{1}{2}}(n_i)^{\frac{1}{2}}\langle a|e^{i\vec{k_\lambda}\cdot\vec{r}}\hat{r}|b\rangle\cdot\hat{e}_i\ 。\tag{2.148}$$

以上的運算中，用到了三個關係如下：

$$a_\lambda|n_1,n_2,\cdots,n_\lambda,\cdots\rangle=(n_\lambda)^{\frac{1}{2}}|n_1,n_2,\cdots,n_\lambda-1,\cdots\rangle\ ;\tag{2.149}$$

$$\overline{a_\lambda}|n_1,n_2,\cdots,n_\lambda,\cdots\rangle=(n_\lambda+1)^{\frac{1}{2}}|n_1,n_2,\cdots,n_\lambda+1,\cdots\rangle\ ;\tag{2.150}$$

$$\langle n_1',n_2',\cdots,n_\lambda',\cdots|n_1,n_2,\cdots,n_\lambda,\cdots\rangle=\delta_{n_1,n_1'}\delta_{n_2,n_2'}\cdots\delta_{n_\lambda,n_\lambda'}\cdots\ 。\tag{2.151}$$

因爲 a_λ 和$\overline{a_\lambda}$分別會對應著光子的湮滅與生成，所以 a_λ 也被稱爲湮滅算符（Annihilation operator）；$\overline{a_\lambda}$被稱爲生成算符（Creation operator）。這兩個算符統稱階梯算符（Ladder operator）。

然而，因爲所謂原子的大小約 $10^{-10}m = 10^{-8}cm$，所以在 $\bar{r} = 10^{-8}cm$ 的範圍之外，原子的波函數$|a\rangle$和$|b\rangle$幾乎爲零，從另一個方面來說，在光波範圍的 $|\bar{k}| = \frac{2\pi}{\lambda} \cong 10^5 cm^{-1}$，以上的數值是爲了表示光波長 λ 比原子的大小 $\bar{r}$ 要大得多，

即
$$\lambda >> \bar{r} \text{ 或 } \frac{\bar{r}}{\lambda} << 1 \text{，} \tag{2.152}$$

所以
$$\bar{k} \cdot \bar{r} << 1 \text{，} \tag{2.153}$$

則
$$e^{-i\bar{k}\cdot\bar{r}} = 1 - i\bar{k}\cdot\bar{r} + \cdots \cong 1 \text{。} \tag{2.154}$$

我們再引入一個新參數，如果定義

$$\overline{\wp_{ab}} = q\langle a|\hat{r}|b\rangle \text{ ；} \tag{2.155}$$

且
$$D_{ab} = \hat{e}\cdot\overline{\wp_{ab}} \text{ 。} \tag{2.156}$$

所以
$$H'_{12} = +i\left(\frac{\hbar\omega_\lambda}{2\varepsilon_0 V}\right)^{\frac{1}{2}} (n_i)^{\frac{1}{2}} D_{ab} \text{ ，} \tag{2.157}$$

其中 ε_0 爲眞空介電常數；V 爲體積。

代回
$$\begin{cases} i\hbar\frac{d}{dt}C_1(t) = H'_{12}e^{+i(E_a-E_b+\hbar\omega_i)t/\hbar}C_2(t) \\ i\hbar\frac{d}{dt}C_2(t) = H'_{21}e^{-i(E_a-E_b+\hbar\omega_i)t/\hbar}C_1(t) \end{cases} \text{。} \tag{2.158}$$

現在可以求解了，假設在 $t=0$ 時，系統處於 $|1\rangle$ 的狀態，如前所述，

$$|1\rangle = |a; n_1, n_2, \cdots, n_i, \cdots\rangle \quad ; \tag{2.159}$$

$$|2\rangle = |b; n_1, n_2, \cdots, n_i - 1, \cdots\rangle \quad , \tag{2.160}$$

則 $C_1(0) = 1$ 且 $C_2(0) = 0$，

若
$$\Omega_0^2 = \frac{2\omega_i n_i D_{ab}^2}{\hbar \varepsilon_0 V} \quad ; \tag{2.161}$$

且
$$\Omega^2 = \left(\frac{E_b - E_a}{\hbar} - \omega_i\right)^2 + \Omega_0^2 \quad , \tag{2.162}$$

則由
$$\begin{cases} i\hbar \dfrac{d}{dt} C_1(t) = -i\left(\dfrac{\hbar \omega_i n_i}{2\varepsilon_0 V}\right)^{\frac{1}{2}} D_{ab} C_2(t) = \dfrac{-i}{2}\Omega_0^2 C_2(t) \\ i\hbar \dfrac{d}{dt} C_2(t) = \dfrac{-i}{2}\Omega_0^2 C_1(t) \end{cases} \quad , \tag{2.163}$$

可解得
$$|C_2(t)|^2 = \left(\frac{\Omega_0}{2}\right)^2 \left[\frac{\sin\left(\dfrac{\Omega t}{2}\right)}{\dfrac{\Omega_0}{2}}\right]^2 \quad 。 \tag{2.164}$$

若 $\dfrac{\Omega_0^2 t^2}{\hbar^2} << 1$，且略去 ω_i 的下標 i，則可得吸收過程的 $|C_2(t)|^2$ 近似爲

$$|C_2(t)|^2 \cong \frac{\omega n}{2\hbar \varepsilon_0 V} D_{ab}^2 \left[\frac{\sin\left[\left(\dfrac{E_b - E_a - \hbar\omega}{\hbar}\right)\left(\dfrac{t}{2}\right)\right]}{\dfrac{E_b - E_a - \hbar\omega}{2\hbar}}\right]^2$$

$$= \frac{\omega n}{2\hbar \varepsilon_0 V} D_{ab}^2 \left[\frac{\sin \frac{(\omega_{ba} - \omega) t}{2}}{\frac{\omega_{ba} - \omega}{2}} \right]^2 , \tag{2.165}$$

其中 $\omega_{ba} = \frac{E_b - E_a}{\hbar}$ 爲產生吸收過程的兩個能階之間的頻率；n 爲參與吸收過程的光子數。很明顯的，如果只有吸收一個光子，即 $n = 1$，且把 $\frac{\omega}{2\hbar \varepsilon_0 V}$ 換成 $\frac{\mathscr{E}_0^2}{4\hbar^2}$，則電磁輻射全量子理論的（2.165）和電磁輻射的半經典理論的（2.112）是相同的。

相似的步驟，可得放射過程的結果爲

$$\left| C_2(t) \right|^2 \cong \frac{\omega (n+1)}{2\hbar \varepsilon_0 V} D_{ab}^2 \left[\frac{\sin \frac{(\omega_{ba} - \omega) t}{2}}{\frac{\omega_{ba} - \omega}{2}} \right]^2 , \tag{2.166}$$

而原子和輻射場的狀態爲

$$|1\rangle = |a; n_1, n_2, \cdots, n_i, \cdots\rangle \ ; \tag{2.167}$$

$$|2\rangle = |b; n_1, n_2, \cdots, n_i + 1, \cdots\rangle \ , \tag{2.168}$$

以上的結果表示原子原來處於 $|b\rangle$ 的狀態；輻射場爲 $|n_1, n_2, \cdots, n_i, \cdots\rangle$，原子後來放射了一個光子變成 $|a\rangle$ 的狀態，而輻射場的一個特定模態得到一個光子變成 $|n_1, n_2, \cdots, n_i + 1, \cdots\rangle$，如圖 2.25 所示。

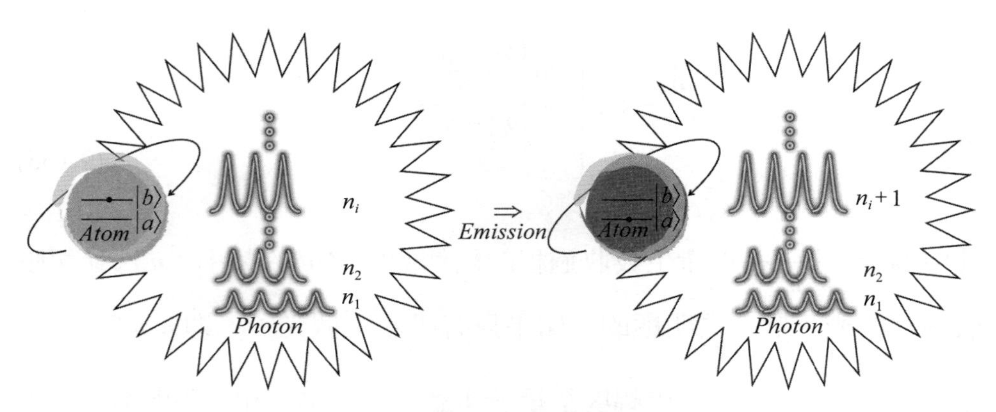

圖 2.25　放射過程

我們可以把這個放射的過程分成二個部分，即

$$\left|C_2(t)\right|^2=\frac{\omega n}{2\hbar\varepsilon_0 V}D_{ab}^2\left[\frac{\sin\dfrac{(\omega_{ba}-\omega)t}{2}}{\dfrac{\omega_{ba}-\omega}{2}}\right]^2+\frac{\omega}{2\hbar\varepsilon_0 V}D_{ab}^2\left[\frac{\sin\dfrac{(\omega_{ba}-\omega)t}{2}}{\dfrac{\omega_{ba}-\omega}{2}}\right]^2 \text{。} \tag{2.169}$$

我們可以發現，即使在沒有光子的情況下，即 $n=0$ 的情況下，還是存在著一個有限的放射機率，所以我們可以把第一項和光子數 n 成正比的項，定義爲誘發性輻射（Induced emission）機率或受激輻射（Stimulated emission）機率，因爲這個輻射和外加輻射的強度有關。另一方面來說，因爲第二項的輻射機率，和入射光子無關，所以被稱爲自發性輻射（Spontaneous emission）機率，而且當只有一個光子時，即 $n=1$，可看出自發性輻射機率等於受激輻射機率。

接著，我們要計算每單位時間自發性輻射的機率，如果我們考慮在立體角（Solid angel）$d\Omega$ 內的輻射，則光子頻率介於 ω 和 $d\omega$ 之間的模態個數爲

$$N(\omega)d\omega d\Omega=\frac{V\omega^2 d\omega}{8\pi^3c^3}d\Omega \text{ ，} \tag{2.170}$$

則在立體角 $d\Omega$ 內的輻射機率 Γ 爲

$$\begin{aligned}
\Gamma &= \iint\left|C_2(t)\right|^2\frac{V\omega^2 d\omega}{8\pi^3c^3}d\Omega \\
&= \frac{D_{ab}^2}{2\hbar\varepsilon_0 V}\iint\left[\frac{\sin\frac{(\omega_{ba}-\omega)t}{2}}{\frac{\omega_{ba}-\omega}{2}}\right]^2\omega\frac{V}{8\pi^3c^3}d\omega d\Omega \\
&= \frac{D_{ab}^2}{16\pi^3\hbar\varepsilon_0c^3}\iint\left[\frac{\sin\frac{(\omega_{ba}-\omega)t}{2}}{\frac{\omega_{ba}-\omega}{2}}\right]^2\omega^3 d\omega d\Omega \\
&\cong \frac{D_{ab}^2}{16\pi^3\hbar\varepsilon_0c^3}\omega_{ba}^3\iint\left[\frac{\sin\frac{(\omega_{ba}-\omega)t}{2}}{\frac{\omega_{ba}-\omega}{2}}\right]^2 d\omega d\Omega \text{ 。}
\end{aligned} \tag{2.171}$$

上式的最後一個近似是建立在：「如果 $\left[\frac{\sin\frac{(\omega_{ba}-\omega)t}{2}}{\frac{\omega_{ba}-\omega}{2}}\right]^2$ 的數值在 $\omega=\omega_{ba}$ 的附近是一個非常陡峭的尖峰」的條件下。

又因爲

$$\int_{-\infty}^{+\infty}\left(\frac{\sin x}{x}\right)dx=\pi \text{ ，} \tag{2.172}$$

且如前所定義的

$$D_{ab}^2=D_{ba}^2=g^2\left|\langle b|\hat{r}|a\rangle\cdot\hat{e}\right|^2 \text{ ，} \tag{2.173}$$

所以在立體角 $d\Omega$ 內的輻射機率 Γ 爲

$$\Gamma = \frac{1}{2\pi}\left(\frac{q^2}{4\pi\varepsilon_0\hbar c}\right)\frac{\omega^3}{c^2}\left|\langle b|\hat{r}|a\rangle\cdot\hat{e}\right|^2 td\Omega \text{ ，} \tag{2.174}$$

則自發性輻射的躍遷率 W_{sp} 爲

$$W_{sp} = \frac{\Gamma}{t} = \frac{1}{2\pi}\left(\frac{q^2}{4\pi\varepsilon_0\hbar c}\right)\frac{\omega^3}{c^2}\left|\langle b|\hat{r}|a\rangle\cdot\hat{e}\right|^2 d\Omega \text{ 。} \tag{2.175}$$

如果我們把躍遷率 W_{sp} 中的二個獨立的極化狀態加起來，且對全空間立體角 $d\Omega$ 做積分，就可以求出自發性輻射的單位時間機率，而這個機率的倒數就是自發性輻射的壽命（Life time）。

假設 $\bar{k}$ 的方向是沿 $\hat{z}$ 軸的，則我們可以選擇電場 $\mathscr{E}$ 或極化方向是沿著 $\hat{x}$ 或 $\hat{y}$ 方向的，所以我們把 $\left|\langle b|\hat{r}|a\rangle\cdot\hat{e}\right|^2$ 分解成二個獨立的極化方向來相加，如圖 2.26 所示，即

$$\begin{aligned}
\left|\langle b|\hat{r}|a\rangle\cdot\hat{e}\right|^2 &= \left|\langle b|\hat{r}|a\rangle\cdot\hat{x}\right|^2 + \left|\langle b|\hat{r}|a\rangle\cdot\hat{y}\right|^2 \\
&= \left|\bar{\wp}\cdot\hat{x}\right|^2 + \left|\bar{\wp}\cdot\hat{y}\right|^2 \\
&= \wp_x^2 + \wp_y^2 \\
&= \left(\wp\cos\phi\sin\theta\right)^2 + \left(\wp\sin\phi\sin\theta\right)^2 \\
&= \wp^2\sin^2\theta \text{ ，}
\end{aligned} \tag{2.176}$$

其中 $\wp = \left|\langle b|\hat{r}|a\rangle\right|$ 。

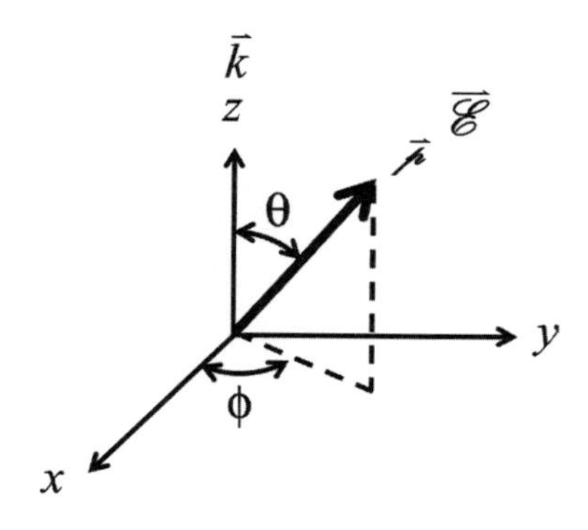

圖 2.26　偶極矩方向

所以 Einstein A 係數爲

$$
\begin{aligned}
A &= \int W_{sp} d\Omega \\
&= \frac{1}{2\pi}\left(\frac{q^2}{4\pi\varepsilon_0 \hbar c}\right)\frac{\omega^3}{c^2}\left|\langle b|\hat{r}|a\rangle\right|^2 \int_0^{2\pi}\int_0^{\pi} \sin^2\theta \sin\theta d\theta d\phi \\
&= \frac{4}{3}\left(\frac{q^2}{4\pi\varepsilon_0 \hbar c}\right)\frac{\omega^3}{c^2}\left|\langle b|\hat{r}|a\rangle\right|^2 \quad 。
\end{aligned}
\tag{2.178}
$$

最後要特別提出來的是，我們在介紹電磁輻射的全量子理論的過程中，有三個關係式和「一個光子」有關，（2.132）式其實就是線性光學（Linear optics）的觀點；（2.165）式表示了電磁輻射的全量子理論和半經典理論的一致性；（2.169）式則是連結了自發輻射與受激輻射的表示式。

第三章

雷射的躍遷與增益

1 均勻線寬與非均勻線寬
2 自發輻射、受激輻射和吸收
3 雷射介質的增益係數
4 增益飽和
5 雷射燒孔現象
6 雷射的速率方程式
7 MASER
8 雷射激發與臨界條件

雷射的構成首要條件應該可以說是活性介質（Active media) 或雷射介質（Laser media）。然而什麼樣的介質可以製成雷射呢？或者要問「雷射介質該具有什麼樣的性質？」要回答這個問題之前，如果記得第一章的內容，我們應該可以馬上回答：「只要可以提高光子簡併度的介質就可作為雷射介質」，但是具體的雷射介質應該具有的條件及其特性行為是什麼呢？

第一步必須知道物質的能階狀態以及其能態之間的躍遷行為，我們要介紹光學吸收（Absorptions)、自發性輻射躍遷（Spontaneous transitions 或 Spontaneous emissions)、受激輻射躍遷（Stimulated transitions 或 Stimulated emissions）的 Einstein 係數（Einstein coefficients）或 AB 係數（AB coefficients）。再者，因為參與輻射過程的介質並非單一粒子，所以整個介質系統的輻射躍遷特性可以被分成二種極端的情況，即均勻線寬（Homogeneous broadening）和非均勻線寬（Inhomogeneous broadening），分別可以用 Lorentz 函數（Lorentzian function）和 Gauss 函數（Gaussian function）來表示，於是 Einstein 係數也就會有 Lorentz 函數和 Gauss 函數的型式。

Albert Einstein 所預測的受激輻射躍遷是古典物理所沒有的現象，受激輻射大於光學吸收時，就產生光學增益（Optical gain），如前所述，均勻線寬的增益當然有別於非均勻線寬的增益。此外，因為介質中參與雷射過程的粒子是有限的，所以光子的簡併度就是有限的，也就意指雷射介質的光學增益並不會永遠保持定值，而是隨著雷射光強度的增加而降低，這就是所謂的增益飽和現象。我們很容易的可以理解均勻線寬增益飽和的變化與非均勻線寬增益飽和的變化是不同的，非均勻線寬增益隨著雷射光強度的增加而呈現飽和得比較慢；均勻線寬增益隨著雷射光強度的增加，而呈現飽和得比較快。增益飽和將減少雷射的輸出，最具體的現象就是燒孔現象，對於非均勻線寬增益主要是光譜燒孔現象；對於均勻線寬增益主要是空間燒孔現象。

激發的速率（Excitation rate 或 Pumping rate）也是能不能產生雷射的重要關鍵因素。因爲受激輻射大於光學吸收時就會產生光學增益，而當光學增益大於總體的損耗（Loss）就會發生雷射，所以光學增益等於總體損耗時，就稱爲雷射的臨界點（Threshold point）。而且由於受激輻射的數量乃取決於激發的速率，激發的速率愈快，受激輻射的光子數也就愈多；反之，激發的速率愈慢，受激輻射的光子數也就愈少。然而所謂的激發速率快慢和自發性能態躍遷的速率是相對的，我們將藉由三階系統（Three-level system）和四階系統（Four-level system）來了解激發速率和能態之間躍遷速率的關係，並對於雷射的前身—— MASER（Microwave Amplification by Stimulated Emission of Radiation）—— 作一些簡單的介紹。

此外，如前所述，在這一章的內容中，可以明確的看出本書是以速率方程式作爲說明雷射物理的主要方式，但是我們在本章的最後，會承接第二章輻射的全量子理論，由 Louville 理論（Louville theorem）推導出算符（Operators）的運動方程式（Equation of motion），這個二次偏微分方程式（Second partial differential equations）綜合了量子力學和統計力學的觀點，也就是雷射的全量子理論的發軔，還可以作爲日後探討量子電子學（Quantum electronics）的立論根基。

3.1　均勻線寬與非均勻線寬

簡單來說，如果引起線寬的機制對介質中的每個原子都是相同的，也就是說，每個原子都會透過相同的機制「貢獻」出線寬，則介質的輻射為均勻線寬。每個發光原子都以整個輻射函數（Emission profile）發射，或只說這個輻射函數可以描述每個原子發光的機制，而且這個機制是相同的，諸如：自然放射增寬機制（Natural emission broadening）、碰撞增寬機制（Collision broadening）、非晶態晶體增寬機制（Amorphous crystal broadening）、晶格振動增寬機制（Lattice vibration broadening）、聲子增寬機制（Phonon broadening）、偶極增寬機制（Dipolar broadening）。

相對於均勻線寬的機制，非均勻線寬的機制特點是，介質系統中的每個原子都有其獨特的中心頻率，而綜合所有的原子發射頻率函數，就是可觀察到的介質輻射函數，反過來說，由輻射函數的某一個頻率函數，就可以來判斷是由哪一個部分的原子所貢獻的，諸如：Doppler增寬機制（Doppler broadening）、晶格缺陷增寬機制（Lattice defect broadening）、應變增寬機制（Strain broadening）、同位素增寬機制（Isotope broadening）。

3.1.1 均勻線寬的輻射函數

我們可以用電偶極矩來描述均勻線寬的輻射函數，在忽略阻尼（Damping）的作用下，也就是沒有損耗的情況下，簡諧振子（Harmonic oscillator model）的運動方程式為

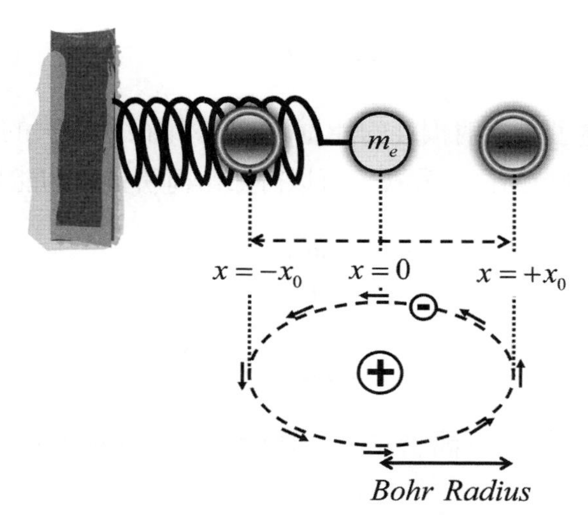

圖 3.1　簡諧振子的運動

$$m_e \frac{d^2x}{dt^2} + kx = 0 \text{ ，} \tag{3.1}$$

其中 m_e 爲電子的質量；k 等效於電偶極矩的彈性係數；電子振盪運動的位移 x 可以表示成 $x = x_0 e^{-i\omega_0 t}$，且振盪頻率 $\omega_0 = \left(\frac{k}{m_e}\right)^{\frac{1}{2}} = 2\pi\nu_0$，示意圖如圖 3.1。

或者我們可以說彈簧的彈力常數 k 爲

$$k = 4\pi^2 \nu_0^2 m_e \text{ ，} \tag{3.2}$$

而沒有損耗的情況下，簡諧振子的總能量 $E_{T,\ No\ Loss}$ 爲

$$\begin{aligned} E_{T,\ No\ Loss} &= \frac{1}{2} m_e \upsilon^2 + \frac{1}{2} kx^2 \\ &= \frac{1}{2} kx^2 \end{aligned}$$

$$= 2\pi^2 \nu_0^2 m_e x^2 \quad \text{。} \tag{3.3}$$

因爲振盪電子所輻射損耗的能量 P_R 等於電荷所損失的能量 $\frac{dE_T}{dt}$，則由第二章所介紹的 Larmor 公式，可以得知電荷所損失的能量，即

$$\begin{aligned} P_R &= -\frac{dE_T}{dt} \\ &= \frac{1}{4\pi\varepsilon_0}\frac{2q^2\dot{\upsilon}^2}{3c^3} \quad , \end{aligned} \tag{3.4}$$

其中 E_T 爲損耗的情況下簡諧振子的總能量；ε_0 爲眞空的介電常數；c 爲光速。

把 $\dot{\upsilon} = \frac{d\upsilon}{dt} = \frac{d}{dt}\left(\frac{d}{dt}x\right) = -\omega_0^2 x_0 e^{-i\omega_0 t}$ 代入，則振盪電子所輻射損耗的能量 P_R 爲

$$\begin{aligned} P_R &= -\frac{1}{4\pi\varepsilon_0}\frac{2q^2\dot{\upsilon}^2}{3c^3} \\ &= -\frac{1}{4\pi\varepsilon_0}\frac{2q^2\left(-\omega_0^2 x\right)^2}{3c^3} \\ &= -\frac{1}{4\pi\varepsilon_0}\frac{2q^2\omega_0^4 x^2}{3c^3} \\ &= -\frac{\omega_0^4\left(qx\right)^2}{6\pi\varepsilon_0 c^3} \\ &= -\frac{8\pi^3\nu_0^4\left(qx\right)^2}{3\varepsilon_0 c^3} \\ &= -\gamma_0 E_T \quad , \end{aligned} \tag{3.5}$$

其中 $\gamma_0 = \frac{8\pi\nu_0^2 e^2}{3\varepsilon_0 m_e c^3}$ 。

這個能量變化的表示式（3.5），恰恰表示了在一個給定的時間中輻射出的能量和瞬時能量成比例，實際上比例常數$\gamma_0 = \frac{1}{\tau_0}$可稱爲輻射衰減率（Radiative decay rate），即$P_R = -\frac{dE_T}{dt} = -\gamma_0 E_T$，可得

$$E_T(t) = E_{T0}e^{-\gamma_0 t} = E_{T0}e^{-\frac{t}{\tau_0}} \text{，} \tag{3.6}$$

其中的比例常數γ_0表示了能量損耗的速率，且是由許多衰減過程所構成，並非單一的物理機制，而在運動方程式中，則稱爲阻尼因子（Damping factor），所以一個描述電子振盪的運動方程式（3.1），如果考慮衰減機制，則可修正爲

$$m_e \frac{d^2x}{dt^2} + \gamma_0 \frac{dx}{dt} + 4\pi^2\nu_0^2 m_e x = 0 \text{，} \tag{3.7}$$

這個式子實際上已經有了相對論的意涵，或者可以改寫成

$$m_e \frac{d^2x}{dt^2} + \gamma_0 \frac{dx}{dt} + \omega_0^2 m_e x = 0 \text{。} \tag{3.8}$$

現在開始求解，設電子振盪運動的位移x爲$x = Ae^{i\xi t}$，代入上式

$$-Am_e\xi^2 + iA\gamma_0\xi + A\omega_0^2 m_e = 0 \text{，} \tag{3.9}$$

則

$$\xi^2 - i\frac{\gamma_0}{m_e}\xi - \omega_0^2 = 0 \text{，} \tag{3.10}$$

所以

$$\xi = \frac{i\frac{\gamma_0}{m_e} \pm \sqrt{4\omega_0^2 - \left(\frac{\gamma_0}{m_e}\right)^2}}{2} \text{，} \tag{3.11}$$

若阻尼因子 γ_0 遠小於振盪頻率 ω_0，即 $\gamma_0 << \omega_0$，則

$$\xi \cong i\frac{\gamma_0}{2m_e} - \omega_0 \quad , \tag{3.12}$$

所以可得電子振盪運動的位移 x 為

$$\begin{aligned} x &\cong Ae^{\frac{-\gamma_0 t}{2m_e}} e^{-i\omega_0 t} \\ &= x_0 e^{\frac{-\gamma_0 t}{2}} e^{-i\omega_0 t} \quad 。 \end{aligned} \tag{3.13}$$

然而由電磁理論，或 Parseval 理論（Parseval's theorem），我們可以知道電子所輻射出的電場和電子作振盪的時間相依性是一致的，所以我們可以直接寫下輻射電場的表示式

$$\mathscr{E}(t) = \begin{cases} \mathscr{E}_0 e^{\frac{-\gamma_0 t}{2}} e^{-i\omega_0 t} & \text{if } t \geq 0 \\ 0 & \text{if } t < 0 \end{cases} \quad 。 \tag{3.14}$$

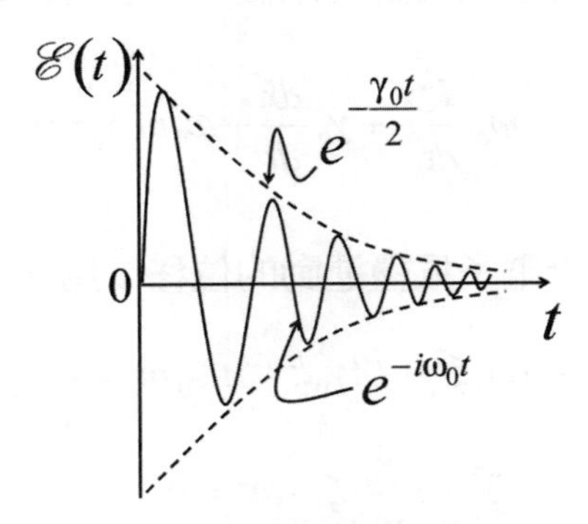

圖 3.2　電子的阻尼振盪

然而輻射電場 $\mathscr{E}(t)$ 並非由單一頻率所構成，我們可以由 Fourier 轉換（Fourier transformation）的分析，得到每個頻率的分量，即

$$\begin{aligned}\mathscr{E}(\omega) &= \frac{1}{\sqrt{2\pi}} \int_{-\infty}^{\infty} \mathscr{E}(t)\, e^{-i\omega_0 t} dt \\ &= \frac{\mathscr{E}_0}{\sqrt{2\pi}} \int_{0}^{\infty} e^{-i\left[(\omega-\omega_0)+i\frac{\gamma_0}{2}\right]t} dt \\ &= -\frac{\mathscr{E}_o}{\sqrt{2\pi}} \frac{1}{-i\left[(\omega-\omega_0)+i\frac{\gamma_0}{2}\right]} \end{aligned}$$ 。(3.15)

若以輻射電場強度 $I(\omega)$ 來表示則為

$$I(\omega) = \left|\mathscr{E}(\omega)\right|^2 = I_0 \frac{\frac{\gamma_0}{2\pi}}{(\omega-\omega_0)^2 + \left(\frac{\gamma_0}{2}\right)^2}$$ ，(3.16)

且可得

$$I(\omega_0) = \frac{2}{\pi\gamma_0} I_0$$ 。(3.17)

所以可以把代表均匀線寬的 Lorentz 分布（Lorentzian distribution）定義為

$$\mathscr{L}(\omega) \equiv \frac{\frac{\gamma_0}{2\pi}}{(\omega-\omega_0)^2 + \left(\frac{\gamma_0}{2}\right)^2}$$ ，(3.18)

或

$$\mathscr{L}(\nu) = \frac{\frac{\gamma_0}{4\pi^2}}{(\nu-\nu_0)^2 + \left(\frac{\gamma_0}{4\pi}\right)^2}$$ ，(3.19)

如圖 3.3 所示。

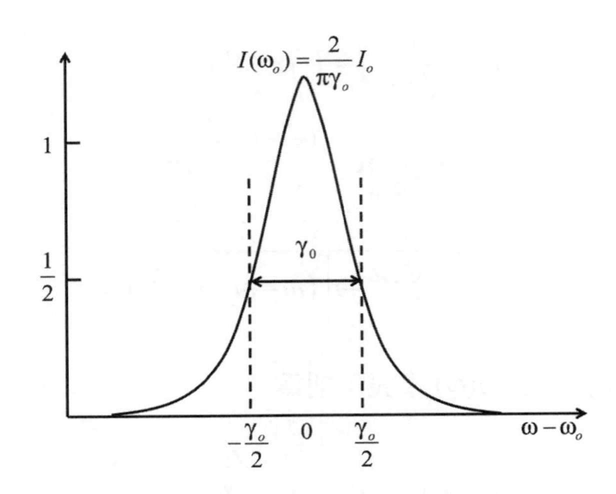

圖 3.3　均勻線寬的 Lorentz 分布

由以上的結果可知，每一個自然振盪形式所輻射出來的頻譜形式是 Lorentz 函數（Lorentzian function），這是從古典物理的觀點來看，但是我們也可以從量子力學的角度來討論均勻線寬或是自然輻射線寬（Natural emission linewidth）。通常量子觀點是由和時間相關的微擾理論（Time-dependent perturbation theory）作計算分析，但是也可以由 Heisenberg 測不準原理（Heisenberg uncertainty principle）來理解，原子處於某個能態的時間是具有一定平均壽命的，或者說，該狀態有一定的不準確度，也就是說，原子能態其實是在 $E\pm\frac{1}{2}\Delta E$ 的能量範圍內，而 ΔE 是原子能態的寬度。

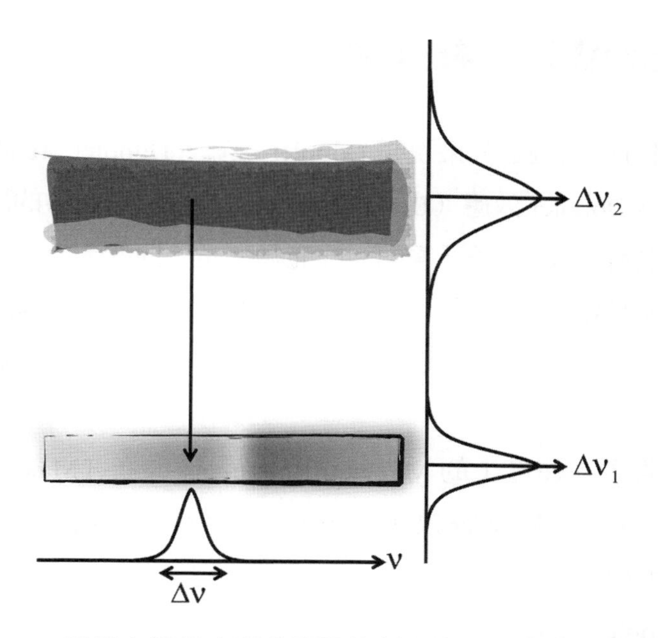

圖 3.4　電子在能級之間的躍遷輻射頻率是一個頻率範圍

如果 ΔE_2 和 ΔE_1 分別對應為上、下能級的寬度；而 τ_2 和 τ_1 分別對應為粒子在上、下能級的存在時間，則粒子在上、下二能級之間的躍遷輻射頻率也不再是一個固定的值，而是存在一個頻率範圍 $\Delta\nu$，如圖 3.4 所示，或者可以表示為

$$\Delta E \approx \hbar\Delta\omega = \hbar 2\pi\Delta\nu \quad , \tag{3.20}$$

且 $\Delta E \cdot \tau \approx \hbar$，則 $\hbar 2\pi\Delta\nu\tau \approx \hbar$，即 $\Delta\nu = \frac{1}{2\pi}\frac{1}{\tau}$ ，所以躍遷輻射頻率範圍 $\Delta\nu$ 為

$$\Delta\nu = \frac{1}{2\pi}\left(\frac{1}{\tau_1}+\frac{1}{\tau_2}\right) = \frac{1}{2\pi}\frac{1}{\tau} \quad , \tag{3.21}$$

其中 $\tau = \left(\frac{1}{\tau_1}+\frac{1}{\tau_2}\right)^{-1}$ 為躍遷時間。

3.1.2 非均勻線寬的輻射函數

我們將分成三個部分來說明 Doppler 線寬（Doppler broadening）。

[1] 因為 Doppler 效應（Doppler effect），所以運動中的原子「看到」的光頻率和靜止中的原子「看到」的光頻率是不同的。

[2] 當運動中的原子看到的光頻率和後來的光頻率相同時，才有最大的交互作用，所謂的「後來的光頻率」，就是意指考慮了 Doppler 效應之後的光頻率。

[3] 由原子在速度上的 Maxwell-Boltzmann 分布（Maxwell-Boltzmann distribution），藉著 Doppler 效應轉變成 Gauss 分布（Gaussian distribution）。

依序說明如下。

[1] Doppler 效應

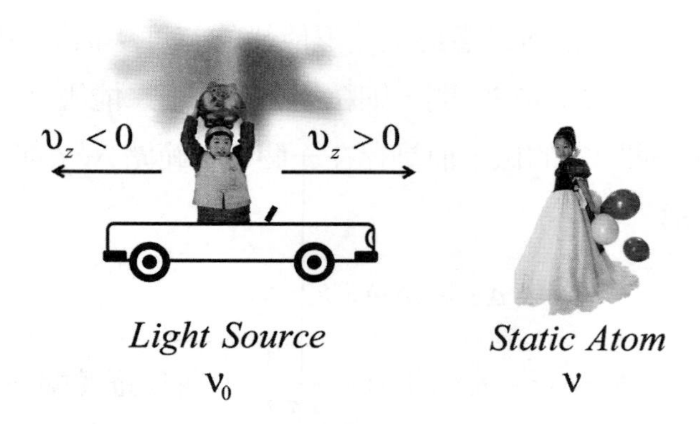

圖 3.5　光源的移動方向決定了速度的正負

如果光源的發光頻率為 ν_0，且光源以速度 υ_z 移動，若光源的移動方向是接近原子的，則速度 υ_z 定義為正；反之，若光源的移動方向是遠離原子的，則速度 υ_z 定義為負，如圖 3.5 所示。當然因為原子要和光波做交互作用，所以我們取光源的移動方向是靠近原子的。依據 Doppler 效應可知雖然光源的發光頻率爲 ν_0，但是靜止的原子所感受到的頻率 ν 爲

$$\nu = \nu_0 \sqrt{\frac{1+\frac{\upsilon_z}{c}}{1-\frac{\upsilon_z}{c}}} \,, \tag{3.22}$$

其中 c 爲光速。

若光源的速度 υ_z 遠小於光速 c，即 $\frac{\upsilon_z}{c} << 1$，則靜止的原子所感受到的頻率 ν 近似爲

$$\nu = \nu_0 \sqrt{\frac{1+\frac{\upsilon_z}{c}}{1-\frac{\upsilon_z}{c}}} \cong \nu_0 \left(1+\frac{\upsilon_z}{c}\right) \,。 \tag{3.23}$$

[2] 運動中的原子和光的交互作用

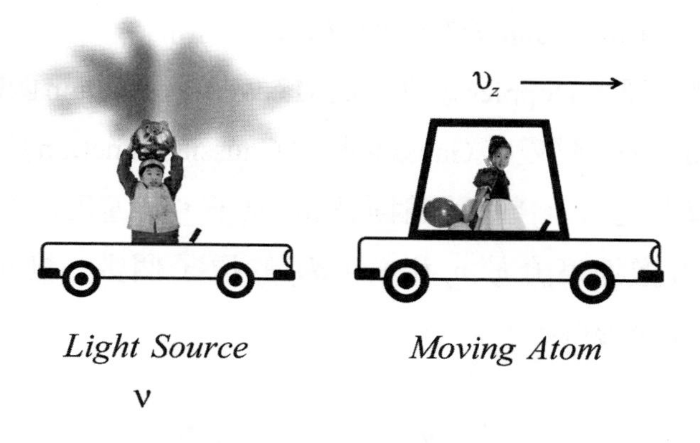

圖 3.6　運動中的原子和運動中的光源

當原子是靜止時，可以和 ν_0 的光子共振，但是當原子以 υ_z 的速度運動時，如圖 3.6 所示，原子仍然希望和頻率爲 ν_0 的光子共振，但是光源的頻率 ν 要如何才能滿足「被原子看到時的頻率爲 ν_0」呢？

因爲原子是沿光波前進方向運動，所以原子感受到的光子頻率因 Doppler 效應的原因變成 ν'，即

$$\nu' = \nu\left(1 - \frac{\upsilon_z}{c}\right) \text{。} \tag{3.24}$$

但是只有當 $\nu' = \nu_0$ 時，原子才會與光子有最大的交互作用，即

$$\nu_0 = \nu\left(1 - \frac{\upsilon_z}{c}\right) \text{，} \tag{3.25}$$

則

$$\nu \cong \nu_0\left(1 + \frac{\upsilon_z}{c}\right) \text{。} \tag{3.26}$$

上式表示即使光源的頻率爲 ν，但是因爲原子以速度 υ_z 沿光波前進方向運動，所以被原子看到時的頻率卻是 ν_0。

[3]Maxwell-Boltzmann 分布轉換成 Gauss 分布

現在我們要藉著 Doppler 效應，把 Maxwell-Boltzmann 函數（Maxwell-Boltzmann function）轉變成 Gauss 函數（Gaussian function）

在熱平衡狀態下，參與雷射過程的原子，其速度的分布應該是對稱的，若只考慮速度介於 υ_z 和 $\upsilon_z + d\upsilon_z$ 的原子個數，則可由 Maxwell-Boltzmann 分布來獲得，

$$n(\upsilon_z)d\upsilon_z = n\left(\frac{m}{2\pi k_B T}\right)^{\frac{1}{2}} \exp\left[\frac{-\frac{1}{2}m\upsilon_z^2}{k_B T}\right]d\upsilon_z \text{，} \tag{3.27}$$

其中 n 代表全部的原子；$\left(\frac{m}{2\pi k_B T}\right)^{\frac{1}{2}}$ 爲歸一化因子（Normalization factor）；m 爲原子的質量；k_B 爲 Boltzmann 常數（Boltzmann constant）；T 爲溫度。

現在分別考慮在 E_2 和 E_1 能階上的原子數 n_2 和 n_1，以及它們在 υ_z 和 $\upsilon_z + d\upsilon_z$ 速度間隔內的原子數分別爲

$$n_2(\upsilon_z)d\upsilon_z = n_2\left(\frac{m}{2\pi k_B T}\right)^{\frac{1}{2}}\exp\left(\frac{-m\upsilon_z^2}{2k_B T}\right)d\upsilon_z \text{ ；} \tag{3.28}$$

$$n_1(\upsilon_z)d\upsilon_z = n_1\left(\frac{m}{2\pi k_B T}\right)^{\frac{1}{2}}\exp\left(\frac{-m\upsilon_z^2}{2k_B T}\right)d\upsilon_z \text{ 。} \tag{3.29}$$

如果要在頻率空間中來表示原子個數，則因 $\nu = \nu_0\left(1+\frac{\upsilon_z}{c}\right)$，所以 $d\upsilon_z = \frac{c}{\nu_0}d\nu$，所以在 E_2 和 E_1 能階上，且頻率在 ν 和 $\nu + d\nu$ 之間的原子數分別爲

$$\begin{aligned} n_2(\nu)d\nu &= n_2\left(\frac{m}{2\pi k_B T}\right)^{\frac{1}{2}}\exp\left[\frac{-mc^2}{2k_B T\nu_0^2}\right]\frac{c}{\nu_0}d\nu \\ &= n_1\mathscr{D}(\nu,\nu_0)d\nu \text{ ，} \end{aligned} \tag{3.30}$$

$$\begin{aligned} n_1(\nu)d\nu &= n_1\left(\frac{m}{2\pi k_B T}\right)^{\frac{1}{2}}\exp\left[\frac{-mc^2}{2k_B T\nu_0^2}\right]\frac{c}{\nu_0}d\nu \\ &= n_1\mathscr{D}(\nu,\nu_0)d\nu \text{ ，} \end{aligned} \tag{3.31}$$

其中 $\mathscr{D}(\nu,\nu_0)=\frac{c}{\nu_0}\left(\frac{m}{2\pi k_B T}\right)^{\frac{1}{2}}\exp\left[\frac{-mc^2}{2k_B T\nu_0^2}(\nu-\nu_0)^2\right]$ 就是非均勻線寬的線型（Inhomogeneous broadening lineshape）或稱爲 Doppler 線型（Doppler lineshape），是一個 Gauss 函數（Gaussian function）。

接著，我們可以再仔細的說明有關 Doppler 線寬的幾個參數，如圖 3.7 所示。

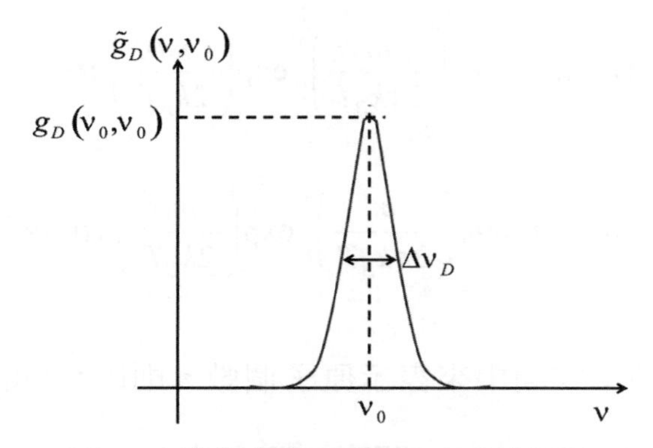

圖 3.7　非均勻線寬的 Doppler 線寬

Doppler 線寬的最大值就是當在中心頻率時，即 $\nu=\nu_0$，Doppler 線型 $\mathscr{D}(\nu,\nu_0)$ 爲

$$\mathscr{D}(\nu_0,\nu_0)=\frac{c}{\nu_0}\left(\frac{m}{2\pi k_B T}\right)^{\frac{1}{2}}\text{，} \tag{3.32}$$

而 Doppler 線寬的 Doppler 半高寬（Doppler width）爲

$$\Delta\nu_D=2\nu_0\left(\frac{2k_B T}{mc^2}\ln 2\right)^{\frac{1}{2}}=7.16\times10^{-7}\nu_0\left(\frac{T}{m}\right)^{\frac{1}{2}}\text{。} \tag{3.33}$$

若 Doppler 線型$\mathscr{D}(\nu, \nu_0)$ 以 Doppler 半高寬 $\Delta\nu_D$ 則可表示為

$$\mathscr{D}(\nu,\nu_0)=\sqrt{\frac{4\ln 2}{\pi(\Delta\nu_D)^2}}\exp\left[-\frac{4\ln 2}{(\Delta\nu_D)^2}(\nu-\nu_0)^2\right]。$$

3.1.3Lorentz 函數和 Gauss 函數的比較

半高寬相同時，Gauss 函數比 Lorentz 函數高，而 Lorentz 函數展開得比較寬，如圖 3.8 所示。最大的強度歸一化之後，Lorentz 函數展開得比較寬，如圖 3.9 所示。

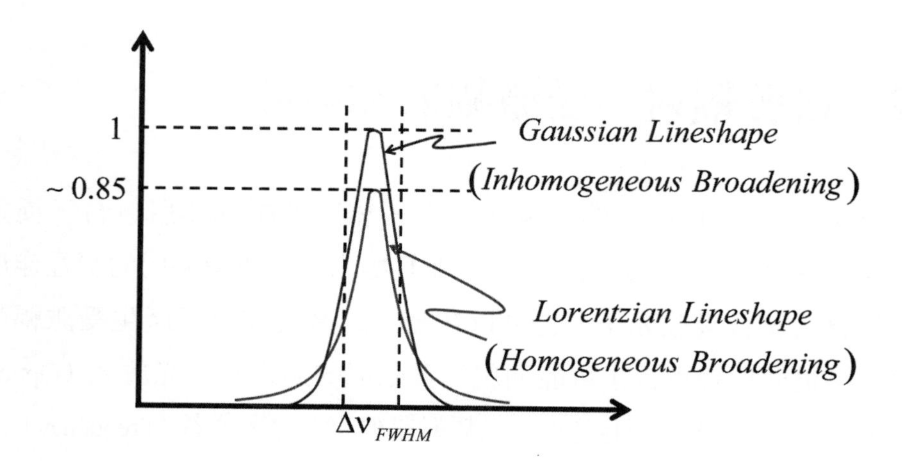

圖 3.8　Lorentz 線型和 Gauss 線型的半高寬歸一之後的比較

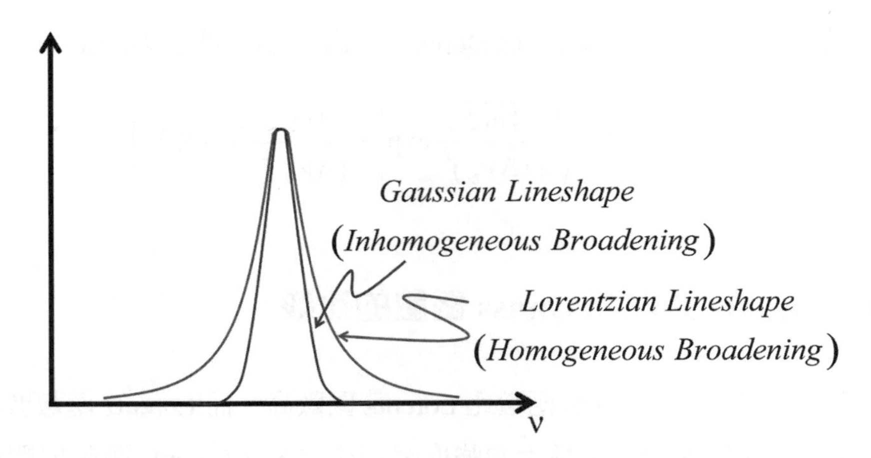

圖 3.9　Lorentz 線型和 Gauss 線型的峰值歸一之後的比較

3.2　自發輻射、受激輻射和吸收

1917 年 Albert Einstein 的理論預言光子和原子相互作用包含三種過程，即自發輻射、受激輻射和吸收，並且提出在物質與輻射的交互作用中，物質系統會吸收光子，也可以在光子的激發作用下產生受激輻射的光子。這個理論預言了可能利用受激輻射的過程實現光放大（Optical amplification）的現象，而且這個受激輻射或被放大的光頻率（Frequency）、極化（Polarization）方向、傳遞方向（Travel direction）、相位（Phase），都和作爲激發來源的入射光波完全相同。

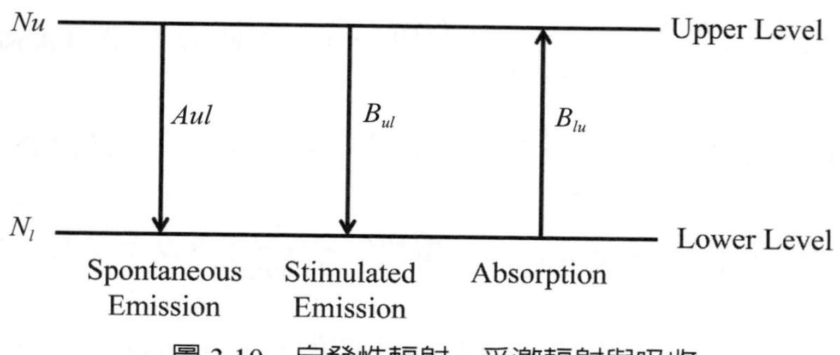

圖 3.10　自發性輻射、受激輻射與吸收

如果系統中有兩個能態，高能態的能量和低能態的能量分別爲 E_u 和 E_l，而處於高能態的粒子數和低能態的粒子數或單位體積的粒子數分別爲 N_u 和 N_l，如圖 3.10 所示。因爲在熱平衡狀態下，由高能態向低能態躍遷的粒子數等於由低能態向高能態躍遷的粒子數，而由高能態向低能態躍遷的機制有自發性輻射和受激輻射躍遷；由低能態向高能態躍遷的機制只有吸收，所以如果有一個能量密度（Energy density）$u(\nu)$ 的光子入射至系統，則受激輻射躍遷和吸收會與入射光子的能量密度 $u(\nu)$ 有關，而自發性輻射躍遷則與入射光子的能量密度 $u(\nu)$ 無關，所以由高能態向低能態自發性躍遷的粒子數爲 $N_u A_{ul}$，由高能態向低能態的受激輻射躍遷的粒子數則爲 $N_u B_{ul} u(\nu)$，而因爲吸收了入射光子的能量，向高能態躍遷的粒子數則爲 $N_l B_{lu} u(\nu)$。

綜合這三個機制，熱平衡的過程可表示爲

$$N_u A_{ul} + N_u B_{ul} u(\nu) = N_l B_{lu} u(\nu) \quad , \tag{3.34}$$

其中 A_{ul} 爲自發性輻射躍遷速率（Spontaneous radiation transition rate），單位爲 $\frac{1}{Time}$；B_{ul} 爲受激輻射係數（Stimulated emission coefficient），

單位爲 $\frac{Length^3}{Energy \cdot Time^2}$ 或 $\frac{Length^3 \cdot Freq}{Energy \cdot Time}$ ；B_{lu} 爲吸收係數（Absorption coefficient），單位爲 $\frac{Length^3}{Energy \cdot Time^2}$ 或 $\frac{Length^3 \cdot Freq}{Energy \cdot Time}$ ；N_u 是位於上能階的粒子密度（Population density），單位爲 $\frac{1}{Length^3}$ ；N_l 是位於下能階的粒子密度，單位爲 $\frac{1}{Length^3}$ ；$u(\nu)$ 爲能量密度（Energy density），單位爲 $\frac{Energy}{Length^3 \cdot Freq}$ 或 $\frac{Energy \cdot Time}{Length^3}$ 。

所以可得能量密度 $u(\nu)$ 爲

$$u(\nu) = \frac{N_u A_{ul}}{N_l B_{lu} - N_u B_{ul}} = \frac{\frac{N_u}{N_l} A_{ul}}{B_{lu} - \frac{N_u}{N_l} B_{ul}} 。 \tag{3.35}$$

又由 Boltzmann 分布（Boltzmann distribution）可得高能態的粒子數 N_u 和低能態的粒子數 N_l 的比例爲

$$\frac{N_u}{N_l} = \frac{g_u}{g_l} \exp\left(-\frac{E_u - E_l}{k_B T}\right) = \frac{g_u}{g_l} \exp\left(-\frac{h\nu}{k_B T}\right) , \tag{3.36}$$

其中 g_u 和 g_l 分別爲高能態和低能態的簡併度（Degeneracy）；h 爲 Planck 常數；k_B 爲 Boltzmann 常數；T 爲絕對溫度。

將 $\frac{N_u}{N_l} = \frac{g_u}{g_l} \exp\left(-\frac{h\nu}{k_B T}\right)$ 代入（3.35）式得能量密度 $u(\nu)$ 爲

$$u(\nu)=\frac{\frac{N_u}{N_l}A_{ul}}{B_{lu}-\frac{N_u}{N_l}B_{ul}}$$

$$=\frac{A_{ul}}{B_{lu}\frac{N_l}{N_u}-B_{ul}}$$

$$=\frac{A_{ul}}{B_{ul}}\frac{1}{\frac{B_{lu}}{B_{ul}}\frac{N_l}{N_u}-1}$$

$$=\frac{A_{ul}}{B_{ul}}\frac{1}{\frac{B_{lu}}{B_{ul}}\frac{g_u}{g_l}\exp\left(-\frac{h\nu}{k_B T}\right)-1} \text{。} \tag{3.37}$$

再移項可得，

$$\frac{B_{ul}u(\nu)}{A_{ul}}=\frac{1}{\frac{g_l B_{lu}}{g_u B_{ul}}e^{\frac{h\nu}{k_B T}}-1} \text{。} \tag{3.38}$$

為了要和由 Rayleigh-Jeans 定律（Rayleigh-Jeans' law）所得的能量密度 $u(\nu)=\frac{1}{\frac{c^3}{8\pi h\nu^3}\left(e^{\frac{h\nu}{k_B T}}-1\right)}$ 結果一致，所以 Einstein「強迫」（3.38）式分母中的 $\frac{g_l B_{lu}}{g_u B_{ul}}$ 為 1，即

$$\frac{g_l B_{lu}}{g_u B_{ul}}=1 \text{。} \tag{3.39}$$

這個關係式把輻射吸收、自發性輻射以及受激輻射的過程連結起來了，以

下我們來看看如何只要知道其中一個係數就可以得到另外二個係數。

由 Rayleigh-Jeans 定律可知能量密度 $u(\nu)$ 爲

$$u(\nu)=\frac{1}{\frac{c^3}{8\pi h\nu^3}\left(e^{\frac{h\nu}{k_BT}}-1\right)} \quad , \tag{3.40}$$

而由（3.38）式得能量密度 $u(\nu)$ 可以表示爲

$$u(\nu)=\frac{1}{\frac{A_{ul}}{B_{ul}}\left(e^{\frac{h\nu}{k_BT}}-1\right)} \quad 。 \tag{3.41}$$

比較（3.40）和（3.41）兩式之後，可得受激輻射係數 B_{ul} 和自發性輻射躍遷速率 A_{ul} 比值爲

$$\frac{B_{ul}}{A_{ul}}=\frac{c^3}{8\pi h\nu^3} \quad 。 \tag{3.42}$$

若我們把系統的輻射躍遷函數或稱爲增益曲線函數（Gain profile 或 Lineshape）$\mathscr{G}(\nu)$ 考慮進來，則受激輻射頻率函數 $B_{ul}(\nu)$ 和自發性輻射躍遷速率頻率函數 $A_{ul}(\nu)$ 之比爲

$$\frac{B_{ul}(\nu)}{A_{ul}(\nu)}\equiv\frac{B_{ul}\mathscr{G}(\nu)}{A_{ul}\mathscr{G}(\nu)}=\frac{B_{ul}}{A_{ul}}=\frac{c^3}{8\pi h\nu^3} \tag{3.43}$$

如果介質系統的輻射躍遷特性是屬於均勻線寬的過程，則增益曲線 $\mathscr{G}(\nu)$ 是對應於 Lorentz 函數 $\mathscr{L}(\nu)$，即

$$\mathscr{G}(\nu)=\mathscr{L}(\nu)=\frac{\frac{\gamma_{ul}}{4\pi^2}}{(\nu-\nu_0)^2+\left(\frac{\gamma_{ul}}{4\pi}\right)^2} \quad , \tag{3.44}$$

則自發性輻射躍遷速率的頻率函數 $A_{ul}(\nu)$ 爲

$$A_{ul}(\nu) = \mathscr{L}(\nu) A_{ul}$$

$$= \frac{\frac{\gamma_{ul}}{4\pi^2}}{(\nu - \nu_0)^2 + \left(\frac{\gamma_{ul}}{4\pi}\right)^2} A_{ul} \text{ ,} \tag{3.45}$$

代入受激輻射頻率函數 $B_{ul}(\nu)$ 爲

$$B_{ul}(\nu) = \mathscr{L}(\nu) B_{ul}$$

$$= \frac{\frac{\gamma_{ul}}{4\pi^2}}{(\nu - \nu_0)^2 + \left(\frac{\gamma_{ul}}{4\pi}\right)^2} B_{ul} \text{ 。} \tag{3.46}$$

又因爲

$$\frac{g_l B_{lu}}{g_u B_{ul}} = 1 \text{ ,} \tag{3.47}$$

所以可得吸收的頻率函數 $B_{ul}(\nu)$ 爲

$$B_{ul}(\nu) = \mathscr{L}(\nu) B_{lu}$$

$$= \frac{\frac{\gamma_{ul}}{4\pi^2}}{(\nu - \nu_0)^2 + \left(\frac{\gamma_{ul}}{4\pi}\right)^2} B_{lu}$$

$$= \frac{\frac{\gamma_{ul}}{4\pi^2}}{(\nu - \nu_0)^2 + \left(\frac{\gamma_{ul}}{4\pi}\right)^2} \frac{g_u}{g_l} B_{ul} \text{ 。} \tag{3.48}$$

綜合以上的結果，可得均勻線寬自發性輻射躍遷速率的頻率函數 $A_{ul}(\nu)$、受激輻射頻率函數 $B_{ul}(\nu)$ 以及吸收的頻率函數 $B_{lu}(\nu)$ 分別爲，

$$\begin{cases} A_{ul}(\nu)=\mathscr{L}(\nu)A_{ul} \\ B_{ul}(\nu)=\mathscr{L}(\nu)B_{ul} \\ B_{lu}(\nu)=\mathscr{L}(\nu)\dfrac{g_u}{g_l}B_{ul} \end{cases}, \tag{3.49}$$

其中$\mathscr{L}(\nu)=\dfrac{\dfrac{\gamma_{ul}}{4\pi^2}}{(\nu-\nu_0)^2+\left(\dfrac{\gamma_{ul}}{4\pi}\right)^2}$。

對於非均勻線寬，基本上藉由相似的過程，只要把增益曲線$\mathscr{G}(\nu)$換成 Gauss 函數$\mathscr{D}(\nu)$，則可以得到非均勻線寬自發性輻射躍遷速率的頻率函數$A_{ul}(\nu)$、受激輻射頻率函數$B_{ul}(\nu)$以及吸收的頻率函數$B_{lu}(\nu)$，分別爲

$$\begin{cases} A_{ul}(\nu)=\mathscr{D}(\nu)A_{ul} \\ B_{ul}(\nu)=\mathscr{D}(\nu)B_{ul} \\ B_{lu}(\nu)=\mathscr{D}(\nu)\dfrac{g_u}{g_l}B_{ul} \end{cases}, \tag{3.50}$$

其中$\mathscr{D}(\nu)=\sqrt{\dfrac{4\ln 2}{\pi(\Delta\nu_D)^2}}\exp\left[-\dfrac{4\ln 2}{(\Delta\nu_D)^2}(\nu-\nu_0)^2\right]$。

但是要注意，因爲均勻線寬和非均勻線寬所導入粒子的分布狀態不同，雖然在數學表示上只是代入的函數形式不同，但是其物理意義就有所不同，我們會在下一節作介紹。

此外，（3.38）式也產生了一個很重要的物理意義。因爲等號左側的$\dfrac{B_{ul}u(\nu)}{A_{ul}}$表示受激輻射速率與自發性輻射速率的比例，即

$$\frac{Stimulated\ Emission}{Spontaneous\ Emission}=\frac{B_{ul}u(\nu)}{A_{ul}}=\frac{1}{\frac{g_l B_{lu}}{g_u B_{ul}}e^{\frac{h\nu}{k_B T}}-1}=\frac{1}{e^{\frac{h\nu}{k_B T}}-1}\text{。} \quad (3.51)$$

根據受激輻射速率與自發性輻射速率的比例關係，我們可以嘗試著帶入實際的數值看看一個例子，就可以知道「如果 Einstein 提出來的受激輻射眞的存在，為什麼從來沒有被觀察到？」其實，在熱平衡的情況下，受激輻射的量是非常少的，如果要使受激輻射增加，則必須升高到很高的溫度或是波長很長的情況下，才有可能使受激輻射躍遷和自發性輻射躍遷相等，即如果 $\frac{B_{ul}u(\nu)}{A_{ul}}=1$ ，則在可見光之範圍之內，即光子能量為 $h\nu=0.25$ *e.V.*，溫度必須高達 33500 K，而太陽的平均溫度約為 5800 K，也就是我們可以知道，每天照射到地球的太陽光中，有雷射成分的機率是非常低的。如此一來，似乎顯示受激輻射元件在微波範圍是可實現的，而在可見光範圍是無法實現的，所以在雷射發展肇始，有許多學者就認為 MASER 也許是可以做出來的，而 LASER 是做不出來的，這是因為沒有考慮同調性的緣故，如果考慮了同調性，也就是必須引入「負溫度」的概念，下一節我們會介紹，則 LASER 就變成可行的了。

3.3 雷射介質的增益係數

為了說明一個物質是否適合做為雷射的介質，所以我們可以定義出介質的增益係數（Gain coefficient）來作為判斷依據之一。

在上一節中已經介紹了光子和原子相互作用的三種過程：自發輻射、

受激輻射和吸收，然而因爲要產生「簡併度很高的光」，所以一定要在介質中先呈現布居反轉的狀態，然後一旦發生受激輻射，就產生了雷射，稍後我們會知道受激輻射係數愈大，布居反轉就愈容易建立，雷射介質的增益係數也就愈大。

本節內容首先將介紹布居反轉的意義，再說明雷射介質的增益係數。

3.3.1 布居反轉

根據統計力學，我們知道在系統中粒子的分布函數爲 Maxwell-Boltzmann 分布（Maxwell-Boltzmann distribution）或稱爲 Boltzmann 分布（Boltzmann distribution）。Boltzmann 分布的結果，簡單來說就是低能態的粒子數比較多；高能態的粒子數比較少，如圖 3.11 所示，即粒子隨能量的分布（Population）必須遵守 Boltzmann 定律（Boltzmann distribution law）:「系統在溫度 T K 達到熱平衡時，有 N_2 個粒子具有能量 E_2，有 N_1 個粒子具有能量 E_1，且 $E_2>E_1$，則高能態的粒子數和低能態的粒子數的比例爲

$$\frac{N_2}{N_1}=e^{-\frac{\Delta E}{k_B T}} , \tag{3.52}$$

其中 $\Delta E = E_2 - E_1$ 爲高能態 E_2 和低能態 E_1 的能量差；k_B 爲 Boltzmann 常數（Boltzmann constant）$k_B = 1.381\times10^{-23}\ Joule/K$。」。

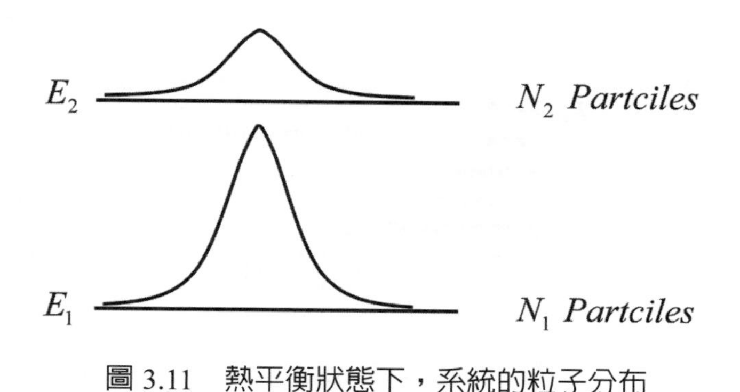

圖 3.11　熱平衡狀態下，系統的粒子分布

相同的道理，在熱平衡狀態下系統中，位於能量 E_m 的粒子有 N_m 個，位於能量 E_{m+n} 的粒子有 N_{m+n} 個，且能量 E_{m+n} 高於能量 E_m，高能態 E_{m+n} 和低能態 E_m 的能量差爲 $\Delta E = E_{m+n} - E_m$，則兩個能態粒子數的比值爲

$$\frac{N_{m+n}}{N_m} = e^{-\frac{\Delta E}{k_B T}} \quad , \tag{3.53}$$

其中 T 爲熱平衡溫度。

很明顯的，因爲（3.53）式中，指數的部分：能量差 ΔE、Boltzmann 常數 k_B 以及溫度都是正值，所以高能態的粒子數會比低能態的粒子數少，如圖 3.12 所示，但是如果要滿足雷射所需條件，就必須是高能態的粒子數比低能態的粒子數多，或稱爲布居反轉，如圖 3.12(b) 所示，即 $N_{m+1}>N_m$。爲了描述這樣的現象，則只有溫度是負值才能滿足 Boltzmann 定律，因此布居反轉也被稱爲負溫度現象（Negative temperature），即

$$\frac{N_{m+1}}{N_m} = e^{-\frac{\Delta E}{k_B(-T)}} = e^{\frac{\Delta E}{k_B T}} > 1 \quad , \tag{3.54}$$

其中 $\Delta E = E_{m+1} - E_m$ 爲兩個能態的能量差值。

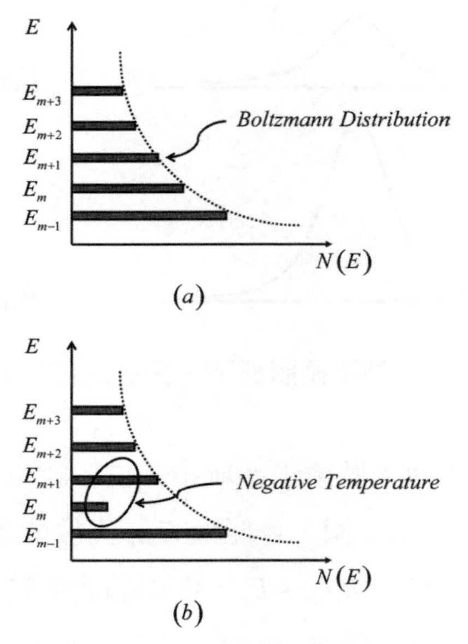

圖 3.12　Boltzmann 定律與布居反轉

3.3.2 增益係數

雷射介質的增益或增益係數是構成雷射的重要條件之一，如圖 3.13 所示，如果 1 個光子進入介質之後，可以產生 2 同調光子，則這個介質的增益就是 2；如果 1 個光子進入介質之後，可以產生 4 同調光子，則這個介質的增益就是 4；如果 1 個光子進入介質之後，可以產生 8 同調光子，則這個介質的增益就是 8。

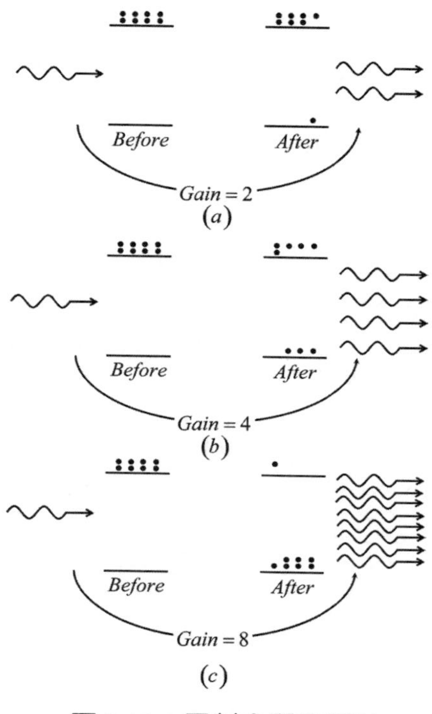

圖 3.13 雷射介質的增益

本節介紹的增益係數又稱爲小訊號增益係數（Small signal gain coefficient）或未飽和增益係數（Unsaturated gain coefficients），也就是如果介質的增益是 2，則 1 個光子進入介質之後，可以產生 2 同調光子；2 個光子進入介質之後，可以產生 4 同調光子；4 個光子進入介質之後，可以產生 8 同調光子……，如圖 3.14 所示。很顯然的，增益係數和布居反轉有直接的關係。下一節我們會說明雷射的增益係數是隨著光強度增加而降低的，即增益飽和（Gain saturation）。

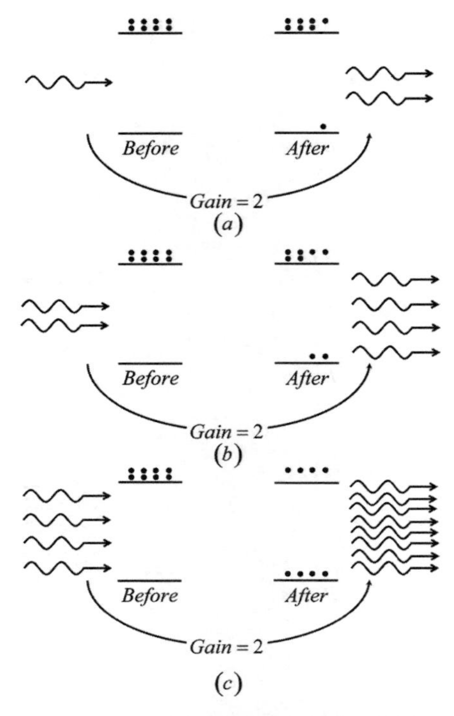

圖 3.14 雷射介質的小訊號增益

此外，為了描述介質對於入射光子可以產生受激輻射的特性，我們定義出介質的受激輻射截面（Stimulated emission cross section），當然因為發光的機制不同，所以均勻線寬與非均勻線寬的受激輻射截面也是不同的。

在介紹雷射增益之前，我們必須先說明一下能量密度 $u(v)$ 和強度（Flux 或 Intensity per unit area）$I(v)$ 的關係。

3.3.2.1 能量密度和強度

因為能量密度和強度的語意上容易混淆，而且在說明增益係數時是必須了解的，所以我們簡單說明一下二者的關係。實際上，我們要知道的是

「能量密度」和「總強度」的關係，而所謂的能量密度 $u(\nu)$ 應該是單位體積中頻率在 ν 的光波所帶有的能量；而強度 $I(\nu)$ 則應該是單位時間通過單位面積的頻率在 ν 的光波所帶有的能量，即能量密度 $u(\nu)$ 爲

$$u(\nu)=\frac{Energy}{Volume\cdot Frequency}=\frac{Energy\cdot Time}{Volume}\text{ ；} \tag{3.55}$$

而強度 $I(\nu)$ 爲

$$I(\nu)=\frac{Energy}{Time\cdot Area\cdot Frequency}=\frac{Energy}{Area}\text{ 。} \tag{3.56}$$

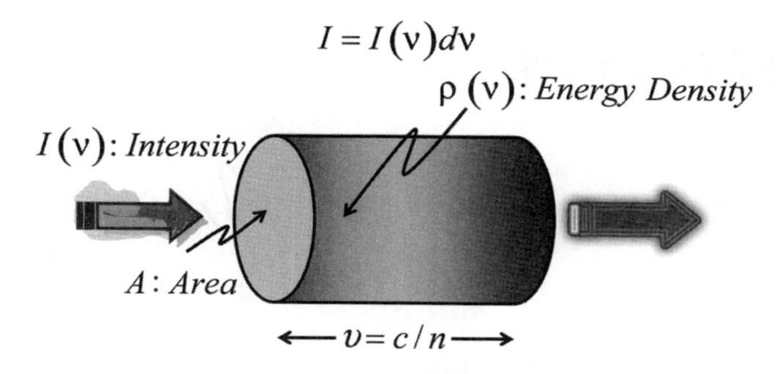

圖 3.15　能量密度和強度的關係

所以如果截面積（Cross section area）爲 A 的光波，在介質中以速度 υ 前進，如圖 3.15 所示，則在時間 Δt 內的能量以能量密度 $u(\nu)$ 和強度 $I(\nu)$ 來表示是相等的，即

$$u(\nu)\cdot A\cdot\upsilon=I(\nu)\cdot A\text{ ，} \tag{3.57}$$

則

$$u(\nu)=\frac{I(\nu)}{\upsilon}=I(\nu)\frac{n}{c}\text{ ，} \tag{3.58}$$

或
$$I(\nu)=u(\nu)\frac{c}{n} \quad , \tag{3.59}$$

其中 n 爲介質的折射率，而 $\frac{c}{n}=\upsilon$ 爲光波或電磁波在介質中的速度。

總強度 I 是把所有頻率的強度加起來，則「能量密度 $u(\nu)$」和「總強度 I」的關係爲

$$\begin{aligned} I &= I(\nu)d\nu \\ &= u(\nu)\frac{c}{n}d\nu \\ &= u(\nu)d\nu\frac{c}{n} \quad 。 \end{aligned} \tag{3.60}$$

3.3.2.2 增益係數和布居反轉

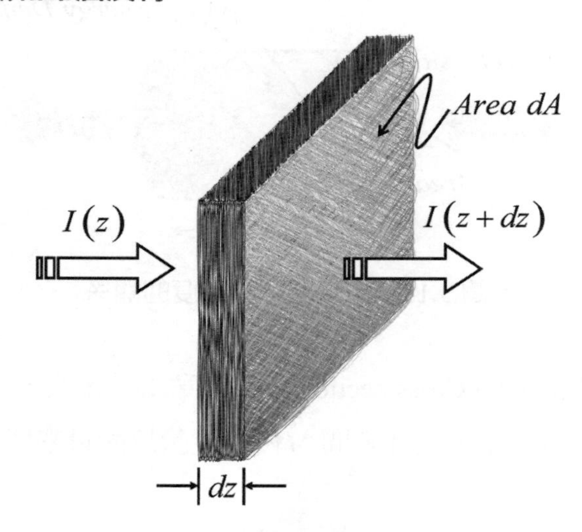

圖 3.16　強度隨著在增益介質中傳遞的距離而變化

基於能量密度 $u(\nu)$ 和強度 $I(\nu)$ 的關係，可以得到我們需要的增益係數，單位時間內通過 dz 距離後的能量增加量等於 I（強度）× dA（截面

積），如圖 3.16 所示，即

$$\left[I(z+\Delta z)-I(z)\right]dA = h\nu\, N_u B_{ul}(\nu)\, \underbrace{\underbrace{\underbrace{\underbrace{\underbrace{u(\nu)}_{Monochromatic}\,\Delta\nu}_{Polychromatic}\,\underbrace{dAdz}_{Volume}}_{Total\ Incident\ Energy}}_{Total\ Incident\ Energy\ for\ this\ Transition}}_{Total\ Atoms\ for\ this\ Transition} - h\nu N_l B_{lu}(\nu) u(\nu)\Delta\nu dAdz$$

(Total Emission Energy for this Transition)　(3.61)

其中截面積 dA 乘上傳遞的距離 dz 等於增益介質的體積 $dAdz$，單一頻率的能量密度 $u(\nu)$ 對頻率 $\Delta\nu$ 積分之後的結果爲多個頻率的能量密度 $u(\nu)\Delta\nu$。多個頻率的能量密度 $u(\nu)\Delta\nu$ 和增益介質的體積 $dAdz$ 的乘積就是入射光的所有能量 $u(\nu)\Delta\nu dAdz$，而因爲受激輻射係數爲 $B_{ul}(\nu)$，所以對於引發受激輻射躍遷的入射能量爲 $B_{ul}(\nu)\, u(\nu)\Delta\nu dAdz$，此外，處於高能態的粒子數爲 N_u，則參與這次躍遷的粒子個數爲 $N_uB_{ul}(\nu)u(\nu)\Delta\nu dAdz$，又由於一個光子的能量爲 $h\nu$，所以受激輻射所產生的總能量爲 $h\nu\, NuB_{ul}(\nu)\, u(\nu)\, \Delta\nu dAdz$。

所以

$$\begin{aligned}\left[I(z+dz)-I(z)\right]dA &= \left[N_uB_{ul}(\nu)u(\nu)\Delta\nu - N_lB_{lu}(\nu)u(\nu)\Delta\nu\right]h\nu dAdz\\ &= \left[N_uB_{ul}(\nu)I\frac{n}{c} - N_lB_{lu}(\nu)I\frac{n}{c}\right]h\nu dAdz\\ &= \left[N_uB_{ul}(\nu)\frac{I}{c} - N_lB_{lu}(\nu)\frac{I}{c}\right]nh\nu dAdz\\ &= \left[N_uB_{ul}(\nu) - N_lB_{lu}(\nu)\right]\frac{h\nu In}{c}dAdz\ ,\end{aligned}\tag{3.62}$$

其中強度 $I = u(\nu)\Delta\nu\dfrac{c}{n}$ ；n 爲介質的折射率。

由 Beer 定律（Beer's law 或 Lambert-Beer law 或 Beer-Lambert-Bouguer law）所描述的強度 I 隨行進距離 dz 的變化關係爲

$$\frac{dI}{dz}=-\alpha I=gI \quad, \tag{3.63}$$

其中 α 爲損耗（Loss）；爲 g 增益且損耗的負值等於增益，即 $g=-\alpha$。代入（3.62）式，則

$$\frac{dI}{dz}=\left[N_u B_{ul}(\nu)-N_l B_{lu}(\nu)\right]\frac{h\nu}{c}I \quad, \tag{3.64}$$

所以可得增益係數 $g(\nu)$ 爲

$$\begin{aligned} g(\nu) &= \left[N_u B_{ul}(\nu)-N_l B_{lu}(\nu)\right]\frac{h\nu}{c} \\ &= \Delta N\frac{h\nu}{c} \quad, \end{aligned} \tag{3.65}$$

其中 $\Delta N=N_u B_{ul}(\nu)-N_l B_{lu}(\nu)$ 爲布居反轉。

很顯然的，雷射介質的增益係數 $g(\nu)$ 和布居反轉的量 ΔN 成正比，也就是布居反轉的量越多，增益係數 $g(\nu)$ 就越大；反之，布居反轉 ΔN 的量越少，增益係數 $g(\nu)$ 就越小。然而布居反轉 ΔN 和受激輻射係數 $B_{ul}(\nu)$ 是有關的，所以我們有必要檢視一下均勻線寬和非均勻線寬布居反轉 ΔN 的差異。

把增益曲線 $\mathscr{G}(\nu)$ 代入布居反轉爲 $\Delta N=N_u B_{ul}(\nu)-N_l B_{lu}(\nu)$，則

$$\begin{aligned} \Delta N &= N_u B_{ul}(\nu)-N_l B_{lu}(\nu) \\ &= N_u B_{ul}\mathscr{G}(\nu)-N_l B_{lu}\mathscr{G}(\nu) \quad, \end{aligned} \tag{3.66}$$

而對於均勻線寬 $\mathscr{G}(\nu)=\mathscr{L}(\nu)=\dfrac{\dfrac{\gamma_{ul}}{4\pi^2}}{(\nu-\nu_0)^2+\left(\dfrac{\gamma_{ul}}{4\pi}\right)^2}$；對於非均勻線寬，

$\mathscr{G}(\nu)=\mathscr{D}(\nu)=\sqrt{\frac{4\ln 2}{\pi(\Delta\nu_D)^2}}\exp\left[-\frac{4\ln 2}{(\Delta\nu_D)^2}(\nu-\nu_0)^2\right]$，其中 ν_0 爲增益曲線的中心頻率；γ_{ul} 爲上下能態輻射躍遷的衰減率；$\Delta\nu_D$ 爲 Doppler 線寬的 Doppler 半高寬。

但是因爲均勻線寬或自然線寬主要是上能階和下能階的壽命（Life-time）不同，也就是變因在 $B_{lu}(\nu)$ 和 $B_{ul}(\nu)$；而非均勻線寬或 Doppler 線寬（Doppler broadening），主要是緣自於參與雷射的粒子在上能階和下能階分布的不同，也就是變因在 $N_{lu}(\nu)$ 和 $N_{ul}(\nu)$，所以如果用數學式子來描述這段敘述，則均勻線寬的布居反轉 ΔN_N 和非均勻線寬的布居反轉 ΔN_D 分別應爲

$$\begin{aligned}\Delta N_N &= N_u B_{ul}\mathscr{L}(\nu)-N_l B_{lu}\mathscr{L}(\nu)\\ &= N_u\left[B_{ul}\mathscr{L}(\nu)\right]-N_l\left[B_{lu}\mathscr{L}(\nu)\right]\\ &= N_u B_{ul}(\nu)-N_l B_{lu}(\nu)\ ;\end{aligned} \tag{3.67}$$

$$\begin{aligned}\Delta N_D &= N_u B_{ul}\mathscr{D}(\nu)-N_l B_{lu}\mathscr{D}(\nu)\\ &= \left[N_u\mathscr{D}(\nu)\right]B_{ul}-\left[N_l\mathscr{D}(\nu)\right]B_{lu}\\ &= N_u(\nu)B_{ul}-N_l(\nu)B_{lu}\ 。\end{aligned} \tag{3.68}$$

加上前面曾說明的 $B_{ul}(\nu)$，$B_{lu}(\nu)$ 表示式，可以得到均勻線寬的增益係數 $g_N(\nu)$ 爲，

$$\begin{aligned}g_N(\nu) &= \Delta N_N\frac{h\nu}{c}\\ &= \left[N_u B_{ul}(\nu)-N_l B_{lu}(\nu)\right]\frac{h\nu}{c}\\ &= \left[N_u B_{ul}-N_l B_{lu}\right]\frac{h\nu}{c}\mathscr{L}(\nu)\end{aligned}$$

$$
\begin{aligned}
&= \left[N_u - \frac{B_{lu}}{B_{ul}} N_l \right] \frac{h\nu}{c} B_{ul} \mathscr{L}(\nu) \\
&= \left[N_u - \frac{g_u}{g_l} N_l \right] \frac{h\nu}{c} B_{ul} \mathscr{L}(\nu) \\
&= \left[N_u - \frac{g_u}{g_l} N_l \right] \frac{h\nu}{c} B_{ul} \mathscr{L}(\nu) \\
&= \left[N_u - \frac{g_u}{g_l} N_l \right] \frac{h\nu}{c} \frac{c^3}{8\pi h\nu^3} A_{ul} \mathscr{L}(\nu) \\
&= \left[N_u - \frac{g_u}{g_l} N_l \right] \frac{c^2}{8\pi\nu^2} A_{ul} \mathscr{L}(\nu) \text{ ，} \qquad (3.69)
\end{aligned}
$$

其中增益曲線 $\mathscr{L}(\nu) = \dfrac{\dfrac{\gamma_{ul}}{4\pi^2}}{(\nu-\nu_0)^2 + \left(\dfrac{\gamma_{ul}}{4\pi}\right)^2}$ 是 Lorentz 函數。

或者帶入 $N_u(\nu)$ 和 $N_l(\nu)$ 可得非均勻線寬的增益係數 $g_D(\nu)$ 爲，

$$
\begin{aligned}
g_D(\nu) &= \Delta N_D \frac{h\nu}{c} \\
&= \left[N_u(\nu) B_{ul} - N_l(\nu) B_{lu} \right] \frac{h\nu}{c} \\
&= \left[N_u(\nu) - \frac{B_{lu}}{B_{ul}} N_l(\nu) \right] B_{ul} \frac{h\nu}{c} \\
&= \left[N_u - \frac{B_{lu}}{B_{ul}} N_l \right] \frac{h\nu}{c} B_{ul} \mathscr{D}(\nu) \\
&= \left[N_u - \frac{g_u}{g_l} N_l \right] \frac{h\nu}{c} B_{ul} \mathscr{D}(\nu) \\
&= \left[N_u - \frac{g_u}{g_l} N_l \right] \frac{h\nu}{c} B_{ul} \mathscr{D}(\nu)
\end{aligned}
$$

$$=\left[N_u-\frac{g_u}{g_l}N_l\right]\frac{h\nu}{c}\frac{c^3}{8\pi h\nu^3}A_{ul}\mathscr{D}(\nu)$$

$$=\left[N_u-\frac{g_u}{g_l}N_l\right]\frac{c^2}{8\pi\nu^2}A_{ul}\mathscr{D}(\nu)\ ， \tag{3.70}$$

其中增益曲線 $\mathscr{D}(\nu)=\sqrt{\frac{4\ln 2}{\pi(\Delta\nu_D)^2}}\exp\left[-\frac{4\ln 2}{(\Delta\nu_D)^2}(\nu-\nu_0)^2\right]$ 是 Doppler 函數。

3.3.2. 受激輻射截面

受激輻射的機制是古典物理所沒有的作用，依據科學發展的演進過程，我們會嘗試著把新的現象參數與舊的物理量作連結，最方便的方法就是把增益係數化成和單位體積參與雷射過程的粒子數有關的物理量，所以就引進了受激輻射截面的觀念，即

$$\overbrace{g_{ul}(\nu)}^{length^{-1}}=\overbrace{\sigma_{ul}(\nu)}^{length^{2}}\overbrace{\Delta N_{ul}}^{length^{-3}}$$

$$=\sigma_{ul}(\nu)\left[N_u-\frac{g_u}{g_l}N_l\right]\ 。 \tag{3.71}$$

因為增益係數 $g_{ul}(\nu)$ 的單位是 *Length* $^{-1}$，而布居反轉 ΔN_{ul} 的單位是 *Length* $^{-3}$，則連結這兩個特性參數的物理量之單位必須是 *Length*^{2}，很顯然的這是面積的單位，所以我們就稱其為受激輻射截面 $\sigma_{ul}(\nu)$ 。

對均勻線寬而言，由（3.69）可得受激輻射截面 $\sigma_{ul}^N(\nu)$ 為

$$\sigma_{ul}^N(\nu)=\frac{c^2}{8\pi\nu^2}A_{ul}\mathscr{L}(\nu)\ ， \tag{3.72}$$

其中增益曲線 $\mathscr{L}(\nu)=\dfrac{\dfrac{\gamma_{ul}}{4\pi^2}}{(\nu-\nu_0)^2+\left(\dfrac{\gamma_{ul}}{4\pi}\right)^2}$ 是 Lorentz 函數。

在中心頻率 $\nu=\nu_0$ 的受激輻射截面 $\sigma_{ul}^H(\nu_0)$ 爲

$$\begin{aligned}\sigma_{ul}^N(\nu_0)&=\frac{c^2}{8\pi\nu_0^2}\frac{\dfrac{\gamma_{ul}}{4\pi^2}}{\left(\dfrac{\gamma_{ul}}{4\pi}\right)^2}A_{ul}\\&=\frac{c^2}{8\pi\nu_0^2}\frac{4}{\gamma_{ul}}A_{ul}\\&=\frac{c^2A_{ul}}{2\pi\nu_0^2\gamma_{ul}}\\&=\frac{\lambda_{ul}^2A_{ul}}{4\pi^2\Delta\nu_{ul}^N}\\&=\frac{\lambda_0^2A_{ul}}{4\pi^2n^2\Delta\nu_{ul}^N}\quad,\end{aligned}\tag{3.73}$$

其中 $\gamma_{ul}=2\pi\Delta\nu_{ul}^N$ ，且頻寬 $\Delta\nu_{ul}^N$ 是把所有和上、下能態的自發性輻射躍遷都考慮進來的，即 $\Delta\nu_{ul}^N=\dfrac{\sum_i A_{ui}+\sum_j A_{lj}}{2\pi}$ 。

對非均勻線寬而言，由（3.70）可得受激輻射截面 $\sigma_{ul}^D(\nu)$ 爲

$$\sigma_{ul}^D(\nu)=\frac{c^2}{8\pi\nu^2}A_{ul}\mathscr{D}(\nu)\ ,\tag{3.74}$$

其中增益曲線 $\mathscr{D}(\nu)=\sqrt{\frac{4\ln 2}{\pi\left(\Delta\nu_{ul}^{D}\right)^{2}}}\exp\left[-\frac{4\ln 2}{\left(\Delta\nu_{ul}^{D}\right)^{2}}(\nu-\nu_{0})^{2}\right]$ 是 Gauss 函數。

在中心頻率 $\nu=\nu_0$ 的受激輻射截面 $\sigma_{ul}^{D}(\nu_0)$ 爲

$$\begin{aligned}\sigma_{ul}^{D}(\nu_0)&=\frac{c^2}{8\pi\nu_0^2}A_{ul}\sqrt{\frac{4\ln 2}{\pi\left(\Delta\nu_{ul}^{D}\right)^{2}}}\\&=\sqrt{\frac{\ln 2}{16\pi^3}}\frac{c^2}{\nu_0^2\Delta\nu_{ul}^{D}}A_{ul}\\&=\sqrt{\frac{\ln 2}{16\pi^3}}\frac{\lambda_{ul}^2\nu_0^2}{\nu_0^2\Delta\nu_{ul}^{D}}A_{ul}\\&=\sqrt{\frac{\ln 2}{16\pi^3}}\frac{\lambda_{ul}^2}{\Delta\nu_{ul}^{D}}A_{ul}\quad 。\end{aligned}\tag{3.75}$$

其中 $\Delta\nu_{ul}^{D}=\frac{\gamma_{ul}^{D}}{2\pi}=\frac{1}{2\pi}\left[\left(\sum_i A_{ui}+\sum_j A_{lj}\right)+\underbrace{\frac{1}{T_1^u}+\frac{1}{T_1^l}}_{Collision}+\underbrace{\frac{2}{T_2}}_{Dephase}\right]$ 把所有和上、下能態的自發性輻射躍遷都考慮進來，即 $\Delta\nu_{ul}^{N}=\frac{1}{2\pi}\left[\sum_i A_{ui}+\sum_j A_{lj}\right]$，以及上、下能態的縱向弛豫時間（Longitudinal relaxation time）T_1，分別爲 T_1^u 和 T_1^l，主要的來源爲碰撞過程，而橫向弛豫時間（Transverse relaxation time）T_2 主要的來源爲除相（Dephase）過程。我們在推導雷射的速率方程式時，會再簡單說明縱向弛豫時間 T_1 和橫向弛豫時間 T_2。

綜合以上所述，在中心頻率 $\nu=\nu_0$ 的均勻線寬受激輻射截面 $\sigma_{ul}^{N}(\nu_0)$ 和非均勻線寬受激輻射截面 $\sigma_{ul}^{D}(\nu_0)$ 的比例爲

$$\frac{\sigma_{ul}^{N}(\nu_0)}{\sigma_{ul}^{D}(\nu_0)}=\frac{1}{\sqrt{\pi\ln 2}}\frac{\Delta\nu_N}{\Delta\nu_H} \quad 。 \tag{3.76}$$

顯然地，受激輻射截面 $\sigma_{ul}(\nu_0)$ 和中心頻率 $\nu=\nu_0$ 的頻寬率 $\Delta\nu$ 是呈正比的。

3.4 增益飽和

雷射的建立可以簡單想像成是由 1 個光子激發雷射介質產生 2 個光子、2 個光子激發雷射介質產生 4 個光子、4 個光子激發雷射介質產生 8 個光子等連續過程，如前所述，但是難道雷射介質中的光子會一直以二倍的級數關係持續增加到無限多個光子嗎？顯然因爲雷射介質所含的粒子數是有限的，所以不會有無限多個受激輻射的光子，在激發的過程中，也不會一直以相同的倍數關係增加，換言之，雷射的增益係數並不是一個常數，基本上增益係數是隨著光強度增加而降低的，如圖 3.17 所示，這就是所謂的增益飽和的現象，如前所述，不考慮增益飽和現象的增益就稱爲雷射的小訊號增益或未飽和增益。

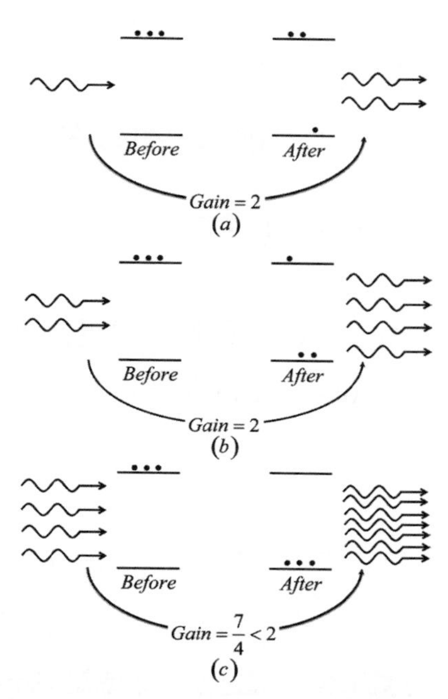

圖 3.17　增益係數是隨著光強度增加而降低

此外，因爲均勻線寬與非均勻線寬的雷射增益機制是不同的，所以，均勻線寬與非均勻線寬的雷射增益飽和的行爲也不同，首先從光譜的觀點來說，我們要看看均勻線寬 $\Delta\nu_N$ 與非均勻線寬 $\Delta\nu_D$ 的相對大小對於雷射增益飽和的作用，我們會發現，隨著雷射輸出的增加，均勻線寬的增益要比非均勻線寬的增益更快達到飽和，從元件的觀點來說，這些結果當然就會直接影響均勻線寬介質的雷射與非均勻線寬介質的雷射輸出。

在分析增益飽和的過程中，我們還會了解原來介質的輻射躍遷是一個由均勻線寬和非均勻線寬所構成的 Voight 函數 $\mathscr{V}(\nu)$（Voight function 或 Voigt function），也就是 Lorentz 函數 $\mathscr{L}(\nu)$ 和 Gauss 函數 $\mathscr{D}(\nu)$ 的卷積（Convolution）結果，即

$$
\begin{aligned}
\mathscr{V}(\nu) &= \mathscr{L}(\nu) * \mathscr{D}(\nu) \\
&= \int_{-\infty}^{+\infty} \mathscr{L}(\nu-\xi)\mathscr{D}(\xi)d\xi \\
&= \int_{-\infty}^{+\infty} \mathscr{D}(\nu-\xi)\mathscr{L}(\xi)d\xi \quad 。
\end{aligned} \tag{3.77}
$$

當均勻線寬越來越窄，即$\Delta\nu_D >> \Delta\nu_N$，則輻射躍遷就近似成為Gauss函數；當非均勻線寬越來越窄，即$\Delta\nu_N >> \Delta\nu_D$，則輻射躍遷就近似成為Lorentz函數，如圖3.18所示。

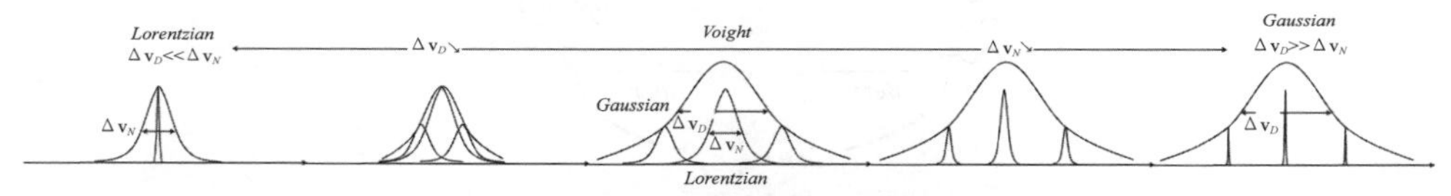

圖 3.18　均勻線寬窄輻射躍遷就近似成為 Gauss 函數；

我們將由速率方程式（Rate equation）從兩個不同的觀點來說明均勻線寬增益飽和與非均勻線寬增益飽和的型式。第一個是綜合的觀點，先得出 Voight 函數$\mathscr{V}(\nu)$增益飽和的型式，再近似分成 Lorentz 函數和 Gauss 函數增益飽和的型式；第二個是個別的觀點，直接依據均勻線寬和非均勻線寬的特性，分別得出 Lorentz 函數和 Gauss 函數增益飽和的型式。這些結果將在下一章推導出最佳耦合（Optimal coupling）的條件。

3.4.1 均勻線寬與非均勻線寬的增益飽和——綜合的觀點

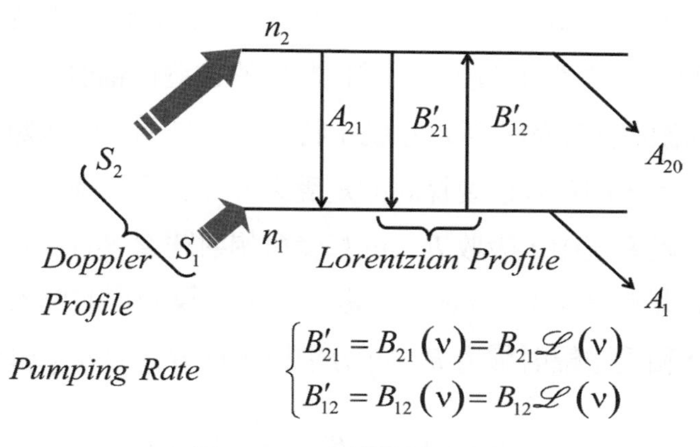

圖 3.19　二階系統的激發

如果有一個二階系統，如圖 3.19 所示，低能階上，單位體積有 n_1 個原子；高能階上，單位體積有 n_2 個原子，因爲低能階或高能階單位時間被激發而接受的粒子必須考慮 Doppler 效應，所以激發速率（Pumping rate）可以表示爲 Gauss 函數型式，即

$$S_2 = S_{20}\exp\left[-\left\{\frac{2(\nu'-\nu_0)}{\Delta\nu_D}\right\}^2 \ln 2\right] ; \tag{3.78}$$

$$S_1 = S_{10}\exp\left[-\left\{\frac{2(\nu'-\nu_0)}{\Delta\nu_D}\right\}^2 \ln 2\right] , \tag{3.79}$$

其中激發速率 S_1 和 S_2 是頻率 ν' 的函數，分別爲被激發後成爲低能階和高能階的粒子的速率，而 S_{10} 和 S_{20} 分別爲中心頻率 ν_0 的激發速率，因爲是同一個系統，所以 Doppler 效應是相同的，也就是對應於低能階和高能階

激發速率的 Gauss 函數的寬度 $\Delta\nu_D$ 是相同的。

二階系統的自發性輻射、受激輻射和吸收都是頻率 ν 的 Lorentz 函數。然而對於自發性輻射而言，因爲無論是高能階到低能階、或是從高能階和低能階上的粒子自然散逸到其他狀態的自發性輻射，即 A_{21}、A_{20} 和 A_1，是和外在激發無關的，所以也就不特別標示是頻率的函數。對於吸收和受激輻射而言，因爲我們要探討的是受到外界影響的躍遷過程，在如圖 3.19 所示的二階系統中，吸收 $B_{12}(\nu)$ 和受激輻射躍遷 $B_{21}(\nu)$ 是和外界激發有關的，所以是頻率 ν 的 Lorentz 函數，爲了計算過程的簡便，所以我們把吸收 $B_{12}(\nu)$ 和受激輻射躍遷 $B_{21}(\nu)$ 分別標示爲 B'_{12} 和 B'_{21}，即

$$
\begin{aligned}
B'_{21} &= B_{21}(\nu) = \frac{g_1}{g_2}B'_{12} = \frac{g_1}{g_2}B_{12}(\nu) \\
&= B_{21}\mathscr{L}(\nu) \\
&= B_{21}\frac{\dfrac{\gamma_{ul}}{4\pi^2}}{(\nu-\nu_0)^2+\left(\dfrac{\gamma_{ul}}{4\pi}\right)^2} \\
&= B_{21}\frac{\dfrac{2\pi\Delta\nu_N}{4\pi^2}}{(\nu-\nu')^2+\left(\dfrac{2\pi\Delta\nu_N}{4\pi}\right)^2} \\
&= B_{21}\frac{\dfrac{\Delta\nu_N}{2\pi}}{(\nu-\nu')^2+\left(\dfrac{\Delta\nu_N}{2}\right)^2} \\
&= B_{21}\frac{\dfrac{2}{\pi\Delta\nu_N}}{1+\left[2(\nu-\nu')/\Delta\nu_N\right]^2} \text{ 。}
\end{aligned}
\tag{3.80}
$$

綜合激發速率、自發性輻射、受激輻射和吸收機制，我們可以建立起這兩個能階粒子分布隨時間變化的速率方程式爲

$$\frac{dn_2}{dt} = S_2 - n_2\left[A_{20} + A_{21} + B'_{21}I\right] + n_1 B'_{12} I$$
$$= S_2 - n_2\left[A_2 + B'_{21}I\right] + n_1 B'_{12} I \quad ; \qquad (3.81)$$

$$\frac{dn_1}{dt} = S_1 + n_2\left[A_{21} + B'_{21}I\right] - n_1\left[A_1 + B'_{12}I\right] \quad , \qquad (3.82)$$

其中 $A_2 = A_{20} + A_{21}$ 表示粒子從高能階上的自然散逸上其它狀態的係數，I 爲激發的入射強度。

兩個能階的粒子分布隨時間變化的速率 $\frac{dn_1}{dt}$ 和 $\frac{dn_2}{dt}$，都包含自發性輻射、受激輻射和吸收機制。高能階上的粒子隨時間變化而增加的是外在激發，以及由低能階被激發躍遷到高能階的粒子數 $n_1B'_{12}I$；隨時間變化而減少的是由高能階自發性躍遷以及受激輻射躍遷到低能階的粒子數 $n_2[A_2 + B'_{12}I]$。低能階上的粒子隨時間變化而增加的是外在激發 S_2 以及由高能階自發性躍遷和受激輻射躍遷到低能階的粒子數 $n_2[A_{21} + B'_{12}I]$；隨時間變化而減少的是自發性散逸至其他狀態以及被激發躍遷到高能階的粒子數 $n_1[A_1 + B'_{12}I]$。

在穩定狀態下，即 $\frac{dn_2}{dt} = 0$ 和 $\frac{dn_1}{dt} = 0$，也就是在熱平衡狀態下，由高能態向低能態躍遷的粒子數不會隨著時間變化，以及由低能態向高能態躍遷的粒子數也不會隨著時間變化，則我們可解出上能階的粒子密度 n_2 以及下能階的粒子密度，

$$\frac{dn_2}{dt} = 0 = S_2 - n_2\left[A_2 + B'_{21}I\right] + n_1 B'_{12} I \quad ; \qquad (3.83)$$

$$\frac{dn_1}{dt}=0=S_1+n_2\left[A_{21}+B'_{21}I\right]-n_1[A_1+B'_{12}I] \text{ ,} \tag{3.84}$$

移項得

$$n_2\left(A_2+B'_{21}I\right)-n_1B'_{12}I=S_2 \text{ ;} \tag{3.85}$$

$$n_2\left(A_{21}+B'_{21}I\right)-n_1\left(A_1+B'_{12}I\right)=-S_1 \text{ ,} \tag{3.86}$$

則高能階上單位體積的粒子 n_2 爲

$$\begin{aligned} n_2 &= \frac{\begin{vmatrix} S_2 & -B'_{12}I \\ -S_1 & A_1+B'_{12}I \end{vmatrix}}{\begin{vmatrix} A_2+B'_{21}I & -B'_{12}I \\ A_{21}+B'_{21}I & A_1+B'_{12}I \end{vmatrix}} \\ &= \frac{-\left(A_1+B'_{12}I\right)S_2-B'_{12}IS_1}{-\left(A_2+B'_{21}I\right)\left(A_1+B'_{12}I\right)+B'_{12}I\left(A_{21}+B'_{21}I\right)} \\ &= \frac{A_1S_2+B'_{12}I\left(S_2+S_1\right)}{A_1A_2+A_1B'_{21}I+A_2B'_{12}I-A_{21}B'_{12}I} \\ &= \frac{\dfrac{S_2}{A_2}+B'_{12}I\left(\dfrac{S_2+S_1}{A_1A_2}\right)}{1+\left[\dfrac{B'_{12}}{B'_{21}}\left(\dfrac{A_2-A_{21}}{A_1A_2}\right)+\dfrac{1}{A_2}\right]B'_{21}I} \\ &= \frac{\dfrac{S_2}{A_2}+B'_{12}I\left(\dfrac{S_2+S_1}{A_1A_2}\right)}{1+\left[\dfrac{g_1}{g_2}\left(\dfrac{A_2-A_{21}}{A_1A_2}\right)+\dfrac{1}{A_2}\right]B'_{21}I} \text{ ;} \end{aligned} \tag{3.87}$$

則低能階上單位體積的粒子爲

$$n_1 = \frac{\begin{vmatrix} A_2 + B'_{21}I & S_2 \\ A_{21} + B'_{21}I & -S_1 \end{vmatrix}}{\begin{vmatrix} A_2 + B'_{21}I & -B'_{12}I \\ A_{21} + B'_{21}I & A_1 + B'_{12}I \end{vmatrix}}$$

$$= \frac{\dfrac{S_1\left(A_2 + B'_{21}I\right) + S_2\left(A_{21} + B'_{21}I\right)}{A_1 A_2}}{1 + \left[\dfrac{g_1}{g_2}\left(\dfrac{A_2 - A_{21}}{A_1 A_2}\right) + \dfrac{1}{A_2}\right] B'_{21}I}$$

$$= \frac{\dfrac{S_1\left(A_2 + B'_{21}I\right) + S_2\left(A_{21} + B'_{21}I\right)}{A_1 A_2}}{1 + \left[\dfrac{g_1}{g_2}\left(\dfrac{A_2 - A_{21}}{A_1 A_2}\right) + \dfrac{1}{A_2}\right] B'_{21}I}$$

$$= \frac{\dfrac{S_1 A_2}{A_1 A_2} + \dfrac{S_2 A_{21}}{A_1 A_2} + B'_{21}I\left(\dfrac{S_1 + S_2}{A_1 A_2}\right)}{1 + \left[\dfrac{g_1}{g_2}\left(\dfrac{A_2 - A_{21}}{A_1 A_2}\right) + \dfrac{1}{A_2}\right] B'_{21}I} \text{。} \qquad (3.88)$$

所以可得

$$B'_{21}n_2 - B'_{12}n_1 = \frac{B'_{21}\dfrac{S_2}{A_2} + B'_{21}B'_{12}I\left(\dfrac{S_2 + S_1}{A_1 A_2}\right)}{1 + \left[\dfrac{g_1}{g_2}\left(\dfrac{A_2 - A_{21}}{A_1 A_2}\right) + \dfrac{1}{A_2}\right] B'_{21}I}$$

$$- \frac{B'_{12}\dfrac{S_1 A_2}{A_1 A_2} + B'_{12}\dfrac{S_2 A_{21}}{A_1 A_2} + B'_{21}B'_{12}I\left(\dfrac{S_1 + S_2}{A_1 A_2}\right)}{1 + \left[\dfrac{g_1}{g_2}\left(\dfrac{A_2 - A_{21}}{A_1 A_2}\right) + \dfrac{1}{A_2}\right] B'_{21}I}$$

$$
=\frac{B'_{21}\left[\frac{S_2}{A_2}-\frac{g_2}{g_1}\left(\frac{S_2A_{21}+S_1A_2}{A_1A_2}\right)\right]}{1+\left[\frac{g_2}{g_1}\left(\frac{A_2-A_1}{A_1A_2}\right)+\frac{1}{A_2}\right]B'_{21}I}\ , \tag{3.89}
$$

進而找出增益係數 $g(\nu)$，

$$
g(\nu)=\frac{1}{I}\frac{dI}{dz}=h\nu\int_0^\infty\left(B'_{21}n_2-B'_{12}n_1\right)d\nu'\ , \tag{3.90}
$$

其中為了簡化 $B'_{21}n_2-B'_{12}n_1=\frac{B'_{21}\left[\frac{S_2}{A_2}-\frac{g_2}{g_1}\left(\frac{S_2A_{21}+S_1A_2}{A_1A_2}\right)\right]}{1+\left[\frac{g_2}{g_1}\left(\frac{A_2-A_1}{A_1A_2}\right)+\frac{1}{A_2}\right]B'_{21}I}$ ，所以引入 k_0 和 η 兩個參數。

令

$$
k_0=h\nu B_{21}\left[\frac{S_{20}}{A_2}-\frac{g_2}{g_1}\frac{S_{20}A_{21}+S_{10}A_2}{A_1A_2}\right]\ ; \tag{3.91}
$$

且

$$
\eta=\left[\frac{g_2}{g_1}\frac{A_2-A_{21}}{A_1A_2}+\frac{1}{A_2}\right]B_{21}\ , \tag{3.92}
$$

則增益係數的頻率函數關係 $g(\nu)$ 為

$$
\begin{aligned}
g(\nu)=\frac{1}{I}\frac{dI}{dz}&=k_0\int_0^\infty\frac{\frac{2}{\pi\Delta\nu_N}\exp\left[-\left\{\frac{2(\nu'-\nu_0)}{\Delta\nu_D}\right\}\ln 2\right]d\nu'}{1+\left[\frac{2(\nu-\nu')}{\Delta\nu_N}\right]^2+\frac{2\eta I}{\pi\Delta\nu_N}}\\
&=k_0\mathscr{V}(\nu)\ ,
\end{aligned} \tag{3.93}
$$

其中 $\mathscr{V}(\nu)=\int_0^\infty \frac{\frac{2}{\pi\Delta\nu_N}\exp\left[-\left\{\frac{2(\nu'-\nu_0)}{\Delta\nu_D}\right\}\ln 2\right]d\nu'}{1+\left[\frac{2(\nu-\nu')}{\Delta\nu_N}\right]^2+\frac{2\eta I}{\pi\Delta\nu_N}}$ 無法積出一個解析函數形式，如前所述，也被稱為 Voight 函數。

再作一次簡化變數轉換，令 $x = 2(\nu' - \nu_0)/\Delta\nu_N$；$d\nu' = \Delta\nu_N dx/2$；$\beta=\frac{2\eta I}{\pi\Delta\nu_N}=\frac{I}{I_s}$，而 I_s 可稱為飽和光強度，則

$$dI=\left[\frac{\pi\Delta\nu_N}{2\eta}\right]d\beta \text{ ，} \tag{3.94}$$

其中 $\varepsilon=\sqrt{\ln 2}\,\frac{\Delta\nu_N}{\Delta\nu_D}$ 又稱為線寬比例（Linewidth ratio），表示均勻線寬 $\Delta\nu_N$ 與非均勻線寬 $\Delta\nu_D$ 的比例，所以增益係數的頻率函數關係 $g(\nu)$ 為

$$\begin{aligned} g(\nu)&=\frac{2k_0}{\pi}\int_0^\infty \frac{e^{-\varepsilon^2x^2}dx}{1+x^2+\beta} \\ &=k_0\frac{e^{(1+\beta)\varepsilon^2}}{\sqrt{1+\beta}}\left[1-erf\left(\sqrt{1+\beta}\,\varepsilon\right)\right] \text{ ，} \end{aligned} \tag{3.95}$$

其中誤差函數（Error function）為 $erf\left(\sqrt{1+\beta}\,\varepsilon\right)=1-\frac{2\sqrt{1+\beta}}{e^{(1+\beta)\varepsilon^2}}\int\frac{e^{-\varepsilon^2x^2}}{1+\beta+x^2}dx$ ，且增益 $g(\nu)$ 在中央頻率 $\nu=\nu_0$ 時最大。

接著，我們要看看均勻線寬 $\Delta\nu_N$ 與非均勻線寬 $\Delta\nu_D$ 的相對大小對於增益係數函數的影響。

當非均勻線寬 $\Delta\nu_D$ 很寬或均勻線寬 $\Delta\nu_N$ 很窄，即 $\varepsilon=\sqrt{\ln 2}\,\frac{\Delta\nu_N}{\Delta\nu_D}\to 0$ ，則輻射躍遷就近似成為 Gauss 函數，且誤差函數 $erf\left(\sqrt{1+\beta}\,\varepsilon\right)$ 近似為零，

即
$$\lim_{\varepsilon \to 0} erf(\sqrt{1+\beta}\varepsilon) = 0 \text{ ，} \tag{3.96}$$

則增益係數函數 $g(\nu)$ 可近似爲非均勻線寬增益係數函數 $g_D(\nu)$，即 $g(\nu)\big|_{\Delta\nu_D \gg \Delta\nu_N} \cong g_D(\nu)$ ，所以在中央頻率 $\nu = \nu_0$ 時，最大非均勻線寬增益 $g_D(\nu_0)$ 爲

$$g_D(\nu_0) = k_0 \frac{e^{(1+\beta)\varepsilon^2}}{\sqrt{1+\beta}} \left[1 - erf\left(\sqrt{1+\beta}\varepsilon\right)\right]\Bigg|_{\substack{\varepsilon = \sqrt{\ln 2}\frac{\Delta\nu_N}{\Delta\nu_D} \to 0 \\ erf\left(\sqrt{1+\beta}\varepsilon\right) \to 0}}$$

$$= \frac{k_0}{\sqrt{1+\dfrac{I}{I_s}}} \text{ ，} \tag{3.97}$$

其中光強度爲 I；飽和光強度爲 I_s；在中央頻率 $\nu = \nu_0$ 時，最大非均勻線寬小訊號增益爲 k_0。

當均勻線寬 $\Delta\nu_N$ 很寬或非均勻線寬 $\Delta\nu_D$ 很窄，即 $\varepsilon = \sqrt{\ln 2}\dfrac{\Delta\nu_N}{\Delta\nu_D} \to \infty$ ，則輻射躍遷就近似成爲 Lorentz 函數，且誤差函數 $erf\left(\sqrt{1+\beta}\varepsilon\right)$ 近似爲，

$$\lim_{\varepsilon \to \infty} erf\left(\sqrt{1+\beta}\varepsilon\right) = 1 - \frac{e^{-(1+\beta)\varepsilon^2}}{\varepsilon\sqrt{\pi}\sqrt{1+\beta}} \text{ ，} \tag{3.98}$$

則增益係數函數 $g(\nu)$ 可近似爲均勻線寬增益係數函數 $g_N(\nu)$，即 $g(\nu)\big|_{\Delta\nu_N \gg \Delta\nu_D} \cong g_N(\nu)$ ，所以在中央頻率 $\nu = \nu_0$ 時，最大均勻線寬增益 $g_N(\nu_0)$ 爲

$$g_N(\nu_0) = k_0 \frac{e^{(1+\beta)\varepsilon^2}}{\sqrt{1+\beta}} \left[1 - erf\left(\sqrt{1+\beta}\varepsilon\right)\right]\Bigg|_{\substack{\varepsilon = \sqrt{\ln 2}\frac{\Delta\nu_N}{\Delta\nu_D} \to \infty \\ \lim\limits_{\varepsilon \to \infty} erf\left(\sqrt{1+\beta}\varepsilon\right) = 1 - \frac{e^{-(1+\beta)\varepsilon^2}}{\varepsilon\sqrt{\pi}\sqrt{1+\beta}}}}$$

$$= \frac{k_0}{\varepsilon\sqrt{\pi}} \frac{1}{1+\frac{I}{I_s}} \quad , \tag{3.99}$$

其中光強度爲 I；飽和光強度爲 I_s；在中央頻率 $\nu = \nu_0$ 時，最大均勻線寬小訊號增益爲 $\frac{k_0}{\varepsilon\sqrt{\pi}}$ 。

很顯然的，均勻線寬和非均勻線寬的增益飽和行爲是不同的，隨著光強度 I 的增加，均勻線寬和非均勻線寬的增益都會降低，這就是所謂的增益飽和，而非均勻線寬的增益飽和比均勻線寬的增益飽和慢。當光強度 I 達到飽和光強度 I_s 時，在中央頻率的非均勻線寬增益 $g_D(\nu_0)$ 降低爲原來的 $\frac{1}{\sqrt{2}}$ ；而均勻線寬增益 $g_N(\nu_0)$ 則降低爲原來的 $\frac{1}{2}$ 。這樣的差異可以很直觀的理解，因爲非均勻線寬增益是非單一的，而均勻線寬的增益是單一的，所以非均勻線寬的增益飽和作用就會比較慢。

3.4.2 均勻線寬與非均勻線寬的增益飽和——個別的觀點

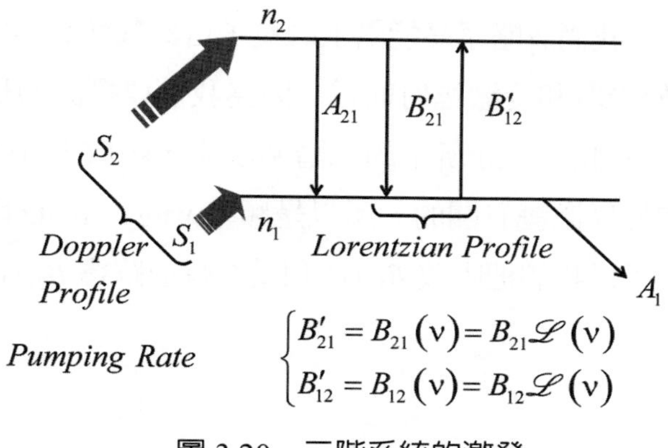

圖 3.20　二階系統的激發

基本上，本節的速率方程式敘述和前一節相同，如果有一個二階系統，如圖 3.20 所示，低能階上，單位體積有 n_1 個原子；高能階上，單位體積有 n_2 個原子，因爲低能階或高能階單位時間被激發而接受的粒子必須考慮 Doppler 效應，所以激發速率可以表示爲 Gauss 函數型式，即

$$S_2 = S_{20}\exp\left[-\left\{\frac{2(\nu'-\nu_0)}{\Delta\nu_D}\right\}^2 \ln 2\right]\ ; \tag{3.100}$$

$$S_1 = S_{10}\exp\left[-\left\{\frac{2(\nu'-\nu_0)}{\Delta\nu_D}\right\}^2 \ln 2\right]\ , \tag{3.101}$$

其中激發速率 S_1 和 S_2 分別爲被激發後成爲低能階和高能階的粒子的速率，激發速率是頻率 ν' 的函數，S_{10} 和 S_{20} 分別爲中心頻率的激發速率，因爲是同一個系統，所以 Doppler 效應是相同的，也就是對應於低能階和高能階激發速率的 Gauss 函數之寬度 $\Delta\nu_D$ 是相同的。

二階系統的自發性輻射、受激輻射和吸收都是頻率的 Lorentz 函數，然而對於自發性輻射而言，因爲無論是高能階到低能階或是從低能階上的粒子自然散逸到其他狀態的自發性輻射，即 A_{21} 和 A_1，是和外在激發無關的，所以也就不特別標示是頻率的函數，而和前一節稍有不同之處在於爲了簡化運算過程，我們忽略了高能階上的粒子自然散逸到其他狀態的自發性輻射 A_{20}。對於吸收和受激輻射而言，因爲我們要探討的是受到外界影響的躍遷過程，在如圖 3.20 所示的二階系統中，吸收 $B_{12}(\nu)$ 和受激輻射躍遷 $B_{21}(\nu)$ 是和外界激發有關的，所以是頻率 ν 的 Lorentz 函數，爲了計算過程的簡便，所以我們把吸收 $B_{12}(\nu)$ 和受激輻射躍遷 $B_{21}(\nu)$ 分別標示爲 B'_{12} 和 B'_{21}，即

$$
\begin{aligned}
B'_{21} &= B_{21}(\nu) = \frac{g_1}{g_2} B'_{12} = \frac{g_1}{g_2} B_{12}(\nu) \\
&= B_{21} \mathscr{L}(\nu) \\
&= B_{21} \frac{\dfrac{2}{\pi \Delta \nu_N}}{1 + \left[2(\nu - \nu') / \Delta \nu_N \right]^2} \text{ 。}
\end{aligned}
\tag{3.102}
$$

綜合激發速率、自發性輻射、受激輻射和吸收機制，我們可以建立起這兩個能階的粒子分布隨時間變化的速率方程式，

$$
\frac{dn_2}{dt} = S_2 - n_2 [A_{21} + B'_{21} I] + n_1 B'_{12} I \text{ ；} \tag{3.103}
$$

$$
\frac{dn_1}{dt} = S_1 + n_2 [A_{21} + B'_{21} I] - n_1 [A_1 + B'_{12} I] \text{ 。} \tag{3.104}
$$

因為在穩定狀態下，兩個能階上的粒子數是時間的常數，所以 $\frac{dn_1}{dt} = 0$ 且 $\frac{dn_2}{dt} = 0$，可得

$$
n_1 = \frac{S_1 + S_2}{A_1} \text{ ；} \tag{3.105}
$$

$$
n_2 = \frac{S_2 + B'_{12} I n_1}{A_{21} + B'_{21} I} \text{ 。} \tag{3.106}
$$

因為介質中的布居反轉提供了增益，所以由（3.105）和（3.106）可得布居反轉 Δn 為

$$
\begin{aligned}
\Delta n &= n_2 - n_1 \\
&= \frac{S_2 + B'_{12} I n_1}{A_{21} + B'_{21} I} - n_1
\end{aligned}
$$

$$
\begin{aligned}
&= \frac{S_2 + B'_{12} I n_1 - \left(A_{21} + B'_{21} I\right) n_1}{A_{21} + B'_{21} I} \\
&= \frac{S_2 - A_{21} n_1}{A_{21} + B'_{21} I} \\
&= \frac{S_2 - \dfrac{A_{21}}{A_1}\left(S_1 + S_2\right)}{A_{21} + B'_{21} I} \\
&= \frac{\dfrac{S_2}{A_{21}} - \dfrac{S_1 + S_2}{A_1}}{1 + \dfrac{B'_{21}}{A_{21}} I} \text{，} \qquad (3.107)
\end{aligned}
$$

則均勻線寬增益函數 $g_N(\nu_0)$ 為

$$
\begin{aligned}
g_N(\nu) &= \Delta n B'_{21} \frac{n}{c} h\nu \\
&= \Delta n \frac{n}{c} h\nu B_{21} \mathscr{L}(\nu) \\
&= \frac{\left(\dfrac{S_2}{A_{21}} - \dfrac{S_1 + S_2}{A_1}\right) \dfrac{n}{c} h\nu B_{21} \mathscr{L}(\nu)}{1 + \dfrac{B_{21} \mathscr{L}(\nu)}{A_{21}} I} \text{。} \qquad (3.108)
\end{aligned}
$$

將均勻線寬函數 $\mathscr{L}(\nu) = \dfrac{\dfrac{\Delta\nu_N}{2\pi}}{\left(\nu - \nu_0\right)^2 + \left(\dfrac{\Delta\nu_N}{2}\right)^2}$ 代入，所以均勻線寬增益函數為 $g_N(\nu)$

$$
g_N(\nu) = \frac{\left(\dfrac{S_2}{A_{21}} - \dfrac{S_1 + S_2}{A_1}\right) \dfrac{n}{c} h\nu B_{21} \dfrac{\Delta\nu_N}{2\pi}}{\left(\nu - \nu_0\right)^2 + \left(\dfrac{\Delta\nu_N}{2}\right)^2 + \dfrac{\Delta\nu_N}{2\pi} \dfrac{B_{21}}{A_{21}} I}
$$

$$=\frac{\left(\frac{\Delta\nu_N}{2}\right)^2 k_0}{(\nu-\nu_0)^2+\left(\frac{\Delta\nu_N}{2}\right)^2\left(1+\frac{I}{I_s}\right)}\ ，\tag{3.109}$$

其中 $k_0=\left(\frac{S_2}{A_{21}}-\frac{S_1+S_2}{A_1}\right)\frac{n}{c}h\nu\left(\frac{2}{\pi\Delta\nu_N}\right)B_{21}\left(=g_H(\nu_0)\big|_{I=0}\right)$；且飽和光強度爲 $I_s=\frac{2\pi}{\Delta\nu_N}\frac{A_{21}}{B_{21}}$。

或者均勻線寬增益函數 $g_N(\nu)$ 也可以表示爲

$$g_N(\nu)=g_N(\nu_0)\big|_{I=0}\frac{\left(\frac{\Delta\nu_N}{2}\right)^2}{(\nu-\nu_0)^2+\left(\frac{\Delta\nu_N}{2}\right)^2\left(1+\frac{I}{I_s}\right)}\ 。\tag{3.110}$$

當在中心頻率時，即 $\nu=\nu_0$，則均勻線寬增益函數爲 $g_N(\nu_0)$

$$g_N(\nu_0)=\frac{\left(\frac{S_2}{A_{21}}-\frac{S_1+S_2}{A_1}\right)\frac{n}{c}h\nu B_{21}\frac{\Delta\nu_N}{2\pi}}{\left(\frac{\Delta\nu_N}{2}\right)^2+\frac{\Delta\nu_N}{2\pi}\frac{B_{21}}{A_{21}}I}$$

$$=\frac{\left(\frac{S_2}{A_{21}}-\frac{S_1+S_2}{A_1}\right)\frac{n}{c}h\nu\frac{\Delta\nu_N}{2\pi}\left(\frac{2}{\Delta\nu_N}\right)^2 B_{21}}{1+\frac{2}{\pi\Delta\nu_N}\frac{B_{21}}{A_{21}}I}$$

$$=\frac{\left(\frac{S_2}{A_{21}}-\frac{S_1+S_2}{A_1}\right)\frac{n}{c}h\nu\frac{\Delta\nu_N}{2\pi}\left(\frac{2}{\Delta\nu_N}\right)^2 B_{21}}{1+\frac{2}{\pi\Delta\nu_N}\frac{B_{21}}{A_{21}}I}$$

$$=\frac{\left(\frac{S_2}{A_{21}}-\frac{S_1+S_2}{A_1}\right)\frac{n}{c}h\nu\left(\frac{2}{\pi\Delta\nu_N}\right)B_{21}}{1+\frac{I}{I_s}}$$

$$=\frac{k_0}{1+\frac{I}{I_s}}\ , \tag{3.111}$$

其中 $k_0=\left(\frac{S_2}{A_{21}}-\frac{S_1+S_2}{A_1}\right)\frac{n}{c}h\nu\left(\frac{2}{\pi\Delta\nu_N}\right)B_{21}=g_H(\nu_0)\big|_{I=0}$ ；且 $I_s=\frac{2\pi}{\Delta\nu_N}\frac{A_{21}}{B_{21}}$ 爲飽和光強度。

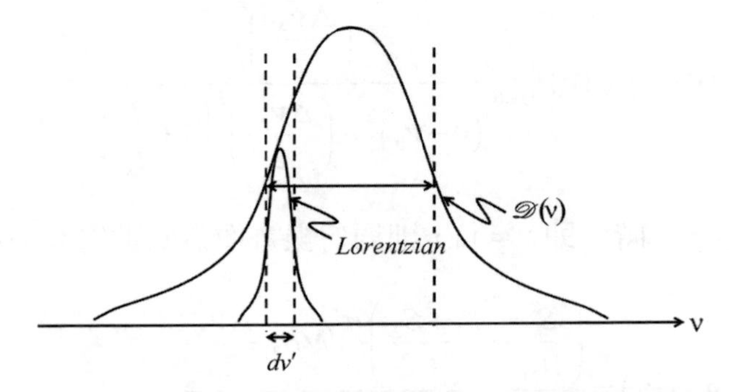

圖 3.21　原子的分布機率的分布遠大於 Lorentz 函數的寬度

接著，我們可以根據均勻線寬增益函數 $g_N(\nu)$ 的結果，得到非均勻線寬增益函數 $g_D(\nu)$。

在雷射介質中，如果 $\mathscr{D}(\nu')=\sqrt{\frac{4\ln 2}{\pi(\Delta\nu_D)^2}}\exp\left[-\frac{4\ln 2}{(\Delta\nu_D)^2}(\nu'-\nu_0)^2\right]$ 表示原子的頻率處於 ν' 與 $\nu'+d\nu'$ 之間的機率，而每一個原子都貢獻了均勻增

益 $g_N(\nu)=\dfrac{\left(\dfrac{\Delta\nu_N}{2}\right)^2 k_0}{(\nu-\nu_0)^2+\left(\dfrac{\Delta\nu_N}{2}\right)^2\left(1+\dfrac{I}{I_s}\right)}$，所以增益係數的頻率函數關係 $g(\nu)$ 就是上一節所介紹的 Voight 函數型式，即

$$g(\nu)=\int_{-\infty}^{+\infty} g_N(\nu)\mathscr{D}(\nu')d\nu'$$

$$=\int_{-\infty}^{+\infty}\frac{\left(\dfrac{\Delta\nu_N}{2}\right)^2 k_0\mathscr{D}(\nu')d\nu'}{(\nu'-\nu_0)^2+\left(\dfrac{\Delta\nu_N}{2}\right)^2\left(1+\dfrac{I}{I_s}\right)}, \qquad (3.112)$$

其中 $k_0=\left(\dfrac{S_2}{A_{21}}-\dfrac{S_1+S_2}{A_1}\right)\dfrac{n}{c}h\nu\left(\dfrac{2}{\pi\Delta\nu_N}\right)B_{21}=g_H(\nu_0)\big|_{I=0}$，且飽和光強度爲 $I_s=\dfrac{2\pi}{\Delta\nu_N}\dfrac{A_{21}}{B_{21}}$。

對於非均勻介質而言，如果 $\mathscr{D}(\nu')$ 表示原子的頻率處於 ν' 與 $\nu'+d\nu'$ 之間的機率，且非均勻增益函數是由所有原子所貢獻的，即 $\int_{-\infty}^{+\infty}\mathscr{D}(\nu')d\nu'$，然而因爲原子的分布機率 $\mathscr{D}(\nu)$ 的分布是遠大於 Lorentz 函數的寬度 $d\nu'$ 的，如圖 3.21 所示，所以在對於 $d\nu'$ 的積分運算中，$\mathscr{D}(\nu)$ 是一個常數，即 $\mathscr{D}(\nu')\delta(\nu'-\nu)=\mathscr{D}(\nu)$，所以非均勻線寬增益函數 $g_D(\nu)$ 爲

$$g_D(\nu)=\left(\frac{\Delta\nu_N}{2}\right)^2 k_0\mathscr{D}(\nu)\int_{-\infty}^{+\infty}\frac{d\nu'}{(\nu'-\nu_0)^2+\left(\dfrac{\Delta\nu_N}{2}\right)^2\left(1+\dfrac{I}{I_s}\right)}$$

$$=\frac{\left(\frac{\Delta\nu_N}{2}\right)^2 k_0\pi\mathscr{D}(\nu)}{\frac{\Delta\nu_N}{2}\sqrt{1+\frac{I}{I_s}}} \text{。} \tag{3.113}$$

因爲 $\int_{-\infty}^{\infty}\frac{dx}{x^2+a^2}=\frac{\pi}{a}$ ，所以可得非均勻線寬增益函數 $g_D(\nu)$ 爲

$$g_D(\nu)=\frac{\pi\frac{\Delta\nu_N}{2}k_0\mathscr{D}(\nu)}{\sqrt{1+\frac{I}{I_s}}} \text{。} \tag{3.114}$$

當在中心頻率時，即 $\nu=\nu_0$，則非均勻線寬增益函數 $g_D(\nu)$ 爲

$$g_D(\nu_0)=\frac{\frac{\Delta\nu_N}{\Delta\nu_D}\sqrt{\pi\ln 2}k_0}{\sqrt{1+\frac{I}{I_s}}} \text{，} \tag{3.115}$$

其中 $k_0=\left(\frac{S_2}{A_{21}}-\frac{S_1+S_2}{A_1}\right)\frac{n}{c}h\nu\left(\frac{2}{\pi\Delta\nu_N}\right)B_{21}=g_N(\nu_0)\big|_{I=0}$ 。

在這一小節，我們分別介紹了均勻線寬增益和非均勻線寬增益頻率函數的具體型式，對於雷射光譜學（Laser spectroscopy）的相關應用分析是很重要的。

3.5 雷射燒孔現象

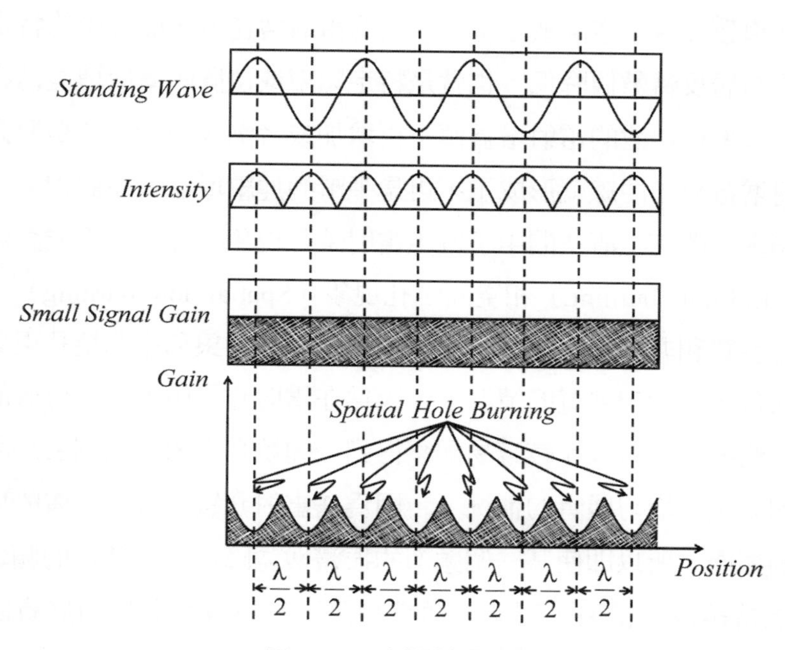

圖 3.22　空間燒孔現象

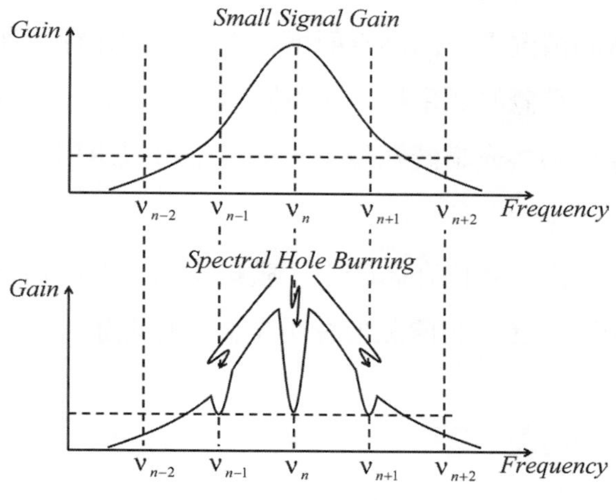

圖 3.23　光譜燒孔現象

雷射的小訊號增益分布曲線，如前所述，無論是在頻率空間或是位置空間，基本上都是連續的，然而所謂的雷射燒孔現象是指因爲受激輻射的發生，而導致在頻率空間或是位置空間的雷射增益分布曲線中的特定頻率或位置的布居反轉數值降低，也就是特定頻率或位置的雷射增益值相對於其鄰近的頻率或位置的雷射增益值不再增加或者漸漸減少，於是原來是連續的雷射增益分布曲線就形成了不再是平滑的連續增益分布曲線。

在頻率空間和位置空間中所發生雷射燒孔現象，分別稱爲光譜燒孔現象（Spectral hole burning）和空間燒孔現象（Spatial hole burning）。雖然對於均匀展寬和非均匀展寬都可能發生光譜燒孔現象和空間燒孔現象，但是一般而言，在均匀展寬的情況下，因爲在雷射介質中，每一位置的增益都是單一的振盪，所以比較容易觀察得到空間燒孔現象，如圖3.22所示，反之，如果是非均匀展寬的情況下，因爲在雷射介質中每一位置的增益都是多重的振盪，所以即使某一個頻率的振盪增益降低了，其他的頻率振盪還是可能持續發生雷射，因此，通常我們比較不會在非均匀展寬的情況下，進行觀察空間燒孔現象。在非均匀展寬的情況下，因爲雷射增益是多重的振盪，所以比較容易觀察得到光譜燒孔現象，如圖3.23所示，反之，如果是均匀展寬的情況下，因爲雷射增益是單一的振盪，所以當該頻率的振盪增益降低了，整體的頻率振盪也就降低了，因此，比較不會在均匀展寬的情況下，進行觀察光譜燒孔現象，但是卻可以應用發展成爲一種雷射穩頻的技術。

基於上述的緣因，我們在教學上，就以均匀展寬的情況來說明空間燒孔現象；而以非均匀展寬的情況來說明光譜燒孔現象。

3.5.1 空間燒孔現象

由上一節所得之布居反轉爲

$$\Delta n = \frac{\dfrac{S_2}{A_{21}} - \dfrac{S_1 + S_2}{A_1}}{1 + \dfrac{B'_{21}}{A_{21}} I} \quad , \tag{3.116}$$

則因爲激發速率 S_1 和 S_2 都和 Gauss 函數 $\mathscr{D}(\nu)$ 成正比，且 $B'_{21} = B_{21}\mathscr{L}(\nu)$，所以布居反轉 Δn 也和 Gauss 函數 $\mathscr{D}(\nu)$ 成正比，即

$$\Delta n(\nu) \propto \frac{1}{1 + \dfrac{B_{21}}{A_{21}} I \mathscr{L}(\nu)} \mathscr{D}(\nu) \quad , \tag{3.117}$$

因爲飽和光強度 I_s 爲

$$I_s = \frac{\pi \Delta \nu_N}{2} \frac{A_{21}}{B_{21}} \quad , \tag{3.118}$$

且由

$$\mathscr{L}(\nu) = \frac{\dfrac{\Delta \nu_N}{2\pi}}{(\nu - \nu_0)^2 + \left(\dfrac{\Delta \nu_N}{2}\right)^2} \quad 。 \tag{3.119}$$

當 $\nu = \nu_0$，則

$$\mathscr{L}(\nu_0) = \frac{\dfrac{\Delta \nu_N}{2\pi}}{\left(\dfrac{\Delta \nu_N}{2}\right)^2} = \frac{2}{\pi \Delta \nu_N} \quad , \tag{3.120}$$

所以布居反轉 Δn 和 Gauss 函數 $\mathscr{D}(\nu)$ 的正比關係爲

$$\Delta n(\nu) \propto \frac{1}{1+\frac{I}{I_s}\frac{\mathscr{L}(\nu)}{\mathscr{L}(\nu_0)}}\mathscr{D}(\nu) \text{，} \tag{3.121}$$

為了讓等號成立，所以布居反轉 Δn 可以表示為

$$\Delta n(\nu) = \frac{\Delta n_0}{1+\frac{I}{I_s}\frac{\mathscr{L}(\nu)}{\mathscr{L}(\nu_0)}}\mathscr{D}(\nu) \text{，} \tag{3.122}$$

其中整個激發的頻率分布呈 Gauss 函數 $\mathscr{D}(\nu;\nu_D)$ 分布，且中心頻率為 ν_D，而 Lorentz 函數 $\mathscr{L}(\nu;\nu_N)$ 是某個中心頻率為 ν_N 的躍遷頻率分布，如圖 3.24 所示。

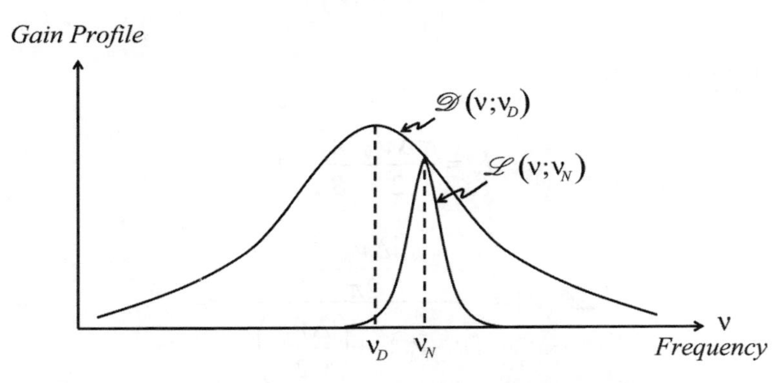

圖 3.24　激發的中心頻率為 ν_D 且呈 Gauss 函數分布，而躍遷的中心頻率為 ν_N 且呈 Lorentz 函數分布

對均勻展寬的介質而言，因為介質中只有一種躍遷 ν_N，所以激發的頻率分布 $\mathscr{D}(\nu)$ 在 ν_N 處是一個常數，或者可以歸一化表示成 $\mathscr{D}(\nu) = 1$，所以布居反轉 $\Delta n_N(\nu)$ 為

$$\Delta n_N(\nu)=\frac{\Delta n_0}{1+\dfrac{I}{I_s}\dfrac{\mathscr{L}(\nu)}{\mathscr{L}(\nu_0)}}\mathscr{D}(\nu)\Big|_{\mathscr{D}(\nu)\to 1}\text{，} \tag{3.123}$$

其中 $\mathscr{L}(\nu;\nu_N)=\dfrac{\dfrac{\Delta\nu_N}{2\pi}}{(\nu-\nu_N)^2+\left(\dfrac{\Delta\nu_N}{2}\right)^2}$；且 $\mathscr{D}(\nu)\to 1$，所以布居反轉 $\Delta n_N(\nu)$ 爲

$$\Delta n_N(\nu)=\frac{(\nu-\nu_N)^2+\left(\dfrac{\Delta\nu_N}{2\pi}\right)^2}{(\nu-\nu_N)^2+\left(1+\dfrac{I}{I_S}\right)\left(\dfrac{\Delta\nu_N}{2}\right)^2}\Delta n_0\text{，} \tag{3.124}$$

特別是當 $\nu=\nu_N$，則布居反轉 $\Delta n_N(\nu)$ 爲

$$\Delta n_N(\nu_N)=\frac{\Delta n_0}{1+\dfrac{I}{I_s}}\text{。} \tag{3.125}$$

因爲只有單一頻率 ν_N 產生雷射，所以如果布居反轉 $\Delta\nu_N$ 在共振腔的駐波的波腹部分，則波腹的布居反轉會因光強度 I 的增加，而使布居反轉 $\Delta\nu_N$ 減少，導致整個雷射輸出的下降，也就是所謂的空間燒孔現象，也稱爲布居反轉燒孔（Population inversion-hole burning）現象。

3.5.2 光譜燒孔現象

對非均勻展寬的介質而言，因爲介質中有很多的躍遷，如圖 3.25 所

示。

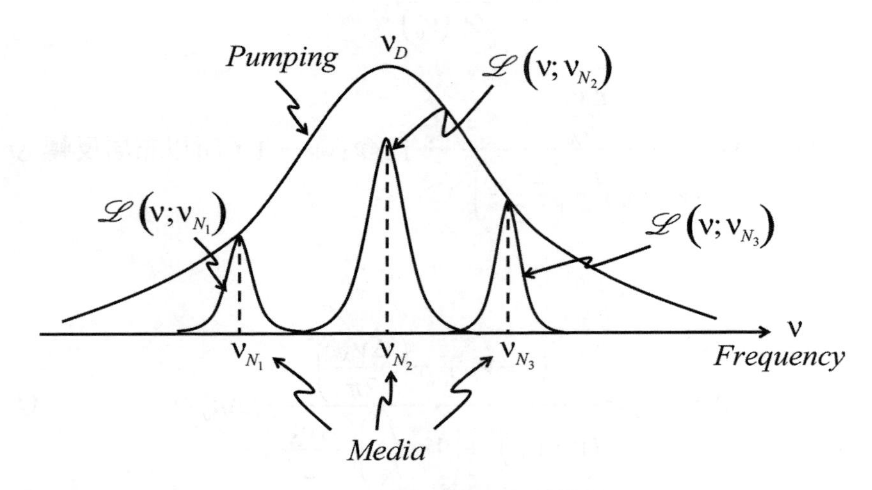

圖 3.25　介質中有很多的躍遷

所以對某一個頻率 ν_N 躍遷的布居反轉的頻率函數關係 $\Delta\nu_N(\nu;\nu_N)$ 為

$$\Delta n_D(\nu;\nu_N)=\frac{\Delta n_0}{1+\dfrac{I}{I_s}\dfrac{\mathscr{L}(\nu;\nu_N)}{\mathscr{L}(\nu_N;\nu_N)}}\mathscr{D}(\nu;\nu_D)\quad, \tag{3.126}$$

其中

$$\mathscr{L}(\nu;\nu_N)=\frac{\dfrac{\Delta\nu_N}{2\pi}}{(\nu-\nu_N)^2+\left(\dfrac{\Delta\nu_N}{2}\right)^2}\;;$$

$$\mathscr{D}(\nu;\nu_D)=\sqrt{\frac{4\ln 2}{\pi(\Delta\nu_D)^2}}\exp\left[-\frac{4\ln 2}{(\Delta\nu_D)^2}(\nu-\nu_0)^2\right]\text{。}$$

則布居反轉的頻率函數關係 $\Delta\nu_D(\nu;\nu_N)$ 為

$$\Delta n_D(\nu;\nu_N)=\frac{(\nu-\nu_N)^2+\left(\frac{\Delta\nu_N}{2\pi}\right)^2}{(\nu-\nu_N)^2+\left(1+\frac{I}{I_S}\right)\left(\frac{\Delta\nu_N}{2}\right)^2}\Delta n_0\mathscr{D}(\nu;\nu_D)\text{ 。}\tag{3.127}$$

如果頻率 ν_D 和頻率 ν_N 恰好重合了，則布居反轉的頻率函數關係 $\Delta n_D(\nu;\nu_N)$ 就是

$$\Delta n_D(\nu_N;\nu_N)=\frac{\Delta n_0}{\left(1+\frac{I}{I_S}\right)}\mathscr{D}(\nu_D;\nu_D)\text{ 。}\tag{3.128}$$

由布居反轉的頻率函數 $\Delta n_D(\nu;\nu_N)$ 可看出在頻率空間上的某一個頻率 ν_N 因爲布居反轉而形成雷射，進而在增益曲線（Gain profile）頻率 ν_N 位置上的增益變小了，但是其他頻率的增益都還是保持在原來的大小，這也就是所謂的光譜燒孔現象。

3.6　雷射的速率方程式

以古典物理的觀點而言，如果系統是由一大堆粒子所構成的，而所有粒子的位置和動量都是已知的，則系統之動力狀態（Dynamical state）可以完全被確定，而且系統隨時間變化的狀態也是可被預測而確定的。但是，通常對於參與雷射過程的所有粒子，我們只能知道位置和動量的平均值，而無法知道個別粒子的位置和動量，因爲訊息的缺乏，所以必須以統計力學的方法來處理相關的問題。密度矩陣理論（Density matrix theory）融合了量子力學和統計力學的觀念，具體來說，密度矩陣理論就是用來描

述量子力學中的統計方法，密度矩陣也就是以量子力學得到的期望值再以統計方法求一次平均值，因此，密度矩陣理論提供了一個非常有用的方法，可以處理雷射的動態特性，我們將介紹密度矩陣隨時間演變的特性（Time evolution of the density matrix），即密度算符的運動方程式，或稱爲密度算符的 Liouville 方程式（Liouville equation），並再進一步說明量子 Boltzmann 方程式（Quantum mechanic Boltzmann equation）以及應用廣泛的算符期望值的運動方程式（Equation of motion）。這個算符期望值的運動方程式，幾乎可以完整的闡述光子和物質的交互作用，從物質的吸收、飽和、色散、電偶極矩躍遷形成布居反轉，到雷射臨界條件以及雷射動態行爲都可以清楚的描述。

我們可以簡單的談談密度矩陣理論的引入原因。

量子力學大多專注在那些以狀態向量（State vectors）表示的系統狀態，然而因爲在很多我們所感興趣的系統中是包含有許多狀態向量的，如果僅依據量子力學的方法，也就是只有一個動態的狀態向量中的一個本徵態所對應的機率是確定的，則因爲訊息的不夠充足，所以系統無法完全的被決定。在這種情況下，如果想要分析系統的特性，就必須和統計物理一樣，採取統計平均的方式。密度矩陣理論吸引研究者的目光之處，主要在於其施用在建構通用的（General）數學表示式，以及證明通用理論時的解析能力。一般說來，如果不使用密度矩陣的方式來計算系統的平均值和機率，則過程將會極爲複雜；但是，如果以密度矩陣來表示量子力學的狀態，就可以避免引入許多不必要的變數，將使系統的最大訊息（Maximum information）狀態之表示變得簡潔。此外，密度矩陣的技術在處理完備或不完備的量子力學狀態，方法都是一致的，這也是密度矩陣方法的一個優點。

密度矩陣理論方法現在大多被歸類在統計物理的範疇，而且其應用的範圍也越來越廣泛，當然也包含了對電子與光子的論述，即自旋態（Spin states）和自旋 $\frac{1}{2}$ 粒子的密度矩陣理論、光子的極化狀態（Polarization states）、光子自旋（Photon spin）以及量子電子學相關的一些主要議題。

3.6.1 Liouville 方程式

在了解了密度算符的基本概念之後，我們要介紹密度算符的時間相關性，也就是密度矩陣隨時間演變的特性，即密度算符的運動方程式，或稱爲密度算符的 Liouville 方程式。因爲古典力學中的 Liouville 方程式，已經描述了粒子的動力學和運動學的特性，藉此我們把密度算符代入 Liouville 方程式中，所以也將可以用來解析量子的行爲。

由 $\langle A\rangle = Tr\langle\rho A\rangle$ 可以求出任何觀察量 A 的期望值 $\langle A\rangle$，但是必須先知密度算符 ρ，所以接下來，我們要介紹密度算符的運動方程式，解出這個運動方程式就可得到想要的密度算符 ρ。

密度算符 ρ 可以用純粹態 $|\Psi_n\rangle$ 展開表示爲

$$\rho = \sum_n P_n |\Psi_n\rangle\langle\Psi_n| \text{，} \tag{3.129}$$

其中 $|\Psi_n\rangle$ 爲狀態函數（State function）；是機率。

把密度算符 ρ 對時間微分可得

$$i\hbar\frac{\partial\rho}{\partial t} = i\hbar\sum_n P_n\left[\frac{\partial|\Psi_n\rangle}{\partial t}\langle\Psi_n| + |\Psi_n\rangle\frac{\partial\langle\Psi_n|}{\partial t}\right] \text{。} \tag{3.130}$$

以下我們將從波動方程式找出取代 $\frac{\partial|\Psi_n\rangle}{\partial t}$ 和 $\frac{\partial|\Psi_n\rangle}{\partial t}$ 的表示式。

Ket 向量（Ket vector）的波動方程式為

$$H\left|\Psi_n\right\rangle = i\hbar\frac{\partial\left|\Psi_n\right\rangle}{\partial t} \quad , \tag{3.131}$$

則 Bra 向量（Bra vector）的波動方程式為

$$\left\langle\Psi_n\right|H = -i\hbar\frac{\partial\left\langle\Psi_n\right|}{\partial t} \quad , \tag{3.132}$$

將這二個方程式帶入（3.131），得

$$\begin{aligned}
i\hbar\frac{\partial\rho}{\partial t} &= i\hbar\sum_n P_n\left[\frac{\partial\left|\Psi_n\right\rangle}{\partial t}\left\langle\Psi_n\right| + \left|\Psi_n\right\rangle\frac{\partial\left\langle\Psi_n\right|}{\partial t}\right] \\
&= \sum_n P_n\left[H\left|\Psi_n\right\rangle\left\langle\Psi_n\right| - \left|\Psi_n\right\rangle\left\langle\Psi_n\right|H\right] \\
&= H\left(\sum_n P_n\left|\Psi_n\right\rangle\left\langle\Psi_n\right|\right) - \left(\sum_n P_n\left|\Psi_n\right\rangle\left\langle\Psi_n\right|\right)H \\
&= H\rho - \rho H \\
&= \left[H,\rho\right] \quad ,
\end{aligned} \tag{3.133}$$

其中 $[H,\rho] \equiv H\rho - \rho H$ 為交換子（Commutator）。

所以密度算符的運動方程式或 Liouville 方程式為

$$i\hbar\frac{\partial\rho}{\partial t} = \left[H,\rho\right] \quad 。 \tag{3.134}$$

若 H_0 是沒有微擾的 Hamiltonian（Unperturbed Hamiltonian），則我們也可以找出有微擾的密度算符 ρ 矩陣元素的微分方程式，說明如下。

若系統的 Hamiltonian 為

$$H = H_0 + H_1 \quad , \tag{3.135}$$

其中 H_0 爲沒有微擾的 Hamiltonian 且 $H_0\left|u_k\right\rangle = E_k\left|u_k\right\rangle$，即 $\left|u_k\right\rangle$ 爲其所對應的本徵態；H_1 爲介質和微擾交互作用的能量算符（Energy operator）。

由 Liouville 方程式爲

$$i\hbar\frac{\partial\rho}{\partial t}=[H,\rho] \text{，} \tag{3.136}$$

所以

$$\left\langle u_i\right|i\hbar\frac{\partial\rho}{\partial t}\left|u_j\right\rangle=\left\langle u_i\right|\left(H\rho-\rho H\right)\left|u_j\right\rangle \text{，} \tag{3.137}$$

則

$$\begin{aligned} i\hbar\frac{\partial}{\partial t}\left\langle u_i\right|\rho\left|u_j\right\rangle &= i\hbar\frac{\partial}{\partial t}\rho_{ij} \\ &= \left\langle u_i\right|H\rho\left|u_j\right\rangle-\left\langle u_i\right|H\rho\left|u_j\right\rangle \text{。} \end{aligned} \tag{3.138}$$

以下，我們將等號右側二項分開來算。

因爲系統的 Hamiltonian 爲 $H = H_0 + H_1$，所以

$$\begin{aligned} \left\langle u_i\right|H\rho\left|u_j\right\rangle &= \left\langle u_i\right|\left(H_0+H_1\right)\rho\left|u_j\right\rangle \\ &= \left\langle u_i\right|H_0\rho\left|u_j\right\rangle+\left\langle u_i\right|H_1\rho\left|u_j\right\rangle \\ &= E_i^*\left\langle u_i\right|\rho\left|u_j\right\rangle+\left\langle u_i\right|H_1\rho\left|u_j\right\rangle \\ &= E_i\rho_{ij}+\left\langle u_i\right|H_1\rho\left|u_j\right\rangle \text{。} \end{aligned} \tag{3.139}$$

同理

$$\left\langle u_i\right|\rho H\left|u_j\right\rangle=+E_j\rho_{ij}+\left\langle u_i\right|\rho H_1\left|u_j\right\rangle \text{。} \tag{3.140}$$

故可得有微擾的密度算符的運動方程式爲

$$\begin{aligned} i\hbar\frac{\partial}{\partial t}\rho_{ij} &= \left(E_i-E_j\right)\rho_{ij}+\left\langle u_i\right|\left(H_1\rho-\rho H_1\right)\left|u_j\right\rangle \\ &= \left(E_i-E_j\right)\rho_{ij}+\left[H_1,\rho\right]_{ij} \text{，} \end{aligned} \tag{3.141}$$

其中 $\left[H_1,\rho\right]_{ij}=\left\langle u_i\right|H_1\rho-\rho H_1\left|u_j\right\rangle$，且注意下標 i 不要和 $\sqrt{-1}=i$ 混淆。

3.6.2 量子 Boltzmann 方程式

上一節我們已知密度算符的 Liouville 方程式或密度算符運動方程式爲

$$i\hbar\frac{\partial\rho}{\partial t}=[H,\rho]\ , \tag{3.142}$$

若系統的 Hamiltonian H 爲

$$\begin{aligned}H&=H_0+H_1\\&=H_0+H_{Perturbation}+H_{Relaxation}\end{aligned}\ , \tag{3.143}$$

其中 H_0 爲沒有微擾的 Hamiltonian；H_1 爲介質和微擾交互作用的能量算符；$H_{Perturbation}$ 爲微擾作用的 Hamiltonian；$H_{Relaxation}$ 爲弛豫過程的 Hamiltonian，

則
$$\begin{aligned}i\hbar\frac{\partial\rho}{\partial t}&=[H,\rho]\\&=[H_0,\rho]+[H_{Perturbation},\rho]+[H_{Relaxation},\rho]\end{aligned}\ 。 \tag{3.144}$$

所以若用弛豫時間近似（Relaxation time approximation）來表示 $[H_{Relaxatiion},\rho]$，則可得量子力學的 Boltzmann 方程式（Quantum mechanics Boltzmann equation）爲

$$i\hbar\frac{\partial\rho}{\partial t}=[H_{Non-relaxation},\rho]+i\hbar\left(\frac{\partial\rho}{\partial t}\right)_{Random}\ , \tag{3.145}$$

或
$$\frac{\partial\rho_{ij}}{\partial t}=\frac{-i}{\hbar}[H_{Non-relaxation},\rho]_{ij}+\left(\frac{\partial\rho}{\partial t}\right)_{ij,Random}\ , \tag{3.146}$$

其中 $i\hbar\left(\frac{\partial\rho}{\partial t}\right)_{Random}$ 或 $\left(\frac{\partial\rho}{\partial t}\right)_{ij,Random}$ 就是弛豫過程。

如果把 $H_{Non\text{-}relaxation} = H_0 + H_{Perturbation}$ 代入，則量子力學的 Boltzmann 方程式為

$$\frac{\partial \rho_{ij}}{\partial t} = \frac{-i}{\hbar}[H_{Non-relaxation}, \rho]_{ij} + \frac{-i}{\hbar}[H_{Perturbation}, \rho]_{ij} - \gamma_{ij}\left(\rho_{ij} - \rho_{ij,Equlibrium}\right)$$

$$= -i\omega_{ij}\rho_{ij} + \frac{-i}{\hbar}[H_{Perturbation}, \rho]_{ij} - \gamma_{ij}\left(\rho_{ij} - \rho_{ij,Equlibrium}\right) \text{，} \quad (3.147)$$

其中

$$\frac{1}{\gamma_{ij}} = \begin{cases} T_1, \text{當} i = j, \text{ Longitudinal Time} \\ T_2, \text{當} i \neq j, \text{ Transverse Time} \end{cases} \text{。} \quad (3.148)$$

表 3.1　時間常數 T_1 和時間常數 T_2 的名稱和來源

符號	T_1	T_2
名稱	Longitudinal relaxation; Spin-Lattice relaxation; Dipole-Lattice relaxation	Transverse relaxation; Spin-Spin relaxation; Dipole-Dipole relaxation
來源	Spontaneous emission; Interactions with the lattice; Inelastic collisions	Spontaneous emission; Interactions with the lattice; Inelastic collisions; Elastic collisions

時間常數 T_1 和時間常數 T_2 的名稱和來源有好幾種，而且都不同，如表 3.1 所示。

[1] 時間常數 T_1 通常被稱為縱向弛豫時間（Longitudinal relaxation time）、自旋—晶格弛豫時間（Spin-lattice relaxation time）或雙極矩—晶格弛豫時間（Dipole-lattice relaxation time），其主要的來源為自發性輻射（Spontaneous emission）、粒子與晶格的交互作用（Interactions with the lattice）、非彈性碰撞（Inelastic collisions）等等。

[2] 時間常數 T_2 通常被稱為橫向弛豫時間（Transverse relaxation time）、

自旋—自旋弛豫時間（Spin-spin relaxation time）或雙極矩—雙極矩弛豫時間（Dipole-dipole relaxation time），其主要的來源除包含所有時間常數 T_1 的自發性輻射（Spontaneous emission）、粒子與晶格的交互作用（Interactions with the lattice）、非彈性碰撞（Inelastic collisions）等等之外，還有彈性碰撞（Elastic collisions）等等。因爲時間常數和這些機制是呈倒數的關係，即如（3.148）所示，所以時間常數 T_2 是小於或等於時間常數 T_1 的，即 $T_2 \leq T_1$。

我們可以把（3.147）寫得更仔細一點

[1] 若 $i = j$，則量子力學的 Boltzmann 方程式爲

$$\frac{\partial \rho_{ii}}{\partial t} = \frac{-i}{\hbar}\left[H_{Perturbation}, \rho\right]_{ii} - \frac{1}{T_1}\left(\rho_{ii} - \rho_{ii,Equlibrium}\right) \text{。} \tag{3.149}$$

[2] 若 $i \neq j$，則因爲在平衡狀態且在不受干擾的情況下，$\rho_{ij,Equlibrium} = 0$，即密度算符的非對角項爲零，所以量子力學的 Boltzmann 方程式爲

$$\frac{\partial \rho_{ij}}{\partial t} = -i\omega_{ij}\rho_{ij} + \frac{-i}{\hbar}\left[H_{Perturbation}, \rho\right]_{ij} - \frac{1}{T_2}\left(\rho_{ij} - \rho_{ij,Equlibrium}\right) \text{。} \tag{3.150}$$

3.6.3 算符期望值的運動方程式

雖然前面介紹了密度算符的時間一次微分方程式，但是因爲量測觀察的結果還是我們所關心的，所以現在要討論算符期望值的時間微分方程式。

我們常遇到的時間一次微分和時間二次微分所建立的方程式，除了前述的方程式之外，還有連續方程式、波動方程式或運動方程式，這都是應

用廣泛的方程式。所以本節我們要討論算符期望值$\langle A\rangle$的時間一次微分和二次微分方程式。

因爲
$$\langle A\rangle = Tr(\rho A) = \sum_k \langle v_k|\rho A|v_k\rangle \text{，} \tag{3.151}$$

所以對非時間函數（Explicit function of time）的算符 A 期望值對時間微分爲

$$\begin{aligned}\langle \dot{A}\rangle &\equiv \frac{\partial\langle A\rangle}{\partial t}\\ &= \sum_k \langle v_k|\dot{\rho}A+\rho\dot{A}|v_k\rangle\\ &= \sum_k \langle v_k|\dot{\rho}A|v_k\rangle\\ &= Tr(\dot{\rho}A) \text{ 。}\end{aligned} \tag{3.152}$$

因爲密度算符 ρ 的對角元素時間微分$\frac{\partial\rho_{ii}}{\partial t}$與非對角元素時間微分$\frac{\partial\rho_{ij}}{\partial t}$是不同的，即分別爲

$$\frac{\partial\rho_{ii}}{\partial t} = \frac{-i}{\hbar}[H_{Perturbation},\rho]_{ii} - \frac{1}{T_1}(\rho_{ii}-\rho_{ii,Equlibrium}) \text{ ；} \tag{3.153}$$

$$\frac{\partial\rho_{ij}}{\partial t} = \frac{-i}{\hbar}[H_{Perturbation},\rho]_{ij} - \frac{1}{T_2}(\rho_{ij}-\rho_{ij,Equlibrium}) \text{ 。} \tag{3.154}$$

所以對非時間函數（Explicit function of time）的算符 A 期望值對時間微分爲

$$\begin{aligned}\langle \dot{A}\rangle &= \sum_i \langle v_i|\dot{\rho}A|v_i\rangle\\ &= \sum_i\sum_j \langle v_i|\dot{\rho}|v_j\rangle\langle v_j|A|v_i\rangle\end{aligned}$$

$$
\begin{aligned}
&=\sum_i\sum_j \frac{\partial\rho_{ij}}{\partial t}A_{ji} \\
&=\sum_i\sum_j \frac{-i}{\hbar}[H_{Perturbation},\rho]_{ij}A_{ji}-\frac{1}{T_1}\sum_i\left(\rho_{ii}-\rho_{ii,Equlibrium}\right)A_{ii} \\
&\quad -i\sum_i\sum_j \omega_{ij}\rho_{ij}A_{ji}-\frac{1}{T_2}\sum_{\substack{i \\ i\neq j}}\sum_j \rho_{ij}A_{ji} \quad 。
\end{aligned} \tag{3.155}
$$

我們還可以作進一步的整理化簡，

$$
\begin{aligned}
\sum_i\sum_j [H_{Perturbation},\rho]_{ij}A_{ji} &= \sum_i\sum_j \left\langle v_i\middle|[H_{Perturbation},\rho]_{ij}\middle|v_j\right\rangle\left\langle v_j\middle|A\middle|v_i\right\rangle \\
&=\sum_i\left\langle v_i\middle|[H_{Perturbation},\rho]A\middle|v_i\right\rangle \\
&=Tr\left([H_{Perturbation},\rho]A\right) \\
&=Tr\left(H_{Perturbation}\rho A-\rho H_{Perturbation}A\right) \\
&=\sum_i\left\langle v_i\middle|H_{Perturbation}\rho A-\rho H_{Perturbation}A\middle|v_i\right\rangle \\
&=\sum_i\left\langle v_i\middle|\rho A H_{Perturbation}-\rho H_{Perturbation}A\middle|v_i\right\rangle \\
&=\sum_i\left\langle v_i\middle|\rho[A,H_{Perturbation}]\middle|v_i\right\rangle \\
&=Tr\left(\rho[A,H_{Perturbation}]\right) \\
&=\left\langle[A,H_{Perturbation}]\right\rangle \quad 。
\end{aligned} \tag{3.156}
$$

上面的運算利用了一個關係如下

$$
\begin{aligned}
\sum_i\left\langle v_i\middle|H\rho A\middle|v_i\right\rangle &= \sum_i\sum_j\sum_k \left\langle v_i\middle|H\middle|v_j\right\rangle\left\langle v_j\middle|\rho\middle|v_k\right\rangle\left\langle v_k\middle|A\middle|v_i\right\rangle \\
&=\sum_i\sum_j\sum_k \left\langle v_j\middle|\rho\middle|v_k\right\rangle\left\langle v_k\middle|A\middle|v_i\right\rangle\left\langle v_i\middle|H\middle|v_j\right\rangle \\
&=\sum_j\left\langle v_j\middle|\rho AH\middle|v_j\right\rangle \\
&=\sum_i\left\langle v_i\middle|\rho AH\middle|v_i\right\rangle \quad 。
\end{aligned} \tag{3.157}
$$

同理

$$\begin{aligned}\sum_i\sum_j[H_0,\rho]_{ij}A_{ji} &= \sum_i\sum_j\langle v_i|[H_0,\rho]|v_j\rangle\langle v_j|A|v_i\rangle \\ &= \sum_i\sum_j\left(\langle v_i|H_0\rho|v_j\rangle-\langle v_i|\rho H_0|v_j\rangle\right)\langle v_j|A|v_i\rangle \\ &= \sum_i\sum_j\left(\hbar\omega_i\langle v_i|\rho|v_j\rangle-\hbar\omega_j\langle v_i|\rho|v_j\rangle\right)\langle v_j|A|v_i\rangle \\ &= \sum_i\sum_j\hbar\left(\omega_i-\omega_j\right)\langle v_i|\rho|v_j\rangle\langle v_j|A|v_i\rangle \\ &= \sum_i\sum_j\hbar\omega_{ij}\rho_{ij}A_{ij} \\ &= \langle[A,H_0]\rangle \text{ 。} \end{aligned} \tag{3.158}$$

其實，同理可得

$$\begin{aligned}\frac{1}{i\hbar}\langle[A,H_{Non\text{-}relaxation}]\rangle &= \frac{1}{i\hbar}\sum_i\sum_j[H_{Perturbation},\rho]_{ij}A_{ji}-i\sum_i\sum_j\omega_{ij}\rho_{ij}A_{ij} \\ &= \langle[A,H_{Perturbation}]\rangle+\langle[A,H_0]\rangle \text{ 。}\end{aligned} \tag{3.159}$$

又

$$\begin{aligned}\frac{1}{T_1}\sum_i\left(\rho_{ii}-\rho_{ii,Equlibrium}\right)A_{ii} &= \frac{-1}{T_1}\sum_i\rho_{ii}A_{ii}+\frac{1}{T_1}\sum_i\rho_{ii,Equlibrium}A_{ii} \\ &= \frac{-1}{T_1}\sum_i\rho_{ii}A_{ii}+\frac{1}{T_1}Tr\left(\rho A\right)_{Equlibrium} \\ &= \frac{-1}{T_1}\sum_i\rho_{ii}A_{ii}+\frac{1}{T_1}\langle A\rangle_{Equlibrium} \text{ ，}\end{aligned} \tag{3.160}$$

且

$$\begin{aligned}-\frac{1}{T_2}\sum_i\sum_j\rho_{ij}A_{ji} &= \frac{1}{T_2}\langle A\rangle \\ &= \frac{-1}{T_2}\sum_i\rho_{ii}A_{ii}-\frac{1}{T_2}\sum_i\sum_{j\neq i}\rho_{ij}A_{ji} \text{ ，}\end{aligned} \tag{3.161}$$

所以 $$-\frac{1}{T_2}\sum_{j\neq i}\rho_{ij}A_{ji}=-\frac{1}{T_2}\langle A\rangle+\frac{1}{T_2}\sum_i\rho_{ii}A_{ii}\ 。\tag{3.162}$$

代入可得算符期望值$\langle A\rangle$的時間一次微分方程式為

$$\begin{aligned}\langle\dot{A}\rangle&=\frac{1}{i\hbar}\langle[A,H_{Non\text{-}relaxation}]\rangle-\frac{1}{T_1}\sum_i\rho_{ii}A_{ii}+\frac{1}{T_1}\langle A\rangle_{Equlibrium}\\&\quad-\frac{1}{T_2}\langle A\rangle+\frac{1}{T_2}\sum_i\rho_{ii}A_{ii}\\&=\frac{1}{i\hbar}\langle[A,H_{Non\text{-}relaxation}]\rangle+\frac{1}{T_1}\langle A\rangle_{Equlibrium}-\frac{1}{T_2}\langle A\rangle\\&\quad+\left(\frac{1}{T_2}-\frac{1}{T_1}\right)\sum_i\rho_{ii}A_{ii}\ ,\end{aligned}\tag{3.163}$$

則 $$\begin{aligned}\langle\dot{A}\rangle+\frac{1}{T_2}\langle A\rangle-\frac{1}{T_1}\langle A\rangle_{Equlibrium}&=\frac{1}{i\hbar}\langle[A,H_{Non\text{-}relaxation}]\rangle\\&\quad+\left(\frac{1}{T_2}-\frac{1}{T_1}\right)\sum_i\rho_{ii}A_{ii}\ 。\end{aligned}\tag{3.164}$$

再者，算符期望值$\langle A\rangle$的時間一次微分方程式在二種特別的情況會有不同的表示。

[1] 若 A 所有的對角元素都為零，即 $A_{ii}=0$，則

$$\begin{aligned}\langle\dot{A}\rangle&=\frac{1}{i\hbar}\langle[A,H_{Non\text{-}relaxation}]\rangle-\frac{1}{T_1}\sum_i\left(\rho_{ii}-\rho_{ii,Equlibrium}\right)A_{ii}\\&\quad-\frac{1}{T_2}\langle A\rangle+\frac{1}{T_2}\sum_i\rho_{ii}A_{ii}\\&=\frac{1}{i\hbar}\langle[A,H_{Non\text{-}relaxation}]\rangle-\frac{1}{T_2}\langle A\rangle\ ,\end{aligned}\tag{3.165}$$

所以算符期望值$\langle A\rangle$的時間一次微分方程式爲

$$\langle\dot{A}\rangle+\frac{1}{T_2}\langle A\rangle=\frac{1}{i\hbar}\langle[A,H_{Non\text{-}relaxation}]\rangle \text{ 。} \tag{3.166}$$

[2] 若只有 A 的對角元素是非零的，即 $A_{ii}\neq 0$ 且 $A_{ij}\big|_{i\neq j}=0$ ，則

$$-\frac{1}{T_2}\sum_i\sum_{j\neq i}\rho_{ij}A_{ji}=0 \text{ ，} \tag{3.167}$$

則

$$\begin{aligned}\langle\dot{A}\rangle&=\frac{1}{i\hbar}\langle[A,H_{Non\text{-}relaxation}]\rangle-\frac{1}{T_1}\sum_i\rho_{ii}A_{ii}+\frac{1}{T_1}\langle A\rangle_{Equlibrium}\\&=\frac{1}{i\hbar}\langle[A,H_{Non\text{-}relaxation}]\rangle-\frac{1}{T_1}\langle A\rangle+\frac{1}{T_1}\langle A\rangle_{Equlibrium}\text{ ，}\end{aligned} \tag{3.168}$$

得算符期望值$\langle A\rangle$的時間一次微分方程式爲

$$\langle\dot{A}\rangle+\frac{\langle A\rangle-\langle A\rangle_{Equilibrium}}{T_1}=\frac{1}{i\hbar}\langle[A,H_{Non\text{-}relaxation}]\rangle \text{ 。} \tag{3.169}$$

此外，通常我們會要知道對角元素爲零的算符 A 的時間二次微分方程式，即

$$\langle\ddot{A}\rangle+\frac{1}{T_2}\langle\dot{A}\rangle=\frac{1}{i\hbar}\langle[A,\dot{H}_{Non\text{-}relaxation}]\rangle \text{ ，} \tag{3.170}$$

可得算符 A 的時間二次微分方程式爲

$$\begin{aligned}\langle\ddot{A}\rangle+\frac{2}{T_2}\langle\dot{A}\rangle+\frac{1}{T_2^2}\langle A\rangle&=-\frac{1}{\hbar^2}\langle[[A,H_{Non\text{-}relaxation}],H_{Non\text{-}relaxation}\rangle\\&\quad+\frac{1}{i\hbar}\left[\frac{1}{T_2}-\frac{1}{T_1}\right]\sum_i\rho_{ii}[A,H_{Non\text{-}relaxation}]_{ii}\text{ 。}\end{aligned} \tag{3.171}$$

綜合以上的說明，一般而言，因為我們會對在 $[A, H_{Non\text{-}relaxation}] = 0$ 情況下的解特別有興趣，所以算符期望值的運動方程式為

$$\langle\ddot{A}\rangle+\frac{2}{T_2}\langle\dot{A}\rangle+\frac{1}{T_2^2}\langle A\rangle=-\frac{1}{\hbar^2}\langle[A,H_{Non-relaxation}],H_{Non-relaxation}\rangle \text{ 。} \tag{3.172}$$

幾乎可以說，我們可以使用這個算符期望值的運動方程式來分析各種的物質與輻射間的交互作用過程，這些過程或者統稱為量子電子學（Quantum electronics），也就是包含各種偶極矩躍遷（Dipole transitions）、共振過程（Resonant processes）、雷射動力學（Laser dynamics）、量子介質中的非線性效應（Nonlinear effects in quantized media）、各種場的量子化（Field quantization）、聲子和輻射的交互作用（Interaction between phonon and radiation）、以及粒子在固態中的行為。

3.6.4 雷射的速率方程式

在雷射物理中，我們如果要深入一點的討論雷射發生的整個過程，最常使用的就是密度算符（Density operator）的速率方程式。

由 Maxwell 方程式可得

$$\frac{d^2}{dt^2}\overline{\mathscr{E}}(t)+\gamma_0\frac{d}{dt}\overline{\mathscr{E}}(t)+\omega_0^2\overline{\mathscr{E}}(t)=-\frac{d^2}{dt^2}\overline{\mathscr{P}}(t) \text{ ，} \tag{3.173}$$

其中 $\overline{\mathscr{P}}(t)$ 為雷射活性介質的巨觀電極化量（Macroscopic electric polarization of the active medium）；ω_0 為未受擾動時的共振模態頻率（Resonant frequency of the unperturbed cavity mode）；γ_0 為共振阻尼（Damping）；而 $\overline{\mathscr{P}}(t)=NTrace\left[\bar{\mu}\rho(t)\right]$，其中 N 為介質中和輻射場發

生耦合的活性原子之密度（the Density of the active atoms coupled to the radiation field）：$\hat{p}$ 爲電偶算符（Electric dipole operator）。

而密度矩陣 $\rho(t)$ 的量子力學 Boltzmann 方程式爲

$$\frac{d\rho}{dt}=\left.\frac{\partial\rho}{\partial t}\right|_{Coherent}+\left.\frac{\partial\rho}{\partial t}\right|_{Incoherent}+\Lambda \text{ ，} \tag{3.174}$$

其中 $\left.\frac{\partial\rho}{\partial t}\right|_{Coherent}=\frac{-i}{\hbar}[H,\rho]$ ；且 $\left.\frac{\partial\rho}{\partial t}\right|_{Incoherent}$ 是爲了描述弛豫過程現象而引入的項；$\Lambda=\begin{bmatrix}\lambda_1 & 0\\ 0 & \lambda_2\end{bmatrix}$ 是泵激發（Pumping excitation）。

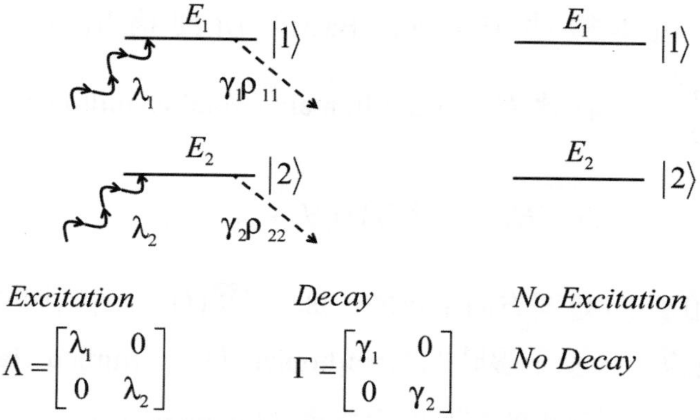

E_1 $|1\rangle$ λ_1 $\gamma_1\rho_{11}$　　E_1 $|1\rangle$

E_2 $|2\rangle$ λ_2 $\gamma_2\rho_{22}$　　E_2 $|2\rangle$

Excitation　　*Decay*　　*No Excitation*

$\Lambda=\begin{bmatrix}\lambda_1 & 0\\ 0 & \lambda_2\end{bmatrix}$　　$\Gamma=\begin{bmatrix}\gamma_1 & 0\\ 0 & \gamma_2\end{bmatrix}$　　*No Decay*

圖 3.26　二階系統的激發與衰減

爲了方便說明，所以先不考慮量子力學 Boltzmann 方程式的後兩項，即 $\left.\frac{\partial\rho}{\partial t}\right|_{Incoherent}=0$ 和 $\Lambda=\begin{bmatrix}\lambda_1 & 0\\ 0 & \lambda_2\end{bmatrix}=0$ ，如圖 3.26 所示，則密度算符的運動方程式爲

$$\frac{d\rho}{dt}=\frac{1}{i\hbar}[H,\rho]\ 。\tag{3.175}$$

若在沒有外場作用時，能量的本徵態爲 $|1\rangle$ 和 $|2\rangle$ ，即

$$H_0|1\rangle=E|1\rangle\ ；\tag{3.176}$$

$$H_0|2\rangle=E_2|2\rangle\ ，\tag{3.177}$$

且本徵態的正交歸依性質爲 $\langle 1|1\rangle=1$ 、$\langle 2|2\rangle=1$ 、$\langle 1|2\rangle=0$ 、$\langle 2|1\rangle=0$ ，則

$$H_0=\begin{bmatrix}E_1 & 0\\ 0 & E_2\end{bmatrix}\ 。\tag{3.178}$$

如果這組本徵態或基底（Basis）所建構出的密度算符爲 $\rho=\begin{bmatrix}\rho_{11} & \rho_{12}\\ \rho_{21} & \rho_{22}\end{bmatrix}$ 。因爲整體的 Hamiltonian（Total Hamiltonian）爲

$$H=H_0-\vec{\wp}\cdot\vec{\mathscr{E}}(t)=H_0-\wp\mathscr{E}(t)\ ，\tag{3.179}$$

其中由於 $\wp$ 和 $\mathscr{E}(t)$ 是同方向平行的，即 $\vec{\wp}\parallel\vec{\mathscr{E}}(t)$ ，所以把向量符號拿掉了；而 H_0 爲原子未受干擾時的 Hamiltonian（Unperturbed Hamiltonian）；$\vec{\wp}\cdot\vec{\mathscr{E}}(t)$ 爲原子和電磁場的交互作用能量（Interaction energy）。

因爲

$$\langle 1|\wp\mathscr{E}|1\rangle=0\ ；\tag{3.180}$$

$$\langle 2|\wp\mathscr{E}|2\rangle=0\ ；\tag{3.181}$$

$$\langle 1|\wp\mathscr{E}|2\rangle=\langle 1|\wp|2\rangle\mathscr{E}=\wp_{12}\mathscr{E}\ ；\tag{3.182}$$

$$\langle 2|\wp\mathscr{E}|1\rangle=\langle 2|\wp|1\rangle\mathscr{E}=\wp_{21}\mathscr{E}\ ，\tag{3.183}$$

其中由於$\wp$是 Hermitian，或是當$\wp_{12}$和$\wp_{21}$是同相的（in phase），則會有$\wp_{12}=\wp_{21}$或$\wp_{12}\mathscr{E}=\wp_{21}\mathscr{E}$的結果，則

$$-\vec{\wp}\cdot\vec{\mathscr{E}}(t)=\begin{bmatrix}0 & -\wp_{12}\mathscr{E}\\ -\wp_{12}\mathscr{E} & 0\end{bmatrix}。\tag{3.184}$$

由整體的 Hamiltonian 為

$$H=H_0-\vec{\wp}\cdot\vec{\mathscr{E}}(t)=H_0-\wp\mathscr{E}(t)\ ，\tag{3.185}$$

而其中$-\vec{\wp}\cdot\vec{\mathscr{E}}(t)=\begin{bmatrix}0 & -\wp_{12}\mathscr{E}\\ -\wp_{12}\mathscr{E} & 0\end{bmatrix}$，所以可得整體的 Hamiltonian 為

$$\begin{aligned}H&=\begin{bmatrix}H_{11} & H_{12}\\ H_{21} & H_{22}\end{bmatrix}\\ &=H_0-\vec{\wp}\cdot\vec{\mathscr{E}}(t)\\ &=\begin{bmatrix}E_1 & 0\\ 0 & E_2\end{bmatrix}+\begin{bmatrix}0 & -\wp_{12}\mathscr{E}\\ -\wp_{12}\mathscr{E} & 0\end{bmatrix}\\ &=\begin{bmatrix}E_1 & -\wp_{12}\mathscr{E}\\ -\wp_{12}\mathscr{E} & E_2\end{bmatrix}。\end{aligned}\tag{3.186}$$

接著，如果把激發（Excitation）Λ 和衰減（Decay）Γ一起考慮進來之後，就可以建立速率方程式，即

$$\begin{aligned}\frac{d\rho}{dt}&=\Lambda+\frac{1}{i\hbar}[H,\rho]-\frac{1}{2}\{\Gamma,\rho\}\\ &=\Lambda+\frac{1}{i\hbar}(H\rho-\rho H)-\frac{1}{2}(\Gamma\rho+\rho\Gamma)\ ，\end{aligned}\tag{3.187}$$

其中$\Lambda=\begin{bmatrix}\lambda_1 & 0\\ 0 & \lambda_2\end{bmatrix}=\lambda_i\delta_{ij}$ 代表激發過程；$\Gamma=\begin{bmatrix}\gamma_1 & 0\\ 0 & \gamma_2\end{bmatrix}=\gamma_i\delta_{ij}$ 代表衰減過

程；且本徵態爲 $|1\rangle=\begin{bmatrix}1\\0\end{bmatrix}$；$\langle 1|=[1\quad 0]$；$|2\rangle=\begin{bmatrix}0\\1\end{bmatrix}$；$\langle 2|=[0\quad 1]$，如圖 3.26 所示。

接著，我們要分別求出 $\dfrac{d\rho}{dt}=\dfrac{d}{dt}\begin{bmatrix}\rho_{11} & \rho_{12}\\ \rho_{21} & \rho_{22}\end{bmatrix}$ 的表示式。

因爲

$$\frac{d\rho_{11}}{dt}=\langle 1|\Lambda|1\rangle+\frac{1}{i\hbar}\langle 1|(H\rho-\rho H)|1\rangle-\frac{1}{2}\langle 1|(\Gamma\rho+\rho\Gamma)|1\rangle \text{ ,} \tag{3.188}$$

其中 $H=\begin{bmatrix}E_1 & -\wp_{12}\mathscr{E}\\ -\wp_{12}\mathscr{E} & E_2\end{bmatrix}$ 爲整體的 Hamiltonian；$\Lambda=\begin{bmatrix}\lambda_1 & 0\\ 0 & \lambda_2\end{bmatrix}$ 代表激發過程；$\Gamma=\begin{bmatrix}\gamma_1 & 0\\ 0 & \gamma_2\end{bmatrix}$ 代表衰減過程；$\rho=\begin{bmatrix}\rho_{11} & \rho_{12}\\ \rho_{21} & \rho_{22}\end{bmatrix}$ 爲密度算符；本徵態爲 $|1\rangle=\begin{bmatrix}1\\0\end{bmatrix}$、$\langle 1|=[1\quad 0]$、$|2\rangle=\begin{bmatrix}0\\1\end{bmatrix}$、$\langle 2|=[0\quad 1]$，所以可以分項計算爲

$$\langle 1|\Lambda|1\rangle=\lambda_1 \text{ ;} \tag{3.189}$$

$$\begin{aligned}\langle 1|H\rho-\rho H|1\rangle &=\langle 1|H|1\rangle\langle 1|\rho|1\rangle-\langle 1|\rho|1\rangle\langle 1|H|1\rangle\\ &\quad+\langle 1|H|2\rangle\langle 2|\rho|1\rangle-\langle 1|\rho|2\rangle\langle 2|H|1\rangle\\ &=H_{11}\rho_{11}-\rho_{11}H_{11}+H_{12}\rho_{21}-\rho_{12}H_{21}\\ &=E_1\rho_{11}-E_1\rho_{11}-\wp_{12}\mathscr{E}\rho_{21}+\wp_{12}\mathscr{E}\rho_{12}\\ &=-\wp_{12}\mathscr{E}(\rho_{21}-\rho_{12}) \text{ ;}\end{aligned} \tag{3.190}$$

$$\begin{aligned}\langle 1|(\Gamma\rho+\rho\Gamma)|1\rangle &=\langle 1|\Gamma|1\rangle\langle 1|\rho|1\rangle+\langle 1|\rho|1\rangle\langle 1|\Gamma|1\rangle\\ &\quad+\langle 1|\Gamma|2\rangle\langle 2|\rho|1\rangle-\langle 1|\rho|2\rangle\langle 2|\Gamma|1\rangle\\ &=\gamma_1\rho_{11}+\gamma_1\rho_{11}\\ &=2\gamma_1\rho_{11} \text{ 。}\end{aligned} \tag{3.191}$$

綜合以上所述可得

$$\frac{d\rho_{11}}{dt}=\lambda_1+\frac{i}{\hbar}\wp_{12}\mathscr{E}\left(\rho_{21}-\rho_{12}\right)-\gamma_1\rho_{11}$$
$$=\lambda_1-\gamma_1\rho_{11}-\frac{i}{\hbar}\wp_{12}\mathscr{E}\left(\rho_{12}-\rho_{21}\right) \quad 。 \tag{3.192}$$

因為

$$\frac{d\rho_{12}}{dt}=\langle 1|\Lambda|2\rangle+\frac{1}{i\hbar}\langle 1|(H\rho-\rho H)|2\rangle-\frac{1}{2}\langle 1|(\Gamma\rho+\rho\Gamma)|2\rangle \quad , \tag{3.193}$$

再作分項計算

$$\langle 1|\Lambda|2\rangle=0 \quad ; \tag{3.194}$$

$$\begin{aligned}\langle 1|(H\rho-\rho H)|2\rangle &=\langle 1|H|1\rangle\langle 1|\rho|2\rangle-\langle 1|\rho|1\rangle\langle 1|H|2\rangle \\ &\quad+\langle 1|H|2\rangle\langle 2|\rho|2\rangle-\langle 1|\rho|2\rangle\langle 2|H|2\rangle \\ &=H_{11}\rho_{12}-H_{12}\rho_{11}+H_{12}\rho_{22}-H_{22}\rho_{12} \\ &=E_1\rho_{12}+\wp_{12}\mathscr{E}\rho_{11}-\wp_{12}\mathscr{E}\rho_{22}-E_2\rho_{12} \\ &=\left(E_1-E_2\right)\rho_{12}+\wp_{12}\mathscr{E}\left(\rho_{11}-\rho_{22}\right) \quad ;\end{aligned} \tag{3.195}$$

$$\begin{aligned}\langle 1|(\Gamma\rho+\rho\Gamma)|2\rangle &=\langle 1|\Gamma|1\rangle\langle 1|\rho|2\rangle+\langle 1|\rho|1\rangle\langle 1|\Gamma|2\rangle \\ &\quad+\langle 1|\Gamma|2\rangle\langle 2|\rho|2\rangle+\langle 1|\rho|2\rangle\langle 2|\Gamma|2\rangle \\ &=\gamma_1\rho_{12}+\gamma_2\rho_{12} \\ &=\left(\gamma_1+\gamma_2\right)\rho_{12} \quad 。\end{aligned} \tag{3.196}$$

綜合以上所述可得

$$\frac{d\rho_{12}}{dt}=\frac{1}{i\hbar}\left[\left(E_1-E_2\right)\rho_{12}+\wp_{12}\mathscr{E}\left(\rho_{11}-\rho_{22}\right)\right]-\frac{1}{2}\left(\gamma_1+\gamma_2\right)\rho_{12} \quad 。 \tag{3.197}$$

若 $E_1 - E_2 = \hbar\omega$ 且 $\gamma = \frac{1}{2}(\gamma_1 + \gamma_2)$ ，則可得

$$\frac{d\rho_{12}}{dt} = -(i\omega - \gamma)\rho_{12} - \frac{i}{\hbar}\wp_{12}\mathscr{E}(\rho_{11} - \rho_{22}) \text{ 。} \tag{3.198}$$

因爲 $\frac{d\rho_{12}}{dt} = \frac{d\rho_{21}^*}{dt}$ ，所以只要知道 $\frac{d\rho_{12}}{dt}$ 就可以知道 $\frac{d\rho_{21}}{dt}$ 。

由

$$\frac{d\rho_{22}}{dt} = \langle 2|\Lambda|2\rangle + \frac{1}{i\hbar}\langle 2|(H\rho - \rho H)|2\rangle - \frac{1}{2}\langle 2|(\Gamma\rho + \rho\Gamma)|2\rangle \text{ ，} \tag{3.199}$$

再一次分項計算

$$\langle 2|\Lambda|2\rangle = \lambda_2 \text{ ；} \tag{3.200}$$

$$\begin{aligned}\langle 2|(H\rho - \rho H)|2\rangle &= \langle 2|H|1\rangle\langle 1|\rho|2\rangle - \langle 2|\rho|1\rangle\langle 1|H|2\rangle \\ &\quad + \langle 2|H|2\rangle\langle 2|\rho|2\rangle - \langle 2|\rho|2\rangle\langle 2|H|2\rangle \\ &= -\wp_{12}\mathscr{E}\rho_{12} + \wp_{12}\mathscr{E}\rho_{21} + E_2\rho_{22} - E_2\rho_{22} \\ &= -\wp_{12}\mathscr{E}(\rho_{12} - \rho_{21}) \text{ ；}\end{aligned} \tag{3.201}$$

$$\begin{aligned}\langle 2|(\Gamma\rho + \rho\Gamma)|2\rangle &= \langle 2|\Gamma|1\rangle\langle 1|\rho|2\rangle + \langle 2|\rho|1\rangle\langle 1|\Gamma|2\rangle \\ &\quad + \langle 2|\Gamma|2\rangle\langle 2|\rho|2\rangle + \langle 2|\rho|2\rangle\langle 2|\Gamma|2\rangle \\ &= \gamma_2\rho_{22} + \gamma_2\rho_{22} \\ &= 2\gamma_2\rho_{22} \text{ 。}\end{aligned} \tag{3.202}$$

綜合上述結果可得

$$\begin{aligned}\frac{d\rho_{22}}{dt} &= \lambda_2 - \frac{1}{i\hbar}\wp_{12}\mathscr{E}(\rho_{12} - \rho_{21}) - \gamma_2\rho_{22} \\ &= \lambda_2 - \gamma_2\rho_{22} + \frac{i}{\hbar}\wp_{12}\mathscr{E}(\rho_{12} - \rho_{21}) \text{ 。}\end{aligned} \tag{3.203}$$

把以上最後的結果重寫一次，

$$\frac{d\rho_{11}}{dt}=\lambda_1-\gamma_1\rho_{11}-\frac{i}{\hbar}\wp_{12}\mathscr{E}\left(\rho_{12}-\rho_{21}\right)\ ; \tag{3.204}$$

$$\frac{d\rho_{22}}{dt}=\lambda_2-\gamma_2\rho_{22}+\frac{i}{\hbar}\wp_{12}\mathscr{E}\left(\rho_{12}-\rho_{21}\right)\ ; \tag{3.205}$$

$$\frac{d\rho_{12}}{dt}=-\left(i\omega-\gamma\right)\rho_{12}-\frac{i}{\hbar}\wp_{12}\mathscr{E}\left(\rho_{11}-\rho_{22}\right)\ , \tag{3.206}$$

且 $\frac{d\rho_{12}}{dt}=\frac{d\rho_{21}^{*}}{dt}$ 。

我們也可以用另外一種方式表達介質受到激發 Λ 的過程。當沒有外加干擾 $\mathscr{E}$，且達到穩定狀態（Steady state）時，即

$$\frac{d\rho_{11}}{dt}=0=\lambda_1-\gamma_1\rho_{11}\ ; \tag{3.207}$$

$$\frac{d\rho_{22}}{dt}=0=\lambda_2-\gamma_2\rho_{22}\ , \tag{3.208}$$

則

$$\lambda_1=\gamma_1\rho_{11}^{(0)}\ ; \tag{3.209}$$

$$\lambda_2=\gamma_2\rho_{22}^{(0)}\ 。 \tag{3.210}$$

所以這三個速率方程式也可以表示爲

$$\frac{d\rho_{11}}{dt}=-\gamma_1\left(\rho_{11}-\rho_{11}^{(0)}\right)-\frac{i}{\hbar}\wp_{12}\mathscr{E}\left(\rho_{12}-\rho_{21}\right)\ ; \tag{3.211}$$

$$\frac{d\rho_{22}}{dt}=-\gamma_2\left(\rho_{22}-\rho_{22}^{(0)}\right)+\frac{i}{\hbar}\wp_{12}\mathscr{E}\left(\rho_{12}-\rho_{21}\right)\ ; \tag{3.212}$$

$$\frac{d\rho_{12}}{dt}=-(i\omega+\gamma)\rho_{12}-\frac{i}{\hbar}\wp_{12}\mathscr{E}(\rho_{11}-\rho_{22}) \text{ ，} \tag{3.213}$$

而激發項Λ則可表示爲$\Lambda=\begin{bmatrix}\lambda_1 & 0\\ 0 & \lambda_2\end{bmatrix}=\begin{bmatrix}\gamma_1\rho_{11}^{(0)} & 0\\ 0 & \gamma_2\rho_{22}^{(0)}\end{bmatrix}$。

這三個速率方程式可以整合表示成一個雷射速率方程式爲

$$\begin{aligned}\frac{d\rho}{dt}&=\frac{1}{i\hbar}[H,\rho]-\frac{1}{2}\left[\Gamma\left(\rho-\rho^{(0)}\right)+\left(\rho-\rho^{(0)}\right)\Gamma\right]\\&=\frac{1}{i\hbar}[H,\rho]-\frac{1}{2}\left\{\Gamma,\rho-\rho^{(0)}\right\} \text{ ，}\end{aligned} \tag{3.214}$$

其中$[H,\rho]=H\rho-\rho H$ ；$\{\Gamma,\rho\}=\Gamma\rho+\rho\Gamma$ 。

於是我們有了一些不同觀點的論述。

在沒有干擾的情況下，也就是沒有光子的情況下，則

$$\frac{d\rho}{dt}=-\frac{1}{2}\left[\Gamma\left(\rho-\rho^{(0)}\right)+\left(\rho-\rho^{(0)}\right)\Gamma\right] \text{ 。} \tag{3.215}$$

上式表示在穩定狀態的情況下，ρ 將會漸趨於$\rho^{(0)}$。此外，顯然$\rho^{(0)}$是和外在激發的情況有關的，如果外在激發是非同調的（Incoherent），則$\rho^{(0)}$是完全對角化的（Purely diagonal）。

當共振腔內的光場爲零，或更具體的說是電波場或簡稱腔場（Cavity field）爲零，也就是在共振腔內沒有光子時，即$\mathscr{E}=0$，代入

$$\frac{d\rho_{11}}{dt}=-\gamma_1\left(\rho_{11}-\rho_{11}^{(0)}\right)-\frac{i}{\hbar}\wp_{12}\mathscr{E}(\rho_{12}-\rho_{21}) \text{ ；} \tag{3.216}$$

$$\frac{d\rho_{22}}{dt}=-\gamma_2\left(\rho_{22}-\rho_{22}^{(0)}\right)+\frac{i}{\hbar}\wp_{12}\mathscr{E}(\rho_{12}-\rho_{21}) \text{ ，} \tag{3.217}$$

可得
$$\frac{d\rho_{11}}{dt}=-\gamma_1\left(\rho_{11}-\rho_{11}^{(0)}\right)\ ；\qquad(3.218)$$

$$\frac{d\rho_{22}}{dt}=-\gamma_2\left(\rho_{22}-\rho_{22}^{(0)}\right)\ 。\qquad(3.219)$$

從數學關係來說，可看出$\rho^{(0)}$的對角元素$\rho_{11}^{(0)}$和$\rho_{22}^{(0)}$是分別和熱平衡下的能態分布，即ρ_{11}和ρ_{12}成正比例關係的。或者反過來說，熱平衡下的能態分布ρ_{11}和外在激發的$\rho_{11}^{(0)}$成正比例；熱平衡下的能態分布ρ_{22}和外在激發的$\rho_{22}^{(0)}$成正比例關係。

3.6.5 雷射的動態行為方程式

在理論上只需要五個獨立的變數所建立的三個方程式，就可以描述在任何時間雷射的動態行爲（Dynamical behaviors）。

圖爲共振腔內的輻射場和二階活性介質交互作用的示意圖。

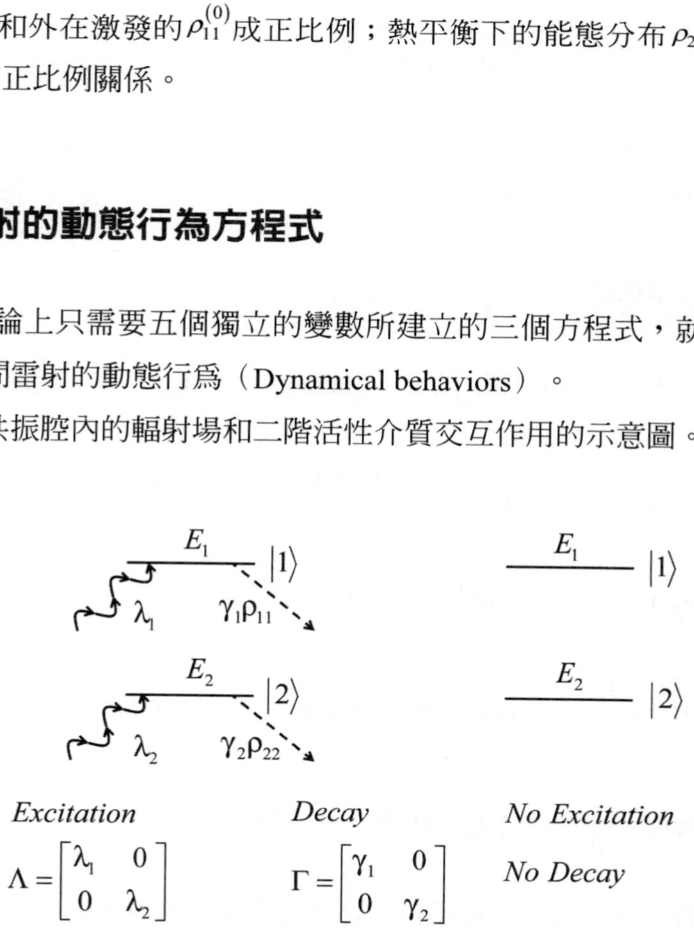
E_1
$|1\rangle$
λ_1
$\gamma_1\rho_{11}$
E_2
$|2\rangle$
λ_2
$\gamma_2\rho_{22}$
E_1
$|1\rangle$
E_2
$|2\rangle$
Excitation
Decay
No Excitation
$\Lambda=\begin{bmatrix}\lambda_1 & 0\\ 0 & \lambda_2\end{bmatrix}$
$\Gamma=\begin{bmatrix}\gamma_1 & 0\\ 0 & \gamma_2\end{bmatrix}$
No Decay

圖 3.27　共振腔內的輻射場和二階活性介質交互作用

如果我們在上一節（3.210）、（3.211）、（3.212）已經建立了三個密度矩陣的速率方程式為，

$$\frac{d\rho_{11}}{dt}=-\gamma_1\left(\rho_{11}-\rho_{11}^{(0)}\right)-\frac{i}{\hbar}\wp_{12}\mathscr{E}\left(\rho_{12}-\rho_{21}\right)\ ; \tag{3.220}$$

$$\frac{d\rho_{22}}{dt}=-\gamma_2\left(\rho_{22}-\rho_{22}^{(0)}\right)+\frac{i}{\hbar}\wp_{12}\mathscr{E}\left(\rho_{12}-\rho_{21}\right)\ ; \tag{3.221}$$

$$\frac{d\rho_{12}}{dt}=-(i\omega+\gamma)\rho_{12}-\frac{i}{\hbar}\wp_{12}\mathscr{E}\left(\rho_{11}-\rho_{22}\right)\ , \tag{3.222}$$

其中 $\Lambda=\begin{bmatrix}\lambda_1 & 0\\ 0 & \lambda_2\end{bmatrix}=\begin{bmatrix}\gamma_1\rho_{11}^{(0)} & 0\\ 0 & \gamma_2\rho_{22}^{(0)}\end{bmatrix}$ 代表激發過程；$\Gamma=\begin{bmatrix}\gamma_1 & 0\\ 0 & \gamma_2\end{bmatrix}$ 代表衰減過程；且本徵態為 $|1\rangle=\begin{bmatrix}1\\0\end{bmatrix}$、$\langle 1|=[1\quad 0]$、$|2\rangle=\begin{bmatrix}0\\1\end{bmatrix}$、$\langle 2|=[0\quad 1]$；原子以及電磁場的交互作用能量（Interaction energy）為

$-\vec{\wp}\cdot\vec{\mathscr{E}}(t)=\begin{bmatrix}0 & -\wp_{12}\mathscr{E}\\ -\wp_{12}\mathscr{E} & 0\end{bmatrix}$，則整理三個速率方程式得

$$\frac{d}{dt}(\rho_{11}+\rho_{22})=-\gamma_1\left(\rho_{11}-\rho_{11}^{(0)}\right)-\gamma_2\left(\rho_{22}-\rho_{22}^{(0)}\right)\ ; \tag{3.223}$$

$$\frac{d}{dt}(\rho_{11}-\rho_{22})=\frac{i2}{\hbar}\wp_{12}\mathscr{E}\left(\rho_{21}-\rho_{12}\right)-\gamma_1\left(\rho_{11}-\rho_{11}^{(0)}\right)+\gamma_2\left(\rho_{22}-\rho_{22}^{(0)}\right)\ ; \tag{3.224}$$

$$\frac{d}{dt}\rho_{12}+i\omega\rho_{12}=\frac{-i}{\hbar}\wp_{12}\mathscr{E}\left(\rho_{11}-\rho_{22}\right)-\frac{\gamma_1+\gamma_2}{2}\rho_{12}\ 。 \tag{3.225}$$

因為在上、下能階的粒子總數隨著時間是不會改變的，即

$$\frac{d}{dt}(\rho_{11}+\rho_{22})=0=-\gamma_1\left(\rho_{11}-\rho_{11}^{(0)}\right)-\gamma_2\left(\rho_{22}-\rho_{22}^{(0)}\right) \text{ ，} \tag{3.226}$$

則 $$\gamma_1\left(\rho_{11}-\rho_{11}^{(0)}\right)+\gamma_2\left(\rho_{22}-\rho_{22}^{(0)}\right)=0 \text{ ，} \tag{3.227}$$

則 $$\gamma_1(\gamma_1-\gamma_2)\left(\rho_{11}-\rho_{11}^{(0)}\right)+\gamma_2(\gamma_1-\gamma_2)\left(\rho_{22}-\rho_{22}^{(0)}\right)=0 \text{ ，} \tag{3.228}$$

則 $$\left(\gamma_1^2-\gamma_1\gamma_2\right)\left(\rho_{11}-\rho_{11}^{(0)}\right)+\left(\gamma_1\gamma_2-\gamma_2^2\right)\left(\rho_{22}-\rho_{22}^{(0)}\right)=0 \text{ ，} \tag{3.229}$$

則 $$\begin{aligned}&\left(\gamma_1^2+\gamma_1\gamma_2\right)\left(\rho_{11}-\rho_{11}^{(0)}\right)-\left(\gamma_1\gamma_2+\gamma_2^2\right)\left(\rho_{22}-\rho_{22}^{(0)}\right)\\&\quad=2\gamma_1\gamma_2\left(\rho_{11}-\rho_{11}^{(0)}\right)-2\gamma_1\gamma_2\left(\rho_{22}-\rho_{22}^{(0)}\right) \text{ ，}\end{aligned} \tag{3.230}$$

則 $$\begin{aligned}&\gamma_1(\gamma_1+\gamma_2)\left(\rho_{11}-\rho_{11}^{(0)}\right)-\gamma_2(\gamma_1+\gamma_2)\left(p_{22}-p_{22}^{(0)}\right)\\&\quad=2\gamma_1\gamma_2\left[\rho_{11}-\rho_{22}-\left(\rho_{11}^{(0)}-\rho_{22}^{(0)}\right)\right] \text{ ，}\end{aligned} \tag{3.231}$$

則 $$\begin{aligned}&\gamma_1\left(\rho_{11}-\rho_{11}^{(0)}\right)-\gamma_2\left(\rho_{22}-\rho_{22}^{(0)}\right)\\&\quad=\frac{2\gamma_1\gamma_2}{\gamma_1+\gamma_2}\left[\rho_{11}-\rho_{22}-\left(\rho_{11}^{(0)}-\rho_{22}^{(0)}\right)\right] \text{ 。}\end{aligned} \tag{3.232}$$

代入 $$\begin{aligned}&\frac{d}{dt}(\rho_{11}-\rho_{22})+\gamma_1\left(\rho_{11}-\rho_{11}^{(0)}\right)-\gamma_2\left(\rho_{22}-\rho_{22}^{(0)}\right)\\&\quad=\frac{i2}{\hbar}\wp_{12}\mathscr{E}(\rho_{21}-\rho_{12}) \text{ ，}\end{aligned} \tag{3.233}$$

可得 $$\begin{aligned}&\frac{d}{dt}(\rho_{11}-\rho_{22})+\frac{2\gamma_1\gamma_2}{\gamma_1+\gamma_2}\left[(\rho_{11}-\rho_{22})-\left(\rho_{11}^{(0)}-\rho_{22}^{(0)}\right)\right]\\&\quad=\frac{i2}{\hbar}\wp_{12}\mathscr{E}(\rho_{21}-\rho_{12}) \text{ ，}\end{aligned} \tag{3.234}$$

又 $$\frac{d}{dt}\rho_{12}+i\omega\rho_{12}=\frac{-i}{\hbar}\wp_{12}\mathscr{E}(\rho_{11}-\rho_{22})-\frac{\gamma_1+\gamma_2}{2}\rho_{12}\text{ 。}\tag{3.235}$$

若 $$T_1=\frac{\gamma_1+\gamma_2}{2\gamma_1\gamma_2}\text{ ；}\tag{3.236}$$

且 $$T_2=\frac{2}{\gamma_1+\gamma_2}\text{ ，}\tag{3.237}$$

則得 $$\frac{d}{dt}(\rho_{11}-\rho_{22})+\frac{1}{T_1}\left[(\rho_{11}-\rho_{22})-\left(\rho_{11}^{(0)}-\rho_{22}^{(0)}\right)\right]=\frac{i2}{\hbar}\wp_{12}\mathscr{E}(\rho_{21}-\rho_{12})\text{ ；}\tag{3.238}$$

$$\frac{d}{dt}\rho_{12}+i\omega\rho_{12}+\frac{1}{T_2}\rho_{12}=\frac{-i}{\hbar}\wp_{12}\mathscr{E}(\rho_{11}-\rho_{22})\text{ 。}\tag{3.239}$$

若 $\hat{\rho}=\begin{bmatrix}\rho_{11}&\rho_{12}\\\rho_{21}&\rho_{22}\end{bmatrix}$ 且 $\hat{\wp}=\begin{bmatrix}0&\wp_{12}\\\wp_{21}&0\end{bmatrix}$，則雷射活性介質的巨觀電極化量（Macroscopic electric polarization of the active medium）$\overline{\mathscr{P}}$ 爲

$$\begin{aligned}\overline{\mathscr{P}}&=N\left\langle\hat{\wp}\right\rangle\\&=NTr\left(\hat{\rho}\hat{\wp}\right)\\&=NTr\left(\begin{bmatrix}\rho_{11}&\rho_{12}\\\rho_{21}&\rho_{22}\end{bmatrix}\begin{bmatrix}0&\wp_{12}\\\wp_{21}&0\end{bmatrix}\right)\\&=NTr\left(\begin{bmatrix}\wp_{21}\rho_{12}&\wp_{12}\rho_{11}\\\wp_{21}\rho_{22}&\wp_{12}\rho_{21}\end{bmatrix}\right)\\&=N\left(\wp_{21}\rho_{12}+\wp_{12}\rho_{21}\right)\text{ 。}\end{aligned}\tag{3.240}$$

由 Maxwell 方程式

$$\frac{d^2}{dt^2}\overline{\mathscr{E}}(t)+\gamma_0\frac{d}{dt}\overline{\mathscr{E}}(t)+\omega_0^2\overline{\mathscr{E}}(t)=-\frac{d^2}{dt^2}\overline{\mathscr{P}}(t) \text{ ，} \tag{3.241}$$

其中 $\overline{\mathscr{P}}(t)$ 爲雷射活性介質的巨觀電極化量（Macroscopic electric polarization of the active medium）；ω_0 爲未受擾動時的共振模態頻率（Resonant frequency of the unperturbed cavity mode）； 爲 γ_0 共振阻尼（Damping）。且又由於 $\overline{\mathscr{P}}(t)$ 和 $\overline{\mathscr{E}}(t)$ 是同方向平行的，即 $\overline{\mathscr{P}}(t)\parallel\overline{\mathscr{E}}(t)$，所以向量符號可去除。

代入 $\overline{\mathscr{P}}(t)=N\left(\wp_{12}(t)\rho_{21}(t)+\wp_{21}(t)\rho_{12}(t)\right)$，可得

$$\begin{aligned}&\frac{d^2}{dt^2}\mathscr{E}(t)+\gamma_0\frac{d}{dt}\mathscr{E}(t)+\omega_0^2\mathscr{E}(t)\\&\qquad=-N\frac{d^2}{dt^2}\left(\wp_{12}(t)\rho_{21}(t)+\wp_{21}(t)\rho_{12}(t)\right) \text{ ，}\end{aligned} \tag{3.242}$$

或

$$\frac{d^2}{dt^2}\mathscr{E}+\gamma_0\frac{d}{dt}\mathscr{E}+\omega_0^2\mathscr{E}=-N\frac{d^2}{dt^2}\left(\wp_{12}\rho_{21}+\wp_{21}\rho_{12}\right) \text{ 。} \tag{3.243}$$

可得

$$\frac{d^2}{dt^2}\mathscr{E}+\gamma_0\frac{d}{dt}\mathscr{E}+\omega_0^2\mathscr{E}=-N\frac{d^2}{dt^2}\left(\wp_{12}\rho_{21}+\wp_{21}\rho_{12}\right) \text{ 。} \tag{3.244}$$

綜合最後的結果，我們把上述的三個方程式（3.238）、（3.239）、（3.244）再列一次，

$$\frac{d}{dt}(\rho_{11}-\rho_{22})+\frac{1}{T_1}\left[(\rho_{11}-\rho_{22})-\left(\rho_{11}^{(0)}-\rho_{22}^{(0)}\right)\right]=\frac{i2}{\hbar}\wp_{12}\mathscr{E}\left(\rho_{21}-\rho_{12}\right) \text{ ；} \tag{3.245}$$

$$\frac{d}{dt}\rho_{12}+i\omega\rho_{12}+\frac{1}{T_2}\rho_{12}=\frac{-i}{\hbar}\wp_{12}\mathscr{E}\left(\rho_{11}-\rho_{22}\right) \text{ ；} \tag{3.246}$$

$$\frac{d^2}{dt^2}\mathscr{E}+\gamma_0\frac{d}{dt}\mathscr{E}+\omega_0^2\mathscr{E}=-N\frac{d^2}{dt^2}\left(\wp_{12}\rho_{21}+\wp_{22}\rho_{12}\right) \text{ 。} \tag{3.247}$$

基本上，在任何時間的雷射動態行爲都可以被這三個方程式中的五個獨立的變數所描述，這五個獨立的變數分別爲：共振腔內的輻射場（Cavity radiation field）$\mathscr{E}(t)$ 的振幅及相位；活性介質的巨觀電極化量（Macroscopic polarization）$\mathscr{P}(t)$ 或 $\rho_{12}(t)$；上下能階之間的布居反轉量（Excess population）$\rho_{11}(t)-\rho_{22}(t)$。

前二個一階微分方程式是非線性的；第三個方程式則是二階微分方程式。一般來說，如果再作進一步的近似，則將可得到二個相互耦合的一階非線性速率方程式（Two coupled first-order nonlinear rate equation），且只要有電磁功率（Electromagnetic power）和布居反轉量二個變數就可以討論雷射的動態行爲。

3.7 MASER

和第一章所介紹的 LASER 相同，MASER 也是一個由 Microwave Amplification by Stimulation Emission of Radiation 的字首所組合成的字詞，意指微波的受激放大器，可以說是雷射的前身。1964 年 Charles Hard Townes、Nicolay Gennadiyevich Basov 和 Aleksandr Mikhailovich Prokhorov 因爲提出利用原子、分子的受激輻射來放大電磁波的新概念，獲得 Nobel（諾貝爾）物理獎，後來更以氨分子的狀態變化，在微波的波段實現了一個所謂量子振盪器，也開創了量子電子學的新領域。據說 Charles Hard Townes 曾和幾位物理或數學專家學者談過 MASER 的概念，並且意欲把振盪的波段向光頻延伸，也就是 LASER，但是 Niels Bohr 以及 John von Neumann 等大師咸認爲 MASER 違反了 Heisenberg 的測不準原理（Heisenberg′s uncertainty principle），所以應該是不可行的，甚至於在 1960 早期，還有人戲稱 MASER 是 Money Acquisition Scheme for Expensive Research，或者因爲不知道雷射可以有什麼用，所以又謔稱其爲 Less Application of Stimulated Expensive Research。現在我們知道這是因爲沒有考慮前述的同調性，如果考慮了同調性，即引入「負溫度」的概念，則雷射變成可行，至於雷射的用途更是自不待言。

但什麼是 MASER 呢？簡單來說就是量子力學中的二階系統（Two-level system）之能量交換過程。這一節我們將以 MASER 作爲例子，說明一個二階系統的基本特性，尤其是能量交換的過程。

NH_3 分子共有二個狀態，如圖 3.28 所示：N 在上，三個 H 在下，設爲狀態 $|1\rangle$，且處在狀態 $|1\rangle$ 的機率爲 $P_1=|C_1|^2$ ；N 在下，三個 H 在上，設爲狀態 $|2\rangle$，且處在狀態 $|2\rangle$ 的機率爲 $P_2=|C_2|^2$ 。

包含以上兩種狀態的波函數，我們以 $|\psi\rangle=C_1|1\rangle+C_2|2\rangle$ 表之。

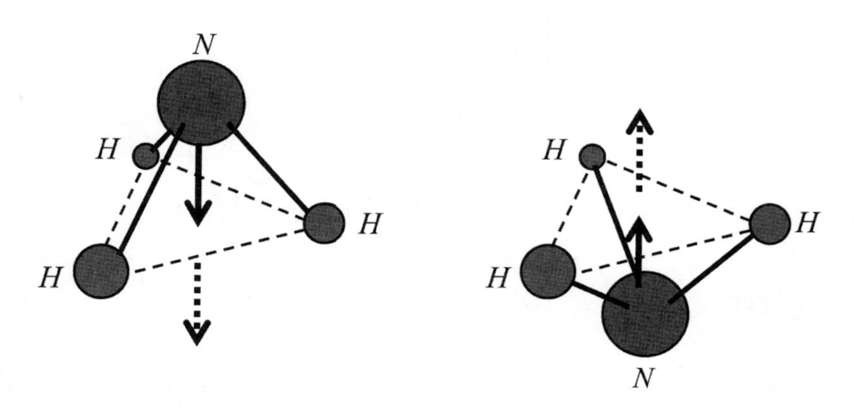

圖 3.28　NH_3 分子的二個狀態

現在我們假設兩種狀況：[1] 不受外力影響和 [2] 施予外力影響，分別討論如下。

[1] 假設狀況 1：只要 NH_3 分子在狀態 $|1\rangle$，若無外力影響，則沒有機會變狀態 $|2\rangle$，反之亦然。

假設 $$|\psi\rangle = C_1|1\rangle + C_2|2\rangle \text{ ，} \tag{3.248}$$

則 Schrödinger 方程式可以表示爲

$$i\hbar\frac{\partial}{\partial t}\begin{bmatrix} C_1 \\ C_2 \end{bmatrix} = \begin{bmatrix} H_{11} & H_{12} \\ H_{21} & H_{22} \end{bmatrix}\begin{bmatrix} C_1 \\ C_2 \end{bmatrix} \text{ ，} \tag{3.249}$$

在不受外力影響下，設 $\hat{H} = \begin{bmatrix} E_1 & 0 \\ 0 & E_2 \end{bmatrix}$，所以

$$\begin{cases} i\hbar\dfrac{\partial}{\partial t}C_1 = H_{11}C_1 + H_{12}C_2 = E_1C_1 \Rightarrow C_1 = A_1 e^{\frac{-iE_1 t}{\hbar}} \\ i\hbar\dfrac{\partial}{\partial t}C_2 = H_{21}C_1 + H_{22}C_2 = E_2C_2 \Rightarrow C_2 = A_2 e^{\frac{-iE_2 t}{\hbar}} \end{cases} \text{ ，} \tag{3.250}$$

則 $$\begin{cases} C_1 = A_1 e^{\frac{-iE_1 t}{\hbar}} \\ C_2 = A_2 e^{\frac{-iE_2 t}{\hbar}} \end{cases} \text{ ，} \tag{3.251}$$

所以 $$|\psi\rangle = A_1 e^{\frac{-iE_1 t}{\hbar}}|1\rangle + A_2 e^{\frac{-iE_2 t}{\hbar}}|2\rangle \text{ ，} \tag{3.252}$$

由歸一化條件 $$\langle\psi|\psi\rangle = |A_1|^2 + |A_2|^2 = 1 \text{ ，} \tag{3.253}$$

且若初始條件（Initial condition）是當 $t_0 = 0$ 時，$|\psi\rangle_0 = |1\rangle$ ，所以可得

$$A_1 = 1 \text{ ，} A_2 = 0 \text{ ，} \tag{3.254}$$

即 $$|\psi\rangle = e^{\frac{-iE_1 t}{\hbar}}|1\rangle \text{ ，} \tag{3.255}$$

上式的物理意義表示 NH_3 分子永遠在狀態 $|I\rangle$。

[2] 假設狀況 2：若外加靜電場，則 NH_3 分子 $|I\rangle$ 在 $|II\rangle$ 和二個狀態間振盪。

假設
$$\hat{H}=\begin{bmatrix} E & -E_0 \\ E_0 & E \end{bmatrix} \text{，} \tag{3.256}$$

則 Schrödinger 方程式爲

$$i\hbar\frac{\partial}{\partial t}C_1 = EC_1 - E_0C_2 \text{ ；} \tag{3.257}$$

$$i\hbar\frac{\partial}{\partial t}C_2 = -E_0C_1 + EC_2 \text{ ，} \tag{3.258}$$

$$(3.257)+(3.258)\text{ ：}\ i\hbar\frac{\partial}{\partial t}(C_1+C_2) = C_1(E-E_0)+C_2(E-E_0)$$
$$=(E+E_0)(C_1+C_2) \text{ ，} \tag{3.259}$$

所以
$$C_1+C_2 = ae^{\frac{-i(E-E_0)t}{\hbar}} \text{，} \tag{3.260}$$

$$(3.257)-(3.258)\text{：}\ i\hbar\frac{\partial}{\partial t}(C_1-C_2) = C_1(E+E_0)-C_2(E+E_0)$$
$$=(E-E_0)(C_1-C_2) \text{ ，} \tag{3.261}$$

所以
$$C_1-C_2 = be^{\frac{-i(E+E_0)t}{\hbar}} \text{，} \tag{3.262}$$

所以
$$\begin{cases} C_1 = \dfrac{a}{2}e^{-i(E-E_0)t/\hbar} + \dfrac{b}{2}e^{-i(E+E_0)t/\hbar} \\ C_2 = \dfrac{a}{2}e^{-i(E-E_0)t/\hbar} - \dfrac{b}{2}e^{-i(E+E_0)t/\hbar} \end{cases} \text{，} \tag{3.263}$$

假設初始條件爲，當 $t=0$ 時，$|\psi\rangle=|1\rangle$，即，$C_1(0)=1$，$C_2(0)=1$

所以 $$\begin{cases} C_1(0)=\dfrac{a+b}{2}=1 \\ C_2(0)=\dfrac{a-b}{2}=0 \end{cases}, \tag{3.264}$$

得 $$a=b=1, \tag{3.265}$$

則 $$C_1=e^{-iEt/\hbar}\frac{e^{iE_0t/\hbar}+e^{-iE_0t/\hbar}}{2}=e^{-iEt/\hbar}\cos\left(E_0t/\hbar\right); \tag{3.266}$$

且 $$C_2=e^{-iEt/\hbar}\frac{e^{iE_0t/\hbar}-e^{-iE_0t/\hbar}}{2}=e^{-iEt/\hbar}\sin\left(E_0t/\hbar\right), \tag{3.267}$$

所以，如圖 3.29 所示，NH_3 分子處在狀態$|I\rangle$的機率 P_1 爲

$$P_1=|C_1|^2=\cos^2\left(E_0t/\hbar\right); \tag{3.268}$$

NH_3 分子處在狀態$|II\rangle$的機率 P_2 爲

$$P_2=|C_2|^2=\sin^2\left(E_0t/\hbar\right)。 \tag{3.269}$$

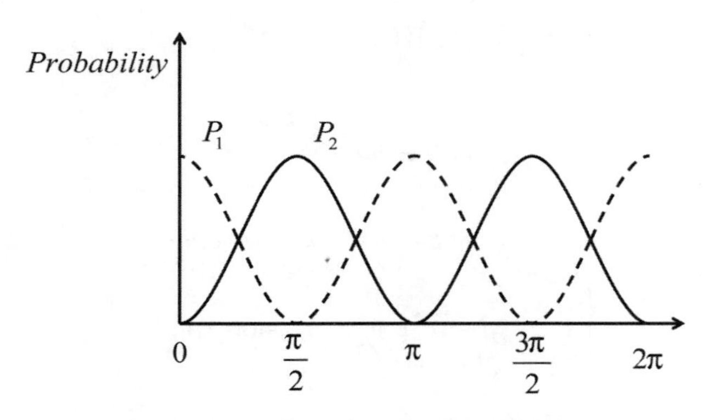

圖 3.29　NH_3 分子處在兩個狀態的機率

如果我們定義一組新的歸一化基底（Basis）爲

$$\begin{cases} |I\rangle \equiv (|1\rangle + |2\rangle)/\sqrt{2} \\ |II\rangle \equiv (|1\rangle - |2\rangle)/\sqrt{2} \end{cases}, \tag{3.270}$$

先查驗$|I\rangle$和$|II\rangle$是否符合基底的條件。

由

$$\begin{aligned} \langle I|I\rangle &= \left(\frac{\langle 1| + \langle 2|}{\sqrt{2}}\right)\left(\frac{|1\rangle + |2\rangle}{\sqrt{2}}\right) \\ &= \frac{1}{2}\left(\langle 1|1\rangle + \langle 1|2\rangle + \langle 2|1\rangle + \langle 2|2\rangle\right) \\ &= \frac{1}{2}(1+0+0+1) \\ &= 1\ ; \end{aligned} \tag{3.271}$$

且

$$\begin{aligned} \langle II|II\rangle &= \left(\frac{\langle 1| - \langle 2|}{\sqrt{2}}\right)\left(\frac{|1\rangle - |2\rangle}{\sqrt{2}}\right) \\ &= \frac{1}{2}\left(\langle 1|1\rangle - \langle 1|2\rangle - \langle 2|1\rangle + \langle 2|2\rangle\right) \\ &= \frac{1}{2}(1-0-0+1) \\ &= 1\ , \end{aligned} \tag{3.272}$$

所以$|I\rangle$和$|II\rangle$滿足歸一化條件，

由

$$\begin{aligned} \langle I|II\rangle &= \left(\frac{\langle 1| + \langle 2|}{\sqrt{2}}\right)\left(\frac{|1\rangle - |2\rangle}{\sqrt{2}}\right) \\ &= \frac{1}{2}\left(\langle 1|1\rangle - \langle 1|2\rangle + \langle 2|1\rangle - \langle 2|2\rangle\right) \\ &= \frac{1}{2}(1-0+0-1) \\ &= 0\ , \end{aligned} \tag{3.273}$$

所以$|I\rangle$和$|II\rangle$滿足正交關係。

兩個要求都滿足，故$|I\rangle$和$|II\rangle$爲一組新的基底，所以波函數可以表示爲

$$
\begin{aligned}
|\psi\rangle &= C_1|1\rangle + C_2|2\rangle \\
&= \frac{e^{-i(E-E_0)t/\hbar} + e^{-i(E+E_0)t/\hbar}}{2}|1\rangle + \frac{e^{-i(E-E_0)t/\hbar} - e^{-i(E+E_0)t/\hbar}}{2}|2\rangle \\
&= e^{-i(E-E_0)t/\hbar}\frac{|1\rangle+|2\rangle}{2} + e^{-i(E+E_0)t/\hbar}\frac{|1\rangle-|2\rangle}{2} \\
&= \frac{1}{\sqrt{2}}e^{-i(E-E_0)t/\hbar}\frac{|1\rangle+|2\rangle}{\sqrt{2}} + \frac{1}{\sqrt{2}}e^{-i(E+E_0)t/\hbar}\frac{|1\rangle-|2\rangle}{\sqrt{2}} \\
&= \frac{\sqrt{2}}{2}e^{-i(E-E_0)t/\hbar}|I\rangle + \frac{\sqrt{2}}{2}e^{-i(E+E_0)t/\hbar}|II\rangle \text{ 。}
\end{aligned}
\tag{3.274}
$$

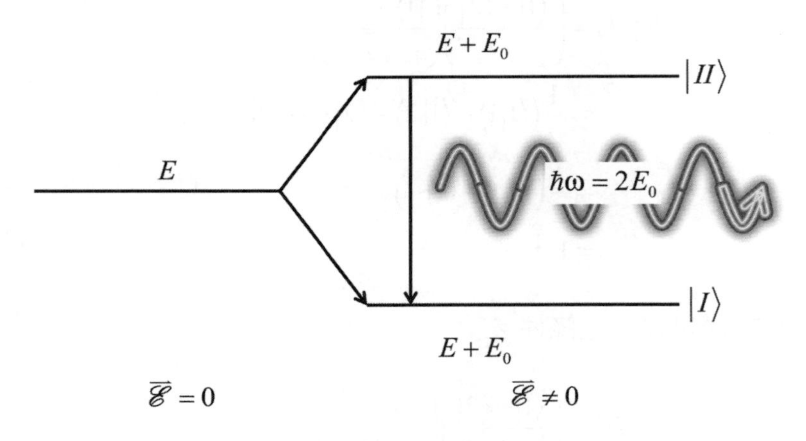

圖 3.30　MASER

這個結果顯示，如圖 3.30 所示：

[1] 當我們將氨分子 NH_3，置入靜電場中時，能將 NH_3 分子能階分裂爲 $E-E_0$ 及 $E+E_0$，當 NH_3 分子由狀態$|II\rangle$變爲狀態$|I\rangle$時，輻射光子 $\hbar\omega = 2E_0$。

[2] NH_3 分子處狀態 $|I\rangle$ 的機率爲 $|\langle I|\psi\rangle|^2=\frac{1}{2}$；分子處狀態 $|II\rangle$ 的機率爲 $|\langle II|\psi\rangle|^2=\frac{1}{2}$。

[3] NH_3 由外加靜電場取得能量，躍升到高能態，但粒子趨向低能態，故放出電磁波。

3.8　雷射激發與臨界條件

我們在前面說明了增益係數之後，接下來要來談談和激發（Pumping）的相關議題。針對發生雷射的兩個能階或能態，我們已經介紹了全量子的輻射躍遷理論，現在要說明什麼樣的物質才可以作爲雷射介質？雷射介質中的哪些能階可以選擇作爲產生雷射的兩個能階？一旦選定了雷射能階，激發的速率和能階之間的特性的關係又是什麼？

當有外在激發（External pumping）時，我們可以藉由速率方程式（Rate equations）來描述二階系統（Two-level system）、三階系統（Three-level system）、四階系統（Four-level system）的自發輻射與受激輻射之變化。所謂速率方程式就是物理量隨時間的變化方程式，這個物理量可以是粒子數、光子數、電流、電壓⋯，而速率方程式的建立方式是很直觀且簡單的，我們可以先寫出一個最簡單的速率方程式如下，

$$\frac{d}{dt}N=AN-BN \quad 。\tag{3.275}$$

這個速率方程式的左邊表示物理量隨時間的變化，等號「＝」表示「和什麼有關？」，速率方程式的右邊表示物理量隨時間增加的就取正號

「＋」，係數 A 標示著這個造成物理量增加的機制來源及大小；反之，物理量隨時間減少的就取負號「－」，係數 B 標示著這個造成減少物理量的機制來源及大小。

3.8.1 二階系統無法形成雷射

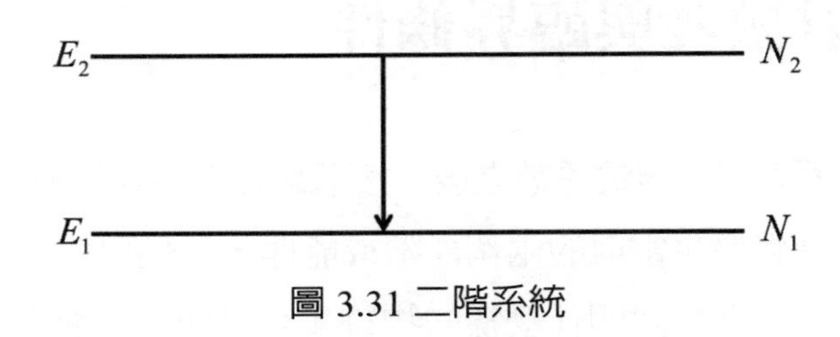

圖 3.31 二階系統

如果有一個二階系統，如圖 3.31 所示，能量為 E_1 的能階上，單位體積有 N_1 個原子；能量為 E_2 的能階上，單位體積有 N_2 個原子，我們可以建立起這兩個能階的粒子分布隨時間變化的速率方程式，

$$\frac{dN_2}{dt} = W_{12}\left(N_1 - N_2\right) - T_{21}N_2 \quad ; \tag{3.276}$$

$$\frac{dN_1}{dt} = W_{12}\left(N_2 - N_1\right) + T_{21}N_2 \quad , \tag{3.277}$$

其中 W_{12} 表示把粒子由能量為 E_1 的能階激發到能量為 E_2 的能階上的激發速率（Pumping rate），所以 $W_{12}N_1$ 表示單位時間單位體積由能階 E_1 吸收了激發光而躍遷到能階 E_2 的粒子數；$W_{12}N_2$ 表示單位時間單位體積由能階 E_2 自發輻射性及非輻射性躍遷到能階 E_1 的粒子數；T_{21} 表示由能階 E_2 自發性躍遷到能階 E_1 的時間倒數或衰減速率。

如果假設躍遷是發生在能階 E_2 和能階 E_1 之間，且呈現穩定狀態，即 $\frac{d}{dt}(N_1+N_2)=0$ ，則我們可以得到系統的粒子總數 N 爲，

$$N=N_1+N_2 \quad , \tag{3.278}$$

這個結果其實就和系統不隨時間變化且呈現穩定狀態的總粒子數 $N=N_1+N_2$ 的前提是一致的。

因爲在穩定狀態下，所以

$$\frac{dN_1}{dt}=0 \quad ; \tag{3.279}$$

$$\frac{dN_2}{dt}=0 \quad 。 \tag{3.280}$$

則由

$$W_{12}(N_1-N_2)-T_{21}N_2=0 \quad ; \tag{3.281}$$

$$W_{12}(N_2-N_1)+T_{21}N_2=0 \quad , \tag{3.282}$$

可得

$$\frac{N_1}{N_2}=\frac{W_{12}+T_{21}}{W_{12}} \quad 。 \tag{3.283}$$

又 $N=N_1+N_2$，即可得能量爲 E_1 的能階上，單位體積的粒子數 N_1 爲

$$N_1=\frac{W_{12}+T_{21}}{2W_{12}+T_{21}}N \quad ; \tag{3.284}$$

且能量爲 E_2 的能階上，單位體積的粒子數 N_2 爲

$$N_2=\frac{W_{12}}{2W_{12}+T_{21}}N \quad 。 \tag{3.285}$$

因為雷射介質的增益係數和布居反轉的量成正比，也就是布居反轉的量越多，增益係數就越大；反之，布居反轉的量越少，增益係數就越小。我們綜合以上的結果，可以得到兩個能階之間的粒子分布差異（Population difference）$\Delta N = N_2 + N_1$ 和系統的粒子總數的比例為

$$\frac{\Delta N}{N} = \frac{N_2 - N_1}{N_1 + N_2} = \frac{-T_{21}}{2W_{12} + T_{21}} \quad 。 \tag{3.286}$$

因為激發速率 W_{12} 和自發性躍遷的時間倒數 T_{21} 都是正的數值，則 $\frac{\Delta N}{N} < 0$ ，所以我們永遠不可能以光學方式激發二階系統建立一個穩定的布居反轉，也就無法製成雷射。

3.8.2 三階雷射系統的激發過程

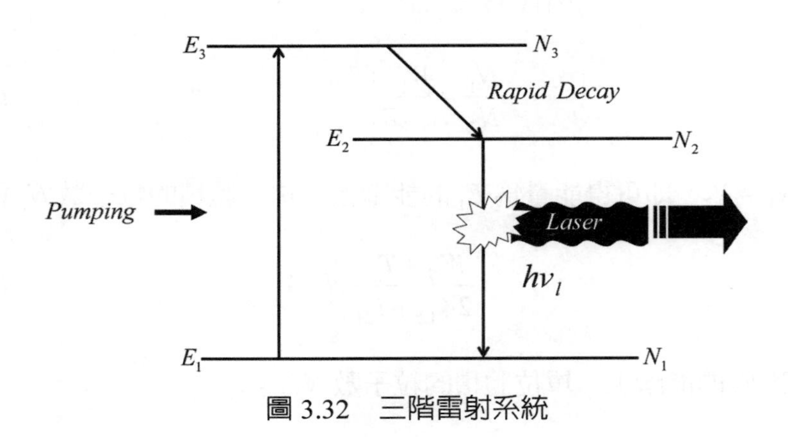

圖 3.32　三階雷射系統

如果有一個三階系統，如圖 3.32 所示，能量為 E_1 的能階上，單位體積有 N_1 個原子；能量為 E_2 的能階上，單位體積有 N_2 個原子；能量為 E_3 的

能階上，單位體積有 N_3 個原子，所以系統的總粒子數爲 $N = N_1 + N_2 + N_3$，且不隨時間變化，呈現穩定狀態，即 $\frac{d}{dt}(N_1 + N_2 + N_3) = 0$ 。如果不考慮由能階到能階的自發性躍遷過程，我們可以建立起這三個能階的粒子分布隨時間變化的速率方程式，

$$\frac{d}{dt}N_3 = W_p(N_1 - N_3) - T_{32}N_3 \quad ; \tag{3.287}$$

$$\frac{d}{dt}N_2 = W_l(N_1 - N_2) + T_{32}N_3 - T_{21}N_2 \quad ; \tag{3.288}$$

$$\frac{d}{dt}N_1 = W_p(N_3 - N_1) + W_l(N_2 - N_1) + T_{21}N_2 \quad , \tag{3.289}$$

其中 W_l 表示發生在能量爲 E_2 的能階到能量爲 E_1 的能階受激躍遷速率（Stimulated transition rate）；W_p 表示把位於能量爲 E_1 的能階的粒子激發到能量爲 E_3 的能階上的激發速率；T_{32} 表示由能階 E_3 自發性躍遷到能階 E_2 的時間倒數或衰減速率；T_{21} 表示由能階 E_2 自發性躍遷到能階 E_1 的時間倒數或衰減速率。

因爲在穩定狀態下，所以

$$\frac{d}{dt}N_1 = 0 \quad ; \tag{3.290}$$

$$\frac{d}{dt}N_2 = 0 \quad ; \tag{3.291}$$

$$\frac{d}{dt}N_3 = 0 \quad 。 \tag{3.292}$$

可得

$$N_3 = \frac{W_p}{W_p + T_{32}}N_1 \quad ; \tag{3.293}$$

且 $$N_2=\frac{W_l\left(W_p+T_{32}\right)+W_pT_{32}}{\left(W_p+T_{32}\right)\left(W_l+T_{21}\right)}N_1 \quad , \tag{3.294}$$

則 $$\frac{N_1}{N}=\frac{\left(W_p+T_{32}\right)\left(W_l+T_{21}\right)}{\left(W_p+T_{32}\right)\left(W_l+T_{21}\right)+\left(W_l+T_{21}\right)W_p+\left(W_p+T_{32}\right)W_l+W_pT_{32}} \quad , \tag{3.295}$$

可以得到要產生布居反轉的能階之粒子分布 N_2 和系統的粒子總數 N 的比例爲

$$\frac{N_2}{N}=\frac{W_l\left(W_p+T_{32}\right)+W_pT_{32}}{\left(W_p+T_{32}\right)\left(W_l+T_{21}\right)+\left(W_l+T_{21}\right)W_p+\left(W_p+T_{32}\right)W_l+W_pT_{32}} \quad 。 \tag{3.296}$$

綜合以上的結果，可以得到兩個能階之間的粒子分布差異 $\Delta N=N_2+N_1$ 和系統的粒子總數 N 的比例爲

$$\begin{aligned}\frac{\Delta N}{N}&=\frac{N_2-N_1}{N}\\&=\frac{W_p\left(T_{32}-T_{21}\right)-T_{32}T_{21}}{\left(W_p+T_{32}\right)\left(W_l+T_{21}\right)+\left(W_l+T_{21}\right)W_p+\left(W_p+T_{32}\right)W_l+T_{32}W_p}\end{aligned} \quad 。 \tag{3.297}$$

爲了建立布居反轉，所以激發速率 W_p 必須達到一個臨界值 W_{Pt}，即由

$$\frac{\Delta N}{N}=\frac{N_2-N_1}{N}>0 \quad , \tag{3.298}$$

所以 $$\frac{W_{pt}\left(T_{32}-T_{21}\right)-T_{32}T_{21}}{\left(W_{pt}+T_{32}\right)\left(W_l+T_{21}\right)+\left(W_l+T_{21}\right)W_{pt}+\left(W_{pt}+T_{32}\right)W_l+T_{32}W_{pt}}>0 \quad , \tag{3.299}$$

可得 $$W_p>W_{pt}=\frac{T_{32}T_{21}}{T_{32}-T_{21}}=\frac{1}{\dfrac{1}{T_{21}}-\dfrac{1}{T_{32}}} \quad 。 \tag{3.300}$$

如果由能階 E_3 自發性躍遷到能階 E_3 的時間 $\frac{1}{T_{32}}$ 遠小於由能階 E_2 自發性躍遷到能階 E_1 的時間 $\frac{1}{T_{21}}$ ，或是由能階 E_3 自發性躍遷到能階 E_2 的速率 T_{32} 要遠快速於由能階 E_2 自發性躍遷到能階 E_1 的速率 T_{21}，很顯然的，這是一個雷射介質所需具備的條件，即

$$T_{32} >> T_{21} \text{ ，} \tag{3.301}$$

則

$$W_{pt} = \left.\frac{T_{32}T_{21}}{T_{32} - T_{21}}\right|_{T_{32} >> T_{21}} \approx T_{21} \text{ ，} \tag{3.302}$$

這個結果表示激發速率 W_p 必須要比由能階 E_2 自發性躍遷到能階 E_1 的速率快。

所以我們可以得到激發速率 W_p 和雷射介質特性參數的關係，在穩定狀態時就表示恰好正要建立布居反轉，雷射正要產生，即 $W_l \to 0$，而且如前所述，雷射介質所需具備的條件是由能階 E_3 自發性躍遷到能階 E_2 的時間遠小於由能階 E_2 自發性躍遷到能階 E_1 的時間，則

$$\frac{N_2 - N_1}{N} = \left.\frac{\Delta N}{N}\right|_{\substack{T_{32} >> T_{21} \\ W_l \to 0}} = \frac{W_p - T_{21}}{W_p + T_{21}} \text{ ，} \tag{3.303}$$

激發速率 W_p 和雷射介質特性參數 T_{21} 的關係為，

$$W_p = \frac{N + \Delta N}{N - \Delta N} T_{21} \text{ 。} \tag{3.304}$$

3.8.3 四階雷射系統的激發過程

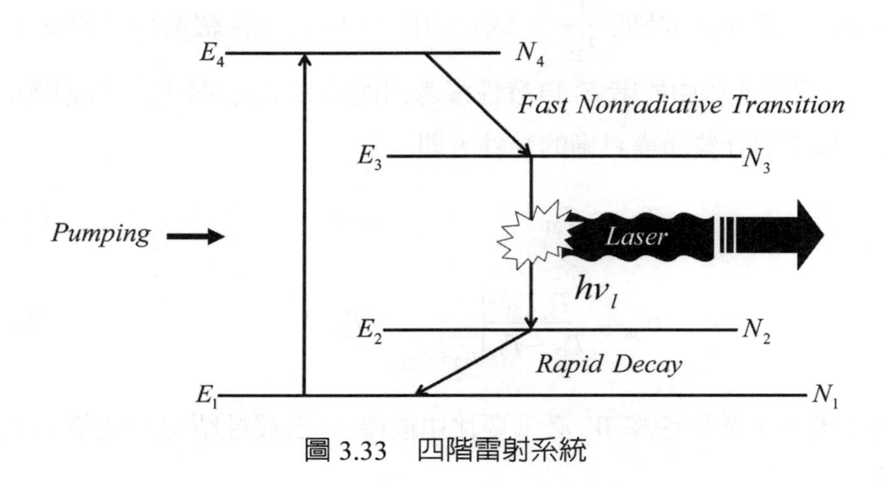

圖 3.33　四階雷射系統

如果有一個四階系統，如圖 3.33 所示，能量爲 E_1 的能階上，單位體積有 N_1 個粒子；能量爲 E_2 的能階上，單位體積有 N_2 個粒子；能量爲 E_3 的能階上，單位體積有 N_3 個粒子；能量爲 E_4 的能階上，單位體積有 N_4 個粒子，所以系統的總粒子數爲 $N = N_1 + N_2 + N_3 + N_4$，且不隨時間變化，呈現穩定狀態，即 $\frac{d}{dt}(N_1 + N_2 + N_3 + N_4) = 0$ 。假設粒子只能向下一個能階作自發性躍遷，也就是不考慮 E_4 和 E_3 到能階 E_1 躍遷過程，也不考慮 E_3 到能階 E_1 躍遷過程，則我們所建立起這四個能階的粒子分布隨時間變化的速率方程式爲，

$$\frac{d}{dt}N_4 = W_p(N_1 - N_4) - T_{43}N_4 \quad ; \tag{3.305}$$

$$\frac{d}{dt}N_3 = W_l(N_2 - N_3) + T_{43}N_4 - T_{32}N_3 \quad ; \tag{3.306}$$

$$\frac{d}{dt}N_2 = W_l\left(N_3 - N_2\right) + T_{32}N_3 - T_{21}N_2 \quad ; \tag{3.307}$$

$$\frac{d}{dt}N_1 = W_p\left(N_4 - N_1\right) + T_{21}N_2 \quad , \tag{3.308}$$

其中 W_l 表示發生在能量爲 E_3 的能階到能量爲 E_2 的能階之受激躍遷速率（Stimulated transition rate）；W_p 表示把位於能量爲 E_1 的能階的粒子激發到能量爲 E_4 的能階上之激發速率；T_{43} 表示由能階 E_4 自發性躍遷到能階 E_3 的時間倒數或衰減速率；T_{32} 表示由能階 E_3 自發性躍遷到能階 E_2 的時間倒數或衰減速率；T_{21} 表示由能階 E_2 自發性躍遷到能階 E_1 的時間倒數或衰減速率。

在穩定狀態下，即

$$\frac{d}{dt}N_1 = 0 \quad ; \tag{3.309}$$

$$\frac{d}{dt}N_2 = 0 \quad ; \tag{3.310}$$

$$\frac{d}{dt}N_3 = 0 \quad ; \tag{3.311}$$

$$\frac{d}{dt}N_4 = 0 \quad , \tag{3.312}$$

所以可得

$$\frac{N_4}{N_1} = \frac{W_p}{W_p + T_{43}} \quad 。 \tag{3.313}$$

因爲在能階 E_3 和能階 E_4 的粒子數是穩定的、不隨時間改變的，即 $\frac{d}{dt}N_3 = 0$ ；$\frac{d}{dt}N_4 = 0$ ，則

$$\frac{d}{dt}N_3+\frac{d}{dt}N_2=0 \text{ ，} \tag{3.314}$$

所以
$$T_{43}N_4=T_{21}N_2 \text{ ，} \tag{3.315}$$

可得
$$\frac{N_2}{N_1}=\frac{T_{43}}{T_{21}}\frac{W_p}{W_p+T_{43}} \text{ 。} \tag{3.316}$$

又由於能階2的粒子數也是穩定的、也是不隨時間改變的，即 $\frac{d}{dt}N_2=0$，則

$$W_l\left(\frac{N_3}{N_2}-1\right)+T_{32}\frac{N_3}{N_2}-T_{21} \text{ ，} \tag{3.317}$$

可得
$$\frac{N_3}{N_1}=\frac{T_{43}}{T_{21}}\frac{W_p}{W_p+T_{43}}\frac{W_l+T_{21}}{W_l+T_{32}} \text{ 。} \tag{3.318}$$

所以上下能階的粒子布居差異（Population difference）ΔN 和系統中所有的粒子總數 N 的比例 $\frac{\Delta N}{N}$ 爲，

$$\begin{aligned}\frac{\Delta N}{N}&=\frac{N_3-N_2}{N}\\&=\frac{\frac{T_{43}}{T_{21}}\frac{W_p}{W_p+T_{43}}\left(\frac{W_l+T_{21}}{W_l+T_{32}}-1\right)}{1+\frac{T_{43}}{T_{21}}\frac{W_p}{W_p+T_{32}}\left(1+\frac{W_l+T_{21}}{W_l+T_{32}}\right)+\frac{W_p}{W_p+T_{43}}} \text{ 。}\end{aligned} \tag{3.319}$$

爲了建立布居反轉，所以激發速率 W_p 和雷射介質的特性參數必須滿足一定的條件。如果由能階 E_3 自發性躍遷到能階 E_4 的時間遠小於激發速率 W_p，即 $T_{43}>>W_p$，所以上下能階的粒子布居差異 ΔN 和系統中所有的粒

子總數 N 的比例 $\frac{\Delta N}{N}$ 可以近似爲，

$$\frac{\Delta N}{N} \cong \frac{W_p\left(T_{21}-T_{32}\right)}{W_p\left(T_{21}+T_{32}\right)+T_{32}T_{21}+W_l\left(2W_p+T_{21}\right)} \text{ 。} \tag{3.320}$$

很明顯的，爲了達到布居反轉 $\Delta N \neq 0$，即 $\frac{\Delta N}{N} \neq 0$ ，就必須滿足由能階 E_2 自發性躍遷到能階 E_1 的衰減速率要大於由能階 E_3 自發性躍遷到能階 E_2 的衰減速率，即 $T_{21}>T_{32}$，這個條件的物理意義很容易理解，因爲衰減速率是上快下慢，所以上能階 E_3 的粒子累積得快；而下能階 E_2 的粒子則更快的衰減到能階 E_1，因而形成雷射所需的布居反轉，則

$$\frac{\Delta N}{N} \approx \frac{W_p}{W_p+T_{32}} \frac{1}{1+\frac{W_l\left(T_{21}+2W_p\right)}{T_{21}\left(W_p+T_{32}\right)}} \text{ 。} \tag{3.321}$$

所以我們可以得到激發速率 W_p 和雷射介質特性參數的關係，如前所述，在穩定狀態時，就表示恰好正要建立布居反轉，雷射正要產生，即 $W_l \to 0$，則

$$\frac{\Delta N}{N} = \frac{W_p}{W_p+T_{32}} \text{ ，} \tag{3.322}$$

可得激發速率和雷射介質中發生雷射過程的能階參數之關係爲，

$$W_p = \frac{\Delta N}{N-\Delta N} T_{32} \text{ 。} \tag{3.323}$$

3.8.4 三階雷射和四階雷射的比較

三階系統和四階系統雖然都可以製成雷射，但是兩者有什麼差異呢？以下我們會發現四階雷射所需的激發速率和激發功率密度都小於三階雷射，也就是四階雷射的產生應該要比較容易製作，但是，人類歷史上第一個雷射是紅寶石雷射（Ruby lasers），而紅寶石雷射卻是一個三階雷射。

3.8.4.1 三階雷射和四階雷射的激發速率比較

假設三階系統和四階系統中的發生雷射的上層能階的衰減速率都是相同的，即 $T_{32}=T_{21}$，則三階雷射 $W_{p\,(3\text{-}level)}$ 和四階雷射 $W_{p\,(4\text{-}level)}$ 的激發速率比例爲

$$\frac{W_{p(4\text{-}level)}}{W_{p(3\text{-}level)}}=\frac{\dfrac{\Delta N}{N-\Delta N}T_{32}}{\dfrac{N+\Delta N}{N-\Delta N}T_{21}}=\frac{\Delta N}{N+\Delta N}\quad。\tag{3.324}$$

顯然的，因爲系統的總粒子數 N 一定大於粒子布居差異 ΔN，即 $\Delta N>N$ 或 $\Delta N>>N$，所以建立三階雷射的激發速率 $W_{l\,(3\,-\,level)}$ 會遠大於建立四階雷射 $W_{p\,(4\text{-}level)}$ 的激發速率。

3.8.4.2 三階雷射和四階雷射的激發功率密度比較

建立三階雷射所需的激發功率密度 $W_{t(3\,-\,level)}$ 爲

$$P_{t(3\text{-}level)}=h\nu_{31}\cdot(N_1)_{steady\text{-}state}W_{p(3\text{-}level)}\quad,\tag{3.325}$$

其中的 hv_{41} 表示每一個原子必須吸收 hv_{41} 的能量，才可以由能階 E_1 躍升到能階 E_3；$(N_1)_{\,steady\text{-}state}$ 表示在穩定狀態下，能量爲 E_1 的能階上，單位體積有 $(N_1)_{\,steady\text{-}state}$ 個粒子被激發到能階 E_3；$W_{t\,(3\text{-}level)}$ 表示建立三階雷射的激

發速率。

相同的，建立四階雷射所需的激發功率密度 $P_{t(4\text{-}level)}$ 為

$$P_{t(4\text{-}level)} = h\nu_{41} \cdot (N_1)_{steady\text{-}state} W_{p(4\text{-}level)} \quad , \tag{3.326}$$

其中的 $h\nu_{41}$ 表示每一個原子必須吸收 $h\nu_{41}$ 的能量，才可以由能階 E_1 躍升到能階 E_4；$(N_1)_{steady\text{-}state}$ 表示在穩定狀態下，能量為 E_1 的能階上，單位體積有 $(N_1)_{steady\text{-}state}$ 個粒子被激發到能階 E_4；$W_{P\ (4\text{-}level)\ steady\text{-}state}$ 表示建立四階雷射的激發速率。

接著，我們要分別求出在穩定狀態下，建立三階雷射時和建立四階雷射時，在低能能階上單位體積 $(N_1)_{steady\text{-}state}$ 的粒子數。

對於三階雷射而言，在穩定狀態時，就表示恰好正要建立布居反轉，雷射正要產生，即 $W_l \to 0$，而且如前所述，雷射介質所需具備的條件是由能階 E_3 自發性躍遷到能階 E_2 的時間遠小於由能階 E_2 自發性躍遷到能階 E_1 的時間，即 $T_{32} >> T_{21}$，由（3.295）和（3.296），可得能量為 E_1 的能階上單位體積的粒子數 N_1 以及能量為 E_2 的能階上單位體積的粒子數 N_2 和系統中所有的粒子總數 N 的比例分別為，

$$\frac{N_1}{N} = \left.\frac{(W_p + T_{32})(W_l + T_{21})}{(W_p + T_{32})(W_l + T_{21}) + (W_l + T_{21})W_p + (W_p + T_{32})W_l + W_p T_{32}}\right|_{\substack{W_l \to 0 \\ T_{32} >> T_{21}}} \approx \frac{1}{2} \quad ; \tag{3.327}$$

$$\frac{N_2}{N} = \left.\frac{(W_p + T_{32})W_l + W_p T_{32}}{(W_p + T_{32})(W_l + T_{21}) + (W_l + T_{21})W_p + (W_p + T_{32})W_l + W_p T_{32}}\right|_{\substack{W_l \to 0 \\ T_{32} >> T_{21}}} \approx \frac{1}{2} \quad 。 \tag{3.328}$$

所以，建立三階雷射時，在低能能階上單位體積 $(N_1)_{steady\text{-}state}$ 的粒子數爲 $\dfrac{N}{2}$ 。

然而對於四階雷射而言，由系統的總粒子數爲 $N = N_1 + N_2 + N_3 + N_4$，且如前所述，在穩定狀態時就表示恰好正要建立布居反轉，雷射正要產生，即 $W_l \to 0$，而且假設無論是由能階 E_4 自發性躍遷到能階 E_3 的衰減速率 T_{43} 或是由能階 E_2 自發性躍遷到能階 E_1 的衰減速率 T_{21} 都比激發速率 W_p 快得多，即 $T_{43} >> W_p$ 及 $T_{21} >> W_p$，所以

$$1+\frac{N_2}{N_1}+\frac{N_3}{N_1}+\frac{N_4}{N_1}=\frac{N}{N_1} \quad , \tag{3.329}$$

則

$$1+\underbrace{\frac{T_{23}}{T_{21}}\frac{W_p}{W_p+T_{23}}}_{\left.\begin{matrix}T_{43}>>W_p\\T_{21}>>W_p\end{matrix}\right\}\Rightarrow 0}+\underbrace{\frac{T_{43}}{T_{21}}\frac{W_p}{W_p+T_{43}}\frac{W_l+T_{21}}{W_l+T_{32}}}_{\left.\begin{matrix}\text{at threshold } W_l\to 0\\ \text{and}\begin{cases}T_{43}>>W_p\\T_{21}>>W_p\end{cases}\end{matrix}\right\}\Rightarrow 0}+\underbrace{\frac{W_p}{W_p+T_{43}}}_{T_{43}>>W_p\}\Rightarrow 0}=\frac{N}{N_1} \quad , \tag{3.330}$$

則

$$1+0+0+0\approx\frac{N}{N_1} \quad 。 \tag{3.331}$$

上式表示因爲在能階 E_2 上的粒子數 N_2；在能階 E_3 上的粒子數 N_3 個粒子；在能階 E_4 上的粒子數 N_4 都遠少於在能階 E_1 上的粒子數 N_1，所以建立四階雷射時，在低能能階上單位體積 $(N_1)_{steady\text{-}state}$ 的粒子數爲 $N_1 \approx N$。

綜合以上的結果以及建立四階系統和三階系統激發速率，即（3.304）和（3.323），而且假設四階系統和三階系統的總粒子數相同，則可得四階系統和三階系統可以產生雷射的臨界功率密度的比例爲

$$\frac{P_{t(4\text{-}level)}}{P_{t(3\text{-}level)}}=\frac{h\nu_{41}\cdot N_1\cdot W_{p(4\text{-}level)}}{h\nu_{41}\cdot N_1\cdot W_{p(3\text{-}level)}}$$

$$=\frac{h\nu_{41}\cdot N\cdot\dfrac{\Delta N}{N-\Delta N}T_{32}}{h\nu_{41}\cdot\dfrac{N}{2}\cdot\dfrac{N+\Delta N}{N-\Delta N}T_{21}}$$

$$\cong\frac{h\nu_{41}\cdot N\cdot\dfrac{\Delta N}{N}T_{32}}{h\nu_{31}\cdot\dfrac{N}{2}\cdot T_{21}}$$

$$=\frac{2\nu_{41}\Delta N}{\nu_{31}N}\quad\text{。}\tag{3.332}$$

顯然的，因爲系統的總粒子數一定大於或遠大於粒子布居差異 ΔN，即 $\Delta N > N$ 或 $\Delta N >> N$，所以建立三階雷射的激發功率密度 $P_{t(3\text{-}level)}$ 會大於或遠大於建立四階雷射 $P_{t(4\text{-}level)}$ 的激發功率密度。

第四章

雷射共振腔

1 Fabry-Pérot 標準儀
2 光線矩陣
3 雷射共振腔的穩定性
4 等價共焦腔
5 頻率牽引
6 共振腔的損耗
7 雷射的最佳輸出耦合

我們在第二章和第三章說明了雷射介質的輻射特性之後，接著要把雷射介質「放進一個容器裡」，這個裝有雷射介質的容器就是雷射共振腔。從頻域的觀點來說，有了雷射介質是意指在頻率空間上畫了一個增益曲線（Gain profile）；有了雷射共振腔是意指在頻率空間上畫出共振頻率，當我們把兩者加起來，就形成了雷射，如圖 4.1 所示。

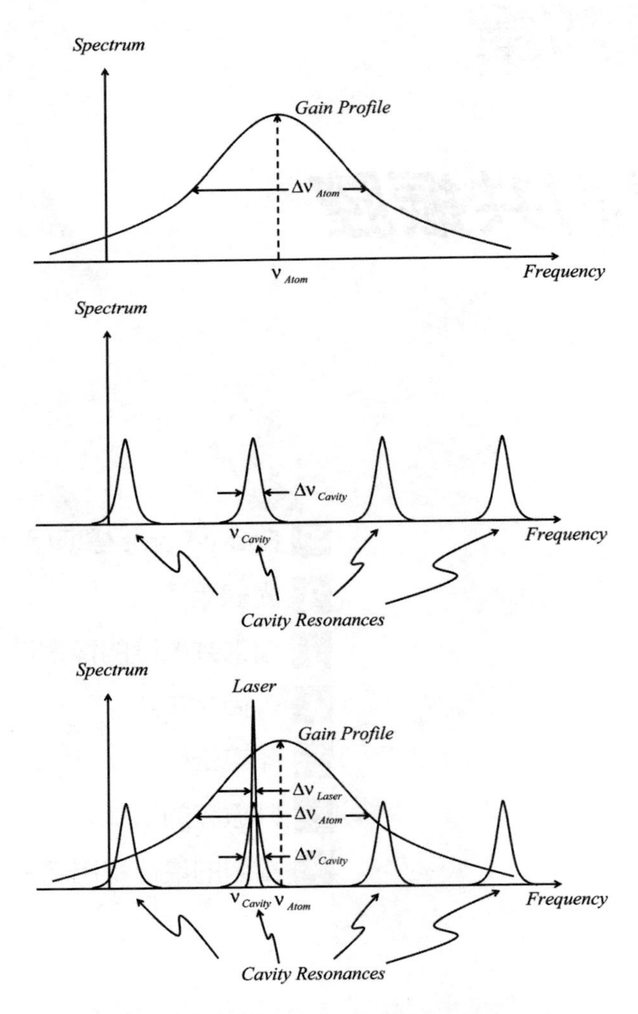

圖 4.1　雷射介質的增益曲線與雷射共振腔的共振頻率形成雷射

雷射共振腔的介紹可以分成兩個部分：第一個部分是雷射共振腔的光學特性；第二個部分是雷射共振腔對於雷射特性的影響。簡單的說，第一個部分的共振腔裡面是沒有雷射介質的，純粹僅就光學共振腔作特性分析；第二個部分是當雷射介質被「置入」雷射共振腔之後，對於雷射介質原有的輻射特性影響，以及雷射共振腔對於雷射元件或系統的作用。

基本上，雷射共振腔是由二個反射面鏡所構成的，我們可以透過基礎光學課程中所介紹的 Fabry-Pérot 標準儀（Fabry-Pérot etalon）或 Fabry-Pérot 干射儀（Fabry–Pérot interferometer）來說明這二個反射面鏡的反射率（Reflectivity）或穿透率（Transmission），以及二個反射面鏡分開的距離對雷射的影響與作用。一般而言，反射率愈高或穿透率愈低，光譜的精緻度（Fineness）就愈高；共振腔反射面鏡分開的距離愈小，就有利於單模雷射的製作。此外，構成共振腔的反射面鏡並不一定絕對是平面鏡，共振腔的反射面鏡的曲率和反射面鏡分開的距離將可決定共振腔的穩定性（Cavity stability）。我們可藉由光線矩陣（Ray matrices）的方法建立共振腔的 ABCD 矩陣，以判斷穩定（Stable）和不穩定（Unstable）的條件，在第五章，我們還會清楚的知道共振腔的結構將會決定雷射光束的特性。此外，因為共振腔的模態是和共振腔內的折射率有關的，由於我們已經把雷射介質置入了共振腔，而雷射介質的折射率會隨著外在激發而改變，所以雷射共振模態就產生了頻率牽引（Frequency drag）的效應，然而由於激發均勻線寬和非均勻線寬介質所造成的折射率變化是不同的，於是頻率牽引效應也就不同。

此外，雷射共振腔的內部能否建立起雷射以及雷射的功率大小等性質，唯有透過雷射的輸出才得以了解，也就是說，在雷射共振腔的內部藉由輸出耦合（Output coupling）之後，到了共振腔外部的雷射，才是我們所需要的。很顯然的，如果有一個雷射的功率都「只貯存在於共振腔內部」，都沒有輸出，這個雷射就沒什麼用處了，所以如何找出最佳輸出耦合（Optimum output coupling），使共振腔內部產生的雷射功率能最有效率的輸出就成爲重要課題。在本章內容中，我們將簡單介紹二個決定輸出耦合最佳化的因素，即反射面鏡的反射率和激發速度（Pumping rate）。雷射介質的引入後，因爲均勻線寬雷射介質和非均勻線寬雷射介質的輻射躍遷特性不同，所以其分別適合的共振腔面鏡反射率就會不同，當反射面鏡的反射率增加時，輸出耦合當然隨之增加，但共振腔內的損耗亦增加了，共振腔的損耗增加，可能造成雷射振盪條件的無法滿足；反之，當反射面鏡的反射率減少時，輸出耦合功率當然就小，而反射率的最佳輸出耦合數值將會決定雷射輸出的功率。此外，最佳輸出耦合的激發速率也還要考慮增益係數和激發速率的關係，因爲共振腔內的光子個數和內部損耗（Internal loss）、外部損耗（External loss）或輸出耦合以及參與雷射過程的電子個數有關，於是在內部損耗固定的情況下，即選定了雷射介質和共振腔之後，外部的激發速度將會影響輸出耦合，也會對應有最佳輸出耦合的條件。

在工程應用上，考慮均勻線寬和非均勻線寬的介質與雷射損耗、面鏡反射率的因素下，Rigrod 理論（Rigrod theory 或 Rigrod analysis）提供了一個非常好的方式來分析雷射的輸出功率。

4.1 Fabry-Pérot 標準儀

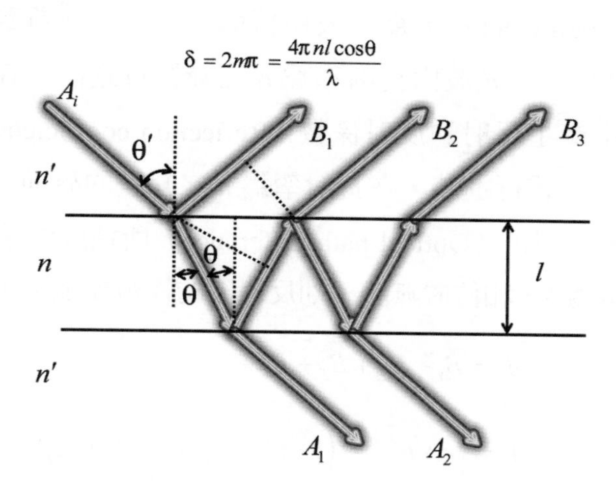

圖 4.2　Fabry-Pérot 標準儀

我們將藉由多重反射模型來分析 Fabry-Pérot 標準儀的干射過程，若折射率爲 n，且厚度爲 l 的介質置於折射率爲 n' 的介質中，如圖 4.2 所示。如果入射波的複數振幅（Complex amplitude）爲 A_i，則

$$B_1 = rA_i \ ; \tag{4.1}$$

$$B_2 = tt'r'A_ie^{i\delta} \ ; \tag{4.2}$$

$\cdots$；

$$A_1 = tt'A_i \ ; \tag{4.3}$$

$$A_2 = tt'r'^2A_ie^{i\delta} \ ; \tag{4.4}$$

$\cdots$，

其中「A_1、A_2、⋯」爲透射波的複數振幅；「B_1、B_2、⋯」爲反射波的複數振幅；t 爲光波由折射率爲 n' 的介質到折射率爲 n 的介質之穿透係數（Transmission coefficient）；t' 爲光波由折射率爲 n 的介質到折射率爲 n' 的介質穿透係數；r 爲光波由折射率爲 n 之介質行進時，在折射率爲 n' 之介質的界面上產生反射的反射係數（Reflection coefficient）；r' 爲光波由折射率爲 n' 之介質行進時，在折射率爲 n 之介質的界面上產生反射的反射係數；而因光程差（Optical path difference）所造成的相位差（Phase difference）標示爲 δ，和位置無關，則反射波的複數振幅 A_r 爲

$$A_r = B_1 + B_2 + B_3 + B_4 + \dots \text{，} \tag{4.5}$$

即

$$A_r = \left\{ r + tt'r'e^{i\delta}\left(1 + r'^2 e^{i\delta} + r'^4 e^{i2\delta} + \dots\right)\right\} A_i \quad \text{。} \tag{4.6}$$

而穿透波 A_t 爲

$$\begin{aligned} A_t &= A_1 + A_2 + A_3 + \dots \\ &= A_i tt'\left(1 + r'^2 e^{i\delta} + r'^4 e^{i2\delta} + \dots\right) \text{，} \end{aligned} \tag{4.7}$$

且

$$r' = -r \text{，} \tag{4.8}$$

又因爲能量守恆（Conservation of energy），即

$$r^2 + tt' = 1 \text{，} \tag{4.9}$$

則定義反射率 R（Reflectivity 或 Reflectance）爲

$$R \equiv r^2 = r'^2 \text{；} \tag{4.10}$$

且穿透率（Transmissivity 或 Transmittance）T 爲

$$T \equiv tt' \text{，} \tag{4.11}$$

所以
$$\begin{cases} A_r = \dfrac{\left(1-e^{i\delta}\right)\sqrt{R}}{1-R\mathrm{e}^{i\delta}} A_i \\ A_t = \dfrac{T}{1-R\mathrm{e}^{i\delta}} A_i \end{cases} , \tag{4.12}$$

可得入射光的強度 I_i 和反射光的強度 I_r 比例爲

$$\frac{I_r}{I_i} = \frac{A_r^* A_r}{A_i^* A_i} = \frac{4R\sin^2(\delta/2)}{(1-R)^2 + 4R\sin^2(\delta/2)} \quad ; \tag{4.13}$$

且入射光的強度 I_i 和穿透光的強度 I_t 比例可以定義成爲 Fabry-Pérot 干射儀的穿透率 T_{Etalon}，則

$$T_{Etalon} = \frac{I_t}{I_i} = \frac{A_t^* A_t}{A_i^* Ai} = \frac{(1-R)^2}{(1-R)^2 + 4R\sin^2(\delta/2)} \quad 。 \tag{4.14}$$

對 Fabry-Pérot 干射儀的穿透而言，當相位差 δ 爲

$$\delta = 2m\pi = \frac{4\pi nl\cos\theta}{\lambda_0} \quad , \tag{4.15}$$

其中 m 爲整數；$m = 1, 2, 3, \cdots$；λ_0 爲入射光波在眞空中的波長，則光波可以完全穿透 Fabry-Pérot 干射儀，即穿透率 T_{Etalon} 達到極大值，或 $T_{Etalon} = 1 = 100\,\%$，而其所對應的共振頻率 ν_m 爲

$$\nu_m = m\frac{c}{2nl\cos\theta} \quad 。 \tag{4.16}$$

我們定義兩個共振模態之間的差距爲自由光譜範圍（Free spectral range）$\Delta\nu$，即

$$\Delta\nu = \nu_{m+1} - \nu_m = \frac{c}{2nl\cos\theta} \quad 。 \tag{4.17}$$

如果我們定義精細係數（Coefficient of fineness 或 Fineness）F 爲

$$F = \frac{4R^2}{(1-R)^2} \quad , \tag{4.18}$$

則顯然反射率 R 愈高或穿透率 T 愈低，光譜的精細係數 F 就愈高；反之，反射率 R 愈低或穿透率 T 愈高，光譜的精細係數 F 就愈低，且 Fabry-Pérot 干射儀的穿透率 T_{Etalon} 可以用精細係數 F 來表示爲

$$T_{Etalon} = \frac{1}{1+F\sin^2(\delta/2)} \quad 。 \tag{4.19}$$

我們由 Fabry-Pérot 干射儀的穿透率 T_{Etalon} 對頻率 ν 作圖可知穿透率 T_{Etalon} 的變化是以自由光譜範圍 $\Delta\nu$ 爲週期，精細係數 F 越高，穿透率 T_{Etalon} 的波形就越窄，在共振頻率 ν_m 之間的穿透率 T_{Etalon} 也越接近零，如圖 4.3 所示。

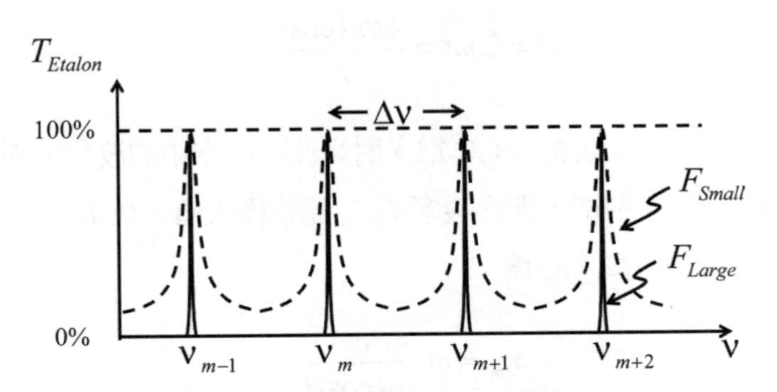

圖 4.3　Fabry-Pérot 干射儀的穿透率隨頻率變化

從 Fabry-Pérot 干射的觀點來說，雷射共振腔的長度或反射面鏡分開的距離就是 Fabry-Pérot 干射儀的厚度 l，而反射面鏡的反射率或穿透率則是 Fabry-Pérot 干射儀的反射率 R 或穿透率 T。然而從雷射元件或系統的

觀點來說，因爲我們希望自由光譜範圍 $\Delta\nu$ 越遠越好；精細係數 F 越大越好，以利單模雷射（Single-mode lasers）的輸出以及降低閾值電流等，所以相對應的就是共振腔的反射面鏡分開的距離要小到相當於雷射波長的量級；反射面鏡的反射率 R 要高或穿透率 T 要低，但是體積短小的雷射共振腔製作困難，且因爲共振腔小，所以介質就少，而雷射介質太少將無法提高雷射輸出功率；反射面鏡反射率的提高，也會導致雷射輸出降低。在這些互相制約的情況下，我們必須分析找出最佳輸出耦合的條件。

4.2　光線矩陣

光線矩陣原來是幾何光學（Geometrical optics）所發展出來的分析方法，任何一個光學元件（Optical elements）或甚至是光學系統，基本上都可以用一個（2×2）的矩陣 $\begin{bmatrix} A & B \\ C & D \end{bmatrix}$ 來表示，稱爲光線矩陣（Ray matrices）。當然如果光線向量（Ray vectors）的定義不同，光線矩陣也就相對應著改變了，現在我們所使用的光線向量是光線（Ray）的高度或距離光軸的距離 r 以及光線的方向斜率 r'，即 $\begin{bmatrix} r \\ r' \end{bmatrix}$。

對於雷射共振腔或雷射光束相關的分析，光線矩陣提供一個非常簡單的方法，因爲雷射光束是 Gauss 光束（Gaussian beam），所以無論是要對雷射共振腔內或共振腔外的雷射光束直接作計算，都非常繁複，然而由於雷射光束具有近軸（Paraxial）的特性，恰好滿足了光線追蹤（Ray tracing）的 ABCD 規則（ABCD law），這個 ABCD 規則中所使用的 ABCD 矩陣，就是幾何光學光線矩陣中的 ABCD 矩陣，詳細內容將留待第五章說明。

4.2.1 光線矩陣的緣起

光線矩陣的方法是用一個（2×2）的光線矩陣$\begin{bmatrix} A & B \\ C & D \end{bmatrix}$或 ABCD 矩陣（ABCD matrix）來表示光學元件或系統；而以光線與光軸的距離和光線傳遞的方向斜率 r'所構成的（2×1）光線向量$\begin{bmatrix} r \\ r' \end{bmatrix}$來追蹤光線。我們當然可以逕自接受這樣的定義而使用，但是現在也可以嘗試著以 Taylor 展開式（Taylor expansion）來理解建構光線矩陣的根據。

如果在空間中任何一個位置 z 的光線都可以唯一的以光線的高度 $r(z)$ 和光線的方向斜率 $r'(z)=\dfrac{dr(z)}{dz}$ 來描述，則由光學系統射出後的光線高度 r_2 和方向斜率 r_2'，一定是入射光線的高度 r_1 和方向斜率 r_1'的函數，即

$$\begin{cases} r_2 = f(r_1, r_1') \\ r_2' = g(r_1, r_1') \end{cases}, \tag{4.20}$$

其中 $f(r,r')$ 和 $g(r,r')$ 分別是光學系統對光線的高度 r 和光線的方向斜率 r' 的作用函數。

分別作 Taylor 展開，則

$$\begin{cases} r_2 = f(r_1, r_1') = f(0,0) + \left(\dfrac{\partial f}{\partial r_1}\right)_0 r_1 + \left(\dfrac{\partial f}{\partial r_1'}\right)_0 r_1' + \cdots \\ r_2' = g(r_1, r_1') = g(0,0) + \left(\dfrac{\partial g}{\partial r_1}\right)_0 r_1 + \left(\dfrac{\partial g}{\partial r_1'}\right)_0 r_1' + \cdots \end{cases}, \tag{4.21}$$

其中的 $f(0,0)$、$g(0,0)$ 和 r、r'是無關的，在近軸光學的近似條件（Paraxial optics approximation）下，我們可以忽略高次微分項，即

$$
\begin{cases} r_2 = \left(\dfrac{\partial f}{\partial r_1}\right)_0 r_1 + \left(\dfrac{\partial f}{\partial r_1'}\right)_0 r_1' \\ r_2' = \left(\dfrac{\partial g}{\partial r_1}\right)_0 r_1 + \left(\dfrac{\partial g}{\partial r_1'}\right)_0 r_1' \end{cases} 。 \tag{4.22}
$$

所以光線通過光學系統可以用矩陣表示爲

$$
\begin{bmatrix} r_2 \\ r_2' \end{bmatrix} = \begin{bmatrix} A & B \\ C & D \end{bmatrix} \begin{bmatrix} r_1 \\ r_1' \end{bmatrix}， \tag{4.23}
$$

其中$\begin{bmatrix} r \\ r' \end{bmatrix}$爲入射光線的光線向量；$\begin{bmatrix} r_2 \\ r_2' \end{bmatrix}$爲出射光線的光線向量；$\begin{bmatrix} A & B \\ C & D \end{bmatrix}$表示一個光學元件或光學系統。

4.2.2 幾個常見的 ABCD 矩陣

符號法則是用來判定的正負號，當我們在推導 ABCD 矩陣時，必須遵守符號法則，但是一般而言，只要使用普通的幾何關係，再取簡單而且可以解決的方式來作分析即可。

以下我們列出幾個光線矩陣的符號法則。

[1] 規定入射光線由左向右進行。

[2] 沿軸線段或距離均從球面頂點算起，與光線方向相同者爲正；與光線方向相反者爲負。

[3] 垂直於軸的線段，均由軸開始計算：向上爲正；向下爲負。

[4] 在計算光線和軸的夾角時，由主軸經過小於$\dfrac{\pi}{2}$的角度轉到光線方向，若主軸沒出現，則由副軸開始，若旋轉的方向是逆時鐘，則此角度爲

正；若旋轉的方向是順時鐘，則此角度為負。而球面頂點和曲率中心的連線稱為光軸或主軸（Main axis）；通過曲率中心的其他連線稱為副軸（Secondary axis）。

4.2.2.1 直線行進的 ABCD 矩陣

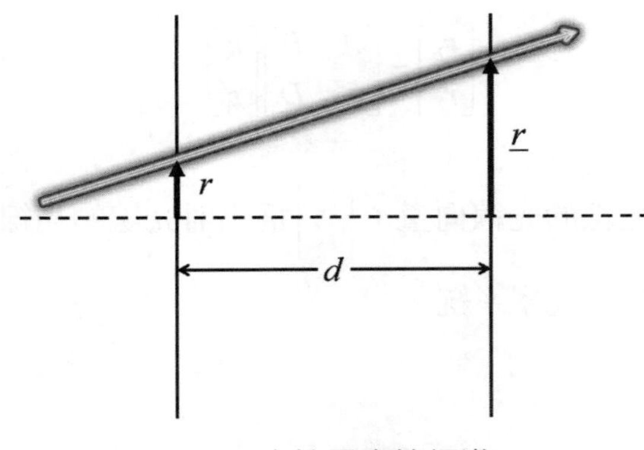

圖 4.4 光線呈直線行進

直線行進的光波，光線的方向斜率 r' 沒有改變，如圖 4.4 所示，即

$$\underline{r}' = r' \ , \tag{4.24}$$

且光線高度 r 的關係為

$$\underline{r} = r + r'd \ , \tag{4.25}$$

所以光線直線行進的矩陣表示為

$$\begin{bmatrix} \underline{r} \\ \underline{r}' \end{bmatrix} = \begin{bmatrix} 1 & d \\ 0 & 1 \end{bmatrix} \begin{bmatrix} r \\ r' \end{bmatrix} \ , \tag{4.26}$$

可得光線直線行進的 ABCD 矩陣為 $\begin{bmatrix} 1 & d \\ 0 & 1 \end{bmatrix}$。

4.2.2.2 不同介質的界面 ABCD 矩陣

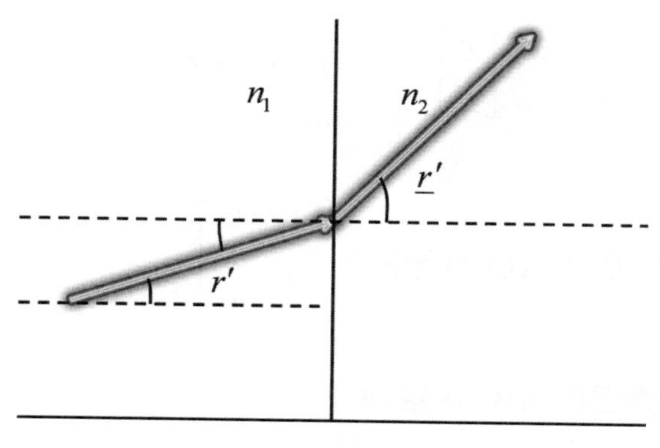

圖 4.5　光線通過不同介質的界面

光線通過不同介質的界面高度 r 沒有改變，如圖 4.5 所示，即

$$\underline{r} = r \text{ 。} \tag{4.27}$$

由 Snell 定律（Snell's law），即 $n_1 \sin\theta = n_2 \sin\theta'$，其中 n_1 和 n_2 分別爲界面兩側的折射率；θ 和 θ' 分別爲界面兩側的折射角（Refractive angle），則當界面兩側的折射角 θ 和 θ' 很小的情況下，則

$$n_1 \sin\theta\big|_{\theta\to 0} \simeq n_1 \tan\theta \simeq n_1 r' \text{ ；} \tag{4.28}$$

$$n_2 \sin\theta'\big|_{\theta'\to 0} \simeq n_2 \tan\theta' \simeq n_2 \underline{r}' \text{ ，} \tag{4.29}$$

所以

$$n_1 r' = n_2 \underline{r}' \text{ ，} \tag{4.30}$$

則方向斜率 r' 的關係爲

$$\underline{r}' = \frac{n_1}{n_2} r' \text{ ，} \tag{4.31}$$

所以光線通過不同介質的界面矩陣表示爲

$$\begin{bmatrix} \underline{r} \\ \underline{r}' \end{bmatrix} = \begin{bmatrix} 1 & 0 \\ 0 & \dfrac{n_1}{n_2} \end{bmatrix} \begin{bmatrix} r \\ r' \end{bmatrix}, \tag{4.32}$$

可得不同介質的界面的 ABCD 矩陣爲 $\begin{bmatrix} 1 & 0 \\ 0 & \dfrac{n_1}{n_2} \end{bmatrix}$。

4.2.2.3 球面介質界面的 ABCD 矩陣

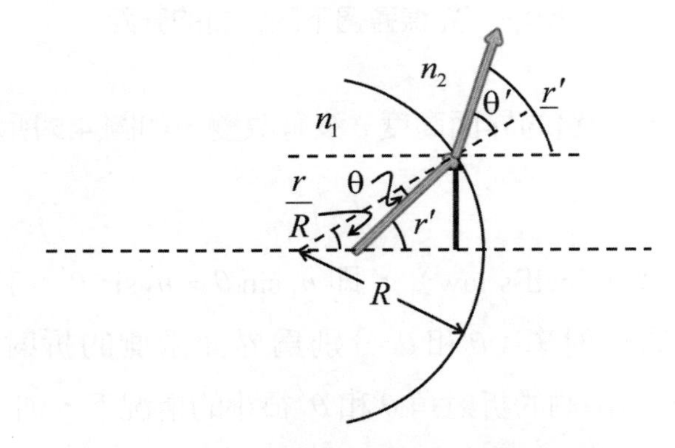

圖 4.6　光線通過球面介質界面

通過球面介質界面前後的高度 r 沒有改變，如圖 4.6 所示，即

$$\underline{r} = r \ , \tag{4.33}$$

由 Snell 定律（Snell's law），即 $n_1 \sin\theta = n_2 \sin\theta'$，其中 n_1 和 n_2 分別爲界面兩側的折射率；θ 和 θ' 分別爲界面兩側的折射角，則當界面兩側的折射角 θ和 θ' 很小的情況下，則

$$n_1 \sin\theta\big|_{\theta\to 0} \simeq n_1\theta \simeq n_1\left(r' - \frac{r}{R}\right) \;; \tag{4.34}$$

$$n_2 \sin\theta'\big|_{\theta'\to 0} \simeq n_2\theta' \simeq n_2\left(\underline{r}' - \frac{r}{R}\right) \;, \tag{4.35}$$

則

$$n_1\left(r' - \frac{r}{R}\right) = n_2\left(\underline{r}' - \frac{r}{R}\right) \;, \tag{4.36}$$

則

$$\frac{n_1}{n_2}\left(r' - \frac{r}{R}\right) = \underline{r}' - \frac{r}{R} \;, \tag{4.37}$$

則方向斜率 r' 的關係爲

$$\underline{r}' = \frac{r}{R}\left(\frac{n_2 - n_1}{n_2}\right) + \frac{n_1}{n_2} r' \;, \tag{4.38}$$

所以光線通過球面介質界面的矩陣表示爲

$$\begin{bmatrix} \underline{r} \\ \underline{r}' \end{bmatrix} = \begin{bmatrix} 1 & 0 \\ \dfrac{n_2 - n_1}{n_2 R} & \dfrac{n_1}{n_2} \end{bmatrix} \begin{bmatrix} r \\ r' \end{bmatrix} \;, \tag{4.39}$$

可得光線通過球面介質界面的 ABCD 矩陣爲 $\begin{bmatrix} 1 & 0 \\ \dfrac{n_2 - n_1}{n_2 R} & \dfrac{n_1}{n_2} \end{bmatrix}$。

4.2.2.4 薄透鏡的 ABCD 矩陣

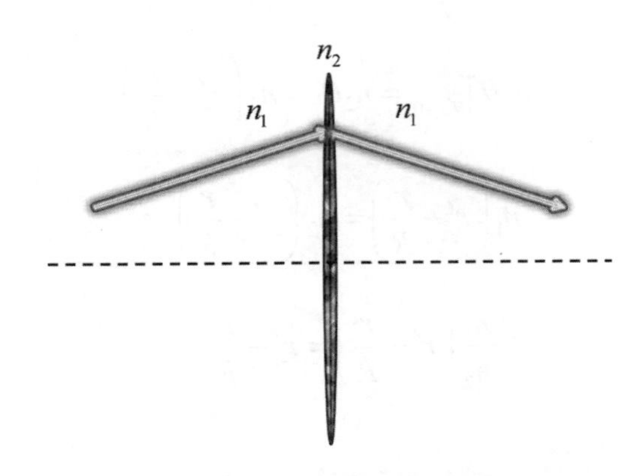

圖 4.7　光線通過薄透鏡

光線通過薄透鏡的矩陣，可由直線行進和球面介質的 ABCD 矩陣乘積求得，而其中行進距離為零，如圖 4.7 所示，由（4.26），$d=0$，可知

$$\begin{bmatrix} r \\ r' \end{bmatrix} = \begin{bmatrix} 1 & 0 \\ \dfrac{n_1-n_2}{n_1R_2} & \dfrac{n_2}{n_1} \end{bmatrix} \begin{bmatrix} 1 & 0 \\ \dfrac{n_2-n_1}{n_2R_1} & \dfrac{n_1}{n_2} \end{bmatrix} \begin{bmatrix} r \\ r' \end{bmatrix}， \tag{4.40}$$

則

$$\begin{bmatrix} r \\ r' \end{bmatrix} = \begin{bmatrix} 1 & 0 \\ \dfrac{n_1-n_2}{n_1R_2} + \dfrac{n_2}{n_1}\dfrac{n_2-n_1}{n_2R_1} & 1 \end{bmatrix} \begin{bmatrix} r \\ r' \end{bmatrix}， \tag{4.41}$$

所以光線通過球面介質界面的矩陣表示為

$$\begin{bmatrix} r \\ r' \end{bmatrix} = \begin{bmatrix} 1 & 0 \\ \left(\dfrac{n_2-n_1}{n_1}\right)\left(\dfrac{1}{R_1}-\dfrac{1}{R_2}\right) & 1 \end{bmatrix} \begin{bmatrix} r \\ r' \end{bmatrix}。 \tag{4.42}$$

由 Lensmaker 方程式（Lensmaker's equation）表示，即

$$\frac{1}{f}=\left(\frac{n_2-n_1}{n_1}\right)\left(\frac{1}{R_1}-\frac{1}{R_2}\right) \text{，} \tag{4.43}$$

所以光線通過薄透鏡的矩陣表示爲

$$\begin{bmatrix} \underline{r} \\ \underline{r}' \end{bmatrix}=\begin{bmatrix} 1 & 0 \\ -\frac{1}{f} & 1 \end{bmatrix}\begin{bmatrix} r \\ r' \end{bmatrix} \text{，} \tag{4.44}$$

可得到光線通過薄透鏡的 ABCD 矩陣爲 $\begin{bmatrix} 1 & 0 \\ -\frac{1}{f} & 1 \end{bmatrix}$。

4.2.2.5 球面鏡的 ABCD 矩陣

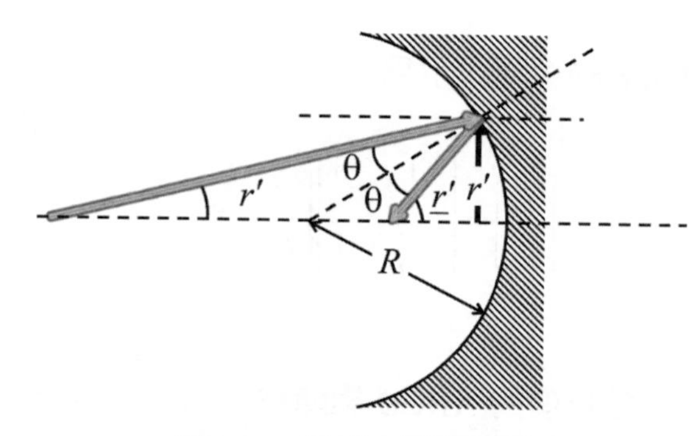

圖 4.8　光線在球面鏡反射

光線在球面鏡反射的前後，高度 r 沒有改變，如圖 4.8 所示，即

$$\underline{r}=r \text{，} \tag{4.45}$$

而依據光線矩陣的符號法則，在球面鏡反射的光線方向必須標示爲 $-\underline{r}'$，則

$$-\underline{r}'-2\theta=r' \text{，} \tag{4.46}$$

且 $$\theta=\frac{r}{R}-r' \text{，} \tag{4.47}$$

代入得 $$-\underline{r}'-2\left(\frac{r}{R}-r'\right)=r' \text{，} \tag{4.48}$$

則 $$\underline{r}'+2\left(\frac{r}{R}-r'\right)=-r' \text{，} \tag{4.49}$$

則 $$\underline{r}'=r'-\frac{2r}{R} \text{，} \tag{4.50}$$

則方向斜率 r' 的關係爲

$$\underline{r}'=-\frac{2}{R}r+r' \text{，} \tag{4.51}$$

所以光線在球面鏡反射的矩陣表示爲

$$\begin{bmatrix}\underline{r}\\ \underline{r}'\end{bmatrix}=\begin{bmatrix}1 & 0\\ -\frac{2}{R} & 1\end{bmatrix}\begin{bmatrix}r\\ r'\end{bmatrix} \text{，} \tag{4.52}$$

可得光線在球面鏡反射的 ABCD 矩陣爲 $\begin{bmatrix}1 & 0\\ -\frac{2}{R} & 1\end{bmatrix}$。

4.3 雷射共振腔的穩定性

一般而言，雷射共振腔是由兩個反射面鏡所構成，當然這兩個反射面鏡之中，至少要有一個反射面鏡是部分穿透部分反射的，因爲如此才能在共振腔外面有雷射輸出，或者，我們也會說是部分穿透的反射面鏡把在共振腔裡面所產生的雷射耦合（Coupling）輸出的。有關於反射面鏡的反射率與耦合輸出的關係，會在本章的最後一節做說明，這一節要討論的是雷射共振腔構成的幾何關係，也就是兩個反射面鏡分別的曲率 R 或焦距 f，以及兩個反射面鏡相隔距離 d 的關係，這個關係除決定了雷射共振腔的穩定與否之外，還會決定雷射光束的特性，其中雷射光束特性相關的說明留待第五章來進行。

依據上一節所介紹的 ABCD 矩陣方法，我們可以很方便的判斷兩個光學系統的等價性或建構兩個等價的光學系統。如果雷射共振腔是由兩個分開一段距離的反射面鏡所組成的，則因為「反射面鏡」和「一段距離」分別有一個 ABCD 矩陣與之對應，所以雷射共振腔就可以用單一個 ABCD 矩陣來表示，而光線或光波會在共振腔內來來回回的行進，在數學運算上就是 ABCD 矩陣不斷的相乘。這個乘積的結果可以等價於一個透鏡波導（Lens waveguide），換言之，如果雷射共振腔的光線矩陣和透鏡波導的光線矩陣是相同的，我們就可以在這個透鏡波導來描述雷射共振腔所有的特性。

這節除了以一個無限延伸的透鏡波導進行討論雷射共振腔的穩定性條件（Cavity stability）之外，我們還要介紹一個判斷共振腔穩定性的幾何方法，最後，也簡單說明非穩定共振腔的特性。

4.3.1 穩定共振腔與透鏡波導

如果雷射共振腔是由兩個反射面鏡分開距離 d 所構成的，其中兩個反射面鏡的曲率半徑分別為 $R_1 = 2f_1$ 和 $R_2 = 2f_2$，則由光線矩陣的等價結果，我們可以用兩個焦距為 f_1 和 f_2 的透鏡，且相隔 d 距離建構出兩個基本光學單位之後，即 Cell 1 和 Cell 2，再做延伸形成透鏡波導，如圖 4.9 所示。

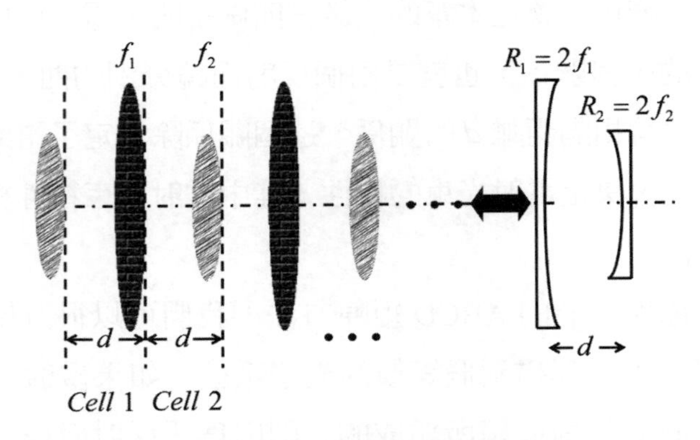

圖 4.9　透鏡波導和共振腔

如果 Cell 1 定義在焦距爲 f_1 的透鏡上，而 Cell 2 定義在焦距爲 f_2 的透鏡上，則由光線直線行進的 ABCD 矩陣 $\begin{bmatrix} 1 & d \\ 0 & 1 \end{bmatrix}$ 和薄透鏡的 ABCD 矩陣 $\begin{bmatrix} 1 & 0 \\ -\frac{1}{f} & 1 \end{bmatrix}$ 可得 Cell 1 的 ABCD 矩陣 T_1 爲

$$T_1 = \begin{bmatrix} 1 & 0 \\ \frac{-1}{f_1} & 1 \end{bmatrix} \begin{bmatrix} 1 & d \\ 0 & 1 \end{bmatrix} = \begin{bmatrix} 1 & d \\ \frac{-1}{f_1} & 1-\frac{d}{f_1} \end{bmatrix}, \tag{4.53}$$

同理，Cell 2 的 ABCD 矩陣 T_2 爲

$$T_2 = \begin{bmatrix} 1 & d \\ \frac{-1}{f_1} & 1-\frac{d}{f_2} \end{bmatrix}, \tag{4.54}$$

則 Cell 1 和 Cell 2 所構成的光線矩陣 T 爲

$$T = T_2 T_1 = \begin{bmatrix} A & B \\ C & D \end{bmatrix} \text{，} \tag{4.55}$$

其中 $A = 1 - \dfrac{d}{f_2}$ ；$B = d\left(2 - \dfrac{d}{f_2}\right)$ ；$C = -\left[\dfrac{1}{f_1} + \dfrac{1}{f_2}\left(1 - \dfrac{d}{f_1}\right)\right]$ ；

$D = -\left[\dfrac{d}{f_1}\left(1 - \dfrac{d}{f_1}\right)\left(1 - \dfrac{d}{f_2}\right)\right]$ 。

所以現在我們可以寫出在透鏡波導中第 s 個光線向量 $\begin{bmatrix} r_s \\ r_s' \end{bmatrix}$ 和第 $s+1$ 個光線向量 $\begin{bmatrix} r_{s+1} \\ r_{s+1}' \end{bmatrix}$ 的轉換關係為

$$\begin{bmatrix} r_{s+1} \\ r_{s+1}' \end{bmatrix} = \begin{bmatrix} A & B \\ C & D \end{bmatrix} \begin{bmatrix} r_s \\ r_s' \end{bmatrix} \text{。} \tag{4.56}$$

由

$$\begin{cases} r_{s+1} = Ar_s + Br_s' \\ r_{s+1}' = Cr_s + Dr_s' \end{cases} \text{，} \tag{4.57}$$

則第 $s+1$ 個光線向量 $\begin{bmatrix} r_{s+1} \\ r_{s+1}' \end{bmatrix}$ 和第 $s+2$ 個光線向量 $\begin{bmatrix} r_{s+2} \\ r_{s+2}' \end{bmatrix}$ 的轉換關係為

$$\begin{cases} r_{s+2} = Ar_{s+1} + Br_{s+1}' \\ r_{s+2}' = Cr_{s+1} + Dr_{s+1}' \end{cases} \text{，} \tag{4.58}$$

則

$$\begin{aligned} r_{s+2} &= Ar_{s+1} + Br_{s+1}' \\ &= Ar_{s+1} + [BCr_s + Dr_s'] \\ &= Ar_{s+1} + B\left[Cr_s + \frac{D}{B}(r_{s+1} - Ar_s)\right] \text{，} \end{aligned} \tag{4.59}$$

其中 $r_s' = \dfrac{1}{B}(r_{s+1} - Ar_s)$ 。

所以 $$r_{s+2}-(A+D)r_{s+1}+(AD-BC)r_s=0\ ，\tag{4.60}$$

而且因爲 $$\begin{vmatrix} A & B \\ C & D \end{vmatrix}=AD-BC=1\ 。\tag{4.61}$$

所以可重寫方程式得

$$r_{s+2}-(A+D)r_{s+1}+r_s=0\ 。\tag{4.62}$$

基本上，可以有三種方式來求解這個方程式。

[方法一]

這個方程式是一個同義於微分方程式 $r''+Gr=0$ 的差分方程式（Difference equation），因爲微分方程式 $r''+Gr=0$ 的解形式爲 $r(z)=r(0)e^{\pm i\sqrt{G}z}$，所以我們可以「猜出」這個差分方程式的解形式爲 $r_s=r_0e^{isq}$。

[方法二]

因爲在穩定的共振腔或透鏡波導中，光線高度 $|r_s|$ 必須是有限的，不能是無限大的，所以我們猜想光線高度的解形式爲 $r_s=r_0e^{isq}$。

[方法三]

因爲光線高度 r_s 一定可以用多項式表示，所以我們猜想光線高度的解形式爲 $r_m=r_0h^m$。

令 $A+D=2b$，則

$$r_0h^{s+2}-2br_0h^{s+1}+r_0h^s=0\ ，\tag{4.63}$$

約去 r_0 得

$$h^2-2bh+1=0\ ，\tag{4.64}$$

所以 $$h=b\pm j\sqrt{1-b^2}\ 。\tag{4.65}$$

令 $b=\dfrac{A+D}{2}=\cos q$ ，則

$$
\begin{aligned}
h &= \cos q \pm j\sqrt{1-(\cos q)^2} \\
&= \cos q \pm j\sin q \\
&= e^{\pm jq} \quad ,
\end{aligned}
\tag{4.66}
$$

因爲無論取「＋」或「－」都滿足方程式，現在我們取「＋」，即 $h=e^{jq}$，所以

$$
\begin{aligned}
r_s &= r_0 h^s \\
&= r_0\left(e^{jq}\right)^s \\
&= r_0 e^{isq} \quad 。
\end{aligned}
\tag{4.67}
$$

無論 [方法一]、[方法二] 或 [方法三]，所得的解形式都是 $r_s=r_0e^{isq}$，代入方程式，則

$$
e^{j2q}-(A+D)e^{j(s+1)q}+e^{jsq}=0 \quad ,
\tag{4.68}
$$

則

$$
e^{j2q}-(A+D)e^{jq}+1=0 \quad ,
\tag{4.69}
$$

可求得方程式的解爲

$$
\begin{aligned}
e^{jq} &= \frac{A+D\pm\sqrt{(A+D)^2-4}}{2} \\
&= \frac{A+D}{2}\pm j\frac{\sqrt{4-(A+D)^2}}{2} \quad 。
\end{aligned}
\tag{4.70}
$$

所以如果希望 q 是實數，則必須滿足的條件爲

$$
-2\le A+D\le 2 \quad ,
\tag{4.71}
$$

則 $$0 \le A + D + 2 \le 4 \text{，} \tag{4.72}$$

則 $$0 \le \frac{1}{4}(A + D + 2) \le 1 \text{，} \tag{4.73}$$

則 $$0 \le \frac{1}{4}\left\{\left(1-\frac{d}{f_2}\right)-\left[\frac{d}{f_1}-\left(1-\frac{d}{f_1}\right)\left(1-\frac{d}{f_2}\right)\right]+2\right\} \le 1 \text{，} \tag{4.74}$$

則 $$0 \le \frac{1}{4}\left[1-\frac{d}{f_2}-\frac{d}{f_1}+\left(1-\frac{d}{f_1}\right)\left(1-\frac{d}{f_2}\right)+2\right] \le 1 \text{，} \tag{4.75}$$

則 $$0 \le \frac{1}{4}\left(4-\frac{2d}{f_1}-\frac{2d}{f_2}+\frac{d}{f_1 f_2}\right) \le 1 \text{，} \tag{4.76}$$

所以如果

$$0 \le \left(1-\frac{d}{2f_1}\right)\left(1-\frac{d}{2f_2}\right) \le 1 \text{，} \tag{4.77}$$

或 $$0 \le \left(1-\frac{d}{R_1}\right)\left(1-\frac{d}{R_2}\right) \le 1 \text{，} \tag{4.78}$$

則 q 爲實數。

從數學上來說，這是一組雙曲線所圍成的範圍，如圖 4.10 所示，這個條件可以延伸分成三個部分來看。

[1] $0 < \left(1-\frac{d}{R_1}\right)\left(1-\frac{d}{R_2}\right) < 1$，對應的是穩定共振腔（Stable cavity）的條件。

[2] $\left(1-\frac{d}{R_1}\right)\left(1-\frac{d}{R_2}\right) = 0$ 或 $\left(1-\frac{d}{R_1}\right)\left(1-\frac{d}{R_2}\right) = 1$，對應的是介穩共振腔（Metastable cavity）的條件。

[3] $\left(1-\frac{d}{R_1}\right)\left(1-\frac{d}{R_2}\right)<0$ 或 $\left(1-\frac{d}{R_1}\right)\left(1-\frac{d}{R_2}\right)>1$，對應的是非穩定共振腔（Unstable cavity）的條件。

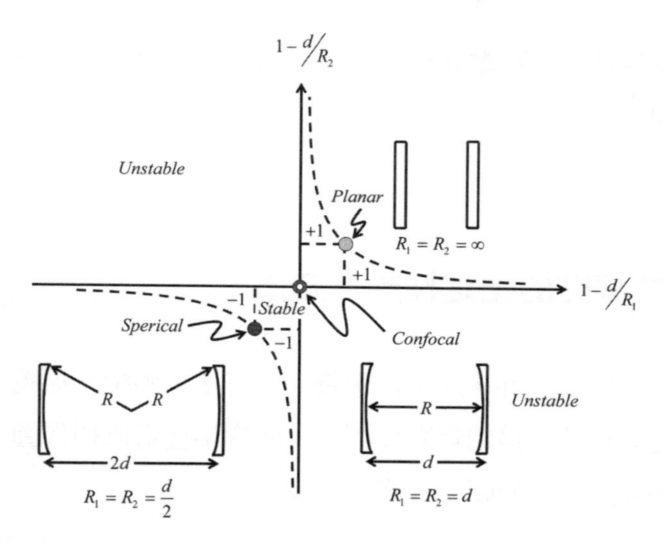

圖 4.10　雷射共振腔的兩個反射面鏡曲率和兩個反射面鏡相隔距離的關係

在$1-\frac{d}{R_1}$和$1-\frac{d}{R_2}$所構成的平面上，只有第一和第三象限中被雙曲線所圍成的區域，才是穩定共振腔的範圍，第一、第三象限中，沒有被雙曲線所圍成的區域以及第二、第四象限都是非穩定共振腔的範圍，而在$1-\frac{d}{R_1}$軸上、在$1-\frac{d}{R_2}$軸上、在雙曲線上的，則爲介穩共振腔的條件。

此外，因爲共振腔是由曲率半徑爲 $R_1=2f_1$ 和 $R_2=2f_2$ 的兩個反射面鏡且分開距離所構成的，所以我們還可以具體標示出三個特殊的介穩共振腔。因爲兩個反射面鏡的曲率半徑爲 $R_1=d$ 和 $R_2=d$ 且分開距離 d，所以兩個反射面鏡的焦點都同在中心位置，構成所謂的共焦共振腔，其所對應的點在$1-\frac{d}{R_1}$軸和$1-\frac{d}{R_2}$軸的交點上，也是原點的位置，在圖上標示著 Confocal。兩個反射面鏡都是平面鏡，即 $R_1=\infty$ 和 $R_2=\infty$，在第一象限的點（+1, +1）上，在圖上標示著 Planar。兩個反射面鏡的曲率半徑爲$R_1=\frac{d}{2}$和$R_2=\frac{d}{2}$且分開距離 d，在第三象限的點（−1, −1）上，在圖上標示著 Spherical。

4.3.2 判斷共振腔的穩定性幾何方法

除了代數的方法之外，還可以用幾何的方法來判斷共振腔的穩定性。首先，我們定義以球面鏡的焦點爲圓心，曲率半徑爲直徑作圓，稱爲球面鏡的 σ 圓（σ circle），如圖 4.11 所示。

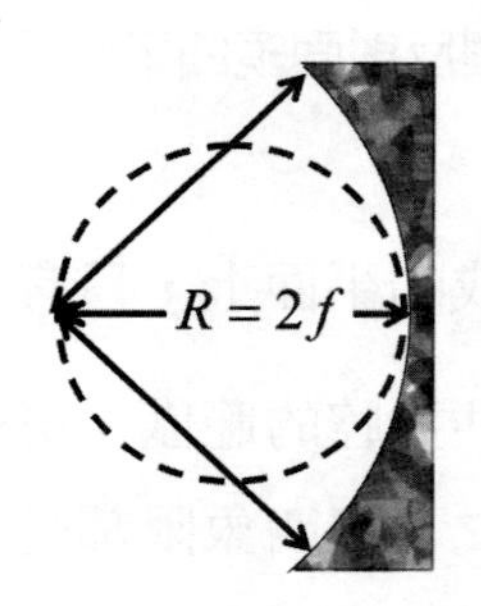

圖 4.11　球面鏡的 σ 圓

因爲雷射共振腔是由相隔距離 d 的兩個反射球面鏡構成的，而兩個反射球面鏡的曲率半徑爲 $R_1=2f_1$ 和 $R_2=2f_2$，所以，我們就可以用兩個 σ 圓來代表共振腔的構成面鏡，此外，由於雷射共振腔的長度也就是面鏡相隔的距離 d，因此這兩個 σ 圓的相對關係可能會有四種情況，即不相交、相切於一點、相交於兩點或重合，其分別所代表的意義如下。

[1] 如果有兩個交點，則爲穩定共振腔，如圖 4.12 所示。

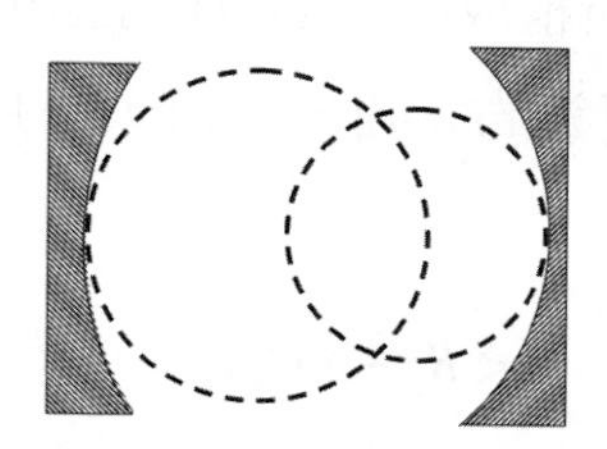

圖 4.12　構成穩定共振腔的兩個圓

[2] 如果只有一個交點或重合，則爲介穩共振腔，如圖 4.13 所示。

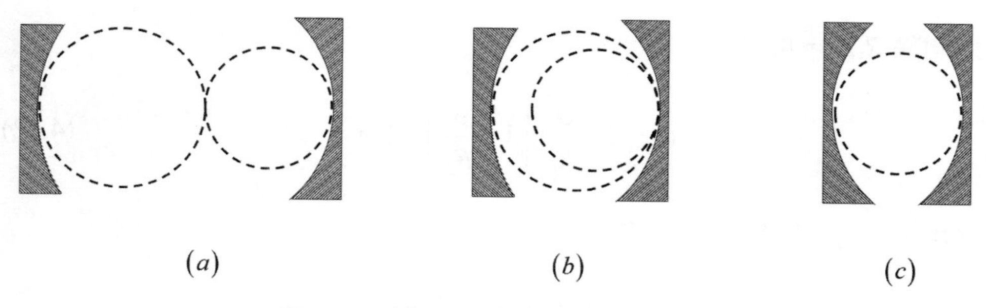

圖 4.13　構成介穩共振腔的兩個圓

[3] 如果沒有交點，則爲非穩定共振腔，如圖 4.14 所示。

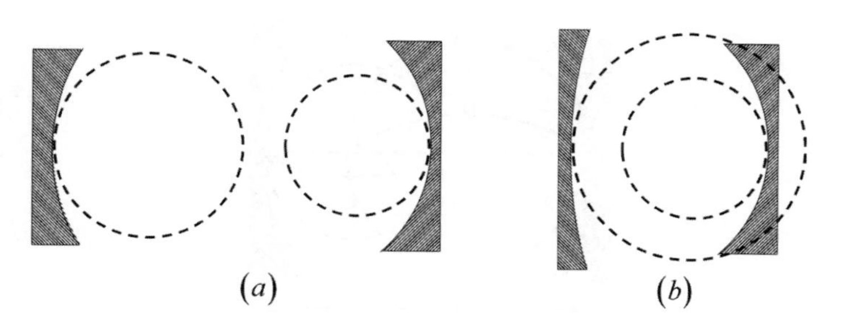

圖 4.14　構成非穩定共振腔的兩個 σ 圓

4.3.2.1 構成穩定共振腔的幾何

如前所述，如果穩定共振腔是由相隔距離的兩個曲率半徑為 $R_1 = 2f_1$ 和 $R_2 = 2f_2$ 的反射球面鏡所構成的，則以球面鏡的焦點為圓心，曲率半徑為直徑，分別作兩個球面鏡的 σ 圓，如圖 4.15 所示，兩個球面鏡的 σ 圓相交於兩點。

因為 $$0 < R_1 - d < R_2 \text{；} \tag{4.79}$$

且 $$0 < R_2 - d < R_1 \text{，} \tag{4.80}$$

則 $$0 < (R_1 - d)(R_2 - d) < R_1 R_2 \text{。} \tag{4.81}$$

或同除 $R_1 R_2$，可得

$$0 < \left(1 - \frac{d}{R_1}\right)\left(1 - \frac{d}{R_2}\right) < 1 \text{，} \tag{4.82}$$

又由 $R_1 = 2f_1$ 和 $R_2 = 2f_2$，則

$$0 < \left(1 - \frac{d}{2f_1}\right)\left(1 - \frac{d}{2f_2}\right) < 1 \text{。} \tag{4.83}$$

所以由交於兩點的 σ 圓，可以等價得到穩定共振腔的條件。

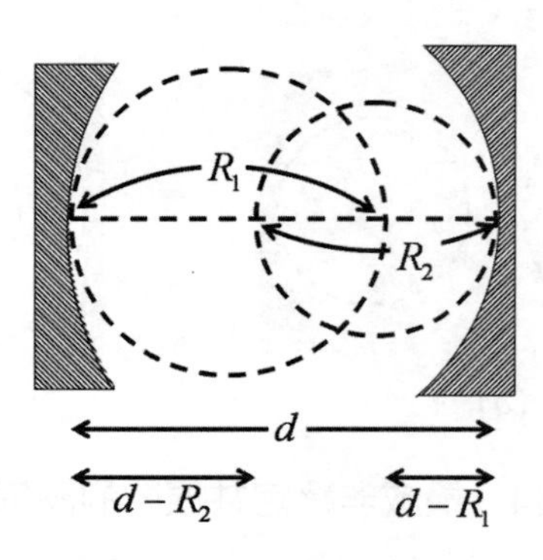

圖 4.15　穩定共振腔的條件 $0 < (R_1 - d)(R_2 - d) < R_1 R_2$

4.3.2.2 構成共焦共振腔的幾何

如果共焦共振腔是由相隔距離 d 的兩個曲率半徑為 $R_1 = d$ 和 $R_2 = d$ 的反射球面鏡所構成的，則以球面鏡的焦點為圓心，曲率半徑為直徑，分別作兩個球面鏡的 σ 圓，如圖 4.16 所示，兩個球面鏡的圓重合且焦點也重合。

因為
$$R_1 - d = 0 \;; \tag{4.84}$$

且
$$R_2 - d = 0 \;, \tag{4.85}$$

即
$$R_1 = R_2 = d \;。 \tag{4.86}$$

令
$$R_1 = R_2 = R \;, \tag{4.87}$$

則
$$(R_1 - d)(R_2 - d) = (R - d)^2 = 0 \;。 \tag{4.88}$$

或同除 R_1R_2，可得

$$\left(1-\frac{d}{R_1}\right)\left(1-\frac{d}{R_2}\right)=\left(1-\frac{d}{R}\right)^2=0 \;, \tag{4.89}$$

又由 $R_1 = 2f_1 = 2f$ 和 $R_2 = 2f_2 = 2f$，所以

$$\left(1-\frac{d}{2f_1}\right)\left(1-\frac{d}{2f_2}\right)=\left(1-\frac{d}{2f}\right)^2=0 \;。 \tag{4.90}$$

所以由重合的兩個 σ 圓可以等價的得到共焦共振腔的條件。

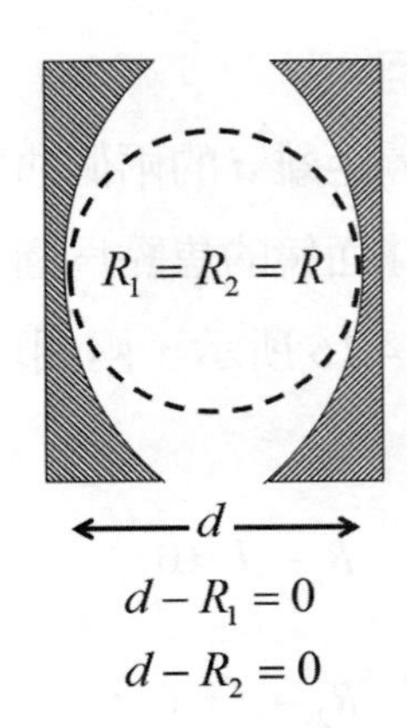

圖 4.16　共焦共振腔的條件 $(R-d)^2 = 0$

4.3.2.3 構成介穩共振腔的幾何

如果介穩共振腔是由相隔距離 d 的兩個曲率半徑爲 $R_1 = 2f_1$ 和 $R_2 = 2f_2$ 的反射球面鏡所構成的，則以球面鏡的焦點爲圓心，曲率半徑爲直徑，分別作兩個球面鏡的 σ 圓，如圖 4.17 所示，兩個球面鏡的 σ 圓相切於一點。

因爲 $$d - R_1 = R_2 \text{ ；} \tag{4.91}$$

且 $$d - R_2 = R_1 \text{ ，} \tag{4.92}$$

則 $$(R_1 - d)(R_2 - d) = R_1 R_2 \text{ 。} \tag{4.93}$$

或同除 R_1R_2，可得

$$\left(1-\frac{d}{R_1}\right)\left(1-\frac{d}{R_2}\right)=1 \text{ ，} \tag{4.94}$$

又由 $R_1 = 2f_1$ 和 $R_2 = 2f_2$，所以

$$\left(1-\frac{d}{2f_1}\right)\left(1-\frac{d}{2f_2}\right)=1 \text{ 。} \tag{4.95}$$

所以由相切於一點的兩個 σ 圓可以等價得到介穩共振腔的條件。

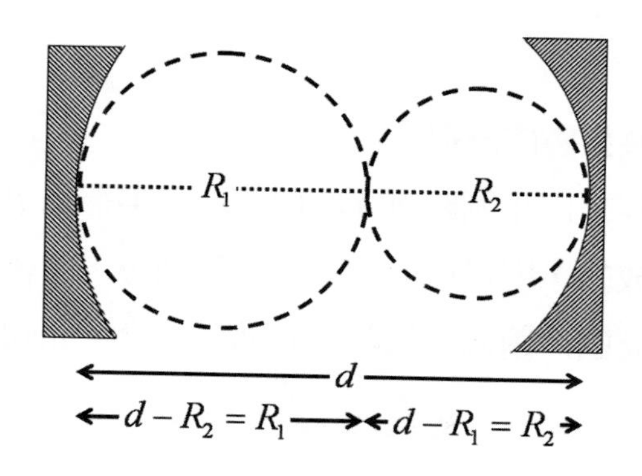

圖 4.17　介穩共振腔的條件 $(R_1 - d)(R_2 - d) = R_1R_2$

還有一種情況的介穩共振腔的幾何條件，也是兩個球面鏡的 σ 圓相切於一點，如圖 4.18 所示。

因爲
$$d - R_1 = 0 \text{ ，} \tag{4.96}$$

則
$$(R_1 - d)(R_2 - d) = 0 \text{ 。} \tag{4.97}$$

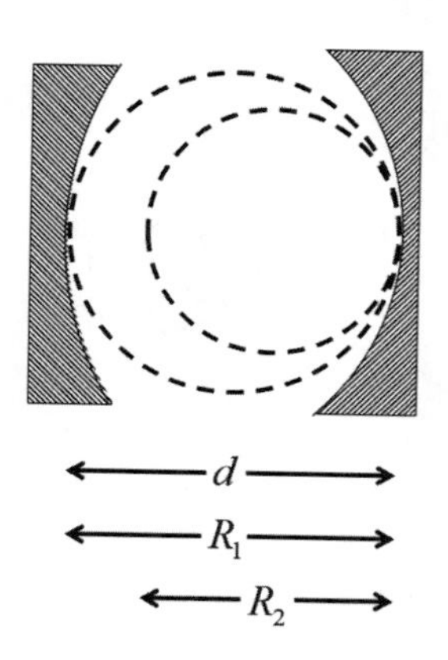

圖 4.18　介穩共振腔的條件 $(R_1 - d)(R_2 - d) = 0$

很明顯的，雖然共振腔的參數關係和共焦共振腔的代數關係相同，但是幾何關係是不同的。

4.3.2.4 構成非穩定共振腔的幾何

如果穩定共振腔是由相隔距離 d 的兩個曲率半徑爲 $R_1 = 2f_1$ 和 $R_2 = 2f_2$ 的反射球面鏡所構成的，則以球面鏡的焦點爲圓心，曲率半徑爲直徑，分別作兩個球面鏡的 σ 圓，兩個球面鏡的 σ 圓不相交，如圖 4.19 可知因爲

$$R_1 - d > R_2 \text{ ；} \tag{4.98}$$

且

$$R_2 - d > R_1 \text{ ，} \tag{4.99}$$

則

$$(R_1 - d)(R_2 - d) > R_1 R_2 \text{ ，} \tag{4.100}$$

或

$$(d - R_1)(d - R_2) > R_1 R_2 \text{ 。} \tag{4.101}$$

或同除 R_1R_2，可得

$$\left(1 - \frac{d}{R_1}\right)\left(1 - \frac{d}{R_2}\right) > 1 \text{ ，} \tag{4.102}$$

又由 $R_1 = 2f_1$ 和 $R_2 = 2f_2$，所以

$$\left(1 - \frac{d}{2f_1}\right)\left(1 - \frac{d}{2f_2}\right) > 1 \text{ 。} \tag{4.103}$$

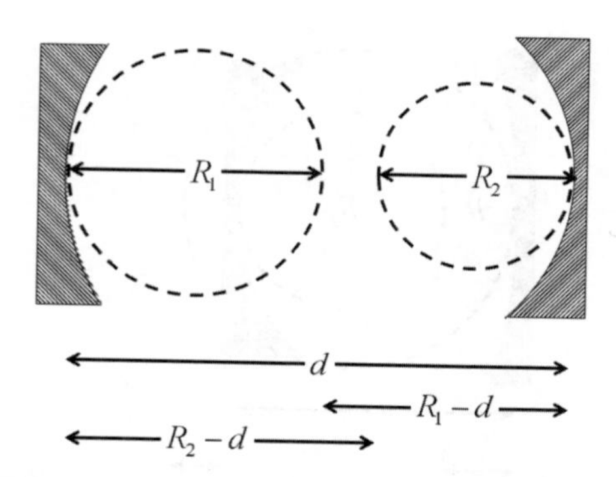

圖 4.19　非穩定共振腔的條件 $(R_1-d)(R_2-d)>R_1R_2$ 或 $(d-R_1)(d-R_2)>R_1R_2$

還有一種情況的非穩定共振腔的幾何條件也是兩個球面鏡的 σ 圓不相交的，如圖 4.20 所示。

因為

$$d-R_2>0\ ; \tag{4.104}$$

且

$$d-R_1<0\ , \tag{4.105}$$

則

$$(d-R_1)(d-R_2)<0\ , \tag{4.106}$$

或

$$(R_1-d)(R_2-d)<0\ 。 \tag{4.107}$$

或同除 R_1R_2，可得

$$\left(1-\frac{d}{R_1}\right)\left(1-\frac{d}{R_2}\right)<0\ , \tag{4.108}$$

又由 $R_1=2f_1$ 和 $R_2=2f_2$，所以

$$\left(1-\frac{d}{2f_1}\right)\left(1-\frac{d}{2f_2}\right)<0\ 。 \tag{4.109}$$

綜合這兩種情況，所以由不相交的兩個 σ 圓可以等價得到非穩定共振

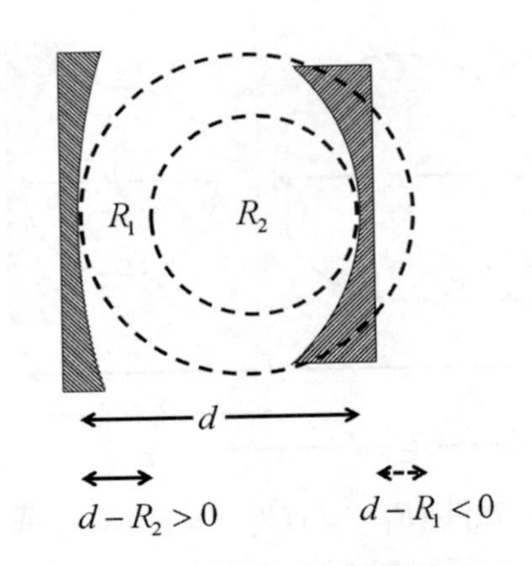

圖 4.20　非穩定共振腔的條件

腔的條件。

4.3.3 非穩定共振腔

現在我們已經知道構成穩定的雷射共振腔的兩個反射面鏡曲率 R、焦距 f 以及兩個反射面鏡相隔距離 d 的關係了，其實，一個穩定雷射共振腔的定義就是在這個共振腔的一個自身聚焦（Self-focuses）的能量可以反覆的在共振腔裡維持著 Gauss 模態（Gaussian modes），傳統上，雷射所採用的是穩定的雷射共振腔，因爲相對於非穩定共振腔，穩定共振腔的模態體積（Mode volumes）比較小，所以被激發的雷射介質也比較少，或者，雷射介質的增益係數本來就是比較小的，無論哪一種情況，由於光波會在穩定共振腔內來回反覆的激發雷射介質獲得所需的增益，所以可以得到所需的雷射強度輸出。

然而，對於增益係數很大的雷射介質來說，也許光波只要單一次的通過雷射介質，就可以獲得很大的增益，產生很大的雷射強度輸出。在這種情況下，如果採用了穩定共振腔，就可能會因爲穩定共振腔比較小的模態體積，而限制了雷射輸出，或者因爲光波所獲得的增益太多，導致所產生的高強度雷射燒壞了面鏡等，反而有不利於雷射系統的情況，所以我們會考慮採用非穩定共振腔，以獲得更大的雷射輸出和更好的光學模態品質。

如圖 4.21 所示的非穩定共振腔，其耦合輸出將不是取決於面鏡的高反射率，而是取決於兩個面鏡的大小比例。再者，其近場（Near field）輸出看起來會像是一個中空的甜甜圈（Doughnut），顯然是因爲輸出端的面鏡所致，但是，該雷射光束的傳遞特性，和穩定共振腔所產生的雷射光束傳遞特性大多是相同的。有關非穩定共振腔的相關議題，可以再參考專門的研究著作，在此不作進一步的探討，本書中所介紹的內容，仍是以穩定共振腔爲主軸。

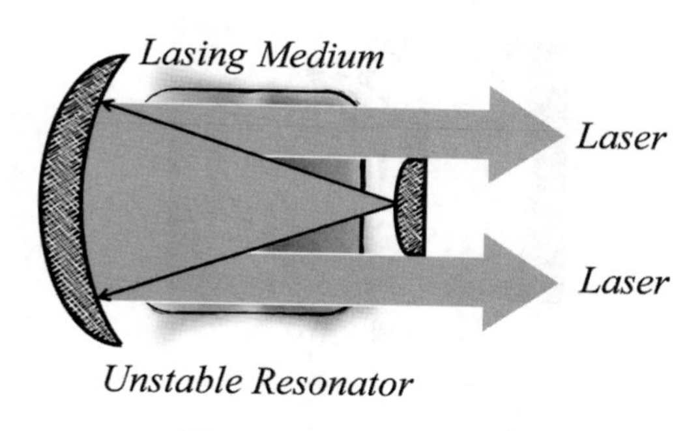

圖 4.21　非穩定共振腔

4.4　等價共焦腔

一般說來，我們可以把雷射共振腔分成穩定腔和非穩定腔，而雷射共振腔的穩定與非穩定，可以由雷射共振腔的長度和兩個反射面鏡的曲率半徑大小關係來作判斷。我們在上一節，介紹了代數的方法以及幾何的方法，很明顯的，在代數的關係中，最特別的，當屬平方爲零，其對應在幾何平面上的就是雙曲線的中點位置。因爲兩個反射面鏡的曲率半徑以及共振腔的長度三者大小相等，所以兩個反射面鏡的焦點位於共振腔的中點且重合，於是我們稱這種共振腔爲共焦腔（Confocal cavity）。

雖然共焦腔是一種介穩共振腔，或者應該被歸類爲非穩定共振腔，但是若從共振腔的角度來看，則因所有穩定球面共振腔都會存在著一個等價共焦腔與之對應，所以這個等價共焦腔的 Gauss 光束和原來的穩定球面共振腔的 Gauss 光束特性完全相同。

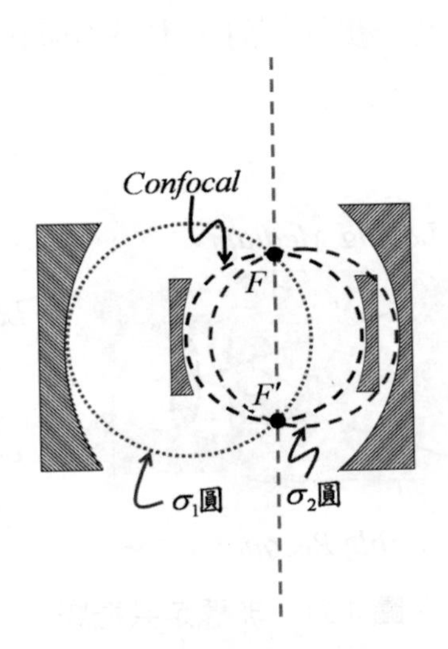

圖 4.22　等價共焦腔

我們可以用作圖法求出此等價共焦腔，其基本作圖原理和最小共振腔圓的做法相同。如前所述，穩定共振腔的判斷方式，做兩個反射面鏡的 σ 圓，即 σ_1 圓和 σ_2 圓，如圖 4.22 所示，則以 σ_1 圓和 σ_2 圓的線段 $\overline{FF'}$ 長爲直徑作圓，所對應的共振腔即爲此穩定共振腔的所對應的等價共焦腔。找到等價共焦腔之後，有關原來的穩定球面共振腔的特性、Gauss 光束的特性包括傳遞匹配等問題，都可以此等價共焦腔作爲基點進行分析計算，或者也可以說，如果已經掌握了等價共焦腔，就掌握了 Gauss 光束的特性，如圖 4.23 所示，相同的 Gauss 光束可以和不同的雷射共振腔匹配，只要共振腔的面鏡曲率和 Gauss 光束匹配就可以了。

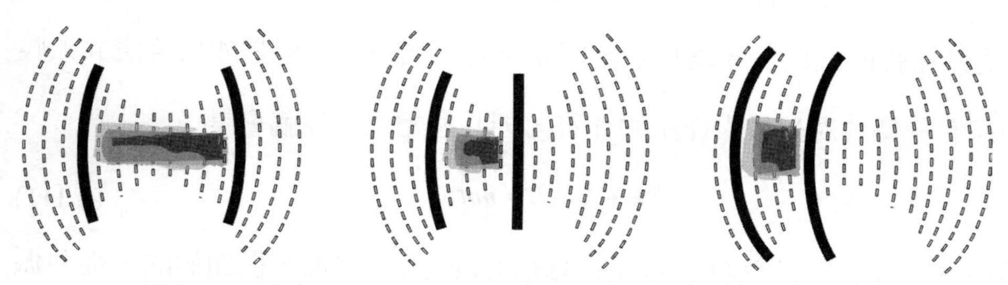

圖 4.23　相同的 Gauss 光束可以和不同的雷射共振腔匹配

4.5　頻率牽引

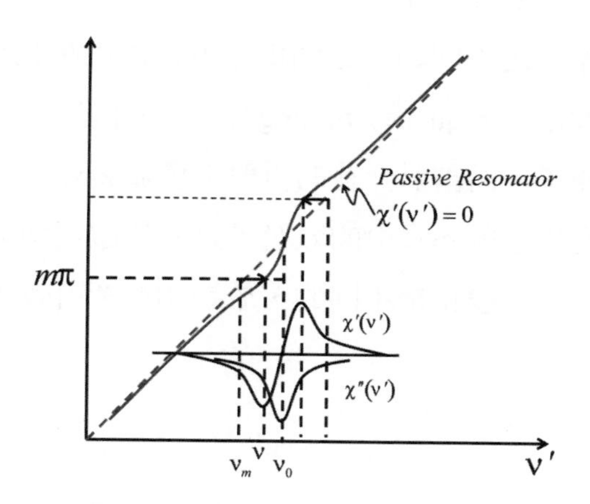

圖 4.24　被動的共振腔頻率會被拉向介質的原子共振頻率，因而產生輸出雷射的頻率

我們在 4.1 節介紹了 Fabry-Pérot 標準儀，意指共振腔在頻率空間上建立了共振頻率之後，就可以得出雷射的縱模頻率，但是如果再仔細審視一下，就會發現由於共振腔原來的共振相位條件為

$$kL = m\pi \text{，} \tag{4.110}$$

其中為 k 波向量，即 $k = \dfrac{2\pi\nu_0}{c}$；而 ν_0 為光波在真空中的頻率；c 為光速；L 為共振腔的長度；m 為整數，即 $m = 1, 2, 3, \cdots\cdots$。但是如果考慮共振腔中還有一個會產生放大作用的介質，則共振相位條件就會是

$$(k + \Delta k)L = m\pi \text{，} \tag{4.111}$$

其中 Δk 是由於介質變化引入所導致的波向量變化量。很顯然的，從共振腔輸出的光波頻率已經改變了，不再是共振腔原來所允許的共振模態。

我們可以用一個示意圖來說明光波頻率的變化。沒有雷射介質的共振腔可稱為被動的共振腔（Passive resonators），則雷射的頻率將會由被動的共振腔頻率 ν_m 被拉向（Pull）介質的原子共振頻率 ν_0，而結果輸出的頻率為 ν，如圖 4.24 所示，沒有雷射介質的共振腔頻率 ν_m 和有雷射介質的共振腔頻率 ν 是不同的。這個現象或作用就稱為模態牽引（Mode-pulling）或頻率牽引（Frequency-pulling），其原因很簡單，這是因為共振腔內的折射率改變了。而雷射介質的折射率會隨著外在激發而改變，所以雷射共振模態就產生了頻率牽引的效應，且由於激發均勻線寬和非均勻線寬介質所造成的折射率變化是不同的，於是頻率牽引效應也就不同。

4.5.1 均勻線寬的雷射介質折射率變化

我們可以從光與物質交互作的古典模型出發來說明均勻線寬對折射率的影響，由第二章所得之 Abraham-Lorentz 運動方程式，

$$\frac{d^2\bar{x}}{dt^2}+\frac{1}{4\pi\varepsilon_0}\frac{2q^2}{3c^3}\frac{\omega_0{}^2}{m}\frac{d\bar{x}}{dt}+\omega_0^2\bar{x}=0 \text{ ，} \tag{4.112}$$

其中 $\bar{x}$ 為電偶極振子振盪的振幅；t 為時間；q 為電偶極振子的電荷；m 為電偶極振子的質量；$\omega_0=\sqrt{\frac{k}{m}}$ 為電偶極振子振盪的角頻率；ε_0 為眞空的介電常數；c 為光速。

令 $\tau_c=\left(\frac{1}{4\pi\varepsilon_0}\frac{2q^2}{3c^3}\frac{\omega_0^2}{m}\right)^{-1}$ 為古典電偶極子的輻射壽命（Radiative lifetime），則

$$\frac{d^2\bar{x}}{dt^2}+\frac{1}{\tau_c}\frac{d\bar{x}}{dt}+\omega_0^2\bar{x}=0 \text{ 。} \tag{4.113}$$

當有一個單色平面波 $\mathscr{E}(z,t)$ 通過介質和電偶極（Electric dipole）發生交互作用，即

$$\begin{aligned}\overline{\mathscr{E}}(z,t)&=\hat{x}\mathscr{E}(z)\cos(\omega t)\\&=\hat{x}\left[\frac{1}{2}\mathscr{E}_0e^{i(\omega t-kz)}+\frac{1}{2}\mathscr{E}_0e^{-i(\omega t-kz)}\right] \text{ ，}\end{aligned} \tag{4.114}$$

其中 z 為波的傳遞方向；ω 為單色平面波的頻率；$\mathscr{E}(z,t)$ 為 $\hat{x}$ 方向上的電場強度。

如果光的波長比原子的尺寸大得多，則從原子的觀點來看，可將光波視為均勻的平面波，所以電子的運動方程式可寫為

$$\frac{d^2\bar{x}}{dt^2}+\frac{1}{\tau_c}\frac{d\bar{x}}{dt}+\omega_0^2\bar{x}=\hat{x}\frac{q}{m}\mathscr{E}(z)\cos(\omega t) \text{ 。} \tag{4.115}$$

爲簡化符號，我們可以略去向量符號，即

$$\frac{d^2x}{dt^2}+\frac{1}{\tau_c}\frac{dx}{dt}+\omega_0^2 x=\frac{q}{m}\mathscr{E}(z)\cos(\omega t) \text{ 。} \tag{4.116}$$

我們現在來看看電偶極在光波的作用之後的穩態行爲，而所謂的穩態意指是發生在比古典電偶極子的輻射壽命 τ_c 時間長很多的時間。

如上式所述令電偶極被頻率 ω 的光波驅動振盪的穩態解 $x_s(t)$ 爲

$$x_s(t)=A\sin(\omega t)+B\cos(\omega t) \text{ ，} \tag{4.117}$$

其實 A 也被稱爲吸收振幅（Absorption amplitude）；B 也被稱爲色散振幅（Dispersion amplitude）。所以

$$\frac{d}{dt}x_s(t)=\omega A\cos(\omega t)-\omega B\sin(\omega t) \text{ ；} \tag{4.118}$$

且

$$\frac{d^2}{dt^2}x_s(t)=-\omega^2 A\sin(\omega t)-\omega^2 B\cos(\omega t) \text{ ，} \tag{4.119}$$

代入運動方程式，

$$\begin{aligned}&-\omega^2 A\sin(\omega t)-\omega^2 B\cos(\omega t)+\frac{\omega A}{\tau_c}\cos(\omega t)-\frac{\omega B}{\tau_c}\sin(\omega t)\\&\quad+\omega_0^2 A\sin(\omega t)+\omega_0^2 B\cos(\omega t)=\frac{q}{m}\mathscr{E}(z)\cos(\omega t) \text{ ，}\end{aligned} \tag{4.120}$$

則 $$\left(-\omega^2 A-\frac{\omega B}{\tau_c}+\omega_0^2 A\right)\sin(\omega t)+\left(-\omega^2 B+\frac{\omega A}{\tau_c}+\omega_0^2 B\right)\cos(\omega t)=\frac{q}{m}\mathscr{E}(z)\cos(\omega t)\ ，\tag{4.121}$$

則 $$\left[\left(\omega_0^2-\omega^2\right)A-\frac{\omega B}{\tau_c}\right]\sin(\omega t)+\left[\left(\omega_0^2-\omega^2\right)B+\frac{\omega A}{\tau_c}\right]\cos(\omega t)=\frac{q}{m}\mathscr{E}(z)\cos(\omega t)\ 。\tag{4.122}$$

比較 $\sin(\omega t)$ 和 $\cos(\omega t)$ 的係數，則

$$\left(\omega_0^2-\omega^2\right)A-\frac{\omega B}{\tau_c}=0\ ，\tag{4.123}$$

且 $$\left(\omega_0^2-\omega^2\right)B+\frac{\omega A}{\tau_c}=\frac{q}{m}\mathscr{E}(z)\ ，\tag{4.124}$$

則 $$B=\frac{\tau_c}{\omega}\left(\omega_0^2-\omega^2\right)A\ ，\tag{4.125}$$

代入 $$\left(\omega_0^2-\omega^2\right)\frac{\tau_c}{\omega}\left(\omega_0^2-\omega^2\right)A+\frac{\omega A}{\tau_c}=\frac{q}{m}\mathscr{E}(z)\ ，\tag{4.126}$$

則 $$\left[\frac{\tau_c}{\omega}\left(\omega_0^2-\omega^2\right)^2+\frac{\omega}{\tau_c}\right]A=\frac{q}{m}\mathscr{E}(z)\ ，\tag{4.127}$$

可得 $$A=\frac{q\mathscr{E}(z)}{m}\frac{\dfrac{\omega}{\tau_c}}{\left(\omega_0^2-\omega^2\right)^2+\dfrac{\omega^2}{\tau_c^2}}\ ；\tag{4.128}$$

且 $$B=\frac{q\mathscr{E}(z)}{m}\frac{\omega_0^2-\omega^2}{\left(\omega_0^2-\omega^2\right)^2+\frac{\omega^2}{\tau_c^2}}\ ; \tag{4.129}$$

且 $$\frac{A}{B}=\frac{\frac{\omega}{\tau_c}}{\omega_0^2-\omega^2}\ 。 \tag{4.130}$$

所以穩態解 $x_s(t)$ 爲

$$\begin{aligned}
x_s(t)&=A\sin(\omega t)+B\cos(\omega t)\\
&=\frac{q\mathscr{E}(z)}{m}\frac{\frac{\omega}{\tau_c}}{\left(\omega_0^2-\omega^2\right)^2+\frac{\omega^2}{\tau_c^2}}\sin(\omega t)\\
&\quad+\frac{q\mathscr{E}(z)}{m}\frac{\omega_0^2-\omega^2}{\left(\omega_0^2-\omega^2\right)^2+\frac{\omega^2}{\tau_c^2}}\cos(\omega t)\\
&=\frac{q\mathscr{E}(z)}{m}\left[\frac{\omega_0^2-\omega^2}{\left(\omega_0^2-\omega^2\right)^2+\frac{\omega^2}{\tau_c^2}}\cos(\omega t)+\frac{\frac{\omega}{\tau_c}}{\left(\omega_0^2-\omega^2\right)^2+\frac{\omega^2}{\tau_c^2}}\sin(\omega t)\right]\\
&=\frac{q\mathscr{E}(z)}{m}\left[\frac{\omega_0^2-\omega^2}{\left(\omega_0^2-\omega^2\right)^2+\frac{\omega^2}{\tau_c^2}}\left(\frac{e^{i\omega t}+e^{-i\omega t}}{2}\right)+\frac{\frac{\omega}{\tau_c}}{\left(\omega_0^2-\omega^2\right)^2+\frac{\omega^2}{\tau_c^2}}\left(\frac{-e^{i\omega t}+e^{-i\omega t}}{-2i}\right)\right]\\
&=\frac{q\mathscr{E}(z)}{2m}\left[\frac{\omega_0^2-\omega^2}{\left(\omega_0^2-\omega^2\right)^2+\frac{\omega^2}{\tau_c^2}}\left(e^{i\omega t}+e^{-i\omega t}\right)+\frac{i\frac{\omega}{\tau_c}}{\left(\omega_0^2-\omega^2\right)^2+\frac{\omega^2}{\tau_c^2}}\left(-e^{i\omega t}+e^{-i\omega t}\right)\right]
\end{aligned}$$

$$=\frac{q\mathscr{E}(z)}{2m}\frac{\left(\omega_0^2-\omega^2\right)\left(e^{i\omega t}+e^{-i\omega t}\right)+i\frac{\omega}{\tau_c}\left(-e^{i\omega t}+e^{-i\omega t}\right)}{\left(\omega_0^2-\omega^2\right)^2+\frac{\omega^2}{\tau_c^2}}$$

$$=\frac{q\mathscr{E}(z)}{2m}\frac{\left[\left(\omega_0^2-\omega^2\right)-i\frac{\omega}{\tau_c}\right]e^{i\omega t}+\left[\left(\omega_0^2-\omega^2\right)+i\frac{\omega}{\tau_c}\right]e^{-i\omega t}}{\left(\omega_0^2-\omega^2\right)^2+\frac{\omega^2}{\tau_c^2}}$$

$$=\frac{q\mathscr{E}(z)}{2m}\frac{\left[\left(\omega_0^2-\omega^2\right)-i\frac{\omega}{\tau_c}\right]e^{i\omega t}+\left[\left(\omega_0^2-\omega^2\right)+i\frac{\omega}{\tau_c}\right]e^{-i\omega t}}{\left[\left(\omega_0^2-\omega^2\right)-i\frac{\omega}{\tau_c}\right]\left[\left(\omega_0^2-\omega^2\right)+i\frac{\omega}{\tau_c}\right]}$$

$$=\frac{q\mathscr{E}(z)}{2m}\frac{e^{+i\omega t}}{\left(\omega_0^2-\omega^2\right)+\frac{i\omega}{\tau_c}}+\frac{q\mathscr{E}(z)}{2m}\frac{e^{-i\omega t}}{\left(\omega_0^2-\omega^2\right)-\frac{i\omega}{\tau_c}}\text{ 。}\tag{4.131}$$

現在考慮均勻線寬的情況，且忽略原子之間的交互作用，則介質的誘發極化（Induced polarization）$\mathscr{P}(z,t)$ 為

$$\mathscr{P}(z,t)=Nqx_s(t)$$

$$=\frac{Nq^2\mathscr{E}(z)}{2m}\frac{e^{i\omega t}}{\left(\omega_0^2-\omega^2\right)+\frac{i\omega}{\tau_c}}+\frac{Nq^2\mathscr{E}(z)}{2m}\frac{e^{-i\omega t}}{\left(\omega_0^2-\omega^2\right)-\frac{i\omega}{\tau_c}}\text{ ，}\tag{4.132}$$

其中 N 為介質中單位體積的原子數。

然而，由 Maxwell 方程式的觀點可知

$$\mathscr{P}(z,t)=\varepsilon_0\chi_e\mathscr{E}(z,t)$$

$$=\frac{1}{2}\varepsilon_0\chi_e\mathscr{E}(z)e^{+i\omega t}+\frac{1}{2}\varepsilon_0\chi_e\mathscr{E}(z)e^{-i\omega t}\text{ ，}\tag{4.133}$$

其中 χ_e 為電敏係數（Electric susceptibility）。

比較二式（4.132）和（4.133），可得電敏係數χ_e（Electric susceptibility）的複數表示爲

$$\begin{aligned}\chi_e &= \chi' + i\chi'' \\ &= \frac{Nq^2}{m\varepsilon_0}\frac{1}{\omega_0^2-\omega^2+\dfrac{i\omega}{\tau_c}} + \frac{Nq^2}{m\varepsilon_0}\frac{1}{\omega_0^2-\omega^2-\dfrac{i\omega}{\tau_c}}\end{aligned} \quad , \tag{4.134}$$

其中χ'爲電敏係數的實數部分；χ''爲電敏係數χ_e的虛數部分。

如前面求係數A和係數B的相似步驟，可得電敏係數χ_e的實數部分χ'和虛數部分χ''分別爲

$$\begin{aligned}\chi' &= \frac{Nq}{\varepsilon_0\mathscr{E}(z)}B \\ &= \frac{Nq^2}{m\varepsilon_0}\frac{\omega_0^2-\omega^2}{\left(\omega_0^2-\omega^2\right)^2+\dfrac{\omega^2}{\tau_c^2}}\end{aligned} \quad ; \tag{4.135}$$

$$\begin{aligned}\chi'' &= \frac{Nq}{\varepsilon_0\mathscr{E}(z)}A \\ &= \frac{Nq^2}{m\varepsilon_0}\frac{\dfrac{\omega}{\tau_c}}{\left(\omega_0^2-\omega^2\right)^2+\dfrac{\omega^2}{\tau_c^2}}\end{aligned} \quad , \tag{4.136}$$

而介質的複折射率（Complex refractive index）n爲

$$\begin{aligned}n &= n_1 + in_2 \\ &= \sqrt{1+\chi_e} \\ &= \sqrt{1+\chi'+i\chi''} \\ &\cong 1+\frac{1}{2}\chi'+i\frac{1}{2}\chi''\end{aligned} \quad , \tag{4.137}$$

其中 n_1 爲複折射率 n 的實數部分和色散過程或光波的相位有關；n_2 爲虛數部分和吸收過程或振幅的衰減有關，因此分別可得複折射率 n 的實數部分 n_1 和虛數部分 n_2 分別爲

$$n_1 = 1 + \frac{Nq^2}{2m\varepsilon_0} \frac{\omega_0^2 - \omega^2}{\left(\omega_0^2 - \omega^2\right)^2 + \frac{\omega^2}{\tau_c^2}}$$

$$= 1 + \frac{Nq}{2\varepsilon_0 \mathscr{E}(z)} B \quad ; \tag{4.138}$$

以及

$$n_2 = \frac{Nq^2}{2m\varepsilon_0} \frac{\frac{\omega}{\tau_c}}{\left(\omega_0^2 - \omega^2\right)^2 + \frac{\omega^2}{\tau_c^2}}$$

$$= \frac{Nq}{2\varepsilon_0 \mathscr{E}(z)} A \quad , \tag{4.139}$$

其中 $A = \frac{q\mathscr{E}(z)}{m} \frac{\frac{\omega}{\tau_c}}{\left(\omega_0^2 - \omega^2\right)^2 + \frac{\omega^2}{\tau_c^2}}$ ；$B = \frac{q\mathscr{E}(z)}{m} \frac{\omega_0^2 - \omega^2}{\left(\omega_0^2 - \omega^2\right)^2 + \frac{\omega^2}{\tau_c^2}}$ 。

所以光波的電場強度 $\mathscr{E}(z,t)$ 爲

$$\mathscr{E}(z,t) = \frac{1}{2} \mathscr{E}_0 e^{-\frac{\omega}{c} n_2 z} \left[e^{+i\omega\left(t - \frac{n_1}{c} z\right)} + e^{-i\omega\left(t - \frac{n_1}{c} z\right)} \right] \quad , \tag{4.140}$$

則光波在介質中傳遞了 z 的距離之後的平均強度 $I(z)$ 爲

$$I(z) = I_0 e^{-\frac{2\omega}{c} n_2 z} = I_0 e^{\tilde{g}_N(\nu) z} \quad , \tag{4.141}$$

所以可得均勻線寬的線性增益係數 $\tilde{g}_N(\nu)$ 爲

$$\tilde{g}_N(\nu) = -\frac{2\omega}{c}n_2 = -\frac{Ne\omega}{c\varepsilon_0\mathscr{E}(z)}A \text{ 。} \tag{4.142}$$

代入折射率 n 的實數部分 n_1 表示式爲

$$\begin{aligned} n_1 &= 1 + \frac{Nq}{2\varepsilon_0\mathscr{E}(z)}B \\ &= 1 + \frac{B}{A}n_2 \\ &= 1 - \frac{B}{A}\frac{c}{2\omega}\tilde{g}_N(\nu) \text{ ，} \end{aligned} \tag{4.143}$$

又

$$\begin{aligned} \frac{B}{A} &= \frac{{\omega_0}^2 - \omega^2}{\dfrac{\omega}{\tau_c}} \\ &= -\frac{(\omega+\omega_0)(\omega-\omega_0)\tau_c}{\omega} \text{ 。} \end{aligned} \tag{4.144}$$

當頻率 ω 和共振頻率 ω_0 很接近時，即 $\omega \cong \omega_0$，則

$$\begin{aligned} \frac{B}{A} &\cong -\frac{2\omega(\omega-\omega_0)\tau_c}{\omega} \\ &= -2(\omega-\omega_0)\tau_c \text{ ，} \end{aligned} \tag{4.145}$$

分別代入複折射率 n 的實數部分 n_1 得

$$\begin{aligned} n_1 &= 1 + \frac{c}{2\omega}2(\omega-\omega_0)\tau_c\tilde{g}_N(\nu) \\ &= 1 + \frac{c\cdot 2\cdot 2\pi(\nu-\nu_0)\tau_c}{2\cdot 2\pi\nu}\tilde{g}_N(\nu) \\ &= 1 + \frac{c(\nu-\nu_0)}{2\pi\nu\dfrac{1}{2\pi\tau_c}}\tilde{g}_N(\nu) \text{ 。} \end{aligned} \tag{4.146}$$

令 $\Delta\nu_N = \dfrac{1}{2\pi\tau_c}$ ，即均勻線寬的譜線寬度，則均勻線寬的雷射介質折射率 $n_N(\nu)$ 和均勻線寬增益 $\tilde{g}_N(\nu)$的關係為

$$n_N(\nu) = 1 + \frac{c}{2\pi\nu}\frac{(\nu-\nu_0)}{\Delta\nu_N}\tilde{g}_N(\nu) \ , \qquad (4.147)$$

其中 $\tilde{g}_N(\nu)$為均勻線寬增益，如第三章所得之結果，即為

$$\tilde{g}_N(\nu) = g_N(\nu) = \frac{\left(\dfrac{\Delta\nu_N}{2}\right)^2 k_0}{(\nu-\nu_0)^2 + \left(\dfrac{\Delta\nu_N}{2}\right)^2} \ , \qquad (4.148)$$

所以均勻線寬的雷射介質的折射率 $n_N(\nu)$ 可以表示為

$$\begin{aligned} n_N(\nu) &= 1 + \frac{c}{2\pi\nu}\frac{\nu-\nu_0}{\Delta\nu_N}\tilde{g}_N(\nu) \\ &= 1 + \frac{c}{2\pi\nu}\frac{\nu-\nu_0}{\Delta\nu_N}\frac{k_0\left(\dfrac{\Delta\nu_N}{2}\right)^2}{(\nu-\nu_0)^2 + \left(\dfrac{\Delta\nu_N}{2}\right)^2} \\ &= 1 + \frac{c}{2\pi\nu}\frac{\nu-\nu_0}{\Delta\nu_N}k_0\frac{\pi\Delta\nu_N}{2}\mathscr{L}(\nu) \ , \end{aligned} \qquad (4.149)$$

其中 $k_0 = g_N(\nu_0) = \left(\dfrac{S_2}{A_{21}} - \dfrac{S_1+S_2}{A_1}\right)\dfrac{h\nu}{c}\left(\dfrac{2}{\pi\Delta\nu_N}\right)B_{21}\Delta n$ ：Lorentz 函數

$$\mathscr{L}(\nu) = \frac{1}{\pi}\frac{\dfrac{\Delta\nu_N}{2}}{(\nu-\nu_0)^2 + \left(\dfrac{\Delta\nu_N}{2}\right)^2} \ 。$$

所以隨均勻線寬增益 $\tilde{g}_N(\nu)$變化的雷射介質折射率變化量 $\Delta n_N(\nu)$ 為

$$\Delta n_N(\nu)=\frac{c(\nu-\nu_0)}{2\pi\nu\Delta\nu_N}\tilde{g}_N(\nu)\ 。\tag{4.150}$$

這個形式和下一節所要介紹的非均勻線寬的雷射介質的折射率變化的形式（4.156）是相同的。

4.5.2 非均勻線寬的雷射介質的折射率變化

非均勻線寬所造成的折射率變化 $\Delta n_D(\nu)$ 可以透過均勻線寬的折射率 $n_N(\nu)$ 和均勻線寬增益 $\tilde{g}_N(\nu)$的關係求得。我們將先探究由折射率變化的成因，再由均勻線寬和非均勻線寬折射率變化的關係來說明。

因爲折射率變化主要的變因是源自於布居反轉的變化，所以如果我們要討論非均勻線寬的折射率變化 Δn_D 就必須考慮非均勻線寬的布居反轉變化，而非均勻線寬的布居反轉變化又是由均勻線寬的布居反轉的變化依 Gauss 分布或 Doppler 波形函數所構成。

再者，因爲每一個單一的共振頻率 ν_0 的折射率變化形式都是呈現均勻線寬折射率變化形式 $\Delta n_N(\nu)$，而所有的共振頻率 ν_0 都涵蓋在非均勻線寬的 Doppler 波形函數$\mathscr{D}(\nu,\nu_0)$之下，所以非均勻線寬的折射率變化 $\Delta n_D(\nu)$ 必須把每一個共振頻率 ν_0 都考慮進來，即

$$\Delta n_D(\nu)=\Delta n_N(\nu)\mathscr{D}(\nu,\nu_0)d\nu_0\ ，\tag{4.151}$$

其中 $\mathscr{D}(\nu,\nu_0)=\sqrt{\frac{4\ln 2}{\pi(\Delta\nu_D)^2}}e^{\frac{-4\ln}{\Delta\nu_D^2}2(\nu-\nu_0)^2}$ 。

把均勻線寬的折射率變化 $\Delta n_N(\nu)=\frac{c}{2\pi\nu}\frac{\nu-\nu_0}{\Delta\nu_N}\tilde{g}_N(\nu)$ 代進來，則非均

勻線寬的折射率變化 $\Delta n_D(\nu)$ 為

$$\begin{aligned}\Delta n_D(\nu) &= n_D(\nu)-1\\ &= \Delta n_N(\nu)\mathscr{D}(\nu,\nu_0)d\nu_0\\ &= \frac{c}{2\pi\nu}\frac{\nu-\nu_0}{\Delta\nu_N}\tilde{g}_N(\nu)\mathscr{D}(\nu,\nu_0)d\nu_0\\ &= \frac{c}{2\pi\nu}\frac{\nu-\nu_0}{\Delta\nu_N}\frac{k_0\left(\frac{\Delta\nu_N}{2}\right)^2}{(\nu-\nu_0)^2+\left(\frac{\Delta\nu_N}{2}\right)^2}\sqrt{\frac{4\ln 2}{\pi(\Delta\nu_D)^2}}e^{-\left(\frac{4\ln 2}{\Delta\nu_D^2}\right)(\nu-\nu_0)^2}d\nu_0\\ &= \frac{c}{2\pi\nu}\frac{(\nu-\nu_0)}{\Delta\nu_N}\sqrt{\frac{4\ln 2}{\pi}}\frac{k_0}{\Delta\nu_D}\left(\frac{\Delta\nu_N}{2}\right)^2 e^{-\left(\frac{4\ln 2}{\Delta\nu_D^2}\right)(\nu-\nu_0)^2}\\ &\quad \frac{d\nu_0}{(\nu-\nu_0)^2+\left(\frac{\Delta\nu_N}{2}\right)^2}，\end{aligned} \tag{4.152}$$

把積分符號加上去，則非均勻線寬所得折射率 $n_D(\nu)$ 關係為

$$n_D(\nu)-1=\frac{c}{2\pi\nu}\frac{k_0}{4}\sqrt{\frac{4\ln 2}{\pi}}\frac{\Delta\nu_N}{\Delta\nu_D}\int_{-\infty}^{+\infty}\frac{(\nu-\nu_0)e^{-\left(\frac{4\ln 2}{\Delta\nu_D^2}\right)(\nu-\nu_0)^2}}{(\nu-\nu_0)^2+\left(\frac{\Delta\nu_N}{2}\right)^2}d\nu_0 \;。 \tag{4.153}$$

考慮非均勻線寬的情況下，非均勻線寬遠大於均勻線寬，即 $\Delta n_D >> \Delta n_N$，則

$$\left.\int_{-\infty}^{+\infty}\frac{(\nu-\nu_0)e^{-\left(\frac{4\ln 2}{\Delta\nu_D^2}\right)\Delta\nu(\nu-\nu_0)^2}}{(\nu-\nu_0)^2+\left(\frac{\Delta\nu_N}{2}\right)^2}d\nu_0\right|_{\Delta\nu_D\gg\Delta\nu_N} \simeq \frac{2}{\sqrt{\pi}}e^{-\xi^2}\int_0^{\xi}e^{\xi^2}d\xi \;， \tag{4.154}$$

其中$\xi=\sqrt{\frac{4\ln 2}{\Delta\nu_D^2}}(\nu-\nu_0)$。

所以非均勻線寬折射率變化 $\Delta n_D(\nu)$ 為

$$\Delta n_D(\nu)=\frac{c}{2\pi\nu}\frac{k_0}{4}\frac{\Delta\nu_N}{\Delta\nu_D}\sqrt{\frac{4\ln 2}{\pi}}\frac{2}{\pi}e^{-\left(\frac{4\ln 2}{\Delta\nu_D^2}\right)(\nu-\nu_0)^2}\int_0^{\sqrt{\frac{4\ln 2}{\Delta\nu_D^2}}(\nu-\nu_0)^2}e^{\xi^2}d\xi 。\quad (4.155)$$

如果我們只考慮 ν 附近的共振色散現象，即 $|\nu-\nu_0|\cong\Delta\nu_D$ ，則 $\xi<<1$ ，所以 $e^{\xi^2}\cong 1$ ，可得隨非均勻線寬增益 $\tilde{g}_D(\nu)$ 變化的雷射介質折射率變化量 $\Delta n_D(\nu)$ 為

$$\begin{aligned}\Delta n_D(\nu)&=\frac{c}{2\pi\nu}\frac{k_0}{4}\frac{\Delta\nu_N}{\Delta\nu_D}\sqrt{\frac{4\ln 2}{\pi}}\frac{2}{\sqrt{\pi}}\frac{\sqrt{4\ln 2}}{\Delta\nu_D}(\nu-\nu_0)e^{-\left(\frac{4\ln 2}{\Delta\nu_D^2}\right)(\nu-\nu_0)^2}\\&=\frac{c(\nu-\nu_0)}{2\pi\nu\Delta\nu_D}\mathbb{K}_0e^{-\left(\frac{4\ln 2}{\Delta\nu_D^2}\right)(\nu-\nu_0)^2}\\&=\frac{c(\nu-\nu_0)}{2\pi\nu\Delta\nu_D}\tilde{g}_D(\nu)\ ,\end{aligned}\quad (4.156)$$

其中雖然$\tilde{g}_D(\nu)=\mathbb{K}_0e^{-\left(\frac{4\ln 2}{\Delta\nu_D^2}\right)(\nu-\nu_0)^2}$和第三章的非均勻線寬增益之表示式略有不同，但是仍具有 Gauss 函數的形式，只是前面的因子$\mathbb{K}_0=\frac{k_0}{2\pi}\frac{\Delta\nu_N}{\Delta\nu_D}4\ln 2$有一點差異。

非均勻線寬的雷射介質折射率變化 $\Delta n_D(\nu)$，和上一節所介紹的均勻線寬雷射介質的折射率變化 $\Delta n_N(\nu)$ 之形式（4.150）是相同的。

4.5.3 介質頻率對共振腔頻率的牽引作用

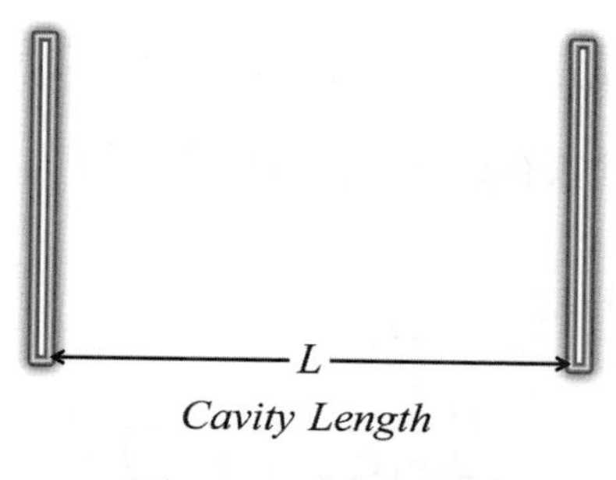

圖 4.25　空的共振腔

如果只有共振腔，沒有雷射介質（Bare-cavity case），如圖 4.25 所示，則共振腔內可以允許的頻率稱爲空腔模態（Bare-cavity mode），即

$$\nu_{Cavity} = m\frac{c}{2L} \text{，} \tag{4.157}$$

其中 m 爲整數；即 $m = 1, 2, 3, \cdots$。

這個結果常常可以在有些介紹雷射物理的文字中見到，因此可能會使我們「認爲」「雷射的頻率就是共振腔的頻率」的意思是 $\nu_{Laser} = \nu_{Cavity} = m\frac{c}{2L}$，其實這是在沒有考慮雷射介質的折射率和增益的情況下之結果。

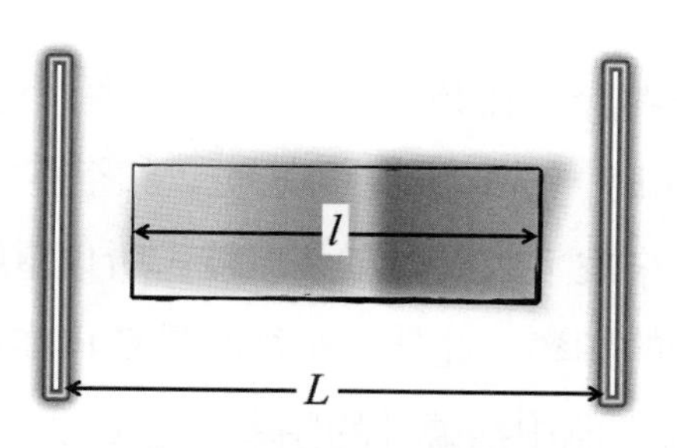

圖 4.26　將雷射介質置入共振腔中

現在我們把雷射介質放入共振腔內，如圖 4.26 所示，則頻率爲 ν_{Laser} 的雷射光在共振腔內的光程（Optical path）L_{opt} 爲

$$L_{opt}=n(\nu_{Laser})l+L-l \text{ ,} \tag{4.158}$$

其中 $n(\nu_{Laser})$ 表示雷射介質在頻率 ν_{Laser} 的折射率。

所以
$$\begin{aligned}\nu_{Laser}&=m\frac{c}{2L_{opt}}\\&=\frac{m}{2}\frac{c}{n(\nu_{Laser})l+L-l} \text{ ,}\end{aligned} \tag{4.159}$$

則
$$\left[2n(\nu_{Laser})l+2(L-l)\right]\nu_{Laser}=mc \text{ ,} \tag{4.160}$$

則
$$n(\nu_{Laser})l\nu_{Laser}+L\nu_{Laser}-l\nu_{Laser}=\frac{mc}{2} \text{ ,} \tag{4.161}$$

則
$$\frac{l}{L}\left[n(\nu_{Laser})-1\right]\nu_{Laser}+\nu_{Laser}=\frac{mc}{2L} \text{ ,} \tag{4.162}$$

則
$$\frac{l}{L}\left[n(\nu_{Laser})-1\right]\nu_{Laser}=\frac{mc}{2L}-\nu_{Laser} \text{ ,} \tag{4.163}$$

又
$$\nu_{Cavity}=\frac{mc}{2L} \text{ ,} \tag{4.164}$$

所以
$$\frac{l}{L}\left[n(\nu_{Laser})-1\right]\nu_{Laser}=\nu_{Cavity}-\nu_{Laser} \text{ 。} \tag{4.165}$$

很明顯的，當雷射介質在頻率 ν_{Laser} 的折射率 $n(\nu_{Laser})$ 和自由空間是不同的，即 $n(\nu_{Laser}) \neq 1$ 時，雷射振盪頻率 ν_{Laser} 和空腔模態的共振頻率 ν_{Cavity} 是不同的，或者反過來說，因爲有了共振腔，所以雷射的輸出頻率不再等於雷射介質原來發光的頻率。此外，稍後我們會再作更仔細分析之後，將把（4.165）式中等號左側中括號外的頻率 ν_{Laser} 改爲 ν_{Atom}。

接著我們要來看看雷射介質的折射率在發生雷射時，和一般介質的折射率有什麼差異？因為無論是均勻線寬的雷射介質的折射率，還是非均勻線寬的雷射介質的折射率 $n(\nu)$，如前所述（4.150）和（4.156）式，都可以表示為，

$$n(\nu)=1+\frac{c}{2\pi\nu}\frac{\nu_0-\nu}{\delta\nu}\alpha(\nu) \quad , \tag{4.166}$$

其中 $\alpha(\nu)$ 為吸收係數：$\delta\nu$ 為吸收係數 $\alpha(\nu)$ 的半高寬（Full width half medium, FWHM）。

如果頻率 ν 是在共振頻率 ν_0 附近的，即 $\nu\cong\nu_0$，則可取近似為 $\frac{c}{\nu}\cong\frac{c}{\nu_0}=\lambda_0$ ，所以可得到折射率 $n(\nu)$ 和吸收係數 $\alpha(\nu)$ 的關係為

$$n(\nu)\underset{\nu\cong\nu_0}{\cong}1+\frac{\lambda_0}{2\pi}\frac{\nu_0-\nu}{\Delta\nu}\alpha(\nu) \quad , \tag{4.167}$$

其中 $\Delta\nu$ 為吸收函數 $\alpha(\nu)$ 的線寬；λ_0 為共振波長。

然而對於活性介質或增益介質（Gain media）或放大介質（Amplifying media）而言，因為增益係數 $\tilde{g}_N(\nu)$ 是吸收係數 $\alpha(\nu)$ 的負值，即

$$\tilde{g}(\nu)=-a(\nu) \quad 。 \tag{4.168}$$

所以，對均勻線寬而言，介質增益 $\tilde{g}_N(\nu)$ 和折射率 $n_N(\nu)$ 的關係為

$$n_N(\nu)-1=\frac{c}{2\pi\nu}\frac{\nu-\nu_0}{\Delta\nu_N}\tilde{g}_N(\nu) \quad ; \tag{4.169}$$

對非均勻線寬而言，介質增益 $\tilde{g}_D(\nu)$ 和折射率 $n_D(\nu)$ 的關係為

$$n_D(\nu)-1=\frac{c}{2\pi\nu}\frac{\nu-\nu_0}{\Delta\nu_D}\tilde{g}_D(\nu) \quad 。 \tag{4.170}$$

綜合均勻線寬介質增益$\tilde{g}_N(\nu)$對折射率$n_N(\nu)$的影響，以及非均勻線寬介質增益$\tilde{g}_D(\nu)$對折射率$n_D(\nu)$的影響，我們可以把折射率$n(\nu)$和介質增益$\tilde{g}(\nu)$的關係表示爲

$$\begin{aligned} n(\nu)-1 &= \frac{-c}{2\pi\nu}\frac{\nu_0-\nu}{\Delta\nu}\tilde{g}(\nu) \\ &= \frac{c}{2\pi\nu}\frac{\nu-\nu_0}{\Delta\nu}\tilde{g}(\nu) \ , \end{aligned} \tag{4.171}$$

其中介質增益$\tilde{g}(\nu)$可以是均勻線寬介質增益$\tilde{g}_N(\nu)$，也可以是非均勻線寬介質增益$\tilde{g}_D(\nu)$。

爲了避免混淆，我們再仔細說明這個（4.171）關係的符號意義。一開始在推導這個式子時，我們把ν_0定義爲發生共振的頻率，或者更精確的說，是介質原子發生振的頻率，而ν當然就是任何一個頻率，表示折射率是頻率的函數。

當有一頻率爲ν_{Laser}的雷射進入到或產生原來就存在介質之後，「看到」的折射率$n(\nu,\nu_{Laser})$將是

$$n(\nu,\nu_{Laser})-1=\frac{c}{2\pi\nu_{Laser}}\frac{\nu_{Laser}-\nu_0}{\Delta\nu}\tilde{g}(\nu,\nu_{Laser}) \ , \tag{4.172}$$

其中爲了同時表示在雷射頻率爲ν_{Laser}時的折射率也是頻率ν的函數，所以把折射率的表示式$n(\nu)$改寫加註成爲$n(\nu,\nu_{Laser})$。

然而因爲現在的共振頻率ν_0是由介質所提供，而且雷射增益也是由介質所提供，所以我們要變換一下表示的方式，將折射率$n(\nu,\nu_{Laser})$的表示式中的ν_0和$\Delta\nu$分別改標示爲

$$\nu_0=\nu_{Atom} \ ; \tag{4.173}$$

且
$$\Delta\nu = \Delta\nu_{Atom} \text{ ，} \tag{4.174}$$

所以折射率 $n\,(\nu,\nu_{Laser})$ 的表示式爲

$$n(\nu,\nu_{Laser})-1=\frac{c}{2\pi\nu_{Laser}}\frac{\nu_{Laser}-\nu_{Atom}}{\Delta\nu_{Atom}}\tilde{g}(\nu,\nu_{Laser}) \text{ 。} \tag{4.175}$$

又因爲發生雷射的在介質增益曲線分布 $\tilde{g}(\nu)$ 範圍內，即

$$|\nu_{Laser}-\nu_{Atom}| \ll \Delta\nu_{Atom} \text{ ，} \tag{4.176}$$

則
$$\nu_{Laser} \simeq \nu_{Atom} \text{ 。} \tag{4.177}$$

所以我們也可以把折射率的色散關係寫成

$$n(\nu,\nu_{Laser})-1=\frac{1}{2\pi\nu_{Atom}}\frac{\nu_{Laser}-\nu_{Atom}}{\Delta\nu_{Atom}}\tilde{g}(\nu,\nu_{Laser}) \text{ 。} \tag{4.178}$$

接著我們要來重新審視介質原子的發生躍遷頻率 ν_{Atom}、共振腔允許的頻率 ν_{Cavity}、雷射輸出的頻率 ν_{Laser}，三者之間的關係。

在前述的關係中

$$\frac{l}{L}\left[n(\nu,\nu_{Laser})-1\right]\nu_{Laser}=\nu_{Cavity}-\nu_{Laser} \text{ ，} \tag{4.179}$$

我們把共振腔所允許的頻率 ν_{Cavity} 以外所有的頻率全部都標示爲雷射頻率 ν_{Laser}，但是應該要仔細的由產生雷射的過程中看看頻率的變化，做不同的標示。簡單而直觀的過程就是「原子發光 ν_{Atom} 經過共振腔 ν_{Cavity} 之後產生雷射 ν_{Laser} 輸出」，即

$$\nu_{Atom} \rightarrow \nu_{Cavity} \rightarrow \nu_{Laser} \text{ 。} \tag{4.180}$$

因爲（4.179）的等號左側和介質有關，也就是原子發光頻率 ν_{Atom} 和對應於雷射頻率 ν_{Laser} 的折射率 $n(\nu,\nu_{Laser})$ 的關係，而等號右側則還是雷射

頻率 ν_{Laser} 和共振腔頻率 ν_{Cavity} 的關係，所以介質原子的躍遷頻率 ν_{Atom}、共振腔的頻率 ν_{Cavity}、雷射的頻率 ν_{Laser} 以及共振腔長度 L、雷射介質長度 l 之間的關係應該表示爲

$$\frac{l}{L}\left[n\left(\nu,\nu_{Laser}\right)-1\right]\nu_{Atom}=\nu_{Cavity}-\nu_{Laser} \quad 。 \tag{4.181}$$

則因爲

$$\begin{aligned} n\left(\nu,\nu_{Laser}\right)-1 &= -\frac{c}{2\pi\nu_{Atom}}\frac{\nu_{Atom}-\nu_{Laser}}{\Delta\nu_{Atom}}\alpha\left(\nu,\nu_{Laser}\right) \\ &= \frac{c}{2\pi\nu_{Atom}}\frac{\nu_{Laser}-\nu_{Atom}}{\Delta\nu_{Atom}}\alpha\left(\nu,\nu_{Laser}\right) \quad , \end{aligned} \tag{4.182}$$

其中 $\Delta\nu_{Atom}$ 爲吸收係數 $\alpha(\nu)$ 的譜線分布寬度。

代入（4.181）式得

$$\frac{l}{L}\frac{c}{2\pi\nu_{Atom}}\frac{\nu_{Laser}-\nu_{Atom}}{\Delta\nu_{Atom}}\alpha\left(\nu,\nu_{Laser}\right)\nu_{Atom}=\nu_{Cavity}-\nu_{Laser} \quad , \tag{4.183}$$

則
$$\frac{\nu_{Laser}-\nu_{Atom}}{\Delta\nu_{Atom}}\frac{cl}{2\pi L}\alpha\left(\nu,\nu_{Laser}\right)=\nu_{Cavity}-\nu_{Laser} \quad , \tag{4.184}$$

令 $\Delta\nu_C=\frac{cl}{2\pi L}\alpha\left(\nu,\nu_{Laser}\right)$ 爲影響雷射頻率 ν_{Laser} 的吸收係數 $\alpha(\nu)$ 譜線分布寬度，則

$$\frac{\Delta\nu_C}{\Delta\nu_{Atom}}\left(\nu_{Laser}-\nu_{Atom}\right)=\nu_{Cavity}-\nu_{Laser} \quad , \tag{4.185}$$

則
$$\left(\Delta\nu_C+\Delta\nu_{Atom}\right)\nu_{Laser}=\nu_{Cavity}\Delta\nu_{Atom}+\nu_{Atom}\Delta\nu_C \quad , \tag{4.186}$$

所以雷射頻率 ν_{Laser} 和共振腔頻率 ν_{Cavity} 的關係爲

$$\nu_{Laser} = \frac{\nu_{Atom}\Delta\nu_C + \nu_{Cavity}\Delta\nu_{Atom}}{\Delta\nu_C + \Delta\nu_{Atom}} \quad , \tag{4.187}$$

或者可以寫成另一種型式爲

$$\Delta\nu_C\left(\nu_{Laser} - \nu_{Atom}\right) = \Delta\nu_{Atom}\left(\nu_{Cavity} - \nu_{Laser}\right) \text{ 。} \tag{4.188}$$

因爲吸收係數譜線分布寬度 $\Delta\nu_C$ 和介質原子的躍遷頻寬 $\Delta\nu_{Atom}$ 都是正値，所以如果雷射頻率 ν_{Laser} 大於原子發光頻率 ν_{Atom}，則共振腔頻率 ν_{Cavity} 也要大於雷射頻率 ν_{Laser}，即 $\nu_{Cavity} > \nu_{Laser} > \nu_{Atom}$；反過來說，雷射頻率 ν_{Laser} 小於原子發光頻率 ν_{Atom}，則共振腔頻率 ν_{Cavity} 也要小於雷射頻率 ν_{Laser}，即 $\nu_{Atom} > \nu_{Laser} > \nu_{Cavity}$。無論是哪一種情況，雷射頻率 ν_{Laser} 都是介於原子發光頻率 ν_{Atom} 和共振腔頻率 ν_{Cavity} 之間的，其物理意義就是，被動的共振腔頻率 ν_{Cavity} 總是會被拉向介質的原子共振頻率 ν_{Atom}，產生輸出雷射的頻率爲 ν_{Laser}，如圖 4.24 所示，這就是所謂的模態牽引或頻率牽引的作用。

4.6　共振腔的損耗

雷射能夠產生的條件之一是增益必須克服損耗，因此，在衡量共振腔的標準中，除了穩定性、振盪模式、發散角、調整精確度之外，損耗大小也是重要的考慮參數。就不同的振盪模式而言，雖然共振腔的損耗（Cavity loss）機制有些是相互制約的，但是主要還是可以分成兩大類：選擇性損耗和非選擇性損耗，而選擇性損耗又包含橫向散逸損耗和繞射損耗；非選擇性損耗則包含穿透損耗和共振腔損耗，其實就是雷射介質的吸收和散射，以及反射面鏡的反射率或穿透率。

我們無意在此把所有的損耗機制作完整的闡述，因爲耗損和品質因子（Quality factor）Q 是成反比的關係，即 $\alpha \propto \frac{1}{Q}$，所以在本節內容中，僅將簡單的分別介紹對應於繞射、反射、吸收的品質因子 Q，在過程中也引入了共振腔耗損的觀念。

4.6.1 共振腔的 Q 值

一般而言，只要是振盪系統（Oscillating system），諸如：LC 振盪電路、微波共振腔、光學共振腔等，都會以品質因子 Q 的方法來描述，我們也可以品質因子 Q 的概念來了解雷射共振腔。

首先來看看共振腔的品質因子 Q 有幾種等價的定義方式

$$Q = \frac{\text{發生共振的頻率}}{\text{頻寬}} \tag{4.189}$$

$$\left(Q = \frac{Frequency\ at\ Resonance}{Frequency\ Band\ between\ the\ Half\text{-}Power\ Resonance\ Points} \right)$$

或

$$Q = 2\pi\nu \frac{\text{貯存的振盪能量}}{\text{每個週期消耗的能量}}$$

$$\left(Q = 2\pi\nu \frac{Storing\ Oscillation\ Energy}{Energy\ Loss\ Per\ Period} \right), \tag{4.190}$$

其中要特別說明所謂每個週期（Per period）是指單一趟（Single trip）；ν 爲振盪頻率

或

$$Q = 2\pi\nu \frac{\text{貯存在振盪子中的能量}}{\text{每秒消耗的能量}} \tag{4.191}$$

$$\left(Q=2\pi\nu\frac{Energy\ Stored\ in\ the\ Oscillator}{Energy\ Loss\ Per\ Second}\right)。$$

如果對雷射振盪而言，因爲共振腔的模態（Cavity mode）包含有各種耗損過程（Dissipation processes），所以我們還可以把一個模態的品質因子 Q 定義爲

$$Q=2\pi\nu\frac{\text{貯存的能量}}{\text{每秒鐘同調能量的淨耗損}} \tag{4.192}$$

$$\left(Q=2\pi\nu\frac{Stored\ Energy}{Net\ Loss\ of\ Coherent\ Energy\ per\ Second}\right)。$$

雷射共振腔的耗損 α 主要有三種，包括：繞射耗損（Diffraction loss）$\alpha_{diffraction}$；反射耗損（Reflection loss）$\alpha_{reflection}$；吸收耗損（Absorption loss）$\alpha_{absorption}$，即

$$\alpha=\alpha_{diffraction}+\alpha_{reflection}+\alpha_{absorption}\ 。 \tag{4.193}$$

因爲耗損 α 和衰減時間（Decay time）τ 或生命時間、壽命（Life time）是成反比的關係，即

$$\alpha=\frac{1}{c\tau}\ , \tag{4.194}$$

其中 c 爲光速，所以

$$\frac{1}{\tau}=\frac{1}{\tau_{diffraction}}+\frac{1}{\tau_{reflection}}+\frac{1}{\tau_{absorption}}\ , \tag{4.195}$$

其中 $\alpha_{diffraction}=\dfrac{1}{c\tau_{diffraction}}$；$\alpha_{reflection}=\dfrac{1}{c\tau_{reflection}}$；$\alpha_{absorption}=\dfrac{1}{c\tau_{absorption}}$。

或者也可以換一種表示方法，由於耗損 α 和品質因子 Q 也是成反比

的關係，即

$$\alpha = \frac{2\pi\nu}{cQ} \text{ ，} \tag{4.196}$$

所以
$$\frac{1}{Q} = \frac{1}{Q_{diffraction}} + \frac{1}{Q_{reflection}} + \frac{1}{Q_{absorption}} \text{ ，} \tag{4.197}$$

其中 $\alpha_{diffraction} = \frac{2\pi\nu}{cQ_{diffraction}}$ ；$\alpha_{reflection} = \frac{2\pi\nu}{cQ_{reflection}}$ ；$\alpha_{absorption} = \frac{2\pi\nu}{cQ_{absorption}}$ 。

4.6.2 繞射耗損

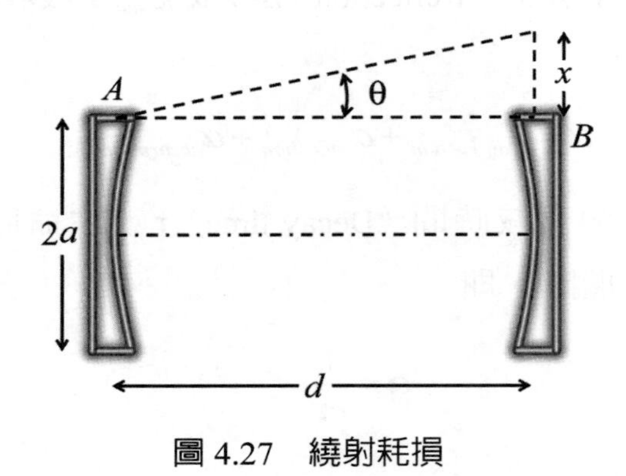

圖 4.27　繞射耗損

如圖 4.27 所示的共振腔，二個反射面鏡的半徑為 a，共振腔長度為 d。由繞射理論（Diffraction theory）我們可以得知，若光波的波長為 λ，則從 A 點輻射出的光波會以 $\theta=\frac{\lambda}{2a}$ 的角度傳遞，當經過 d 的共振腔之後將會偏離 B 點 $x = \theta d$，也就是說，每經過一次傳遞就會有一個圓環的輻射會耗損，其中圓環的半徑是介於 a 和 $a + x$ 之間。

由繞射品質因子 Q 值 $Q_{diffraction}$ 爲

$$Q_{diffraction} = 2\pi\nu \frac{\text{貯存的振盪能量}}{\text{每個週期消耗的能量}} \quad , \tag{4.198}$$

其中貯存在共振腔內的共振能量爲 $U = a\pi^2 d\nu u$；輻射的能量密度（Energy density）u 爲單位體積單位頻率的能量（Per unit volume per unit frequency interval）；$\pi a^2 d$ 爲共振腔的體積；ν 爲共振的頻率。而每個振盪週期所消耗的能量爲 $\dfrac{2\pi axd\nu u}{d/c}$，其中 $2\pi axd$ 是因爲繞射所造成的環狀體積；d/c 是光波在共振腔內走一趟所需的時間。

綜合以上所述，則

$$\begin{aligned} Q_{diffraction} &= 2\pi\nu \frac{U}{\dfrac{2\pi axd\nu u}{d/c}} \\ &= 2\pi\nu \frac{\pi a^2 d\nu u}{\dfrac{2\pi axd\nu u}{d/c}} \\ &= \frac{\nu\pi a^2 d}{axc} \\ &= \frac{\pi ad}{\dfrac{c}{\nu}x} \\ &= \frac{\pi ad}{\nu x} \quad , \end{aligned} \tag{4.199}$$

又

$$\begin{aligned} x &= \theta d \\ &= \frac{\lambda}{2a} d \quad , \end{aligned} \tag{4.200}$$

所以繞射品質因子 Q 值 $Q_{diffraction}$ 爲

$$Q_{diffraction} = \frac{\pi a d}{\lambda \frac{\lambda}{2a} d} = \frac{2\pi a^2}{\lambda^2} \text{。} \tag{4.201}$$

又

$$Q_{diffraction} = \frac{2\pi \nu}{c\alpha_{diffraction}} = \frac{2\pi a^2}{\lambda^2} \text{，} \tag{4.202}$$

所以繞射耗損 $\alpha_{diffraction}$ 爲

$$\alpha_{diffraction} = \frac{\lambda}{a^2} = \frac{1}{d}\frac{1}{N} \text{，} \tag{4.203}$$

其中 $N = \frac{\lambda d}{a^2}$ 爲 Fresnel 數（Fresnel number）；λ 爲雷射的波長；a 爲反射面鏡的半徑；d 爲共振腔長度。

4.6.3 反射耗損

由反射品質因子 Q 值 $Q_{reflection}$ 表示爲

$$Q_{reflection} = 2\pi \nu \frac{\text{貯存在振盪子中的能量}}{\text{每秒消耗的能量}} \text{。} \tag{4.204}$$

若 U 爲存在於共振腔中的一模態之總能量，則每秒消耗的能量爲 $\frac{\alpha_{reflection}U}{d/c}$ ，

所以可得反射品質因子值爲

$$Q_{reflection} = 2\pi\nu \frac{U}{\alpha_{reflection}U\frac{c}{d}} = \frac{2\pi d}{\alpha_{reflection}\lambda} \text{ ，} \tag{4.205}$$

其中 $\alpha_{reflection}$ 爲反射耗損；d 爲共振腔的長度；λ 爲光波的波長且 $\lambda = \frac{c}{\nu}$ 。

4.6.4 吸收耗損

共振腔的耗損有些源自於吸收和散射光束的強度 $I(x)$ 在共振腔內隨傳遞的距離 x 而變化，即

$$I(x) = I_0 e^{-\alpha_{absorption}x} \text{ ，} \tag{4.206}$$

其中 I_0 表示光束在出發點的強度；$\alpha_{absorptiion}$ 表示吸收耗損。

當強度 I_0 經過了時間 $\tau_{absorptiion}$ 之後，或傳遞了距離 L 之後，強度只剩下 I_0e^{-1}，即

$$\begin{aligned} I(L) &= I_0 e^{-\alpha_{absorption}L} \\ &= I_0 e^{-\alpha_{absorption}\tau_{absorption}c} \\ &= I_0 e^{-1} \text{ ，} \end{aligned} \tag{4.207}$$

所以 $$\tau_{absorption}=\frac{1}{c\alpha_{absorption}}\text{ ，}\tag{4.208}$$

且 $$\begin{aligned}L&=\frac{1}{\tau_{absorption}c}\\&=\frac{1}{\alpha_{absorption}}\text{ ，}\end{aligned}\tag{4.209}$$

而吸收品質因子 Q 值 $Q_{absorption}$ 爲

$$Q_{absorption}=\frac{2\pi\nu}{c\alpha_{absorption}}\text{ ，}\tag{4.210}$$

其中 ν 爲光波的頻率。

4.7 雷射的最佳輸出耦合

當在雷射共振腔中已經產生出很多的「高度簡併的光子」或「同調光」之後，接著最重要的就是把這些光子輸出到共振腔外。然而因爲這些同調光藉由端面鏡的部分穿透而輸出；或者藉由端面鏡的部分反射而回到共振腔內再激發更多的同調光。這兩個過程顯然是互相制約的，從輸出的觀點來看，希望輸出越大越好；從激發的觀點來看，希望能夠激發出光子的反射光越多越好，但是輸出光越大，意味著「反射光越少」；而反射光越多，則意味著「輸出光越小」，所以在反射與輸出之間，一定存在著最佳輸出耦合（Optimal output coupling）條件。

本章節將就激發速率和面鏡反射的觀點來討論對雷射輸出最佳的耦合條件。因爲要先在共振腔內產生最多的光子，或者在共振腔內要有最大的雷射，才可以藉由反射面鏡耦合出「最佳的雷射」，並且由於雷射輸出和雷射介質的增益成正比例的關係，且均勻線寬增益與非均勻線寬增益是不同的，所以最佳雷射輸出耦合的端面反射率，也會依雷射介質的增益行爲的不同而有所不同。

如果近一步作分析，由於反射面鏡的部分穿透、部分反射，所以共振腔內的光場強度應該是空間座標的函數，在這樣的考慮之下，Rigrod 理論（Rigrod theory）提供了一個方法，訂出達到最佳輸出耦合的反射面鏡之反射率。

4.7.1 激發速率的最佳輸出耦合

我們在前面的第三章裡，曾經介紹過增益係數和激發速率的關係，如前所述，爲了能做出一個「有用的」雷射，所謂「有用的」，意指在共振腔內的雷射能量不能只存在共振腔裡面，必須能夠從共振腔內釋放出來，否則無論共振腔內產生多少的同調光子，都是「沒有用的」。於是通常我們會在雷射共振腔的一端安置一個部分穿透、部分反射的端面鏡，以「耦合」出雷射光束。有關最佳的反射端面鏡的反射率，留待下一節討論，這一節我們將從激發速率的觀點說明，在什麼激發條件下可以有最佳輸出耦合，以得到最大的雷射輸出功率。因爲「激發」和「衰減」是兩個相反的過程，「激發」會增加共振腔裡面的光子；「衰減」則會減少共振腔裡面的光子，所以要找到最佳的激發速率，必須先了解光子在共振腔內衰減的過程，說明什麼是共振腔的壽命（Cavity lifetime）。

在共振腔中的雷射強度是會隨著時間衰減的，如果 $I(t)$ 爲雷射在 t 時刻的強度，則單位時間的雷射強度衰減變化率爲

$$\frac{dI(t)}{dt}=-\frac{(1-R)I(t)}{L/c}$$
$$=-\frac{c(1-R)I(t)}{L}\ , \tag{4.211}$$

其中 R 為共振腔端面反射鏡的反射率，因為被反射回共振腔的雷射強度為 $RI(t)$，也就是共振腔內剩下的雷射強度為 $RI(t)$，所以損耗的雷射強度為 $(1-R)\,I(t)$；且共振腔的長度為 L，所以雷射在共振腔中傳遞的時間需要 $\frac{L}{c}$。此外，等號右側的負號表示「損耗」或「減少」。

若 $t=0$ 的雷射強度為 $I(0)$，則可求得上式之解為

$$I(t)=I(0)\exp\left[-\frac{c(1-R)}{L}t\right]$$
$$=I(0)\exp\left[-\frac{t}{L/c(1-R)}\right]$$
$$=I(0)\exp\left[-\frac{t}{\tau_{Cavity}}\right]\ , \tag{4.212}$$

其中 $\tau_{Cavity}=\frac{L}{c(1-R)}$ 就是光子在共振腔的輻射壽命（Cavity radiation lifetime），或簡稱共振腔壽命（Cavity lifetime）。很顯然的，共振腔長度 L 愈長或端面鏡反射率 R 愈高，則共振腔壽命 τ_{Cavity} 就愈長。

接著，在分別建立電子和光子的速率方程式之後，我們要從激發速率的觀點來討論最大的雷射耦合輸出。

若 N 代表單位體積電子的個數；n 代表單位體積光子的個數，則速率方程式分別為，

$$\frac{dN}{dt}=-WN-TN+S\ ; \tag{4.213}$$

$$\frac{dn}{dt}=KnN+KN-\frac{n}{\tau_{Cavity}}\ , \tag{4.214}$$

其中 T 是能階弛豫時間的倒數，要注意不是構成共振腔端面的穿透率，單位爲 $\frac{1}{Time}$ ；S 是外部的激發速率，單位爲 $\frac{Particle\ Density}{Time}$ ；τ_{Cavity} 是共振腔的生命時間（Cavity lifetime）；且 $W=B_{ul}u(\nu)$ 爲受激輻射率，單位爲 $\frac{1}{Time}$ ，B_{ul} 爲受激輻射係數，$u(\nu)$ 爲光子的能量密度，單位爲 $\frac{Energy}{Length^3\cdot Freq}$ 或 $\frac{Energy\cdot Time}{Length^3}$ 。

（4.213）表示單位體積電子的個數隨時間的變化率 $\frac{dN}{dt}$ ，會隨著受激輻射以及弛豫過程 TN 而減少，但是會隨著外部的激發過程 S 而增加。而（4.214）則表示，單位體積光子的個數隨時間的變化率 $\frac{dn}{dt}$ ，會隨著受激輻射以及自發性輻射過程 KN 而增加，但是會在共振腔內衰減 $\frac{n}{\tau_{Cavity}}$ 。在共振腔內光子衰減的速率很好理解，但是前面兩個增加光子的項，即受激輻射 KnN 以及自發性輻射過程 KN，說明如下。

[1] 如果僅考慮單色光所造成的受激輻射過程，而能量密度爲

$$\begin{aligned}u(\nu)&\cong u_{\nu}\delta(\nu-\nu')\\&=\sum_{1}^{N}h\nu\\&=nh\nu\ ,\end{aligned} \tag{4.215}$$

所以受激輻射率 W 爲

$$W = B_{ul}u(\nu) = B_{ul}nh\nu \triangleq Kn \ , \tag{4.216}$$

其中 K 是耦合係數，描述光子和原子的交互作用，稍後在第六章我們會知道耦合係數 K 也可以表示爲 $K = \dfrac{1}{n_{th}\tau_{Cavity}}$ ，其中 n_{th} 爲布居反轉的臨界值。而當有 N 個電子進入介質激發光子時，受激輻射過程所增加光子的個數爲 KnN。

[2] 由第二章所介紹的電磁輻射的全量子理論可知，當只有一個光子時，即 $n=1$，自發性輻射機率等於受激輻射機率，即

$$A_{ul}N = -B_{ul}u(\nu)N = -KnN \underset{n=1}{=} -KN \ , \tag{4.217}$$

所以自發性輻射過程而增加光子的個數爲 KN。

現在開始在穩定狀態下求解，即

$$\begin{cases} \dfrac{dN}{dt} = 0 = -KnN - TN + S \\ \dfrac{dn}{dt} = 0 = KnN + KN - \dfrac{n}{\tau_{Cavity}} \end{cases} , \tag{4.218}$$

則
$$\begin{cases} -KnN - TN + S = 0 \\ KnN + KN - \dfrac{n}{\tau_{Cavity}} = 0 \end{cases} , \tag{4.219}$$

則
$$K(n+1)N = \frac{n}{\tau_{Cavity}} \ , \tag{4.220}$$

則
$$N = \frac{n}{n+1}\frac{1}{K\tau_{Cavity}} \ 。 \tag{4.221}$$

代入 $-(K_n + T)N + R = 0$ 得

$$-(Kn+T)\frac{n}{n+1}\frac{1}{K\tau_{Cavity}}+S=0 \text{ ，} \quad (4.222)$$

則
$$-\frac{\left(Kn^2+n\right)}{K\tau_{Cavity}}+S(n+1)=0 \text{ ，} \quad (4.223)$$

則
$$\frac{-1}{\tau_{Cavity}}n^2-\frac{T}{K\tau_{Cavity}}n+Sn+S=0 \text{ ，} \quad (4.224)$$

則
$$\frac{1}{\tau_{Cavity}}n^2-\left(S-\frac{T}{K\tau_{Cavity}}\right)n+S=0 \text{ ，} \quad (4.225)$$

則
$$n^2-\left(S\tau_{Cavity}-\frac{T}{K}\right)n+S\tau_{Cavity}=0 \text{ ，} \quad (4.226)$$

則
$$n=\frac{S\tau_{Cavity}-\frac{T}{K}\pm\sqrt{\left(S\tau_{Cavity}-\frac{T}{K}\right)^2-4S\tau_{Cavity}}}{2} \text{ ，} \quad (4.227)$$

取正號且作近似，則雷射光子的個數 n 可近似爲

$$n\simeq\frac{S\tau_{Cavity}-\frac{T}{K}+\left(S\tau_{Cavity}-\frac{T}{K}\right)}{2}$$
$$=S\tau_{Cavity}-\frac{T}{K}$$
$$=\frac{T}{K}\left(\frac{SK\tau_{Cavity}}{T}-1\right) \text{ 。} \quad (4.228)$$

因爲 n 是雷射光子的數目，所以 $\frac{S_{Threshold}K\tau_{Cavity}}{T}-1=0$ 就是閾值條件，即 $S_{Threshold}=\frac{T}{K\tau_{Cavity}}$ 爲臨界激發速率（Threshold condition 或 Threshold pumping rate）。

共振腔內的光子數是內部損耗和外部損耗之和，即

$$\frac{n}{\tau_{\text{Cavity}}}=\frac{n}{\tau_{\text{Internal}}}+\frac{n}{\tau_{\text{External}}}\ , \tag{4.229}$$

其中 τ_{Cavity} 爲共振腔的生命時間；$\tau_{Internal}$ 爲內部損耗的生命時間；$\tau_{External}$ 爲外部損耗的生命時間或輸出耦合的時間，則

$$\frac{1}{\tau_{\text{Cavity}}}=\frac{1}{\tau_{\text{Internal}}}+\frac{1}{\tau_{\text{External}}}\ , \tag{4.230}$$

所以雷射的功率輸出 $P_{External}$ 爲

$$\begin{aligned}P_{External}&=\frac{nh\nu}{\tau_{External}}\\&=\frac{h\nu}{\tau_{External}}\frac{T}{K}\left(\frac{SK\tau_{Cavity}-T}{T}\right)\\&=\frac{h\nu}{\tau_{\text{External}}}\frac{T}{K}\left(\frac{S-S_{Threshold}}{S_{Threshold}}\right)\ 。\end{aligned} \tag{4.231}$$

由雷射功率輸出 $P_{External}$ 的表示式可直觀理解看出，外部的激發速率 S 要快，而輸出耦合的時間 $\tau_{External}$ 要短，如此就可以增加雷射耦合輸出的功率 $P_{External}$。

因爲要找出在什麼輸出耦合的情況下，有著最大的輸出功率 P_{Max}，也就是在 $\frac{dP_{External}}{d\tau_{External}}=0$ 的條件下，可以有最佳輸出耦合。

由 $$\begin{aligned}\frac{dP_{External}}{d\tau_{External}}&=\frac{d}{d\tau_{External}}\left[\frac{h\nu}{\tau_{External}}\frac{T}{K}\left(\frac{SK}{T}\frac{\tau_{Internal}\tau_{External}}{\tau_{Internal}+\tau_{External}}\right)-1\right]\\&=\frac{-ST}{T}\frac{\tau_{\text{Internal}}}{\left(\tau_{\text{Internal}}+\tau_{External}\right)^2}+\frac{1}{\tau_{External}^2}\\&=0\ ,\end{aligned} \tag{4.232}$$

則
$$\frac{\tau_{Internal}+\tau_{External}}{\tau_{External}}=\left(\frac{SK}{T}\tau_{Internal}\right)^{1/2} \text{ ，} \tag{4.233}$$

所以
$$\frac{1}{\tau_{External}}=\sqrt{\frac{SK}{T\tau_{Internal}}}-\frac{1}{\tau_{Internal}} \text{ 。} \tag{4.234}$$

因為輸出功率 $P_{External}$ 和 $\frac{1}{\tau_{External}}$ 成比例，所以這個結果顯示輸出耦合將隨著激發速率而變化。

代入(4.231)得
$$P_{Max}=P_{External}\Big|_{\frac{dP_{External}}{d\tau_{External}}=0}=\frac{h\nu}{\tau_{External}}\frac{T}{K}\left(\frac{SK\tau_{Cavity}-T}{T}\right)$$
$$=h\nu R\left(\tau_{Cavity}-\frac{T}{SK}\right)\frac{1}{\tau_{External}} \text{ 。} \tag{4.235}$$

又由
$$\frac{1}{\tau_{External}}=\sqrt{\frac{SK}{T\tau_{Internal}}}-\frac{1}{\tau_{Internal}} \text{ ，} \tag{4.236}$$

則
$$\frac{1}{\tau_{External}}+\frac{1}{\tau_{Internal}}=\sqrt{\frac{SK}{T\tau_{Internal}}}$$
$$=\frac{1}{\tau_{Cavity}} \text{ ，} \tag{4.237}$$

所以最大的輸出功率 P_{Max} 為

$$P_{Max}=h\nu S\left[\sqrt{\frac{T\tau_{Internal}}{SK}}-\frac{T}{SK}\right]\left[\sqrt{\frac{SK}{T\tau_{Internal}}}-\frac{1}{\tau_{Internal}}\right]$$
$$=h\nu S\left[1-\sqrt{\frac{T}{SK\tau_{Internal}}}-\sqrt{\frac{T}{SK\tau_{Internal}}}+\frac{T}{SK\tau_{Internal}}\right]$$
$$=h\nu S\left[1-2\sqrt{\frac{T}{SK\tau_{Internal}}}+\frac{T}{SK\tau_{Internal}}\right]$$

$$= h\nu R\left[1-\sqrt{\frac{T}{SK\tau_{Internal}}}\right]^2 , \tag{4.238}$$

其中 S 是外部的激發速率；T 是能階弛豫時間的倒數；K 是光子和原子交互作用的耦合係數；$\tau_{Internal}$ 爲內部損耗的生命時間。

由最大的輸出功率 P_{Max} 的表示式，可看出外部的激發速率 S 要快；能階弛豫時間和內部損耗的生命時間要長；光子和原子交互作用的耦合 K 要強，就可以增加雷射耦合輸出。這些條件都很直觀的可以理解。

4.7.2 透射損耗的最佳輸出耦合

如前所述，在共振腔內的同調光子必須藉由構成共振腔的反射面鏡耦合出共振腔外，才能是「有用的」雷射。我們知道在共振腔內的光子數是激發速率的函數，然而爲了要得到可用的雷射輸出，通常會使共振腔一端的反射面鏡的反射率是部分穿透的，以耦合出雷射光束，因此我們可以個別找出最佳的輸出耦合，使得雷射系統可以有最大的輸出功率。

上一小節，我們已經找出了激發速率的最佳輸出耦合條件，現在要針對反射面鏡的反射率來說明。

面鏡反射率的最佳輸出耦合的存在是可以理解的，因爲如果一端的反射面鏡的反射率持續增加，雖然可以使輸出耦合增加，但是對於共振腔而言，如果光子損耗太多，最後可能導致雷射無法產生。反過來說，如果反射端面鏡的反射率太小，除了導致雷射輸出耦合太小之外，共振腔內所累積的能量也有可能破壞共振腔。當然，對於一個給定的激發速率，如上一節所討論的，一定會有一個使輸出功率達到最大的最佳外部耦合（External coupling）。

然而，耦合輸出雷射對共振腔來說就是透射損耗，因爲雷射振盪要能形成的條件之一是，雷射增益必須克服所有的損耗，而非均勻線寬和均勻線寬的增益特性，包含增益飽和的行爲都是不同的，所以耦合輸出和損耗的關係也會是不同的，必須分開討論進而導出最佳耦合的條件。在這一節中，從增益係數開始，到透射損耗與雷射輸出強度的推導過程，我們都把非均勻線寬和均勻線寬並列在一起，以便比較兩者觀點所造成結果的異同。

當我們得知小訊號增益 g_D、g_N 之後，可以分別求出在長度爲 l 的非均勻線寬單程增益 G_D 和均勻線寬介質單程增益 G_N，即爲

$$G_D = g_D l = \frac{G_{D0}}{\sqrt{1+\frac{I_D}{I_{Ds}}}} \quad ; \tag{4.239}$$

$$G_N = g_N l = \frac{G_{N0}}{1+\frac{I_N}{I_{Ns}}} \quad , \tag{4.240}$$

其中非均勻線寬單程增益 G_D 和均勻線寬介質單程增益 G_N 是考慮增益飽和作用的，如前一章所述，即 $G_D = \frac{G_{D0}}{\sqrt{1+\frac{I_D}{I_{Ds}}}}$ 且 $G_N = \frac{G_{N0}}{1+\frac{I_N}{I_{Ns}}}$；$I_D$ 爲非均勻線寬光強度；爲 I_{Ds} 爲非均勻線寬飽和光強度；I_N 爲均勻線寬光強度；I_{Ns} 爲非均勻線寬飽和光強度。

當雷射達到穩定振盪時，非均勻線寬單程增益 G_D 或均勻線寬單程增益 G_N 要等於單程損耗 α，即

$$G_D = \alpha \quad ; \tag{4.241}$$

且 $$G_N = \alpha \text{ ，} \tag{4.242}$$

而單程損耗 α 為反射面鏡的透射損耗 T 與雷射其他各種損耗 L 之和，即

$$\alpha = T + L \text{ ，} \tag{4.243}$$

其中，從雷射輸出的角度看，反射面鏡的透射損耗 T 是對雷射輸出有利的，且和透鏡透射率有關。

所以非均勻線寬單程增益 G_D 為

$$\frac{G_{D0}}{\sqrt{1+\frac{I_D}{I_{Ds}}}} = G_D = \alpha = L + T \text{ ；} \tag{4.244}$$

而均勻線寬單程增益 G_N 為

$$\frac{G_{N0}}{1+\frac{I_N}{I_{Ns}}} = G_N = \alpha = L + T \text{ 。} \tag{4.245}$$

由 $$\frac{G_{D0}}{\sqrt{1+\frac{I_D}{I_{Ds}}}} = L + T \text{ ；} \tag{4.246}$$

和 $$\frac{G_{N0}}{1+\frac{I_N}{I_{Ns}}} = L + T \text{ ，} \tag{4.247}$$

則 $$G_{D0}^2 = (L+T)^2\left(1+\frac{I_D}{I_{Ds}}\right) \text{ ；} \tag{4.248}$$

且 $$G_{N0} = (L+T)\left(1+\frac{I_N}{I_{Ns}}\right) \text{ ，} \tag{4.249}$$

則
$$\frac{G_{D0}^2}{(L+T)^2}=1+\frac{I_D}{I_{Ds}}\text{ ；} \tag{4.250}$$

且
$$\frac{G_{N0}}{L+T}=1+\frac{I_N}{I_{Ns}}\text{ ，} \tag{4.251}$$

則
$$\frac{I_D}{I_{Ds}}=\frac{G_{D0}^2}{(L+T)^2}-1\text{ ；} \tag{4.252}$$

且
$$\frac{I_N}{I_{Ns}}=\frac{G_{N0}}{L+T}-1\text{ ，} \tag{4.253}$$

所以分別可得共振腔內非均勻線寬的雷射光強度 I_D 為

$$I_D=I_{Ds}\left[\left(\frac{G_{D0}}{L+T}\right)^2-1\right]\text{ ，} \tag{4.254}$$

和共振腔內均勻線寬的雷射光強度 I_N 為

$$I_N=I_{Ns}\left[\left(\frac{G_{N0}}{L+T}\right)-1\right]\text{ 。} \tag{4.255}$$

所以被透射損耗 T 耦合輸出共振腔外非均勻線寬的雷射光強度 ${}_DI_{out}$ 為

$${}_DI_{out}=TI_D=TI_{Ds}\left[\left(\frac{G_{D0}}{L+T}\right)^2-1\right]\text{ ，} \tag{4.256}$$

和均勻線寬的雷射光強度 ${}_NI_{out}$ 為

$${}_NI_{out}=TI_N=TI_{Ns}\left[\left(\frac{G_{N0}}{L+T}\right)-1\right]\text{ 。} \tag{4.257}$$

有另一種表示耦合輸出雷射光強度的方式，我們可以把耦合輸出雷射

光強度 I_{out} 對損耗 L 做歸一化，即 $\frac{I_{out}}{L}$，則歸一化耦合輸出非均勻線寬雷射光強度 $\frac{{}_{D}I_{out}}{L}$ 爲

$$\frac{{}_{D}I_{out}}{L} = I_{Ds}\frac{T}{L}\left[\frac{(G_{D0}/L)^2}{\left(1+\frac{T}{L}\right)^2}-1\right], \tag{4.258}$$

而歸一化耦合輸出均勻線寬雷射光強度 $\frac{{}_{N}I_{out}}{L}$ 爲

$$\frac{{}_{N}I_{out}}{L} = I_{Ns}\frac{T}{L}\left[\frac{(G_{N0}/L)}{\left(1+\frac{T}{L}\right)}-1\right]。 \tag{4.259}$$

綜合以上的結果，我們可以把非均勻線寬和均勻線寬的雷射增益係數 G 表示爲

$$G = \frac{G_0}{\left(1+\frac{I}{I_s}\right)^{1/m}}, \tag{4.260}$$

其中 G_0 爲小訊號雷射增益係數；I 爲雷射強度；I_s 爲雷射飽和強度；當 $m=1$，表示均勻線寬；當 $m=2$，表示非均勻線寬。

而非均勻線寬和均勻線寬的雷射輸出強度 I_{out} 則可表示爲

$$I_{out} = TI_s\left[\left(\frac{G_0}{L+T}\right)^m-1\right], \tag{4.261}$$

其中 I_s 爲雷射飽和強度；L 爲雷射中各種損耗；T 爲反射鏡的透射損耗；當 $m=1$，表示均勻線寬的結果；當 $m=2$，表示非均勻線寬的結果。

當增益 G_{D0}、G_{H0} 和損耗 L 不變時，雷射輸出強度只是透鏡透射率或透射損耗 T 的函數，對應於最大輸出強度 $I_{out,max}$ 的最佳透射損耗 T_m，可由微分的結果確定，即

$$\frac{\partial I_{out}}{\partial T}=0 \quad , \tag{4.262}$$

則非均勻線寬和均勻線寬的輸出強度對透射損耗 T 微分可分別求得，即由

$$\frac{d\left(\frac{{}_{D}I_{out}}{L}\right)}{d\left(\frac{T}{L}\right)}=\frac{d\left\{I_{Ds}\frac{T}{L}\left[\frac{(G_{D0}/L)^2}{\left(1+\frac{T}{L}\right)^2}-1\right]\right\}}{d\left(\frac{T}{L}\right)}$$

$$=I_{Ds}\left[\frac{(G_{D0}/L)^2}{\left(1+\frac{T}{L}\right)^2}-1\right]+I_{Ds}\frac{T}{L}\left[\frac{-2(G_{D0}/L)^2\left(1+\frac{T}{L}\right)}{\left(1+\frac{T}{L}\right)^4}\right]$$

$$=0 \quad , \tag{4.263}$$

則

$$\frac{(G_{D0}/L)^2}{\left(1+\frac{T}{L}\right)^2}-1+\frac{-2\frac{T}{L}(G_{D0}/L)^2}{\left(1+\frac{T}{L}\right)^3}=0 \quad , \tag{4.264}$$

則

$$\frac{(G_{D0}/L)^2\left(1+\frac{T}{L}\right)-2\frac{T}{L}(G_{D0}/L)^2}{\left(1+\frac{T}{L}\right)^3}=1 \quad , \tag{4.265}$$

則
$$\frac{(G_{D0}/L)^2\left(1-\frac{T}{L}\right)}{\left(1+\frac{T}{L}\right)^3}=1\text{，} \tag{4.266}$$

又
$$\frac{d\left(\frac{{}_N I_{out}}{L}\right)}{d\left(\frac{T}{L}\right)}=\frac{d\left\{I_{Ns}\frac{T}{L}\left[\frac{G_{N0}/L}{1+\frac{T}{L}}-1\right]\right\}}{d\left(\frac{T}{L}\right)}$$

$$=I_{Ns}\left[\frac{G_{N0}/L}{1+\frac{T}{L}}-1\right]+I_{Ns}\frac{T}{L}\left[\frac{-G_{N0}/L}{\left(1+\frac{T}{L}\right)^2}\right]$$

$$=0\text{，} \tag{4.267}$$

則
$$\frac{\frac{G_{N0}}{L}}{1+\frac{T}{L}}-1-\frac{\frac{T}{L}\frac{G_{N0}}{L}}{\left(1+\frac{T}{L}\right)^2}=0\text{，} \tag{4.268}$$

則
$$\frac{\left(1+\frac{T}{L}\right)\frac{G_{N0}}{L}-\frac{T}{L}\frac{G_{N0}}{L}}{\left(1+\frac{T}{L}\right)^2}=1\text{，} \tag{4.269}$$

則
$$\frac{\frac{G_{N0}}{L}}{\left(1+\frac{T}{L}\right)^2}=1\text{，} \tag{4.270}$$

則
$$\left(1+\frac{T}{L}\right)^2=\frac{G_{N0}}{L}\text{，} \tag{4.271}$$

則
$$1+\frac{T}{L}=\sqrt{\frac{G_{N0}}{L}}\ 。\tag{4.272}$$

所以非均勻線寬和均勻線寬最大輸出強度的最佳透射損耗所必須滿足的條件分別爲

$$\frac{\left(1+\frac{{}_{D}T_{m}}{L}\right)^{3}}{1-\frac{{}_{D}T_{m}}{L}}=\left(G_{D0}/L\right)^{2}\ ；\tag{4.273}$$

且
$$\frac{{}_{N}T_{m}}{L}=\sqrt{\frac{G_{N0}}{L}}-1\ ，\tag{4.274}$$

或
$$\frac{\left(L+{}_{D}T_{m}\right)^{3}}{L-{}_{D}T_{m}}=G_{D0}^{2}\ ；\tag{4.275}$$

且
$${}_{N}T_{m}=\sqrt{G_{N0}L}-L\ 。\tag{4.276}$$

如果對損耗 L 做歸一化，則可得非均勻線寬最大的輸出強度 $\frac{{}_{D}I_{out,\max}}{L}$ 爲

$$\begin{aligned}\frac{{}_{D}I_{out,\max}}{L}&=I_{Ds}\frac{{}_{D}T_{m}}{L}\left[\frac{\left(G_{D0}/L\right)^{2}}{\left(1+\frac{{}_{D}T_{m}}{L}\right)^{2}}-1\right]\\&=I_{Ds}\frac{{}_{D}T_{m}}{L}\left[\frac{1+\frac{{}_{D}T_{m}}{L}}{1-\frac{{}_{D}T_{m}}{L}}-1\right]\\&=I_{Ds}\frac{{}_{D}T_{m}}{L}\left[\frac{1+\frac{{}_{D}T_{m}}{L}-\left(1-\frac{{}_{D}T_{m}}{L}\right)}{1-\frac{{}_{D}T_{m}}{L}}\right]\end{aligned}$$

$$= I_{Ds}\,\frac{{}_{D}T_m}{L}\left[\frac{2\,\frac{{}_{D}T_m}{L}}{1-\frac{{}_{D}T_m}{L}}\right]$$

$$= 2I_{Ds}\left[\frac{\left(\frac{{}_{D}T_m}{L}\right)^2}{1-\frac{{}_{D}T_m}{L}}\right]\text{，} \tag{4.277}$$

其中我們用了關係式 $\dfrac{(G_{D0}/L)^2}{\left(1+\frac{{}_{D}T_m}{L}\right)^2}=\dfrac{1+\frac{{}_{D}T_m}{L}}{1-\frac{{}_{D}T_m}{L}}$ ；

而均勻線寬最大的輸出強度 $\dfrac{{}_{N}I_{out,\max}}{L}$ 爲

$$\frac{{}_{N}I_{out,\max}}{L} = I_{Ns}\,\frac{{}_{N}T_m}{L}\left[\frac{(G_{N0}/L)}{\left(1+\frac{{}_{N}T_m}{L}\right)}-1\right]$$

$$= I_{Ns}\left(\sqrt{\frac{G_{N0}}{L}}-1\right)\left[\frac{(G_{N0}/L)}{\sqrt{\frac{G_{N0}}{L}}}-1\right]$$

$$= I_{Ns}\left(\sqrt{\frac{G_{N0}}{L}}-1\right)\left(\sqrt{\frac{G_{N0}}{L}}-1\right)$$

$$= I_{Ns}\left(\sqrt{\frac{G_{N0}}{L}}-1\right)^2\text{，} \tag{4.278}$$

或者可以有另一種表示法，非均勻線寬最大的輸出強度 ${}_{D}I_{out,\max}$ 爲

$${}_{D}I_{out,\max} = 2I_{Ds}\left[\frac{{}_{D}T_m^{\ 2}}{L-{}_{D}T_m}\right]\text{，} \tag{4.279}$$

均勻線寬最大的輸出強度 ${}_{N}I_{out,max}$ 爲

$${}_{N}I_{out,\max}=I_{Hs}\left[\sqrt{G_{N0}}-\sqrt{L}\right]^{2}\quad。\tag{4.280}$$

4.7.3 最佳輸出耦合的 Rigrod 理論

雷射的耦合輸出實際上是由兩大部分所構成的，首先是光波在雷射介質中來回的振盪獲得增益，但是雷射共振腔兩端的反射面鏡提供了「使光波可以來回的」的條件。接著我們很容易的可以想像，如圖 4.28 所示，當光波開始由一端出發，一方面行進，一方面獲得增益而增加強度，到達另一端之後，部分穿透部分反射，穿透的部分形成了雷射輸出，反射的部分雖然強度稍減，但是又返回雷射介質繼續行進獲得增益而繼續增加強

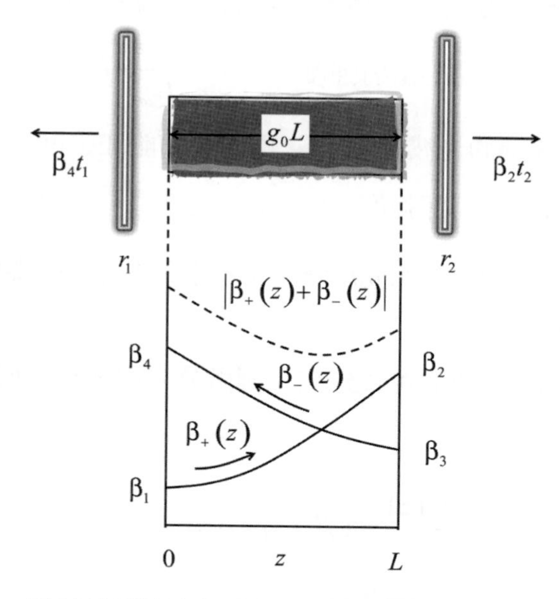

圖 4.28　雷射共振腔內部的增益與損耗過程可以達成平衡

度，回到原來開始的一端時，又再一次產生部分穿透部分反射，而反射的部分又再次返回雷射介質，繼續行進獲得增益而繼續增加強度…，如此周而復始，在雷射共振腔外部有耦合輸出；在雷射共振腔內部有增益與損耗，很顯然的，這些過程會達成平衡。

在工程上，Rigrod 理論考慮了雷射損耗和面鏡反射率的因素，提供了一個非常好的方式分析均勻線寬和非均勻線寬增益介質的雷射輸出功率。

我們先定義幾個符號，如圖 4.28 所示，若 t_1、t_2、r_1、r_2 分別表示雷射共振腔兩端反射面鏡的穿透率和反射率，g_0 爲雷射介質增益，L 爲雷射介質長度，而 β_1、β_2、β_3、β_4 分別爲雷射介質兩端無因次的（Dimensionless）強度表示。因爲當雷射強度由 β_1 向右傳遞，並隨著距離的增加而獲得增益，所以在雷射介質內向右傳遞的雷射強度 $\beta_+(z)=\dfrac{I_+(z)}{I_{Sat}}$ 是傳遞距離 z 的函數，其中 $I_+(z)$ 爲向右傳遞的光波強度；I_{Sat} 爲光波的飽和強度；反之，當雷射強度由 β_3 向左傳遞，且隨著距離的增加而獲得增益，所以在雷射介質內向左傳遞的雷射強度 $\beta_-(z)=\dfrac{I_-(z)}{I_{Sat}}$ 是傳遞距離 z 的函數，其中 $I_-(z)$ 爲向左傳遞的光波強度；I_{Sat} 爲光波的飽和強度，而 $\left|\beta_+(z)+\beta_-(z)\right|$ 則稱爲雷射介質內的局部強度（Local intensity）。再者，由於光波在兩端面鏡產生穿透，所以 $\beta_2 t_2$ 和 $\beta_4 t_1$ 分別表示雷射共振腔兩端的雷射輸出，而 $\beta_2<\beta_3$ 且 $\beta_4<\beta_1$。

在這個系統上，我們可以建立二個微分方程式和二個邊界條件。二個微分方程式爲

$$\frac{d\beta_+(z)}{dz}=g\beta_+(z)-\alpha_0\beta_+(z)\ ; \tag{4.281}$$

及
$$-\frac{d\beta_-(z)}{dz}=g\beta_-(z)-\alpha_0\beta_-(z) \text{ ，} \tag{4.282}$$

其中飽和增益係數（Saturated gain coefficient 或 Local gain coefficient）g 爲 $g=\dfrac{g_0}{(1+\beta_++\beta_-)^m}$ ；而 g_0 爲未飽和增益係數（Unsaturated gain coefficient 或 Zero power gain）；當 $m=1$，對應於均勻線寬介質；當 $m=\dfrac{1}{2}$ ，對應於非均勻線寬介質。

在做數值積分時，通常我們會分成 n 個小部分 $\Delta z=\dfrac{L}{n}$ ，且當 Δz 很小，即 $\Delta z\to 0$，且 $const=\dfrac{\beta_1^2}{r_1}$ ，並把損耗 α_0 加進來，則微分方程式（4.281）爲

$$\frac{d\beta_+(z)}{dz}=\frac{g_0\beta_+(z)}{\sqrt{1+\beta_+(z)+\dfrac{\beta_1^2}{r_1\beta_+(z)}}}-\alpha_0\beta_+(z) \text{ ，} \tag{4.283}$$

可以改寫表示爲

$$\beta_+(z+\Delta z)=\frac{g_0\beta_+(z)\Delta z}{\sqrt{1+\beta_+(z)+\dfrac{\beta_1^2}{r_1\beta_+(z)}}}-\alpha_0\beta_+(z)\Delta z \text{ ，} \tag{4.284}$$

的形式，以進行數值積分。

通常爲了計算方便，所以損耗 α_0 可以先忽略不計，實際上，損耗 α_0 的加入與否，並不會影響計算結果或精確度，爲了簡化符號，所以二個微分方程式就可以暫時寫成

$$\frac{d\beta_+(z)}{dz}=g\beta_+(z) \text{ ；} \tag{4.285}$$

及

$$-\frac{d\beta_-(z)}{dz}=g\beta_-(z) \text{ ，} \tag{4.286}$$

或者爲了表示飽和增益係數是位置 z 的函數，即 $g\equiv g(z)$，所以也可表示爲

$$g(z)=\frac{1}{\beta_+(z)}\frac{d\beta_+(z)}{dz}=\frac{-1}{\beta_-(z)}\frac{d\beta_-(z)}{dz} \text{ 。} \tag{4.287}$$

上式也可看出光強度將沿著共振腔前進而增加，所以無論是由左至右的 β_+ 或是由右至左的 β_-，都具有以下的型式

$$\frac{d\beta(z)}{dz}=g\beta(z) \text{ ，} \tag{4.288}$$

而解爲

$$\beta(z)=Iz^{\sigma} \text{ ，} \tag{4.289}$$

其中 $\sigma=0$ 對應的是平面鏡系統（Plane mirror system）；$\sigma=0$ 對應的是柱面鏡系統（Cylindrical mirror system）；$\sigma=2$ 對應的是球面鏡系統（Spherical mirror system）。

且由

$$\begin{aligned}\frac{d}{dz}\left[\beta_+(z)\beta_-(z)\right]&=\beta_-(z)\frac{d\beta_+(z)}{dz}+\beta_+(z)\frac{d\beta_-(z)}{dz}\\&=\beta_-(z)\beta_+(z)g+\beta_+(z)\left[-\beta_-(z)g\right]\\&=\beta_-(z)\beta_+(z)g-\beta_+(z)\beta_-(z)g\\&=0 \text{ ，}\end{aligned} \tag{4.290}$$

所以在雷射介質內向右傳遞的雷射強度 $\beta_+(z)$ 和向左傳遞的雷射強度 $\beta_-(z)$ 的乘積是一個常數，即

$$\beta_+(z)\beta_-(z)=const \text{ ，} \tag{4.291}$$

其中 $const$ 爲常數。

由二端面的穿透率定義，即 $\beta_3 = \beta_2 r_2$ 和 $\beta_1 = \beta_4 r_1$，可得二個邊界條件爲

$$\frac{\beta_2}{\beta_3} r_2 = \frac{\beta_4}{\beta_1} r_1 = 1 \text{ 。} \tag{4.292}$$

因爲均勻線寬介質增益係數 $g = \frac{g_0}{1+\beta_+ + \beta_-}$ 和非均勻線寬介質增益係數 $g = \frac{g_0}{\sqrt{1+\beta_+ + \beta_-}}$ 是不同的，因此，以下我們將分別說明均勻線寬的情況和非線寬的情況，簡單來說，兩者最大的不同在於均勻線寬的微分方程式是有解析解的；而非均勻線寬的微分方程式則只能求數值解。

4.7.3.1 均勻線寬的 Rigrod 理論

將均勻線寬介質增益係數 $g = \frac{g_0}{1+\beta_+ + \beta_-}$ 代入（4.285），則

$$\frac{1}{\beta_+} \frac{d\beta_+}{dz} = \frac{g_0}{1+\beta_+ + \beta_-} \quad ; \tag{4.293}$$

且

$$\frac{1}{\beta_-} \frac{d\beta_-}{dz} = -\frac{g_0}{1+\beta_+ + \beta_-} \quad , \tag{4.294}$$

則

$$\frac{d\beta_+}{dz} = \frac{g_0 \beta_+}{1+\beta_+ + \frac{const}{\beta_+}} \quad ; \tag{4.295}$$

且

$$\frac{d\beta_-}{dz} = -\frac{g_0 \beta_-}{1+\frac{const}{\beta_-} + \beta_-} \quad , \tag{4.296}$$

則
$$\frac{1+\beta_{+}+\frac{const}{\beta_{+}}}{\beta_{+}}d\beta_{+}=g_0dz \text{ ；} \tag{4.297}$$

且
$$\frac{1+\frac{const}{\beta_{-}}+\beta_{-}}{\beta_{-}}d\beta_{-}=-g_0dz \text{ 。} \tag{4.298}$$

很顯然的，（4.295）和（4.296）兩個關係式的兩側都是可以積分的，因此均勻線寬的情況可以求出解析解，則

$$\ln\left[\beta_{+}(z)\right]+\beta_{+}(z)-\frac{const}{\beta_{+}(z)}\Bigg|_{\beta_{+}(0)=\beta_1}^{\beta_{+}(L)=\beta_2}=\left(g_0z\right)\Big|_0^L \text{ ；} \tag{4.299}$$

且
$$\ln\left[\beta_{-}(z)\right]+\beta_{-}(z)-\frac{const}{\beta_{-}(z)}\Bigg|_{\beta_{-}(0)=\beta_4}^{\beta_{-}(L)=\beta_3}=\left(-g_0z\right)\Big|_0^L \text{ ，} \tag{4.300}$$

則
$$\ln\left(\frac{\beta_2}{\beta_1}\right)+\left(\beta_2-\beta_1\right)-const\left(\frac{1}{\beta_2}-\frac{1}{\beta_1}\right)=g_0L \text{ ；} \tag{4.301}$$

且
$$\ln\left(\frac{\beta_3}{\beta_4}\right)+\left(\beta_3-\beta_4\right)-const\left(\frac{1}{\beta_3}-\frac{1}{\beta_4}\right)=-g_0L \text{ 。} \tag{4.302}$$

二式相減得

$$\ln\left(\frac{\beta_2\beta_4}{\beta_1\beta_3}\right)+\left(\beta_4-\beta_3+\beta_2-\beta_1\right)+const\left(\frac{1}{\beta_1}-\frac{1}{\beta_2}+\frac{1}{\beta_3}-\frac{1}{\beta_4}\right)=2g_0L \text{ ，} \tag{4.303}$$

且由 $\beta_{+}(z)\,\beta_{-}(z)=const$，則

$$\beta_{+}(L)\beta_{-}(L)=\beta_3\beta_2=const \text{ ；} \tag{4.304}$$

且
$$\beta_{+}(0)\beta_{-}(0)=\beta_1\beta_4=const \text{ ，} \tag{4.305}$$

所以

$$\ln\left(\frac{\beta_2\beta_4}{\beta_1\beta_3}\right)+(\beta_4-\beta_3+\beta_2-\beta_1)+(\beta_4-\beta_3+\beta_2-\beta_1)=2g_0L \text{ ，} \tag{4.306}$$

則
$$\ln\left(\frac{\beta_2\beta_4}{\beta_1\beta_3}\right)+2(\beta_4-\beta_3+\beta_2-\beta_1)=2g_0L \text{ ，} \tag{4.307}$$

由邊界條件可得

$$\beta_3=r_2\beta_2 \text{ ；} \tag{4.308}$$

且
$$\beta_1=r_1\beta_4 \text{ ，} \tag{4.309}$$

又
$$const=\beta_3\beta_2=r_2\beta_2^2 \text{ ，} \tag{4.310}$$

且
$$const=\beta_1\beta_4=r_1\beta_4^2=\frac{\beta_1^2}{r_1} \text{ ，} \tag{4.311}$$

其中 *const* 爲常數。

因爲輸出端的強度爲 β_2，所以我們要找出強度 β_1 和強度 β_2 的關係，則由

$$const=r_2\beta_2^2=\frac{\beta_1^2}{r_1} \text{ ，} \tag{4.312}$$

則
$$\beta_2=\frac{1}{\sqrt{r_1r_2}}\beta_1 \text{ ，} \tag{4.313}$$

所以
$$\ln\left(\frac{\frac{1}{\sqrt{r_1r_2}}\beta_1\frac{1}{r_1}\beta_1}{\beta_1\frac{r_2}{\sqrt{r_1r_2}}\beta_1}\right)+2\left(\frac{\beta_1}{r_1}-\frac{r_2}{\sqrt{r_1r_2}}\beta_1+\frac{1}{\sqrt{r_1r_2}}\beta_1-\beta_1\right)=2g_0L \text{ ，} \tag{4.314}$$

則 $$-\ln(r_1r_2)+2\left(\frac{1}{r_1}-\sqrt{\frac{r_2}{r_1}}+\frac{1}{\sqrt{r_1r_2}}-1\right)=2g_0L \text{ ，} \tag{4.315}$$

可得輸出端的強度 β_2 為

$$\begin{aligned}\beta_2&=\frac{2g_0L+\ln(r_1r_2)}{2\left(\sqrt{\frac{r_2}{r_1}}-r_2+1-\sqrt{r_1r_2}\right)}\\&=\frac{g_0L+\ln\sqrt{r_1r_2}}{\left(1-\sqrt{r_1r_2}\right)\left(1+\sqrt{\frac{r_2}{r_1}}\right)}\\&=\frac{I_+(z)}{I_s}\text{ 。}\end{aligned} \tag{4.316}$$

所以輸出功率 P 為

$$\begin{aligned}P&=I_{Sat}At_2\beta_2\\&=\frac{I_{Sat}At_2}{\left(1+\sqrt{r_1r_2}\right)\left(1-\sqrt{\frac{r_2}{r_1}}\right)}\left(g_0L+\ln\sqrt{r_1r_2}\right)\text{ ，}\end{aligned} \tag{4.317}$$

其中 I_{Sat} 為飽和強度；A 為光束的模態大小（Mode size of the beam）。

4.7.3.2 非均勻線寬的 Rigrod 理論

非均勻線寬的情況和均勻線寬的情況不同，簡單來說，均勻線寬是有解析解的，而非均勻線寬只能求數值解。

將非均勻線寬介質增益係數 $g=\frac{g_0}{1+\beta_++\beta_-}$ 代入（4.285），則

$$\frac{1}{\beta_+}\frac{d\beta_+}{dz}=\frac{g_0}{\sqrt{1+\beta_++\beta_-}}\text{ ；} \tag{4.318}$$

且
$$\frac{-1}{\beta_-}\frac{d\beta_-}{dz}=\frac{g_0}{\sqrt{1+\beta_++\beta_-}} \text{，} \tag{4.319}$$

則
$$\frac{\sqrt{1+\beta_++\beta_-}}{\beta_+}d\beta_+=g_0dz \text{；} \tag{4.320}$$

且
$$\frac{\sqrt{1+\beta_++\beta_-}}{\beta_-}d\beta_-=-g_0dz \text{，} \tag{4.321}$$

又
$$\beta_+\beta_-=const \text{。} \tag{4.322}$$

所以非均勻線寬的耦合微分方程組（4.320）和（4.321）為

$$\frac{\sqrt{1+\beta_++\dfrac{const}{\beta_+}}}{\beta_+}d\beta_+=g_0dz \text{；} \tag{4.323}$$

且
$$\frac{\sqrt{1+\dfrac{const}{\beta_-}+\beta_-}}{\beta_-}d\beta_-=-g_0dz \text{。} \tag{4.324}$$

很顯然的，等號的右側固然可以直接積分，但是等號的左側卻無法直接積分，而且常數 *const* 是未知的，所以只有數值解。因為我們最後要求的是輸出功率 P，所以必須先解耦合微分方程組求出 β_2。

以下我們介紹二種方法，第一種方法稱為直接求解法（Direct method）；第二個方法稱為間接求解法（Indirect method）。

直接求解法是先給定二個面鏡的反射率分別為 r_1 和 r_2，然後再做數值積分，因為二個方程式具有共同的常數 *const*，所以要做迭代（Iteration）以求解。

間接求解法是先給定某一個端面處的反射率及強度 β_+，例如可以

令反射率 r_1 和強度 β_1 是已知的，而反射率 r_2 是未知的，則由邊界條件 $\frac{\beta_2}{\beta_3}r_2 = \frac{\beta_4}{\beta_1}r_1 = 1$ 可以發現，當反射率 r_1 和強度 β_1 是已知的，則可求出 β_4。

因爲 $$\beta_+(0) = \beta_1 \ ; \tag{4.325}$$

且 $$\beta_-(0) = \beta_4 \ , \tag{4.326}$$

所以可求出常數 $const$，即

$$const = \beta_1\beta_4 = \beta_1\frac{\beta_1}{r_1} = \frac{\beta_1^2}{r_1} \ , \tag{4.327}$$

代入（4.321）則爲

$$\frac{\sqrt{1+\beta_+ + \frac{\beta_1^2}{r_1\beta_+}}}{\beta_+}d\beta_+ = g_0 dz \ , \tag{4.328}$$

上式可以直接做數值積分不用迭代。

當數值積分完成之後，即可得知 $\beta_+(L) = \beta_2$，則由

$$const = \beta_3\beta_2 = r_2\beta_2\beta_2 = r_2\beta_2^2 \ , \tag{4.329}$$

可得另一個面鏡的反射率 r_2 爲

$$r_2 = \frac{c}{\beta_2^2} = \frac{\beta_1^2}{r_1}\frac{1}{\beta_2^2} = \left(\frac{\beta_1}{\beta_2}\right)^2\frac{1}{r_1} \ 。 \tag{4.330}$$

綜合以上過程就是藉由給定的反射率 r_1 和強度 β_1，接著可求出對應的強度 β_2 和反射率 r_2。

第五章

雷射光束

1 Gauss 光束的基本特性

2 Gauss 光束的轉換矩陣

3 Gauss 光束的幾何作圖

4 Gauss 光束的幾何關係

5 Gauss 光束傳遞的幾何作圖法

由點光源向四面八方所輻射出的光波是球面波，當球面波傳播到無限遠處就是平面波，如果傳播距離介於其中，則可近似爲Gauss波（Gausian wave），如圖 5.1 所示。

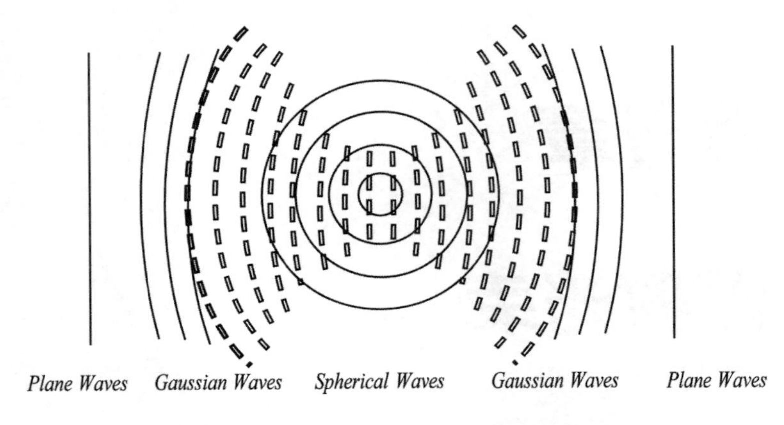

圖 5.1　球面波、Gauss 波與平面波

球面波（Spherical waves 或 Spherical harmonics）和平面波（Planar waves）是我們所熟知的二種最基本的光波形式，而所謂的光波形式其實是滿足 Maxwell 方程式（Maxwell's equations）的函數型式，也就是球面波函數和平面波函數都滿足波動方程式

$$\left(\nabla^2+\bar{k}^2\right)\Phi\left(\bar{r}\right)=0 \text{ ，} \tag{5.1}$$

其中爲 $\bar{r}$ 傳播距離向量；$\bar{k}$ 爲波向量；$\Phi(z)$ 爲波函數。

滿足 Maxwell 方程式或波動方程式的波函數有很多，原則上每一個函數就是一種類型的波動，和雷射比較有直接關係的主要有平面波、球面波、Gauss 波、Bessel 波（Bessel waves），每一種波都有其特殊的應用範疇及特性，例如：球面波常常用來分析散射過程，包含星系之間的散射或是原子頓號、次原子的散射，以及生醫感測的 Mie 散射（Mie scattering）；Gauss 波就是雷射波，在直角座標表示的是 Hermite-Gauss 波（Hermite-Gaussian waves）；在圓柱座標表示的是 Laguerre-Gauss 波（Laguerre-Gaussian waves）；Bessel 波（Bessel wave）也是在圓柱座標中所得到的解，最特別的是 Bessel 波不會發生色散（Dispersion）現象。

我們在本章中將由 Maxwell 波動方程式開始推導出 Gauss 光束（Gaussian beam）的基本型式以及幾個重要的參數，包含：光斑尺寸（Spot size）、光束曲率半徑（Beam radius）、繞射角（Diffraction angle）、共焦參數（Confocal parameter），當然還要介紹 Gauss 光束的傳播特性。

光束（Beam）和光線（Ray）是不同的，光束要考慮光斑大小；而光線則不需要考慮，所以光束的傳播行爲就和光線的傳播行爲不同，也就是說，理應要重新建立有別於光線光學的光束光學（Beam optics），但是我們發現只要作適當的轉換，例如 ABCD 矩陣（ABCD matrix），就可以把幾何光學中既有的光線傳播行爲轉換成 Gauss 光束的傳播行爲，進而建立 Gauss 光學（Gaussian optics）。

此外，我們還要特別說明 Gauss 光束的幾何關係，基本上，只要使用圓規和直尺就可以精準且快速的得到 Gauss 光束及 Gauss 光束傳遞相關量化的訊息。我們將簡單的介紹幾種幾何作圖法，包括：Collins 圖（Collins diagram）、Smith 圖（Smith chart）、傳播圓法（Propagation circle method）。其實，對於微波或高頻電路設計有經驗的讀者會馬上知道這些幾何作圖法和微波、高頻電路學或電磁學中的幾何作圖法是完全相同的，可以互相沿用。

5.1 Gauss 光束的基本特性

Gauss 光束的基本特性大概可以用幾個特性參數來描述，包括：光斑大小（Spot size）、光束曲率半徑（Beam radius）、繞射角（Diffraction angle）、共焦參數（Confocal parameter）。因爲本書主要的說明對象是雷射光束，而雷射光束是由共振腔所產生的，所以我們會在圓柱座標系（Cylindrical coordinate）中作討論，其實，光纖光學（Fiber optics）或光纖通訊（Optical fiber communications）中也採用了相似的方式。

5.1.1 Gauss 光束的基本參數

在自由空間（Free space）中的波動方程式爲

$$\left(\nabla^2+k^2\right)\mathscr{E}\left(r,\phi,z\right)=0 \text{，} \tag{5.2}$$

其中 $\mathscr{E}\left(r,\phi,z\right)$ 爲光波的電場部分。所以我們可以很容易的把光波的電場 $\mathscr{E}\left(r,\phi,z\right)$ 在圓柱座標中分解成兩個部分，即

$$\mathscr{E}\left(r,\phi,z\right)=\Phi\left(r,\phi,z\right)e^{-jkz} \text{，} \tag{5.3}$$

其中 $k=\frac{2\pi}{\lambda}=\frac{2\pi n}{\lambda_0}$ 爲波向量大小；λ 爲光波在介質中的波長；n 爲介質的折射率；λ_0 爲光波在眞空中的波長；而 e^{-jkz} 是變化較快的部分（Rapidly varying part）；$\Phi\left(r,\phi,z\right)$ 是變化較慢的部分（Slowly varying part）。所謂「變化較慢」意指二次微分的結果遠小於一次微分的結果，即 $\left|\frac{\partial^2\Phi}{\partial z^2}\right| << k\left|\frac{\partial\Phi}{\partial z}\right|$，稍後我們會知道因爲二次微分可以忽略不計，所以原來

是二階波動方程式（Second-order wave equation）可以近似降階爲一階波動方程式（First-order wave equation）。

把光波的電場 $\mathscr{E}(r,\phi,z)=\Phi(r,\phi,z)e^{-jkz}$ 代入波動方程式

$$\begin{aligned}
\left(\nabla^2+k^2\right)\mathscr{E} &= \left[\frac{1}{r}\frac{\partial}{\partial r}\left(r\frac{\partial}{\partial r}\right)+\frac{1}{r^2}\frac{\partial^2}{\partial\phi^2}+\frac{\partial^2}{\partial z^2}+k^2\right]\Phi(r,\phi,z)e^{-jkz} \\
&= e^{-jkz}\left[\frac{1}{r}\frac{\partial}{\partial r}\left(r\frac{\partial}{\partial r}\right)+\frac{1}{r^2}\frac{\partial^2}{\partial\phi^2}\right]\Phi(r,\phi,z)+\left[\frac{\partial^2}{\partial z^2}+k^2\right]\Phi(r,\phi,z)e^{-jkz} \\
&= e^{-jkz}\left[\frac{1}{r}\frac{\partial}{\partial r}\left(r\frac{\partial}{\partial r}\right)+\frac{1}{r^2}\frac{\partial^2}{\partial\phi^2}\right]\Phi(r,\phi,z)+\left[\frac{\partial}{\partial z}\left(e^{-jkz}\frac{\partial}{\partial z}\Phi-jk\Phi e^{-jkz}\right)\right]+k^2\Phi e^{-jkz} \\
&= e^{-jkz}\left[\frac{1}{r}\frac{\partial}{\partial r}\left(r\frac{\partial}{\partial r}\right)+\frac{1}{r^2}\frac{\partial^2}{\partial\phi^2}\right]\Phi(r,\phi,z) \\
&\quad+\left(-jke^{-jkz}\frac{\partial}{\partial z}\Phi+e^{-jkz}\frac{\partial^2}{\partial z^2}\Phi-jke^{-jkz}\frac{\partial}{\partial z}\Phi-k^2\Phi e^{-jkz}+k^2\Phi e^{-jkz}\right) \\
&= e^{-jkz}\left[\frac{1}{r}\frac{\partial}{\partial r}\left(r\frac{\partial}{\partial r}\right)+\frac{1}{r^2}\frac{\partial^2}{\partial\phi^2}\right]\Phi(r,\phi,z)+e^{-jkz}\left(-j2k\frac{\partial}{\partial z}\Phi+\frac{\partial^2}{\partial z^2}\Phi\right) \\
&= e^{-jkz}\left[\frac{1}{r}\frac{\partial}{\partial r}\left(r\frac{\partial}{\partial r}\right)+\frac{1}{r^2}\frac{\partial^2}{\partial\phi^2}+\frac{\partial^2}{\partial z^2}-j2k\frac{\partial}{\partial z}\right]\Phi(r,\phi,z) \\
&= 0\text{。}
\end{aligned} \tag{5.4}$$

而且因爲光束的截面分布 $\Phi(r,\phi,z)$ 是呈圓形對稱的（Circularly symmetric），也就是沿方位角（Azimuthal）ϕ 是沒有變化的；即

$$\frac{\partial\Phi(r,\phi,z)}{\partial\phi}=0\text{ ；} \tag{5.5}$$

而沿傳遞方向 z 的變化是緩慢的，如前所述，即

$$\left|\frac{\partial^2\Phi(r,\phi,z)}{\partial z^2}\right| \ll k\left|\frac{\partial\Phi(r,\phi,z)}{\partial z}\right|\text{ ，} \tag{5.6}$$

所以原來的二階波動方程式可以近似降階爲一階波動方程式爲

$$\frac{1}{r}\frac{\partial}{\partial r}\left(r\frac{\partial\Phi(r,\phi,z)}{\partial r}\right)-j2k\frac{\partial\Phi(r,\phi,z)}{\partial z}=0 \text{ ，} \tag{5.7}$$

而這個方程式的解形式可以表示爲

$$\Phi(r,\phi,z)=\Phi_0 e^{-j\left[p(z)+\frac{kr^2}{2q(z)}\right]} \text{，} \tag{5.8}$$

其中 Φ_0 爲常數；$p(z)$ 和 $q(z)$ 都是 z 的函數，而 $q(z)$ 又稱爲複曲率半徑（Complex curvature radius）。

下一小節，我們會簡單的說明爲什麼會猜想 Gauss 光束的解是這樣的型式。

把 $\Phi(r,\phi,z)=\Phi_0 e^{-j\left[p(z)+\frac{kr^2}{2q(z)}\right]}$ 代入近似的一階波動方程式 $\frac{1}{r}\frac{\partial}{\partial r}\left(r\frac{\partial\Phi}{\partial r}\right)-j2k\frac{\partial\Phi}{\partial z}=0$ ，則

$$\begin{aligned}
&\frac{1}{r}\frac{\partial}{\partial r}\left(r\frac{\partial\Phi}{\partial r}\right)-j2k\frac{\partial\Phi}{\partial z}\\
&\quad=\frac{1}{r}\frac{\partial}{\partial r}\left[r\left(-j\frac{kr}{q(z)}\right)\right]\Phi_0 e^{-j\left[p(z)+\frac{kr^2}{2q(z)}\right]}\\
&\qquad-j2k\cdot\Phi_0\cdot(-j)\cdot\left[\frac{\partial p(z)}{\partial z}-\frac{kr^2}{2}\cdot\frac{1}{q^2(z)}\cdot\frac{\partial q(z)}{\partial z}\right]\\
&\quad=\frac{1}{r}\left[\left(-j2\frac{kr}{q(z)}\right)\right]\cdot\Phi_0 e^{-j\left[p(z)+\frac{kr^2}{2q(z)}\right]}-j\frac{kr^2}{q(z)}\cdot(-j)\cdot\frac{kr}{q(z)}\cdot\Phi_0 e^{-j\left[p(z)+\frac{kr^2}{2q(z)}\right]}
\end{aligned}$$

$$-2k\left[\frac{\partial p(z)}{\partial z}-\frac{kr^2}{2}\cdot\frac{1}{q^2(z)}\cdot\frac{\partial q(z)}{\partial z}\right]\cdot\Phi_0 e^{-j\left[p(z)+\frac{kr^2}{2q(z)}\right]}$$

$$=\left[-j2\frac{kr}{q(z)}-\frac{kr^2}{q^2(z)}-2k\frac{\partial p(z)}{\partial z}+\frac{kr^2}{q^2(z)}\cdot\frac{\partial q(z)}{\partial z}\right]\cdot\Phi_0 e^{-j\left[p(z)+\frac{kr^2}{2q(z)}\right]}$$

$$=\left[\underbrace{-2k\left(\frac{j}{q(z)}+\frac{\partial p(z)}{\partial z}\right)}_{\text{indep.of } r^2}-\underbrace{\frac{kr^2}{q^2(z)}\left(1-\frac{\partial q(z)}{\partial z}\right)}_{\text{varied with } r^2}\right]\cdot\Phi_0 e^{-j\left[p(z)+\frac{kr^2}{2q(z)}\right]}$$

$$=0\text{ 。}\tag{5.9}$$

上面的方程式中，因爲要滿足恆等式的要求，即「$0=0$」，我們特別把中括號裡面部分分成和 r^2 無關的（Independent of r^2）以及和 r^2 有關的（Dependent of r^2），兩者都要爲零，所以

$$\frac{j}{q(z)}+\frac{\partial p(z)}{\partial z}=0\text{ ，}\tag{5.10}$$

則

$$\frac{\partial q(z)}{\partial z}-1=0\text{ ，}\tag{5.11}$$

可得複曲率半徑 $q(z)$ 爲

$$\begin{aligned}q(z)&=z+q_0\\&=z+j\frac{\pi\omega_0^2 n}{\lambda_0}\\&=z+jz_R\text{ ，}\end{aligned}\tag{5.12}$$

其中 $z_R=\frac{\pi\omega_0^2 n}{\lambda_0}$ 稱爲Rayleigh範圍（Rayleigh range）或共焦參數（Confocal parameter）。

又由 $$\frac{\partial p(z)}{\partial z}=\frac{-j}{q(z)}=\frac{-j}{z+q_o} \text{，} \tag{5.13}$$

所以 $$p(z)=-j\ln(z+q_0)=-j\ln\left[q_0\left(1+\frac{z}{q_0}\right)\right] \text{，} \tag{5.14}$$

爲了簡化方便，我們可以定義

$$p(z)\equiv -j\ln\left(1+\frac{z}{q_0}\right) \text{。} \tag{5.15}$$

現在把 $p(z)$ 和 $q(z)$ 的表示式代入 $\Phi(r,\phi,z)=\Phi_0 e^{-j\left[p(z)+\frac{kr^2}{2q(z)}\right]}$ 中，可得

$$\begin{aligned}\exp\left[-jp(z)\right]&=\exp\left\{-j\left[-j\ln\left(1+\frac{z}{q_0}\right)\right]\right\}\\&=\exp\left[-\ln\left(1-j\frac{\lambda_0 z}{\pi\omega_0^2 n}\right)\right]\\&=\frac{1}{\sqrt{1+j\frac{\lambda_0^2 z^2}{\pi^2\omega_0^4 n^2}}}\exp\left[j\tan^{-1}\left(\frac{\lambda_0 z}{\pi\omega_0^2 n}\right)\right] \text{，}\end{aligned} \tag{5.16}$$

其中我們用了一個關係式 $\ln(a+jb)=\ln\sqrt{a^2+b^2}+j\tan^{-1}\left(\frac{b}{a}\right)$ 。

所以 $$\begin{aligned}\exp\left[\frac{-jkr^2}{2q(z)}\right]&=\exp\left[\frac{-jkr^2}{2(q_0+z)}\right]\\&=\exp\left[\frac{-jkr^2}{2\left(j\frac{\pi\omega_0^2 n}{\lambda_0}+z\right)}\right]\end{aligned}$$

$$= \exp\left[\frac{-jkr^2\left(z - j\dfrac{\pi\omega_0^2 n}{\lambda_0}\right)}{2\left[z^2 + \left(\dfrac{\pi\omega_0^2 n}{\lambda_0}\right)^2\right]}\right]$$

$$= \exp\left[\frac{-kr^2\dfrac{\pi\omega_0^2 n}{\lambda_0}}{2\left[z^2 + \left(\dfrac{\pi\omega_0^2 n}{\lambda_0}\right)^2\right]} - \frac{jkr^2 z}{2\left[z^2 + \left(\dfrac{\pi\omega_0^2 n}{\lambda_0}\right)^2\right]}\right]$$

$$= \exp\left[\frac{-r^2}{\omega_0^2\left[1 + \left(\dfrac{\pi\omega_0^2 n}{\lambda_0}\right)^2\right]} - \frac{jkr^2}{2z\left[1 + \left(\dfrac{\pi\omega_0^2 n}{\lambda_0 z}\right)^2\right]}\right], \quad (5.17)$$

其中 $q_0 = j\dfrac{\pi n\omega_0^2}{\lambda_0}$ 且 $k = \dfrac{2\pi n}{\lambda_0}$ ；n 爲介質的折射率；λ_0 爲光在眞空中的波長。

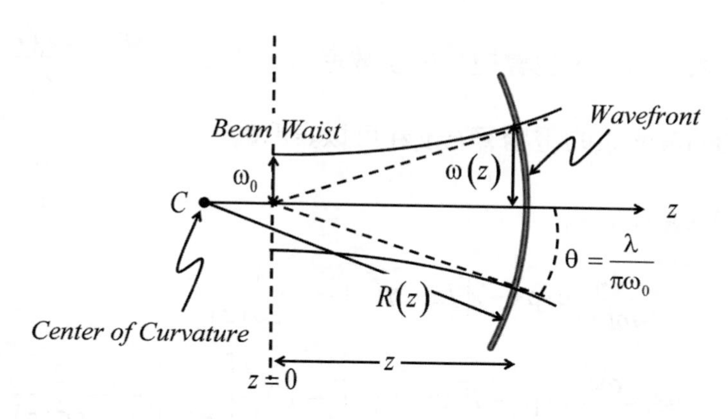

圖 5.2　Gauss 光束的參數

我們可以定義幾個 Gauss 光束的參數，如圖 5.2 所示。

[1] 光斑大小（Spot size）爲

$$\omega^2(z)=\omega_0^2\left[1+\left(\frac{\lambda_0 z}{\pi\omega_0^2 n}\right)^2\right]=\omega_0^2\left[1+\frac{z^2}{z_R^2}\right]\text{ 。} \tag{5.18}$$

[2] 光束曲率半徑（Beam radius 或 Radius of curvature）$R(z)$ 爲

$$R(z)=z\left[1+\left(\frac{\pi\omega_0^2 n}{\lambda_0 z}\right)^2\right]=z\left[1+\frac{z_R^2}{z^2}\right]\text{ 。} \tag{5.19}$$

[3] 繞射角（Diffraction angle）爲

$$2\theta=\frac{2\lambda}{\pi\omega_0}=\frac{2\lambda_0}{\pi n\omega_0}\text{ 。} \tag{5.20}$$

[4]Rayleigh 範圍或也稱爲共焦參數 z_R 爲

$$z_R=\frac{\pi\omega_0^2 n}{\lambda_0}\text{ 。} \tag{5.21}$$

有時候因爲表示方便，也會把共焦參數定爲 $b=2z_R=\frac{2\pi\omega_0^2}{\lambda}=\frac{2\pi\omega_0^2 n}{\lambda_0}$ 。

所以 Gauss 光束的電場 $\mathscr{E}(x,y,z)$ 可以表示爲

$$\begin{aligned}
\overline{\mathscr{E}}(x,y,z)&=\overline{\mathscr{E}}(r,\phi,z)\\
&=\hat{e}\mathscr{E}_0\frac{\omega_0}{\omega(z)}\exp\left\{-j\left[kz-\eta(z)\right]-j\frac{kr^2}{2q(z)}\right\}\\
&=\hat{e}\mathscr{E}_0\frac{\omega_0}{\omega(z)}\exp\left\{-j\left[kz-\eta(z)\right]-j\frac{kr^2}{2}\left[\frac{1}{R(z)}-j\frac{2}{k\omega^2(z)}\right]\right\}\\
&=\hat{e}\mathscr{E}_0\frac{\omega_0}{\omega(z)}\exp\left\{-j\left[kz-\eta(z)\right]-j\frac{kr^2}{2}\frac{1}{R(z)}-\frac{r^2}{\omega^2(z)}\right\}
\end{aligned}$$

$$= \hat{e}\mathscr{E}_0 \frac{\omega_0}{\omega(z)} \exp\left\{-j\left[kz-\eta(z)\right]-r^2\left(\frac{1}{\omega^2(z)}+j\frac{k}{2R(z)}\right)\right\}$$

$$= \hat{e}\mathscr{E}_0 \frac{\omega_0}{\omega(z)} e^{-jkz} \exp\left\{-\left(\frac{1}{\omega^2(z)}+j\frac{k}{2R(z)}\right)r^2+j\eta(z)\right\} \text{，} \quad (5.22)$$

其中 $\eta(z)=\tan^{-1}\left(\frac{\lambda_0 z}{\pi\omega_0^2 n}\right)=\tan^{-1}\left(\frac{z}{z_R}\right)$ 或其中 $\tan\eta(z)=\frac{z}{z_R}$ 。

除了（5.12）式之外，還可以得到複曲率半徑 $q(z)$ 另外一個重要的關係式爲

$$\frac{1}{q(z)}=\frac{1}{R(z)}-j\frac{2}{k\omega^2(z)}$$

$$=\frac{1}{R(z)}-j\frac{\lambda_0}{\pi n\omega^2(z)}$$

$$=\frac{1}{z+jz_R} \text{。} \quad (5.23)$$

5.1.2 Gauss 光束的形式

爲什麼我們要猜近軸的波動方程式（Paraxial wave equation）的解是 $\exp\left[-ip(z)\right]\exp\left[\frac{-ikr^2}{2q(z)}\right]$ 的型式呢？當然從解偏微分方程式的觀點來說，是可以不需要說明的，但是，試著了解這個猜想的邏輯，不啻也是一個學習的過程。

我們知道 Helmholtz 方程式（Helmholtz equation）的球面波（Spherical wave）解爲 $\frac{\exp(-ikr)}{r}$ ，其中 r 爲傳遞的距離；k 爲波數（Wavenumber）

或波向量（Wave vector）的大小。這個球面波的形式提供了求解近軸的波動方程式線索。

如果傳遞的方向定義為 z 軸，則 (x,y) 或 $\sqrt{x^2+y^2}$ 就表示和光軸的距離。

由

$$\frac{\exp(-ikr)}{r}=\frac{\exp\left[-ik\sqrt{x^2+y^2+z^2}\right]}{\sqrt{x^2+y^2+z^2}}=\frac{\exp\left[-ikz\sqrt{1+\frac{x^2+y^2}{z^2}}\right]}{z\sqrt{1+\frac{x^2+y^2}{z^2}}}\text{，}\tag{5.24}$$

則在近軸近似的情況下，即 $z>>\sqrt{x^2+y^2}$，則球面波可近似為

$$\left.\frac{\exp(-ikr)}{r}\right|_{z>>\sqrt{x^2+y^2}}\cong\frac{\exp(-ikz)\exp\left[\frac{-ik\left(x^2+y^2\right)}{2z}\right]}{z}\text{。}\tag{5.25}$$

為了保留近軸近似解的二次（Quadratic）形式，所以我們「順理成章」的把和有的部分都用的函數來表示，所以波動方程式的近軸軸向對稱解（Axially symmetric solution），即 Gauss 光束，會被猜為具有 $\psi=A\exp[-ip(z)]\exp\left[\frac{-ikr^2}{2q(z)}\right]$ 的形式。

5.2 Gauss 光束的轉換矩陣

我們可以在古典的波動模型上建立一個方程組來描述 Gauss 光束的傳遞與折射的過程。在第四章中已經介紹過了，因為任何光學系統都可以用一個光線矩陣（Ray matrix）來描述或定義，所以一旦光線矩陣中的矩陣元素 A、B、C、D 確定之後，Gauss 光束在這個光學系統的傳遞軌跡都可以被描繪出來，於是轉換的規則也就稱爲 ABCD 規則（ABCD law）。比較特別的是，ABCD 規則是適用於複光束參數（Complex beam parameter）或複光束半徑（Complex beam radius）q 的轉換規則，而我們已經知道了當確定複光束參數或複光束半徑 $q(z)$，也就確定了 Gauss 光束。

Gauss 光束本質上可以完全用複光束參數 $q(z)$ 來定義或描述，而複光束半徑 $q(z)$ 的轉換或 Gauss 光束的傳遞所遵守的 ABCD 規則爲

$$q_{out} = \frac{Aq_{in} + B}{Cq_{in} + D} \quad , \tag{5.26}$$

其中 q_{in} 是入射 Gauss 光束的複光束半徑；q_{out} 是出射 Gauss 光束的複光束半徑；A、B、C、D 就是建立在幾何光學裡的光學矩陣的矩陣元素。

爲什麼 Gauss 光束的傳遞行爲會遵守 ABCD 規則呢？基本上是沒有完整且一般性的證明，但是以下我們可以從 Gauss 光束的複光束半徑開始，透過一個簡單的邏輯程序，由近軸光學的觀點來「判斷」ABCD 規則一般的正確性。此外，我們也嘗試著以 Huygens 原理（Huygens' principle）來分析近軸光學系統（Paraxial optical system），而得到 Gauss 光束的 ABCD 轉換關係。最後，以 Gauss 光束通過薄凸透鏡的聚焦現象來印證 ABCD 規則。

5.2.1 ABCD 規則的一般性

由幾何光學的結果，如第四章所述，入射光和出射光的關係爲，

$$\begin{bmatrix} \rho_{out} \\ \rho'_{out} \end{bmatrix} = \begin{bmatrix} A & B \\ C & D \end{bmatrix} \begin{bmatrix} \rho_{in} \\ \rho'_{in} \end{bmatrix} , \tag{5.27}$$

其中 ρ_{in} 和 ρ'_{in} 分別是入射光線距光軸的距離和入射光線傳遞的方向斜率；ρ_{out} 和 ρ'_{out} 分別是入射光線距光軸的距離和入射光線傳遞的方向斜率；光學元件或系統是以光線矩陣 $\begin{bmatrix} A & B \\ C & D \end{bmatrix}$ 來表示，如圖 5.3 所示。

乘開矩陣運算

$$\rho_{out} = A\rho_{in} + B\rho'_{in} \ ; \tag{5.28}$$

$$\rho'_{out} = C\rho_{in} + D\rho'_{in} \ , \tag{5.29}$$

兩式相除得

$$\frac{\rho_{out}}{\rho'_{out}} = \frac{A\dfrac{\rho_{in}}{\rho'_{in}} + B}{C\dfrac{\rho_{in}}{\rho'_{in}} + D} \ , \tag{5.30}$$

則因爲 $\Delta Z_{out} = \dfrac{\rho_{out}}{\rho'_{out}}$ 且 $\Delta Z_{in} = \dfrac{\rho_{in}}{\rho'_{in}}$ ，所以

$$\Delta Z_{out} = \frac{A\Delta Z_{in} + B}{C\Delta Z_{in} + D} \ 。 \tag{5.31}$$

如果入射到光學系統的是 Gauss 光束，則 Gauss 光腰的位置就像是點光源的波源；由光學系統出射 Gauss 光腰的位置，也會對應著一個點光源的波源，所以 ΔZ_{in} 和 ΔZ_{out} 就可以分別對應入射和出射的 Gauss 光束複光

束半徑 $q_{in}(z)$ 和 $q_{out}(z)$，則上式可改寫為

$$q_{out}(z)=\frac{Aq_{in}(z)+B}{Cq_{in}(z)+D}\quad。$$

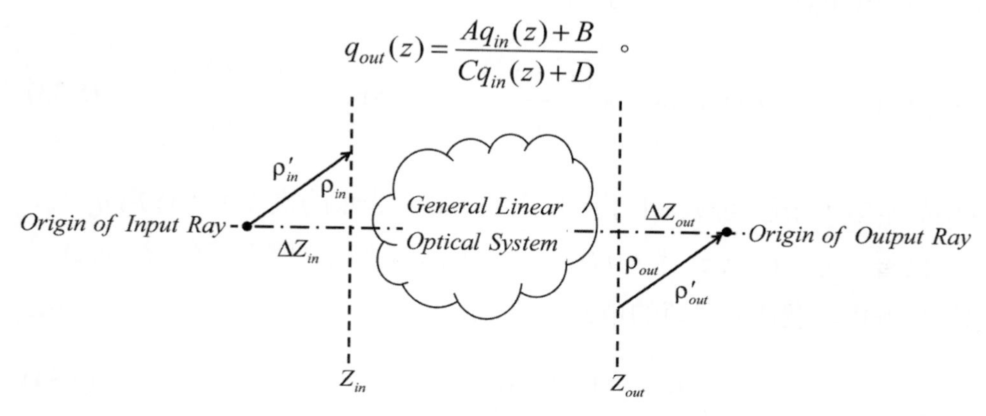

圖 5.3　Gauss 光束與線性光學系統

5.2.2 近軸光學的 ABCD 規則

這一小節我們將採用 Huygens 原理來描述近軸光學系統（Paraxial optical system）光場分布，而當 Gauss 光束由光學系統出射之後的複光束半徑和入射 Gauss 光束的複光束半徑之間的關係滿足了 ABCD 規則。

因為雷射的同調性，或更具體的說是空間的同調性，所以雷射對於光學系統的入射與出射行為大多可以用近軸光學的觀點來討論。依據 Huygens 原理，一個近軸光學系統輸出平面上的光場 $u(x, y, z)$ 可以表示為

$$u(x,y,z)=$$
$$\frac{j}{\lambda B}\iint_S u(x_1,y_1,z_1)\exp\left\{-jk\left[\frac{A\left(x_1^2+y_1^2\right)+D\left(x^2+y^2\right)-2x_1x-2y_1y}{2B}\right]\right\}dx_1dy_1\quad。\tag{5.32}$$

假設光學系統的輸入平面上是最低階的 Gauss 光束 $u_1(x, y, z)$，則入射光場的分布 $u_1(x, y, z)$ 可以表示為

$$u_1(x_1, y_1, z_1) = const \cdot \exp\left[-jk\frac{(x_1^2 + y_1^2)}{2q_1}\right] \underset{const=1}{=} \exp\left[-jk\frac{(x_1^2 + y_1^2)}{2q_1}\right] , \quad (5.33)$$

其中的常數因子已經設為 1 了，且入射 Gauss 光束的複光束半徑為 q_1。

接著，把 $u_1(x, y, z)$ 代入 $u(x, y, z)$，則出射光場的雙重積分 $u(x, y, z)$ 可以被分解為兩個比較簡單的積分乘積，即

$$u(x, y, z) = I_x(x, z) I_y(y.z) , \quad (5.34)$$

其中 $I_x(x,z) = \sqrt{\frac{j}{\lambda B}} \int_{-\infty}^{+\infty} \exp\left[-j\frac{kx_1^2}{2q_1}\right] \exp\left[-j\frac{k}{2B}\left(Ax_1^2 + Dx^2 - 2x_1 x\right)\right] dx_1$ ；

且 $I_y(y,z) = \sqrt{\frac{j}{\lambda B}} \int_{-\infty}^{+\infty} \exp\left[-j\frac{ky_1^2}{2q_1}\right] \exp\left[-j\frac{k}{2B}\left(Ay_1^2 + Dy^2 - 2y_1 y\right)\right] dy_1$ ，

因為 $I_x(x, z)$ 和 $I_y(y, z)$ 的積分形式是相同的，所以我們只要進行一次積分運算，即

$$I_x(x,z) = \sqrt{\frac{j}{\lambda B}} \exp\left[-j\frac{kDx^2}{2B}\right] \int_{-\infty}^{+\infty} \exp\left\{-j\frac{k}{2B}\left[\left(A + \frac{B}{q_1}\right)x_1^2 - 2xx_1\right]\right\} dx_1 \text{。} \quad (5.35)$$

令 $a = \frac{jk}{2B}\left(A + \frac{B}{q_1}\right)$ ；$b = \frac{jkx}{2B}$ ：且 $\xi = \sqrt{a}x + \frac{b}{\sqrt{a}}$ ，則

$$\int_{-\infty}^{+\infty} \exp\left[-ax^2 - 2bx\right] dx = \frac{\exp\left(\frac{b^2}{a}\right)}{\sqrt{a}} \int_{-\infty}^{+\infty} \exp\left(-\xi^2\right) d\xi$$

$$= \sqrt{\frac{\pi}{a}} \exp\left(\frac{b^2}{a}\right) \text{。} \quad (5.36)$$

所以
$$I_x(x,z)=\frac{1}{\sqrt{A+\dfrac{B}{q_1}}}\exp\left[-j\frac{kDx^2}{2B}\right]\exp\left[j\frac{kx^2}{2B}\frac{1}{A+\dfrac{B}{q_1}}\right]$$
$$=\frac{1}{\sqrt{A+\dfrac{B}{q_1}}}\exp\left[-j\frac{kx^2}{2B}\left(D-\frac{q_1}{Aq_1+B}\right)\right]\text{。}\tag{5.37}$$

因爲 $AD-BC=1$，所以

$$D-\frac{q_1}{Aq_1+B}=\frac{(AD-1)q_1+BD}{Aq_1+B}=B\frac{Cq_1+D}{Aq_1+B}\text{，}\tag{5.38}$$

代入得
$$I_x(x,z)=\frac{1}{\sqrt{A+\dfrac{B}{q_1}}}\exp\left[-j\frac{kx^2}{2B}\left(D-\frac{q_1}{Aq_1+B}\right)\right]$$
$$=\frac{1}{\sqrt{A+\dfrac{B}{q_1}}}\exp\left[-j\frac{kx^2}{2B}\left(B\frac{Cq_1+D}{Aq_1+B}\right)\right]$$
$$=\frac{1}{\sqrt{A+\dfrac{B}{q_1}}}\exp\left[-j\frac{kx^2}{2\left(\dfrac{Aq_1+B}{Cq_1+D}\right)}\right]$$
$$=\frac{1}{\sqrt{A+\dfrac{B}{q_1}}}\exp\left[-j\frac{kx^2}{2q_2}\right]\text{，}\tag{5.39}$$

其中 $q_2=\dfrac{Aq_1+B}{Cq_1+D}$ 。

所以
$$I_x(x,z)=\frac{1}{\sqrt{A+\frac{B}{q_1}}}\exp\left[-j\frac{kx^2}{2q_2}\right]\text{，}\tag{5.40}$$

同理可得

$$I_y(y,z)=\frac{1}{\sqrt{A+\frac{B}{q_1}}}\exp\left[-j\frac{ky^2}{2q_2}\right]\text{。}\tag{5.41}$$

所以出射光場 $u(x,y,z)$ 爲

$$\begin{aligned}u(x,y,z)&=I_x(x,z)I_y(y.z)\\&=\frac{1}{\sqrt{A+\frac{B}{q_1}}}\exp\left[-j\frac{kx^2}{2q_2}\right]\frac{1}{\sqrt{A+\frac{B}{q_1}}}\exp\left[-j\frac{ky^2}{2q_2}\right]\\&=\frac{1}{A+\frac{B}{q_1}}\exp\left[-j\frac{kx^2+ky^2}{2q_2}\right]\\&=\frac{1}{A+\frac{B}{q_1}}\exp\left[-j\frac{k\left(x^2+y^2\right)}{2q_2}\right]\text{。}\end{aligned}\tag{5.42}$$

很顯然的，根據 Huygens 原理所分析的結果，出射光場 $u(x,y,z)$ 也保持著 Gauss 形式，除了振幅的變化之外，出射的複光束半徑 q_2 和入射 Gauss 光束的複光束半徑 q_1 的轉換關係就是 ABCD 規則，即 $q_2=\dfrac{Aq_1+B}{Cq_1+D}$ 。

其實，如果採用其他的光場純量理論（Scalar theory of light），諸如稍後會遇到的 Fresnel-Kirchhoff 積分（Fresnel-Kirchhoff integral），只要

在近軸光學的條件下，都可以得到類似的結果。

5.2.3 Gauss 光束的聚焦

因為線光學的ABCD矩陣和Gauss光學的ABCD規則已經有了連結，所以比較光線和光束的差異可以使我們對於 Gauss 光束的行為更能掌握。由於在幾何光學中光線透過凸透鏡之後的匯聚或發散現象的熟悉，於是這一節要藉由 ABCD 規則找出通過薄透鏡前後 Gauss 光束的光腰大小及位置變化，並且和線光學的結果作比較。

若有一焦距為f的薄凸透鏡，而已知通過薄透鏡前後的 Gauss 光束光腰大小分別為 ω_0 和 ω_0'，且共焦參數分別為 z_R 和 z_R'，如圖 5.4 所示。

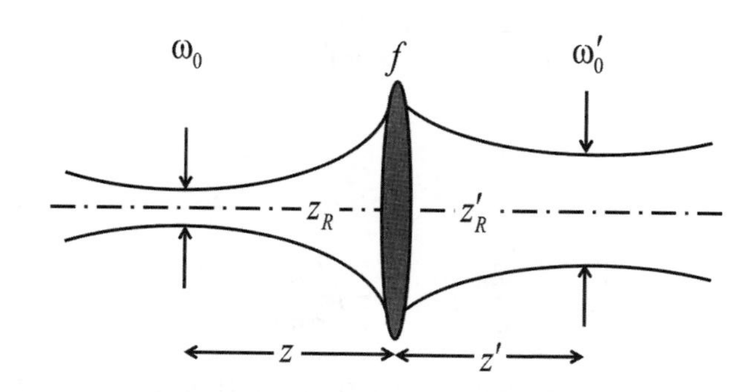

圖 5.4　薄凸透鏡前後的二個 Gauss 光束波前的曲率中心互相共軛

因為 Gauss 光束的複曲率半徑是遵守 ABCD 規則的，而薄凸透鏡的 ABCD 矩陣為

$$\begin{bmatrix} A & B \\ C & D \end{bmatrix} = \begin{bmatrix} 1 & 0 \\ -\dfrac{1}{f} & 1 \end{bmatrix} , \tag{5.43}$$

所以通過薄凸透鏡前後的 Gauss 光束的複曲率半徑 q 和 q' 滿足

$$\frac{1}{q'}=\frac{C+D\dfrac{1}{q}}{A+B\dfrac{1}{q}}=\frac{-\dfrac{1}{f}+\dfrac{1}{q}}{1}=\frac{1}{q}-\frac{1}{f}\text{ 。}\tag{5.44}$$

由通過薄凸透鏡前後的 Gauss 光束的複曲率半徑分別爲

$$\frac{1}{q}=\frac{1}{R}-j\frac{\lambda_0}{\pi n\omega^2}\text{ ；}\tag{5.45}$$

和

$$\frac{1}{q'}=\frac{1}{R'}-j\frac{\lambda_0}{\pi n\omega'^2}\text{ ，}\tag{5.46}$$

代入$\frac{1}{q}$和$\frac{1}{q'}$，則

$$\frac{1}{R'}-j\frac{\lambda_0}{\pi n\omega'^2}=\frac{1}{R}-j\frac{\lambda_0}{\pi n\omega^2}-\frac{1}{f}\text{ 。}\tag{5.47}$$

因爲我們不考慮薄凸透鏡的厚度，則入射到薄凸透鏡上的 Gauss 光束光斑 ω 和由薄凸透鏡所出射的 Gauss 光束光斑 ω' 是相同的，即 $\omega=\omega'$，所以如果通過焦距爲 f 的薄凸透鏡前後的 Gauss 光束曲率半徑分別爲 R 和 R'，則

$$\frac{1}{R'}=\frac{1}{R}-\frac{1}{f}\text{ 。}\tag{5.48}$$

我們會稱通過薄凸透鏡前後的二個 Gauss 光束波前的曲率中心是互相共軛的。如果在光軸的上方且和光軸相切畫出一個直徑爲 $\frac{\pi n\omega^2}{\lambda_0}$ 的圓，如圖 5.5(*a*) 所示的虛線圓，稱爲 ω 圓（ω circle），ω 圓和光軸的切點 L 就是透鏡的位置。本來應該要畫兩個 ω 圓分別對應凸透鏡前後的 Gauss 光束，但是因爲入射到薄凸透鏡上的 Gauss 光束光斑 ω 和由薄凸透鏡所出射的 Gauss 光束光斑 ω' 是相同的，即 $\omega=\omega'$，則兩個圓的直徑是相等的，即 $\frac{\pi n\omega^2}{\lambda_0}=\frac{\pi n\omega'^2}{\lambda_0}$，所以兩個 ω 圓重合爲一個 ω 圓。如果已知入射 Gauss 光束的共焦參數 z_R 和曲率半徑 R，則可以畫出一個直徑爲 R 的圓，稱爲 σ 圓。入射 Gauss 光束的 σ 圓與 ω 圓的兩個交點 L 和 Z，L 爲透鏡的位置，點 L 到光軸的距離爲共焦參數 z_R；入射 Gauss 光束的 σ 圓與光軸也有兩個交點 L 和 C，L 即爲透鏡的位置，C 就是入射 Gauss 光束的曲率中心的位置，而 $\overline{CL}=R$ 就是入射 Gauss 光束的曲率半徑。相同的步驟，如果已知出射 Gauss 光束的共焦參數 z'_R 和曲率半徑 R'，則可以畫出一個直徑爲 R' 的 σ 圓，而出射 Gauss 光束的 σ 圓與 ω 圓的兩個交點爲 L 和 Z'，L 爲透鏡的位置，點 L 到光軸的距離爲共焦參數 z'_R；出射 Gauss 光束的 σ 圓與光軸也有兩個交點 L 和 C'，L 即爲透鏡的位置，C' 就是出射 Gauss 光束的曲率中心的位置，而 $\overline{C'L}=R'$ 就是出射 Gauss 光束的曲率半徑。薄凸透鏡前後的二個 Gauss 光束波前是互相共軛的幾何意義，即如圖 5.5(*a*) 所示三個圓的關係。所以，如果薄凸透鏡的焦距爲 f 和前後的 Gauss 光束曲率半徑 R、R' 的代數關係爲 $\frac{1}{R'}=\frac{1}{R}-\frac{1}{f}$，則很明顯的，當我們改變薄凸透鏡的焦距 f，在代數上是改變了出射 Gauss 光束的 σ 圓的曲率半徑大小；在幾何上則是改變了出射 Gauss 光束的 σ 圓的直徑，如圖 5.5(*b*) 所示。

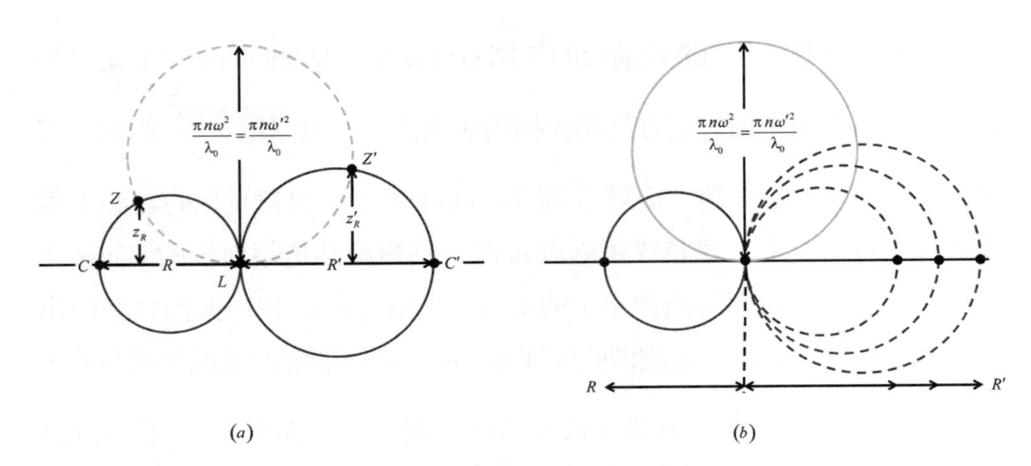

圖 5.5 Gauss 光束波前的曲率中心互相共軛的幾何意義

接著，ω 我們將推導入射 Gauss 光束光腰大小 ω_0 和通過薄透鏡後的 Gauss 光束光腰大小 ω'_0 的關係，以及在薄透鏡前後的 Gauss 光束光腰位置 z 與位置 z' 的關係。

薄凸透鏡前後的焦距 f 和兩個 Gauss 光束的複曲率半徑 q 和 q' 的關係爲

$$\frac{1}{q'}=\frac{1}{q}-\frac{1}{f}\ , \tag{5.49}$$

則

$$q'=\frac{fq}{f-q}\ , \tag{5.50}$$

而複曲率半徑 q 和 q' 又可以分別表示爲

$$q=z+jz_R=z+j\frac{\pi n\omega_0^2}{\lambda_0}\ , \tag{5.51}$$

和

$$q'=z'+jz'_R=z'+j\frac{\pi n\omega_0'^2}{\lambda_0}\ , \tag{5.52}$$

且因爲薄凸透鏡在輸出 Gauss 光束光腰的左側，所以 z' 要表示爲 $-z'$，則

$$\begin{aligned}
q' &= -z' + jz'_R \\
&= \frac{fq}{f-q} \\
&= \frac{f\left(z+jz_R\right)}{f-\left(z+jz_R\right)} \\
&= \frac{fz+jfz_R}{\left(f-z\right)-jz_R} \\
&= \frac{\left(fz+jfz_R\right)\left[\left(f-z\right)+jz_R\right]}{\left(f-z\right)^2+z_R^2} \\
&= \frac{\left(fz+jfz_R\right)\left(f-z\right)+jz_R\left(fz+jfz_R\right)}{\left(f-z\right)^2+z_R^2} \\
&= \frac{fz\left(f-z\right)+jfz_R\left(f-z\right)+jz_R fz-fz_R^2}{\left(f-z\right)^2+z_R^2} \\
&= \frac{fz\left(f-z\right)-fz_R^2}{\left(f-z\right)^2+z_R^2}+j\frac{fz_R\left(f-z\right)+z_R fz}{\left(f-z\right)^2+z_R^2} \\
&= \frac{f\left[z\left(f-z\right)-z_R^2\right]}{\left(f-z\right)^2+z_R^2}+j\frac{f\left[z_R\left(f-z\right)+z_R z\right]}{\left(f-z\right)^2+z_R^2} \\
&= \frac{f\left[z\left(f-z\right)-z_R^2\right]}{\left(f-z\right)^2+z_R^2}+j\frac{z_R f^2}{\left(f-z\right)^2+z_R^2} \quad 。
\end{aligned} \tag{5.53}$$

因爲實數部分等於實數部分；虛數部分等於虛數部分，所以實數部分爲

$$-z' = \frac{f\left[z\left(f-z\right)-z_R^2\right]}{\left(f-z\right)^2+z_R^2} \quad , \tag{5.54}$$

變號得
$$
\begin{aligned}
z' &= \frac{f\left[z(z-f)+z_R^2\right]}{(z-f)^2+z_R^2} \\
&= \frac{f\left(z^2-zf+z_R^2\right)}{(z-f)^2+z_R^2} \\
&= \frac{f\left[\left(z^2+z_R^2\right)-zf\right]}{(z-f)^2+z_R^2} \\
&= \frac{f\left(z^2+z_R^2\right)-zf^2}{(z-f)^2+z_R^2} \\
&= \frac{f\left(z^2-2zf+f^2+z_R^2\right)+(z-f)f^2}{(z-f)^2+z_R^2} \\
&= \frac{f\left[(z-f)^2+z_R^2\right]+(z-f)f^2}{(z-f)^2+z_R^2} \\
&= f+\frac{(z-f)f^2}{(z-f)^2+z_R^2} \quad ; \qquad (5.55)
\end{aligned}
$$

而虛數部分爲

$$
z_R' = \frac{z_R f^2}{(f-z)^2+z_R^2} \quad , \qquad (5.56)
$$

倒數
$$
\begin{aligned}
\frac{1}{z_R'} &= \frac{1}{z_R}\frac{(f-z)^2+z_R^2}{f^2} \\
&= \frac{1}{z_R}\left[\left(1-\frac{z}{f}\right)^2+\left(\frac{z_R}{f}\right)^2\right] \quad , \qquad (5.57)
\end{aligned}
$$

又 $z_R' = \dfrac{\pi n \omega_0'^2}{\lambda_0}$ 且 $z_R = \dfrac{\pi n \omega_0^2}{\lambda_0}$ ，代入得

$$\frac{1}{\omega_0'^2}=\frac{1}{\omega_0^2}\left[\left(1-\frac{z}{f}\right)^2+\left(\frac{z_R}{f}\right)^2\right] , \tag{5.58}$$

$$\left(\frac{\omega_0}{\omega_0'}\right)^2=\left(1-\frac{z}{f}\right)^2+\left(\frac{z_R}{f}\right)^2 。 \tag{5.59}$$

所以如果已知薄凸透鏡的焦距 f、入射 Gauss 光束共焦參數 z_R、光腰大小 ω_0 及位置 z，則可得通過薄透鏡後的 Gauss 光束光腰大小 ω_0' 爲

$$\frac{\omega_0'}{\omega_0}=\frac{1}{\sqrt{\left(1-\frac{z}{f}\right)^2+\left(\frac{z_R}{f}\right)^2}} 。 \tag{5.60}$$

此外，我們還可以考慮通過薄透鏡後的 Gauss 光束光腰位置 z' 關係。

由
$$z'=f+\frac{(z-f)f^2}{(z-f)^2+z_R^2} , \tag{5.61}$$

則
$$z'-f=\frac{(z-f)f^2}{(z-f)^2+z_R^2} 。 \tag{5.62}$$

兩側同除 $z-f$，則

$$\begin{aligned}\frac{z'-f}{z-f}&=\frac{f^2}{(z-f)^2+z_R^2}\\&=\frac{1}{\left(\frac{z}{f}-1\right)^2+\frac{z_R^2}{f^2}}\\&=\frac{1}{\left(1-\frac{z}{f}\right)^2+\frac{z_R^2}{f^2}} 。\end{aligned} \tag{5.63}$$

又 $\left(\frac{\omega_0}{\omega_0'}\right)^2=\left(1-\frac{z}{f}\right)^2+\left(\frac{z_R}{f}\right)^2$ ，所以可得薄凸透鏡的焦距 f、入射 Gauss 光束光腰大小 ω_0 及位置 z，通過薄透鏡後的 Gauss 光束光腰大小 ω_0' 及位置 z' 之間的關係為

$$\frac{z'-f}{z-f}=\left(\frac{\omega_0'}{\omega_0}\right)^2 \text{。} \tag{5.64}$$

接下來，我們可以從 Gauss 光束的光腰在凸透鏡前後的位置以及大小來說明當 Gauss 光束的共焦參數 z_R 或相對於凸透鏡的焦距 f 等於或趨近於零，即 $z_R=0$ 或 $\frac{z_R}{f}\to 0$ ，則 Gauss 光學（Gaussian optics）就回到幾何光學。

由（5.60）和（5.64）可得 Gauss 光束的透鏡公式（Lens formula for Gaussian beams）為

$$\frac{1-\frac{z}{f}}{1-\frac{z'}{f}}=\left(1-\frac{z}{f}\right)^2+\left(\frac{z_R}{f}\right)^2 \text{。} \tag{5.65}$$

這個結果可視為 Gauss 光束的光腰在凸透鏡前後的位置被凸透鏡的焦距 f 歸一化之後，即 $\frac{z}{f}$ 和 $\frac{z'}{f}$ 的關係。如果把 Gauss 光束的光腰在凸透鏡前後的歸一化位置分別視為歸一化的物距（Normalized image distance）$\frac{z}{f}$ 和歸一化的像距（Normalized object distance）$\frac{z'}{f}$ 則以 Gauss 光束的共焦參數為參數 z_R，將 Gauss 光束的透鏡公式繪圖如圖 5.6。因為 Gauss 光束的共焦參數的大小就是 Gauss 光束的光腰大小，所以，很明顯的，當在

Gauss 光束的共焦參數 z_R 很大的情況下，即$\frac{z_R}{f} \gg 1$ ，則

$$\frac{1-\frac{z}{f}}{1-\frac{z'}{f}} = \left(1-\frac{z}{f}\right)^2 + \left(\frac{z_R}{f}\right)^2 \Bigg|_{\frac{z_R}{f}\gg 1} \simeq \left(\frac{z_R}{f}\right)^2 \gg 1 \text{，} \tag{5.66}$$

表示無論入射 Gauss 光束的光腰在凸透鏡前的什麼位置，都會「成像」在凸透鏡的焦點附近，即 $z'=f$，這個現象和幾何光學中所描述的「沿平行光軸的方向傳遞，光會匯聚到焦點」相似。當在 Gauss 光束的共焦參數 z_R 很小或甚至等於零的情況下，即 $z_R \simeq 0$，則

$$\frac{1-\frac{z}{f}}{1-\frac{z'}{f}} = \left(1-\frac{z}{f}\right)^2 + \left(\frac{z_R}{f}\right)^2 \Bigg|_{z_R\simeq 0} \simeq \left(1-\frac{z}{f}\right)^2 \text{，} \tag{5.67}$$

可得幾何光學的物距 z、像距 z' 和焦距 f 的關係，即

$$\left(1-\frac{z}{f}\right)\left(1-\frac{z'}{f}\right) = 1 \text{，} \tag{5.68}$$

表示 Gauss 光束退化成光線（Optical ray），最顯著的現象就是「沿平行光軸的入射光會匯聚到焦點，從焦點發出的光會成像在無窮遠處」，即 $\left(1-\frac{z}{f}\right)\left(1-\frac{z'}{f}\right)\Big|_{z\to\infty} \to 1$ 則 $z'=f$ 或 $\left(1-\frac{z}{f}\right)\left(1-\frac{z'}{f}\right)\Big|_{s=f} \to 1$ 則 $z'\to\infty$，這個現象和幾何光學中所描述的一致。

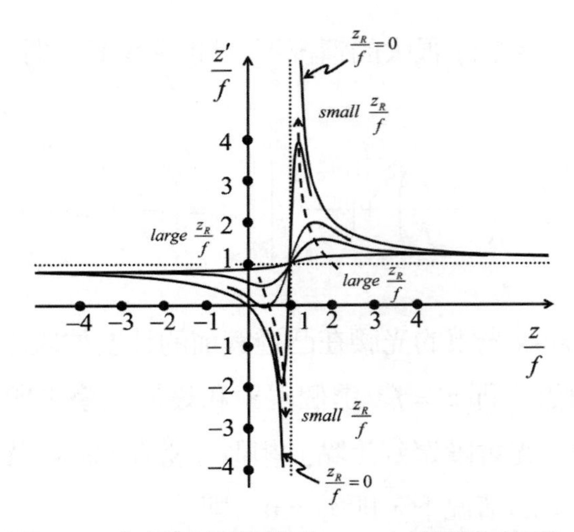

圖 5.6　在凸透鏡兩側的 Gauss 光腰的位置

此外，由

$$\left(\frac{\omega_0}{\omega_0'}\right)^2=\left(1-\frac{z}{f}\right)^2+\left(\frac{z_R}{f}\right)^2 , \tag{5.69}$$

則

$$\left(\frac{\omega_0}{\omega_0'}\right)^2=\frac{(f-z)^2+z_R^2}{f^2} , \tag{5.70}$$

可得 Gauss 光束的光腰在凸透鏡前後的大小關係為

$$\omega_0'^2=\omega_0^2\frac{f^2}{(z-f)^2+z_R^2} , \tag{5.71}$$

則

$$\omega_0'=\omega_0\frac{f}{\sqrt{(z-f)^2+z_R^2}} , \tag{5.72}$$

所以可得凸透鏡對於 Gauss 光束的放大率（Magnification）$m=\frac{\omega_0'}{\omega_0}$ 為

$$m=\frac{\omega_0'}{\omega_0}=\frac{f}{\sqrt{(z-f)^2+z_R^2}}\text{ 。} \tag{5.73}$$

然而如果在 Gauss 光束的光腰很小，即 $z_R \to 0$，這個近似的條件就是平面波的情況，則凸透鏡對於 Gauss 光束的放大率可以近似爲

$$\begin{aligned}
m=\frac{\omega_0'}{\omega_0}&=\left.\frac{f}{\sqrt{(z-f)^2+z_R^2}}\right|_{\substack{z_R\to 0\\(s-f)^2>>z_R^2}}\\
&\simeq\frac{f}{\sqrt{(z-f)^2}}\\
&=\frac{f}{|z-f|}\\
&=\frac{1}{\left|1-\frac{z}{f}\right|}\\
&=\left|1-\frac{z'}{f}\right|\text{ 。}
\end{aligned} \tag{5.74}$$

所以從焦點發出的光，即 $z=f$，入射至凸透鏡之後會以平行光軸的方式傳遞，則放大率 m 會發散爲無限大，如圖 5.7 所示。

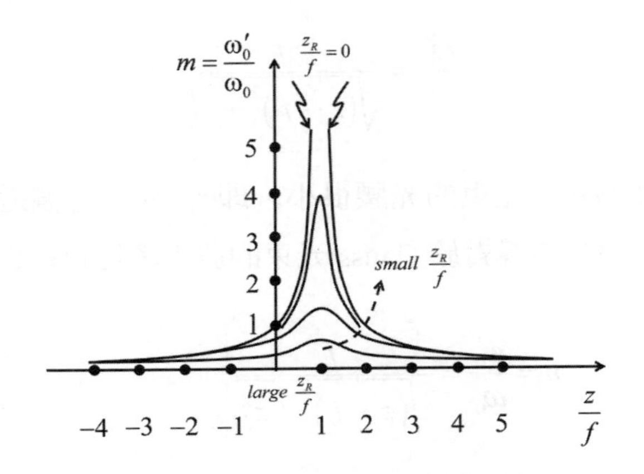

圖 5.7　Gauss 光束通過凸透鏡的放大率

5.3　Gauss 光束的幾何作圖

所謂雷射光其實就是 Gauss 光束，在幾何光學中所描述的是光線（Ray），稱爲線光學（Ray optics），因爲線光學不考慮光的波動性質，也就忽略了傳遞過程中重要的繞射現象，然而其實把幾何光學的方法簡單的擴充一下，就可用來描述包括和光學元件交互作用之屬的 Gauss 光束傳遞特性。只要經過簡短的證明，就可發現僅僅基於 Euclid 幾何（Euclidean geometry）的作圖法，就足以描述這類傳遞特性，所需的工具就是直尺和圓規。也就是只要具備中學的幾何概念，已經足以解決許多有趣的 Gauss 光學，並且可以具象的「看見」Gauss 光束的轉換過程，繪圖法同時也能提供問題中當改變了參數，諸如波長、光學元件的間距以及其所產生的效應之內稟。更進一步我們可以用幾何理論來解決相關的光學問題，如果需要精準的數值，我們可以在圖上使用一些三角幾何的方法，以及一個工程用的計算機就可以求得。

5.3.1 Gauss 光束參數的幾何關係

本節所要介紹的 Gauss 光束幾何關係，都是奠基在 Gauss 光束的二個基本方程式，這二個方程式也是 Gauss 光束光學的基石，即

$$R(z)=z\left[1+\left(\frac{\pi\omega_0^2 n}{\lambda_0 z}\right)^2\right]$$
$$=z\left[1+\frac{z_R^2}{z^2}\right]$$
$$=z\left[1+\pi\left(\frac{b}{2z}\right)^2\right]\ ; \tag{5.75}$$

和

$$\omega(z)=\omega_0\sqrt{1+\left(\frac{\lambda_0 z}{\pi\omega_0^2 n}\right)^2}$$
$$=\omega_0\sqrt{1+\frac{z^2}{z_R^2}}$$
$$=\omega_0\sqrt{1+\left(\frac{2z}{b}\right)^2}\ , \tag{5.76}$$

其中 $z_R=\frac{b}{2}=\frac{\pi\omega_0^2 n}{\lambda_0}$ 爲共焦參數；ω_0 爲光腰大小；n 爲介質的折射率；λ_0 爲光在眞空中的波長。

第一個方程式（5.75）是描述 Gauss 光束波前的曲率半徑 $R(z)$ 爲傳遞距離的函數；第二個方程式（5.76）是描述 Gauss 光束波前的尺寸或徑向大小 $\omega(z)$ 爲傳遞距離的函數，其中，Gauss 光束光斑大小的位置被定義爲當光束沿徑向的輻射度（Beam irradiance）是相對於光軸上的 $\frac{1}{e^2}$ 時之位置。

在以上二個方程式中，所謂的傳遞距離 z，都是相對於 Gauss 光束的光腰（Beam waist）位置來作量測的起點，習慣上，在光腰的右側 z 取正值；在光腰的左側 z 取負值，光束的腰大小標示爲 ω_0，在這個位置上，Gauss 光束同時也是一個平面波，從這點開始波前會因爲繞射的緣因而擴張，其曲率半徑 $R(z)$ 的改變可由（5.75）描述；徑向尺寸的大小 $\omega(z)$ 則由 (2) 描述。

然而 Gauss 光束繞射的影響表現在（5.75）和（5.76）方程式中的共焦參數 b，和上一節的 z_R 有所不同爲

$$b = 2z_R = \frac{2\pi\omega_0^2}{\lambda} = \frac{2\pi\omega_0^2 n}{\lambda_0} \quad , \tag{5.77}$$

其中 λ 爲輻射在介質中的波長；n 爲介質的折射率；λ_0 爲輻射在眞空中的波長。

我們可以由方程式（5.76）看出，當傳遞距離 $z = \dfrac{b}{2}$ ，則光束的面積變爲 2 倍，圖 5.8 爲 Gauss 光束的基本特性。

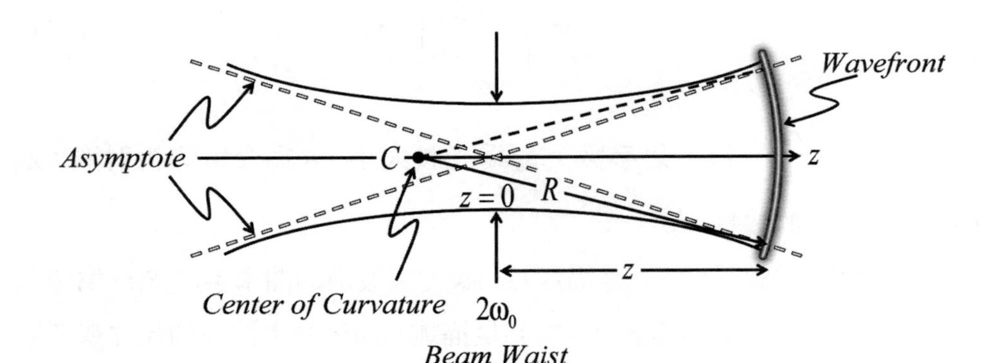

圖 5.8　Gauss 光束的光腰、曲率半徑、曲率中心、光束大小

我們可以發現共焦參數 b 是 Gauss 光束一個最基本、也是最重要的參數，當波長 λ_0 確定，光束腰的大小 ω_0 也確定，則共焦參數 b 就確定了 Gauss 光束的所有特性了，從另一個角度來說，當構成雷射共振腔的光學元件規格及其相對位置確定之後，共焦參數 b 也就被確定了，以下我們將以二個反射面鏡所構成的穩定雷射共振腔爲例，說明當 Gauss 光束由腰出發傳遞了距離 z 之後，我們如何以幾何的方式由共焦參數 b 找出 Gauss 光束的曲率半徑 $R(z)$、曲率中心 C 及光束大小 $\omega(z)$。

如圖 5.9 所示，很明顯的一般而言，沿著傳遞方向上的波前之曲率半徑中心位置並不在光腰位置上，而且曲率半徑中心的位置會隨著傳遞距離而改變，當波前傳遞越來越遠，即 z 越來越大時，曲率半徑中心也越來越靠近光腰的位置。

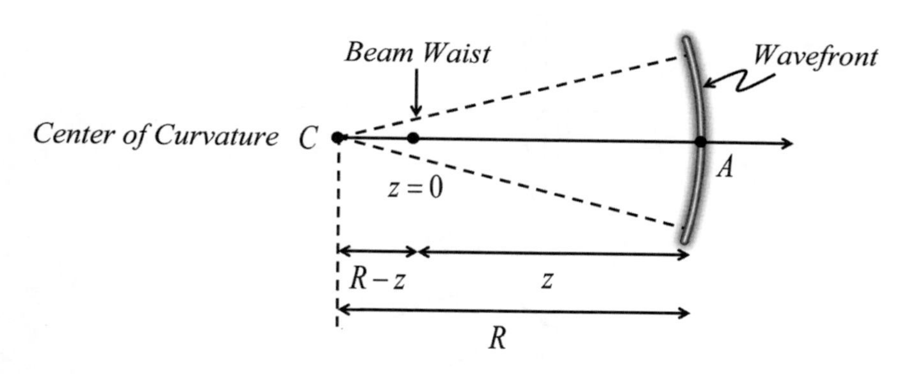

圖 5.9　Gauss 光束波前之曲率半徑中心

當波前在位置 z 時，曲率半徑中心到腰的距離爲 $R-z$，則由（1）式得

$$(R-z)z=\left\{z\left[1+\left(\frac{b}{2z}\right)^2\right]-z\right\}z$$

$$= z^2\left\{1+\left(\frac{b}{2z}\right)^2-1\right\}$$

$$= \frac{b^2}{4} \quad 。 \tag{5.78}$$

接著我們可以由兩個相對的觀點來探討 $(R-z)z=\left(\frac{b}{2}\right)^2=\frac{b^2}{4}$ 的幾何意義和雷射特性參數之間的關係。

5.3.1.1 Gauss 光束的曲率中心與曲率半徑

由波前的位置和光腰的位置和大小，可以找出 Gauss 光束的曲率中心位置和曲率半徑。

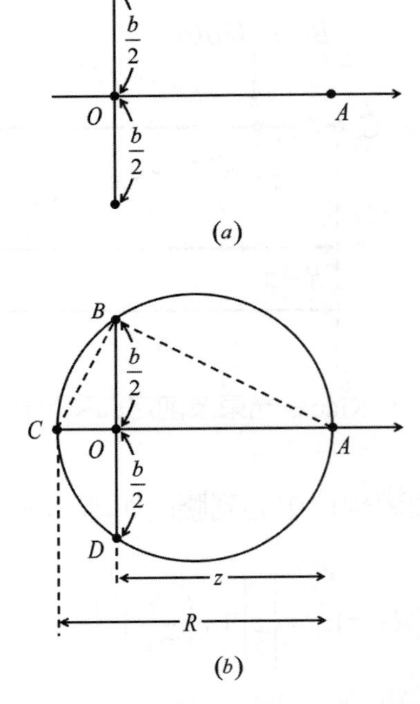

圖 5.10　Gauss 光束的曲率中心與曲率半徑的幾何關係

如圖 5.10 所示，若 Gauss 光束的波前在光軸上的交點為 A，光腰的位置在 O，共焦參數的大小為 b，則

$$\overline{OA} = z \ ; \tag{5.79}$$

$$\overline{OB} = \frac{b}{2} = \overline{OD} \ 。 \tag{5.80}$$

我們可以畫一個圓稱為 σ 圓，通過 A、B、D 三點，則這個 σ 圓在光軸上的二個交點 A 和 C，其中 C 就是曲率中心的位置，而這個圓的直徑 $\overline{AC} = R$ 就是 Gauss 光束的曲率半徑。

以上的幾何關係可以簡單證明如下。

因為 ΔCBO 和 ΔBAO 相似，所以

$$\frac{R-z}{\frac{b}{2}} = \frac{\frac{b}{2}}{z} \ , \tag{5.81}$$

即

$$(R-z)z = \left(\frac{b}{2}\right)^2 = \frac{b^2}{4} \ , \tag{5.82}$$

和（5.78）相同。

5.3.1.2 Gauss 光束的光斑大小

由構成穩定共振腔的面鏡之曲率半徑，可找出光腰的位置和共焦參數的大小或光腰的大小。

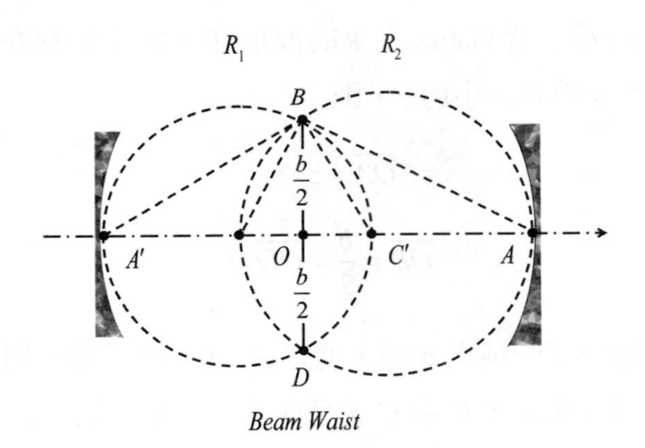

圖 5.11　穩定共振腔中 Gauss 光束光腰位置和大小的幾何關係

如圖 5.11 所示是一個由二個反射面鏡所構成的穩定共振腔，而反射面鏡的曲率半徑分別爲 R_1 和 R_2。因爲 Gauss 光束的曲率半徑必須和這二個反射面鏡的曲率半徑匹配，而且當然一個 Gauss 光束只有一個光腰，也就是一個共焦參數，所以由二個反射面鏡的曲率半徑爲直徑分別畫圓，則這二個 σ 圓會有二個交點 B 和 D，由幾何的關係我們很容易的可以證明 $OB=\frac{b}{2}$；且 O 爲光腰的位置。

當波前在位置 A' 時，其所對應的 Gauss 光束的曲率半徑 R_1，恰是反射面鏡的曲率半徑；當波前在位置 A 時，其所對應的 Gauss 光束的曲率半徑 R_2 恰是另一個反射面鏡的曲率半徑，所以這二個 σ 圓的二個交點 B 和 D 連線被光軸平分，即 $\overline{OB}=\frac{b}{2}$，且 $\Delta A'BC'$ 和 ΔABC 都滿足 $(R-z)z=\frac{b^2}{4}$ 的關係，即 O 就是光腰的位置。

此外，我們也可以藉由簡單的幾何方法，找出 Gauss 光束尺寸 $\omega(z)$ 對傳遞距離 z 的函數關係，如圖 5.12 所示。

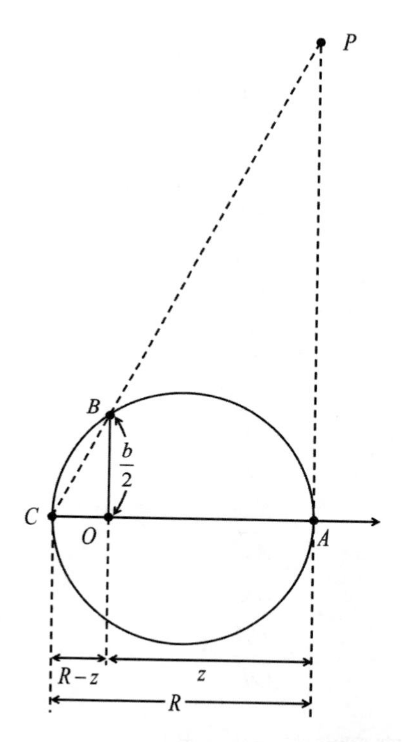

圖 5.12　Gauss 光束尺寸對傳遞距離的幾何關係

由 Gauss 光束波前的尺寸大小 $\omega(z)$ 爲傳遞距離 z 的函數爲

$$\omega(z)=\omega_0\sqrt{1+\left[\frac{2z}{b}\right]^2}\ ,\tag{5.83}$$

則

$$\begin{aligned}\frac{\omega^2(z)}{\omega_0^2}&=1+\left(\frac{2z}{b}\right)^2\\&=\left(\frac{2z}{b}\right)^2\left[1+\left(\frac{b}{2z}\right)^2\right]\\&=\frac{4z}{b^2}\left[z+\frac{b^2}{4z}\right]\end{aligned}$$

$$
\begin{aligned}
&= \frac{4z}{b^2}\left[z + \frac{b^2/4}{z} \right] \\
&= \frac{4z}{b^2}[z + R - z] \\
&= \frac{4zR}{b^2} \\
&= \frac{R}{\dfrac{b^2/4}{z}} \\
&= \frac{R}{R-z} \\
&= \frac{\overline{AC}}{\overline{OC}} \\
&= \frac{\overline{PA}}{\overline{OB}} \text{ ，} \qquad (5.84)
\end{aligned}
$$

即 $\overline{PA}$ 線段的長度可對應到光束大小，即

$$
\begin{aligned}
\overline{PA} &= \frac{\omega^2(z)}{\omega_0^2}\overline{OB} \\
&= \frac{\omega^2(z)}{\omega_0^2}\frac{b}{2} \\
&= \frac{\pi\omega^2(z)}{\lambda} \text{ 。} \qquad (5.85)
\end{aligned}
$$

這些結果不但提供了雷射共振腔的設計參考，也可以用來分析 Gauss 光束的基本特性，諸如光斑大小、曲率半徑、曲率中心及 Gauss 光束被透鏡、面鏡轉換的過程與模式匹配（Mode matching）。

5.3.1.3 通過透鏡的 Gauss 光束

若通過焦距為 f 的薄凸透鏡前後的 Gauss 光束曲率半徑分別為 R_1 和 R_2，則 R_1、R_2、f 會遵守幾何光學的關係，即 $\frac{1}{R_2}=\frac{1}{R_1}-\frac{1}{f}$ ，如前所述，其物理意義為：通過凸透鏡前後的 Gauss 光束，相對於凸透鏡的二個波前的曲率中心是互相共軛的。此外，如果這個薄透鏡的尺寸夠大，可以涵蓋整個光束的大小，則波前的大小是不會改變的，即

$$\omega_1(z_L)=\omega_2(z_L) \quad , \tag{5.86}$$

其中 ω_1 和 ω_2 分別為入射和出射的光束大小；z_L 為透鏡的位置。

我們可以簡單的幾何關係同時決定在凸透鏡之後新的 Gauss 光束的光腰位置、大小及其曲率半徑，步驟如下。

[1] 在光軸上定義入射 Gauss 光束的光腰的位置 O_1 及光腰的大小 $\overline{O_1B_1}=\frac{\pi\omega_{0,1}^2}{\lambda}$ ，如圖 5.13(a) 所示。

[2] 在光軸上定義出薄透鏡的位置 L，其及焦點的位置 F，如圖 5.13(b) 所示。

[3] 由 L 連線至 B_1，如圖 5.13(c) 所示。

[4] 畫線段 $\overline{B_1C_1}$ 交光軸於 C_1，且使 $\angle LB_1C_1=90^\circ$，則 C_1 的位置就是波前的曲率中心位置，且線段 $\overline{C_1L}$ 的長度就是波前的曲率半徑，如圖 5.13(d) 所示。

[5] 延伸 $\overline{C_1B_1}$ 交薄透鏡於 L_1，則曲線段 $\overline{LL_1}$ 的長度即可定義出光束的大小，即 $\overline{LL_1}=\frac{\pi\omega_1^2}{\lambda}$, 如圖 5.13($e$) 所示。

[6] 若以線段 $\overline{P_1C_1}$ 為物體，則可以一般的幾何光學方法找出在薄透鏡之後所成的像 $\overline{P_2C_2}$ 。因為平行光軸的光會通過焦點 F，通過鏡心 L 的光不改

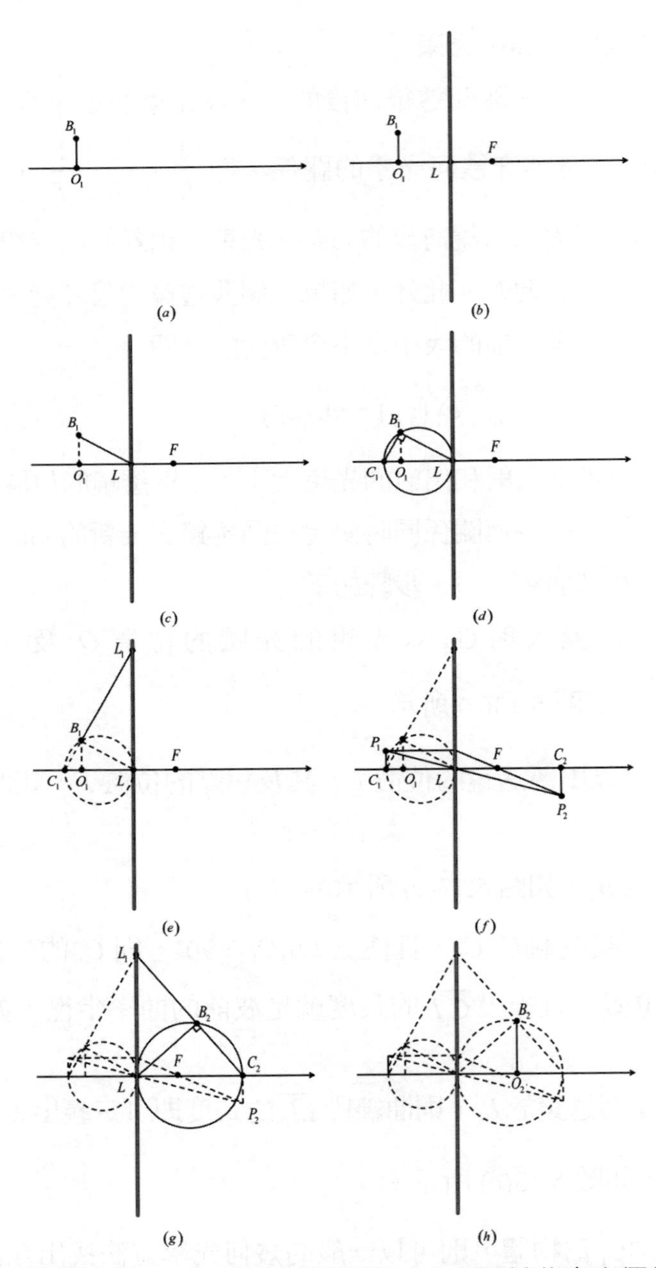

圖 5.13 凸透鏡前後的 Gauss 光束光腰位置、大小及其曲率半徑的幾何作圖步驟

變，所以二條線的交點定爲 P_2，再向光軸作垂線，其垂足爲 C_2，則 C_2 爲 Gauss 光束在通過薄透鏡成像之後的波前之曲率中心，而線段 $\overline{LC_2}$ 長度爲波前的曲率半徑，如圖 5.13(f) 所示。

[7] 作 $\overline{L_1C_2}$ 線段，再作 $\overline{LB_2}$ 線段交 $\overline{L_1C_2}$ 於 B_2，且使 $\angle C_2B_2L = 90^\circ$，如圖 5.13($g$) 所示。

[8] 作 $\overline{B_2O_2}$ 線段垂直於光軸，且在光軸上的垂足爲 O_2，則 O_2 即爲出射 Gauss 光束的腰的位置，且腰的大小爲 $\overline{O_1B_1} = \dfrac{\pi\omega_{0,2}^2}{\lambda}$ ，如圖 5.13(h) 所示。

很顯然的，我們可以藉由幾何光學的原理，再配合三角幾何的關係，就可以精準且快速的得到量化的訊息。

5.4　Gauss 光束的幾何關係

在討論雷射共振腔時，我們曾經以幾何作圖的方式來判斷共振腔的穩定性。因爲 Gauss 光束的特性可以用幾個關鍵的參數來描述，所以這一節，我們也將嘗試著找出這些參數之間的幾何關係，透過所謂的 Gauss 光束幾何學（Geometry of Gaussian beam），希望能使抽象的代數關係成爲比較具象的幾何圖形。

Gauss 光束的光斑大小 $\omega(z)$ 和光束波前的曲率半徑 $R(z)$，是隨傳播距離而改變的，即

$$\omega^2(z) = \omega_0^2\left[1+\left(\frac{z}{z_R}\right)^2\right] \quad ; \tag{5.87}$$

$$R(z)=z\left(1+\left(\frac{z_R}{z}\right)^2\right) \text{，} \tag{5.88}$$

其中 ω_0 為 Gauss 光束的光腰大小；z 為 Gauss 光束傳遞的距離；$z_R=\frac{\pi n\omega_0^2}{\lambda_0}$ 為共焦參數或 Rayleigh 範圍。若從共振腔的角度來看，則因每一個穩定的共振腔都可化成一個等價共焦腔，而穩定共振腔所對應的等價共振腔長度為 $2z_R$，所以當共振腔確定了之後，很顯然的，其所形成的 Gauss 光束特性也就隨之被確定了。

我們要重新整理關係式（5.87）和（5.88），目的在於使光斑大小 $\omega(z)$ 和 Gauss 光束曲率半徑 $R(z)$ 有相同的型式之表示，進而可以用同一個「圓系」來表示。

由

$$\omega^2(z)=\omega_0^2\left[1+\left(\frac{z}{z_R}\right)^2\right] \text{，} \tag{5.89}$$

兩側同除 ω_0^2 得

$$\frac{\omega^2(z)}{\omega_0^2}=1+\left(\frac{z}{z_R}\right)^2 \text{，} \tag{5.90}$$

則

$$\frac{\omega^2(z)}{\omega_0^2}=\frac{z_R^2+z^2}{z_R^2} \text{，} \tag{5.91}$$

所以

$$\frac{z_R\omega^2(z)}{\omega_0^2}=\frac{z_R^2+z^2}{z_R} \text{。} \tag{5.92}$$

或者為了把上式的左側 $\frac{\pi n\omega^2(z)}{\lambda_0}$ 轉換成和共焦參數相同的型式，則可為

$$\frac{z_R\omega^2(z)}{\omega_0^2}=\frac{\pi n\omega^2(z)}{\lambda_0}=\frac{{z_R}^2+z^2}{z_R}\quad。\tag{5.93}$$

現在我們要看看關係式（5.92）或（5.93）的幾何意義。

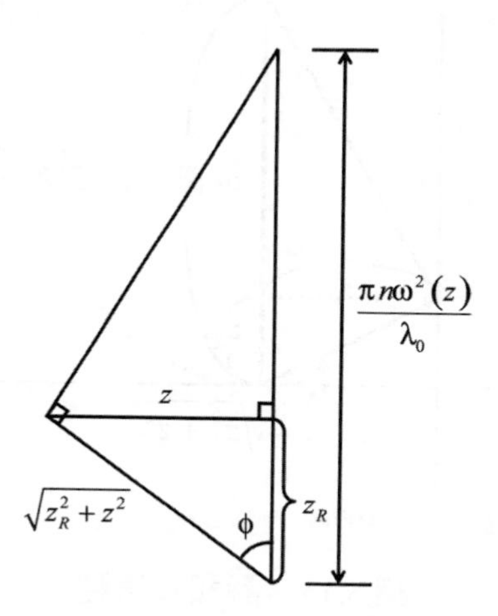

圖 5.14　建構 ω 圓的三角形相似關係

由$\sqrt{z_R^2+z^2}$和z_R、z的關係，可以畫一個直角三角形，如圖5.14所示，則

$$\cos\phi=\frac{z_R}{\sqrt{z_R^2+z^2}}=\frac{\sqrt{z_R^2+z^2}}{\frac{\pi n\omega^2(z)}{\lambda_0}}\quad,\tag{5.94}$$

所以

$$\frac{\pi n\omega^2(z)}{\lambda_0}=\frac{z_R^2+z^2}{z_R}\quad。\tag{5.95}$$

如果以共焦參數 z_R 為半徑畫圓，則關係式（5.94）或（5.95）可以畫

出一個直徑爲 $\frac{z_R\omega^2(z)}{\omega_0^2}$ 的圓，稱爲 ω 圓，如圖 5.15 所示。反過來說，當 ω 圓確定之後，由 ω 圓的直徑可得 Gauss 光束的光斑大小 $\omega(z)$。

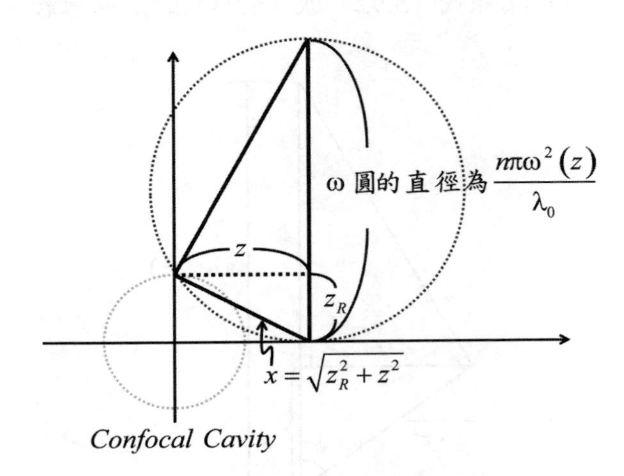

圖 5.15　圓和共焦腔

相似的過程，可得

$$R(z)=z\left[1+\left(\frac{z_R}{z}\right)^2\right]$$
$$=z\left(\frac{z^2+z_R^2}{z^2}\right)$$
$$=\frac{z^2+z_R^2}{z}\quad, \tag{5.96}$$

現在我們要看看關係式（5.96）的幾何意義。

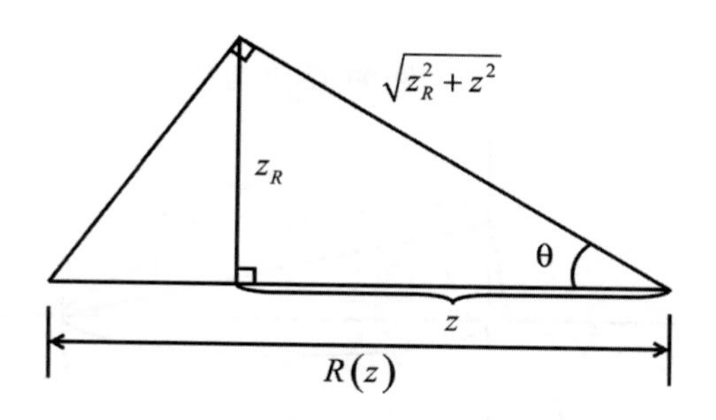

圖 5.16　建構 σ 圓的三角形相似關係

由 $\sqrt{z_R^2+z^2}$ 和 z_R、z 的關係，可以畫一個直角三角形，如圖 5.16 所示，則

$$\cos\theta=\frac{z}{\sqrt{z_R^2+z^2}}=\frac{\sqrt{z_R^2+z^2}}{R(z)}\text{ 。}\tag{5.97}$$

所以

$$R(z)=\frac{z_R^2+z^2}{z}\text{ ，}\tag{5.98}$$

如果以共焦參數 z_R 爲半徑畫圓，則關係式（5.98）可以畫出一個直徑爲 $R(z)$ 的圓，稱爲 σ 圓，如圖 5.17 所示。反過來說，當 σ 圓確定之後，由 σ 圓的直徑可得 Gauss 光束的曲率半徑 $R(z)$。

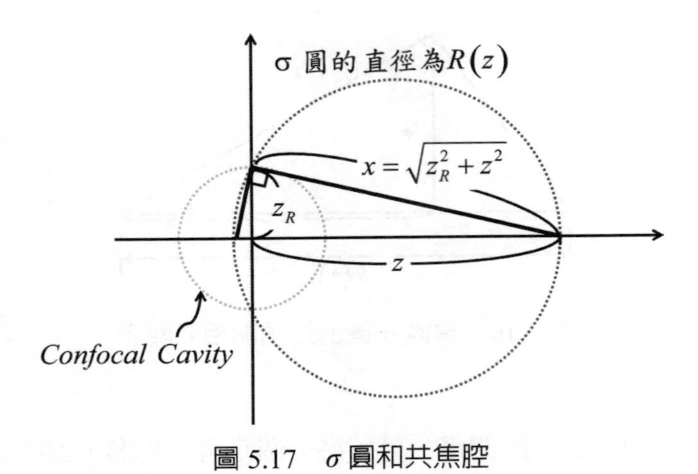

圖 5.17　σ 圓和共焦腔

我們綜合以上有關 Gauss 光束的幾何結果，如果已知共焦參數 $z_R=\dfrac{\pi n\omega_0^2}{\lambda_0}$，就可以隨著 Gauss 光束傳遞的距離 z 畫出 ω 圓和 σ 圓，如圖 5.18 所示，這兩個圓的直徑分別對應著 Gauss 光束的光斑大小 $\omega(z)$ 和曲率半徑 $R(z)$。

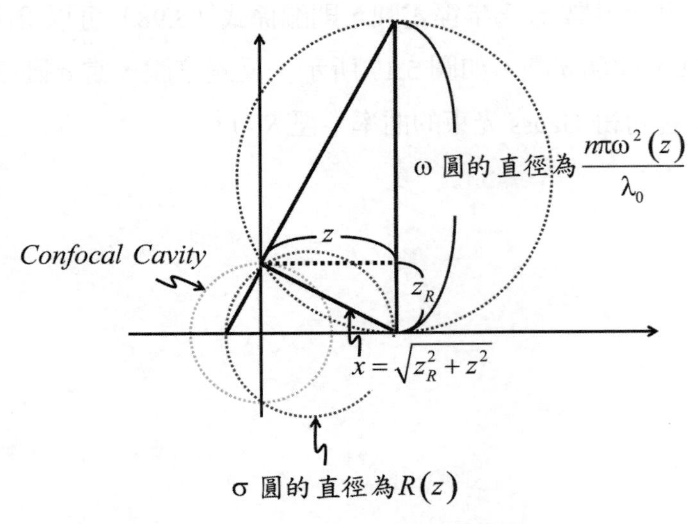

圖 5.18　σ 圓、ω 圓和共焦腔

5.5 Gauss 光束傳遞的幾何作圖法

嚴格來說，本章所處理的是一階 Gauss 光束（First order Gaussian bean）。對於雷射系統一階分析與設計的方法其實有很多。這些方法主要是要發展出當 Gauss 光束通過了折射與反射的元件之後，可以預測 Gauss 光束的光腰大小、光腰位置以及波前曲率。前面我們已經介紹以代數的方法，用 ABCD 定律來計算 Gauss 光束的傳遞行爲，可得到 Gauss 光束在包含經過光學元件之後，在空間上的所有特性，現在我們要介紹幾何作圖法來描述 Gauss 光束的傳遞。

Gauss 光束特性的幾何作圖法，除了可以用圓規與直尺畫出 Gauss 光束「具體的樣子」之外，如果對於電磁波、微波技術、高頻電子電路設計熟悉的研究人員將會發現，一階 Gauss 光束特性的幾何作圖法和 Smith 圖是相同的，基本上，描述 Gauss 光束中之複曲率半徑（Complex curvature radius 或 Complex radius of curvature 或 Waveform coefficient）$q(z)$ 的轉換規則和傳輸線理論（Transmission line theory）是類似的。我們在這一節將簡單介紹 Collins 圖（Collins diagram）、Smith 圖（Smith chart）和傳播圓法（Propagation circle method）等三種幾何作圖法。

5.5.1 Gauss 光束特性的幾何作圖法—— Collins 圖

在討論 Gauss 光束的傳播、變換和匹配時，可以由複曲率半徑 $q(z)$，加上 ABCD 規則來作計算，然而我們現在將以幾何方式來作的計算，稱爲 Collins 圖。這個方法和傳輸線理論（Transmission line theory）的 Smith

圖幾乎是相同的。由於 Gauss 光束的傳遞過程大多涉及複曲率半徑的加減運算的過程，如（5.23）式，即

$$q(z) = z + jz_R \;; \tag{5.99}$$

及

$$\frac{1}{q(z)} = \frac{1}{R(z)} - j\frac{\lambda}{\pi\omega^2(z)} \;, \tag{5.100}$$

所以很明顯的，我們發現這樣的過程和微波工程裡的阻抗（Impedance）Z 和導納（Admittance）Y 的運算式相似。Collins 圖就是建立在這個基礎上。基本上，Gauss 光束的相關問題都可藉由 Collins 圖來分析、求解。當然現在我們已經可以很方便的使用電腦來完成運算，但是 Collins 圖仍然不失為在視覺上一個很好的方法，讓我們可以透過圖形來做判別決定幾種可能的解決方案。

根據（5.12）和（5.23），可知 Gauss 光束的複曲率半徑 $q(z)$ 在自由空間（Free space）中傳遞距離 z 的規則，即

$$q = q_0 + z = iz_R + z = i\left(\frac{\pi\omega_0{}^2}{\lambda} - iz\right) \;, \tag{5.101}$$

且

$$\frac{1}{q} = \frac{1}{R} - \frac{i\lambda}{\pi\omega^2} = -i\left[\frac{\lambda}{\pi\omega^2} + \frac{i}{R}\right] \;, \tag{5.102}$$

兩式相乘得

$$\left(\frac{\lambda}{\pi\omega^2} + \frac{i}{R}\right)\left(\frac{\pi\omega_0{}^2}{\lambda} - iz\right) = 1 \;。 \tag{5.103}$$

令 $X = \dfrac{\lambda}{\pi\omega^2}$ 且 $Y = \dfrac{1}{R}$，則

$$\left(X + iY\right)\left(\frac{\pi\omega_0{}^2}{\lambda} - iz\right) = 1 \;, \tag{5.104}$$

或 $$\left(X+iY\right)\left(z_R-iz\right)=z_RX+zY+i\left(-zX+z_RY\right)=1\ ,\tag{5.105}$$

則實數部分爲

$$z_RX+zY=1\ ;\tag{5.106}$$

且虛數部分爲

$$-zX+z_RY=0\ 。\tag{5.107}$$

將上面的方程組分成兩部分來看，分別是爲了建立 [1] 描述 Gauss 光束的光腰大小 ω_0，以及 [2]Gauss 光束的曲率半徑 $R(z)$、光斑大小 $\omega(z)$ 隨傳播距離 z 的關係圓方程式。分別說明如下。

[1] 因爲 Gauss 光束的光腰大小 ω_0 和 Gauss 光束的共焦參數大小 z_R 成正比例關係，即 $z_R=\dfrac{\pi\omega_0^2}{\lambda}=\dfrac{\pi n\omega_0^2}{\lambda_0}$ ，其中 λ 爲輻射在介質中的波長；n 爲介質的折射率；λ_0 爲輻射在眞空中的波長，所以現在要消去 z，而留下 z_R。

由虛數部分 $-zX+z_R=0$ 可得 $z=z_R\dfrac{Y}{X}$ ，代入實數部分 $z_RX+zY=1$，則

$$z_RX+\left(z_R\frac{Y}{X}\right)Y=1\ ,\tag{5.108}$$

同除X，
$$z_RX^2+z_RY^2=X\ ,\tag{5.109}$$

同除 z_R 使二次項的係數爲 1 再移項，

$$X^2-\frac{1}{z_R}X+Y^2=0\ ,\tag{5.110}$$

配方，
$$X^2-\frac{1}{z_R}X+\left(\frac{1}{2z_R}\right)^2+Y^2=\left(\frac{1}{2z_R}\right)^2\ ,\tag{5.111}$$

則描述 Gauss 光束的共焦參數 z_R 的關係圓方程式爲

$$\left(X-\frac{1}{2z_R}\right)^2+Y^2=\left(\frac{1}{2z_R}\right)^2 。 \tag{5.112}$$

這是一個以 $\left(\frac{1}{2z_R},0\right)$ 爲圓心，半徑爲 $\frac{1}{2z_R}$ 的圓，因爲共焦參數 z_R 永遠爲正值，所以圓心在 X 軸正向上。

[2] 因爲要建立隨傳播距離 z 的關係，所以現在要消去 z_R，而留下 z。

由虛數部分 $-zX+z_RY=0$ 可得 $z_R=\frac{Xz}{Y}$，代入實數部分 $z_RX+zY=1$，則

$$\frac{Xz}{Y}X+zY=1 ， \tag{5.113}$$

同除 Y，

$$zX^2+zY^2=Y ， \tag{5.114}$$

同除 z 使二次項的係數爲 1，

$$X^2+Y^2=\frac{1}{z}Y ， \tag{5.115}$$

移項，

$$X^2+Y^2-\frac{1}{z}Y=0 ， \tag{5.116}$$

配方，

$$X^2+Y^2-\frac{1}{z}Y+\left(\frac{1}{2z}\right)^2=\left(\frac{1}{2z}\right)^2 ， \tag{5.117}$$

則描述 Gauss 光束的曲率半徑 $R(z)$ 和光斑大小 $\omega(z)$ 隨傳播距離 z 的關係圓方程式爲

$$X^2+\left(Y-\frac{1}{2z}\right)^2=\left(\frac{1}{2z}\right)^2 \text{。} \tag{5.118}$$

這是一個以 $\left(0,\frac{1}{2z}\right)$ 為圓心，半徑為 $\left|\frac{1}{2z}\right|$ 的圓，因為距離的正負符號是以 Gauss 光束的光腰位置定義為零，若距離是在光腰位置的左側，則距離為負號，圓心在 Y 軸負向上；若距離 z 是在光腰位置的右側，則距離 z 為正號，圓心在 Y 軸正向上。

（5.112）和（5.118）都是圓的型式，當 Gauss 光束的光腰大小 ω_0 確定後，共焦參數 z_R 也可以確定，所以半徑為 $\frac{1}{2z_R}$ 的圓（5.112）就可以畫出來了；當 Gauss 光束傳遞的距離確定後，所以半徑為 $\frac{1}{2z}$ 的圓（5.118）就可以畫出來了。若畫在 $X-Y$ 平面上，即 $\left(\frac{\lambda}{\pi\omega^2}-\frac{1}{R}\right)$ 座標上，如圖 5.19 所示，則稱為 Collin 圖。兩個圓的交點 (x', y') 可以分別轉換成 $\left(\frac{\lambda}{\pi\omega^2},\frac{1}{R}\right)$，即可得 Gauss 光束的光斑大小 $\omega(z)$ 和曲率半徑 $R(z)$。

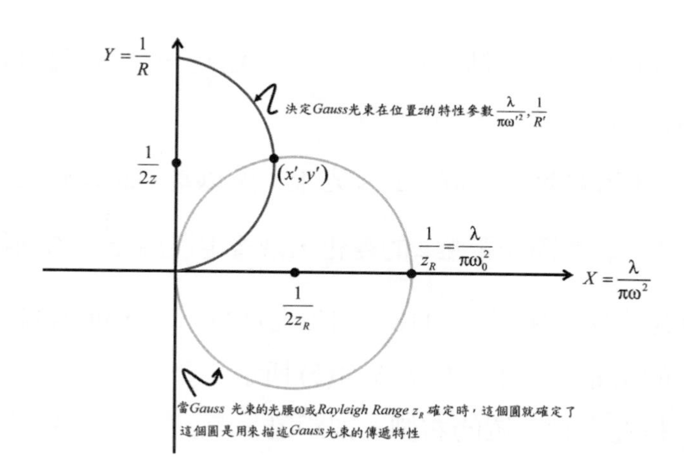

圖 5.19　Collins 圖

接著，我們以 Collin 圖分析 Gauss 光束通過薄透鏡的過程中，Gauss 光束的曲率半徑 $R(z)$、光斑大小 $\omega(z)$ 隨傳播距離 z 的變化。

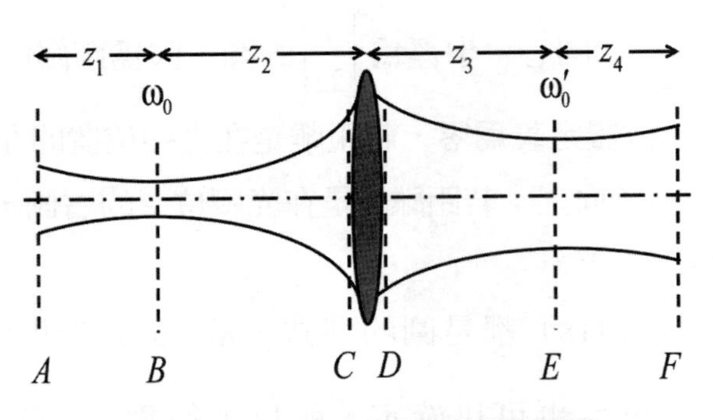

圖 5.20　Gauss 光束通過薄透鏡

Gauss 光束由位置 A 通過焦距爲 f 的薄透鏡至位置 F，而 B 和 E 分別對應於 Gauss 光束在薄透鏡前後的光腰位置，如圖 5.20 所示。因爲是薄透鏡，所以 C 和 D 只考慮凸透鏡的焦距作用，而不考慮凸透鏡的厚度。

因爲已知 Gauss 光束的光腰大小 ω_0，所以共焦參數 z_R 可以確定，半徑爲 $\frac{1}{2z_R}$ 的圓（5.112）可得，又距離 z_1 是在光腰位置的左側，則距離 z_1 爲負，（5.118）圓心在 Y 軸負向上，且半徑爲 $\left|\frac{1}{2z_1}\right|$，兩個圓的交點即爲 A，如圖 5.21(a) 所示。

因爲 A、B 和 C 是同一個 Gauss 光束，所以當 Gauss 光束在薄透鏡的同一側傳遞時，就會隨著距離 z 的變化，沿著半徑爲 $\frac{1}{2z_R}$ 的圓弧前進。

因爲 B 是光腰，所以（5.118）圓半徑爲無限大，則兩個圓（5.112）和（5.118）的交點在 X 上，如圖 5.21(b) 所示。

距離 z_2 是在光腰位置的右側，則距離 z_2 爲正，（5.118）圓心在 Y 軸

正向上，且半徑爲 $\left|\frac{1}{2z_2}\right|$ ，兩個圓的交點即爲 C，如圖 5.21(c) 所示。

通過薄透鏡的二個 Gauss 光束波前的曲率中心是互相共軛的，即 $\frac{1}{R'}=\frac{1}{R}-\frac{1}{f}$ ，如前所述，則

$$Y'=Y-\frac{1}{f} \quad 。 \tag{5.119}$$

這個關係式表示通過焦距爲 f 的薄透鏡會在 Collin 圖中，使 Y 軸座標向下移動 $\frac{1}{f}$ 的距離。所以由 C 垂直向下距離爲 $\frac{1}{f}$ 的位置定爲 D，即 $\overline{CD}=\frac{1}{f}$ ，垂直表示 Gauss 光束通過薄透鏡的大小尺寸沒有改變，如圖 5.21(d) 所示。

因爲 D、E 和 F 是同一個 Gauss 光束，所以當 Gauss 光束在薄透鏡的同一側傳遞時，就會隨著距離 z 的變化，沿著半徑爲 $\frac{1}{2z'_R}$ 的圓弧前進。

因爲 E 是光腰，所以（5.118）圓半徑爲無限大，則兩個圓（5.112）和（5.118）的交點在 X 上，如圖 5.21(e) 所示。

距離 z_4 是在光腰位置的右側，則距離 z_4 爲正，（5.118）圓心在 Y 軸正向上，且半徑爲 $\left|\frac{1}{2z_4}\right|$ ，兩個圓的交點即爲 F，如圖 5.21(f) 所示。

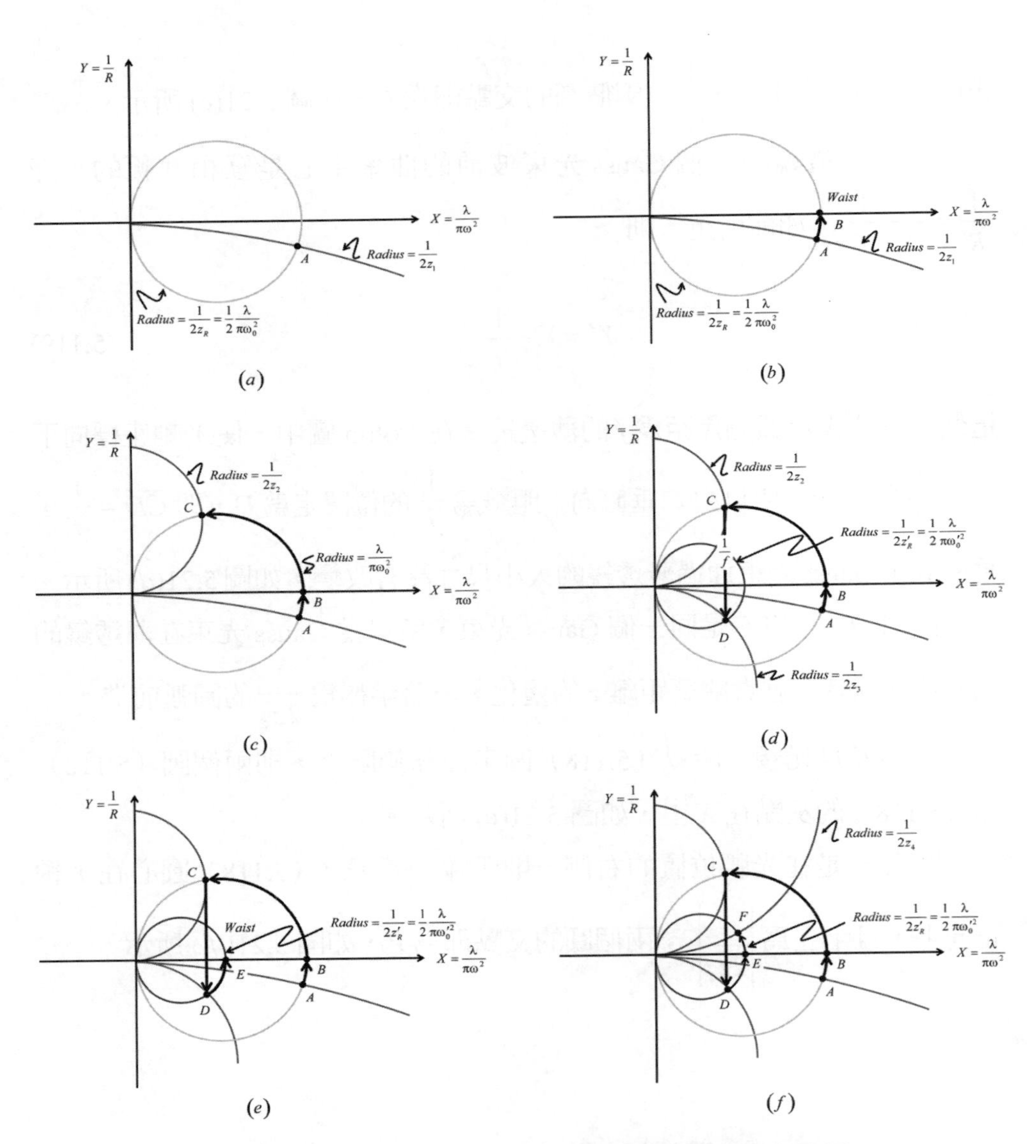

圖 5.21　Collin 圖分析 Gauss 光束通過薄透鏡的過程

5.5.2 Gauss 光束特性的幾何作圖法—— Smith 圖

在介紹 Gauss 光束特性的 Smith 圖幾何作圖法之前，我們再重複敘述一次 Gauss 光束的特性。

$$f_1(x,y,0)=\mathscr{E}_0\exp\left[-\frac{1}{2}\left(x^2+y^2\right)\Big/s^2\right] \tag{5.120}$$

代入 Fresnel-Kirchhoff 積分，

$$f_2(x,y,0)=\frac{j}{\lambda z}e^{-jkz}\iint dx'dy'f_1(x,y,0)\exp\left\{-\frac{jk}{2z}\left[\left(x-x'\right)^2+\left(y-y'\right)^2\right]\right\}\text{，} \tag{5.121}$$

可得 $$f_2(x,y,z)=\mathscr{E}_0\frac{j}{\lambda z}e^{-jkz}\int_{-\infty}^{+\infty}dx'\exp\left\{-\frac{1}{2}\left[\left(\frac{x'}{s}\right)^2-j\frac{k}{2z}(x-x')^2\right]\right\}$$
$$\int_{-\infty}^{+\infty}dy'\exp\left\{-\frac{1}{2}\left[\left(\frac{y'}{s}\right)^2-j\frac{k}{2z}(y-y')^2\right]\right\}\text{，} \tag{5.122}$$

$$f_2(x,y,0)=\mathscr{E}_0e^{-jkz}\left(\frac{s}{\omega}\right)\exp\left[-\frac{1}{2}p\left(x^2+y^2\right)+j\phi\right]\text{，} \tag{5.123}$$

其中 $p=\frac{1}{\omega^2}+j\frac{k}{2R}$ 稱為波形係數（Waveform coefficient）；$\omega=\omega(z)=\omega_0\sqrt{1+\left(\frac{2z}{k\omega_0^2}\right)^2}=\omega_0\sqrt{1+\left(\frac{\lambda_0 z}{\pi\omega_0^2 n}\right)^2}$ 為光斑尺寸；ω_0 為光腰尺寸；$R=R(z)=z\left[1+\left(\frac{k\omega_0^2}{2z}\right)^2\right]=z\left[1+\left(\frac{\pi\omega_0^2 n}{\lambda_0 z}\right)^2\right]$ 為波前的曲率半徑；而 $k=\frac{2\pi}{\lambda}=\frac{2\pi n}{\lambda_0}$ 為波向量大小；λ 為光波在介質中的波長；n 為介質的折射

率；λ_0 爲光波在眞空中的波長；$\phi = \tan^{-1}\left(\frac{z}{k\omega_0^2}\right)$ 爲相位。

由（5.123）我們可以知道，Gauss 光束可以用參數 p 來描述。因爲參數 p 可以同時表示 Gauss 光束的光斑大小（Spot size）ω 和波前的曲率 R，所以參數 p 就被稱爲波形係數。

現在我們要建立波形係數 p 的關係式。

由 $p = \frac{1}{\omega^2} + j\frac{k}{2R}$ 且 $\omega^2 = \omega_0^2\sqrt{1+\left(\frac{z}{k\omega_0^2}\right)^2}$，則

$$\frac{\omega^2}{\omega_0^2} = 1+\left(\frac{z}{k\omega_0^2}\right)^2 \text{。} \tag{5.124}$$

又因

$$R = z\left[1+\left(\frac{k\omega_0^2}{z}\right)^2\right] \text{，} \tag{5.125}$$

則

$$\frac{R}{z} = 1+\left(\frac{k\omega_0^2}{z}\right)^2 \text{，} \tag{5.126}$$

則

$$\frac{R}{z} - 1 = \left(\frac{k\omega_0^2}{z}\right)^2 \text{，} \tag{5.127}$$

所以

$$\left(\frac{z}{k\omega_0^2}\right)^2 = \frac{1}{\frac{R}{z}-1} \text{，} \tag{5.128}$$

代入可得

$$\frac{\omega^2}{\omega_0^2} = 1+\left(\frac{z}{k\omega_0^2}\right)^2$$

$$=1+\frac{1}{\frac{R}{z}-1}$$

$$=\frac{\frac{R}{z}}{\frac{R}{z}-1}$$

$$=\frac{R}{R-z}$$

$$=\frac{1}{1-\frac{z}{R}} \quad , \tag{5.129}$$

倒數可得

$$\frac{\omega_0^2}{\omega^2}=1-\frac{z}{R} \quad , \tag{5.130}$$

則波形係數$p=\frac{1}{\omega^2}+j\frac{k}{2R}$的第一項$\frac{1}{\omega^2}$爲

$$\frac{1}{\omega^2}=\frac{1}{\omega_0^2}\left(1-\frac{z}{R}\right)$$

$$=\frac{1}{\omega_0^2}-\frac{z}{\omega_0^2 R} \quad 。 \tag{5.131}$$

接下來，要找出波形係數$p=\frac{1}{\omega^2}+j\frac{k}{2R}$的第二項$j\frac{k}{2R}$和$z$的關係。

由$R=z\left[1+\left(\frac{k\omega_0^2}{z}\right)^2\right]$，則

$$\frac{R}{z}=1+\left(\frac{k\omega_0^2}{z}\right)^2$$

$$= \left(\frac{k\omega_0^2}{z}\right)^2 + 1$$

$$= \left(\frac{k\omega_0^2}{z}\right)^2 \left[1 + \left(\frac{z}{k\omega_0^2}\right)^2\right] , \quad (5.132)$$

又 $\frac{\omega^2}{\omega_0^2} = 1 + \left(\frac{z}{k\omega_0^2}\right)^2$ ，

所以 $$\frac{R}{z} = \left(\frac{k\omega_0^2}{z}\right)^2 \frac{\omega^2}{\omega_0^2} = \frac{k^2\omega_0^2\omega^2}{z^2} ,$$

則 $$\frac{k}{R} = \frac{z}{k\omega_0^2\omega^2} 。 \quad (5.133)$$

結合（5.131）和（5.133）可得

$$p = \frac{1}{\omega^2} + j\frac{k}{2R}$$

$$= \frac{1}{\omega_0^2} - \frac{z}{\omega_0^2 R} + j\frac{z}{k\omega_0^2\omega^2}$$

$$= \frac{1}{\omega_0^2} + j\frac{z}{k\omega_0^2}\left(\frac{1}{\omega^2} + j\frac{k}{R}\right)$$

$$= \frac{1}{\omega_0^2} + j\frac{z}{k}\frac{1}{\omega_0^2}\left(\frac{1}{\omega^2} + j\frac{k}{R}\right)$$

$$= p_0 + j\frac{z}{k}p_0 p , \quad (5.134)$$

所以 $$1 = \frac{p_0}{p} + j\frac{z}{k}p_0 , \quad (5.135)$$

可得波形係數 p 的關係式為

$$\frac{1}{p_0}=\frac{1}{p}+j\frac{z}{k} \quad , \tag{5.136}$$

其中 $p_0=\frac{1}{\omega_0^2}$ 爲 Gauss 光束光腰的波形係數；ω_0 爲 Gauss 光束光腰大小。

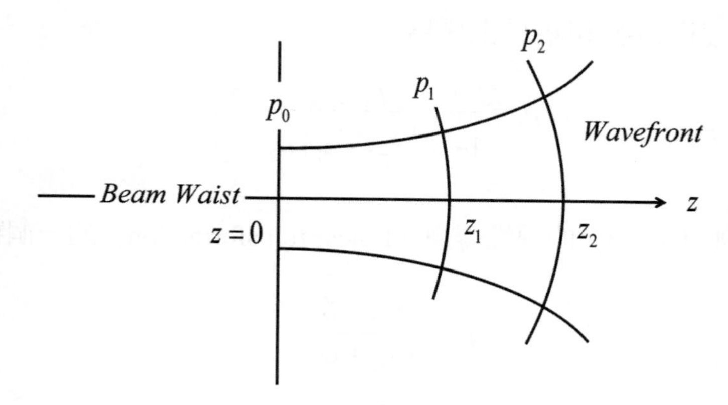

圖 5.22 波形係數隨著傳播距離而變化

如圖 5.22 所示，在 $z=0$、$z=z_1$、$z=z_2$ 的光斑大小和波前的曲率分別爲 ω_0、ω_1、ω_2 及無限大、R_1、R_2，則波形係數 q_0、q_1、q_2 分別可表示爲

$$p_0=\frac{1}{\omega_0^2} \quad ; \tag{5.137}$$

$$p_1=\frac{1}{\omega_1^2}+j\frac{k}{2R_1} \quad ; \tag{5.138}$$

$$p_2=\frac{1}{\omega_2^2}+j\frac{k}{2R_2} \quad 。 \tag{5.139}$$

由 $\frac{1}{p_0}=\frac{1}{p}+j\frac{z}{k}$ 可得

$$\frac{1}{p_0}=\frac{1}{p_1}+j\frac{z_1}{k} \quad ; \tag{5.140}$$

且

$$\frac{1}{p_0}=\frac{1}{p_2}+j\frac{z_2}{k} \quad , \tag{5.141}$$

消去 q_0 可以得到 q_1 和 q_2 的關係爲

$$p_1=\frac{p_2}{1+j\frac{1}{k}(z_2-z_1)p_2} \quad , \tag{5.142}$$

這是如（5.143）的線性轉換（Linear transformation）的一個特例

$$p_1=\frac{\tilde{A}p_2+\tilde{B}}{\tilde{C}p_2+\tilde{D}} \quad , \tag{5.143}$$

則

$$p_2=\frac{\tilde{B}-\tilde{D}p_1}{\tilde{C}p_1-\tilde{A}} \quad , \tag{5.144}$$

其中 $\tilde{A}=1$ 、$\tilde{B}=0$ 、$\tilde{C}=j\frac{1}{k}(z_2-z_1)$ 、$\tilde{D}=1$ 。

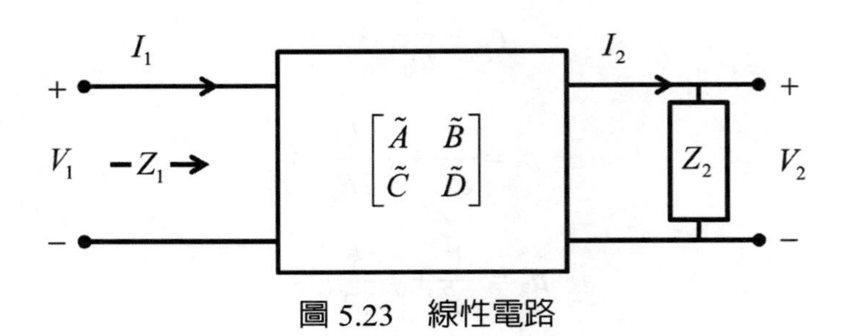

圖 5.23　線性電路

我們可以找到一個線性電路（Linear circuit），其線性轉換的矩陣爲 $\begin{bmatrix} \tilde{A} & \tilde{B} \\ \tilde{C} & \tilde{D} \end{bmatrix}$，如圖 5.23 所示，即輸入和輸出的電壓、電流的關係爲

$$V_2 = \tilde{A}V_1 + \tilde{B}I_1 \text{ ；} \tag{5.145}$$

且

$$I_2 = \tilde{C}V_1 + \tilde{D}I_1 \text{ ，} \tag{5.146}$$

所以兩式相除得

$$\frac{V_2}{I_2} = \frac{\tilde{A}V_1 + \tilde{B}I_1}{\tilde{C}V_1 + \tilde{D}I_1} = \frac{\tilde{A}\dfrac{V_1}{I_1} + \tilde{B}}{\tilde{C}\dfrac{V_1}{I_1} + \tilde{D}} \text{ ，} \tag{5.147}$$

則輸入和輸出的阻抗（Impedance）Z_1 和 Z_2 的關係滿足

$$Z_1 = \frac{\tilde{A}Z_2 + \tilde{B}}{\tilde{C}Z_2 + \tilde{D}} \tag{5.148}$$

或

$$Z_2 = \frac{\tilde{B} - \tilde{D}Z_1}{\tilde{C}Z_1 - \tilde{A}} \text{ ，} \tag{5.149}$$

其中 $\tilde{A}$ 、$\tilde{B}$ 、$\tilde{C}$ 、$\tilde{D}$ 都是 $\begin{bmatrix} \tilde{A} & \tilde{B} \\ \tilde{C} & \tilde{D} \end{bmatrix}$ 矩陣的元素。

要特別說明的是，這個 $\begin{bmatrix} \tilde{A} & \tilde{B} \\ \tilde{C} & \tilde{D} \end{bmatrix}$ 矩陣和第四章光線矩陣的 $\begin{bmatrix} A & B \\ C & D \end{bmatrix}$ 矩陣是不同的，我們可以由波形係數 p 的關係式 $\frac{1}{p_0} = \frac{1}{p} + j\frac{z}{k}$ 來找出光

學元件或系統所對應的$\begin{bmatrix}\tilde{A} & \tilde{B}\\ \tilde{C} & \tilde{D}\end{bmatrix}$矩陣，其過程在此不贅述，僅提供一個$\begin{bmatrix}\tilde{A} & \tilde{B}\\ \tilde{C} & \tilde{D}\end{bmatrix}$和$\begin{bmatrix}A & B\\ C & D\end{bmatrix}$矩陣的轉換關係式，即

$$\begin{bmatrix}\tilde{A} & \tilde{B}\\ \tilde{C} & \tilde{D}\end{bmatrix}=\begin{bmatrix}D & \frac{1}{j}C\\ jB & A\end{bmatrix}。\tag{5.150}$$

因爲電磁波或高頻電子學的 Smith 圖（Smith chart）就是用來進行複數變數的線性轉換，所以我們就可以借用 Smith 圖來分析 Gauss 光束的傳遞特性。

如果（5.138）和（5.139）分別表示光學元件或系統的入射端和出射端兩側的波形係數，即

$$p_1=\frac{1}{\omega_1^2}+j\frac{k}{2R_1}=u_1+jv_1 \;; \tag{5.151}$$

$$p_2=\frac{1}{\omega_2^2}+j\frac{k}{2R_2}=u_2+jv_2 \;。 \tag{5.152}$$

所以在光學元件或系統中的轉換就是

$$p_2=u_2+jv_2=\frac{\tilde{B}-\tilde{D}(u_1+jv_1)}{\tilde{C}(u_1+jv_1)-\tilde{A}} \;, \tag{5.153}$$

其中實數部分是 Smith 圖中一圈一圈的圓形；而虛數部分是 Smith 圖中一段一段的圓弧，如圖 5.24 所示。

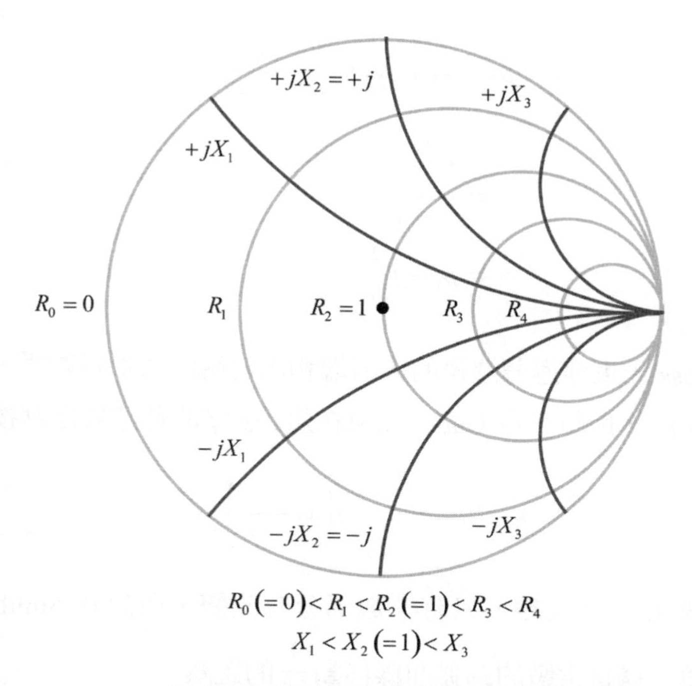

圖 5.24　Smith 圖中的圓形是實數部分；而圓弧是虛數部分

以下我們考慮 Gauss 光束穿過薄透鏡和自由空間的轉換關係及其在 Smith 圖上的表示。

5.5.2.1 Gauss 光束穿過薄透鏡的 Smith 圖轉換關係

因為 Gauss 光束穿過焦距為 f 的薄透鏡 $\begin{bmatrix}\tilde{A} & \tilde{B}\\ \tilde{C} & \tilde{D}\end{bmatrix}$ 矩陣為 $\begin{bmatrix}\tilde{A} & \tilde{B}\\ \tilde{C} & \tilde{D}\end{bmatrix}=\begin{bmatrix}1 & j\dfrac{1}{f}\\ 0 & 1\end{bmatrix}$，所以波形係數 p 轉換關係為

$$p_2 = u_2 + jv_2 = \frac{B - Dp_1}{Cp_1 - A}$$

$$= \frac{j\dfrac{1}{f} - p_1}{-1}$$

$$= p_1 - j\frac{1}{f} \quad 。 \tag{5.154}$$

又 Gauss 光束穿過薄透鏡的入射端和出射端的波形係數爲 $p_1 = u_1 + jv_1$ 和 $p_2 = u_2 + jv_2$，所以可得 Gauss 光束在焦距爲 f 的薄透鏡之轉換關係爲

$$u_2 + jv_2 = u_1 + j\left(v_1 - \frac{1}{f}\right) \ , \tag{5.155}$$

因爲實數部分沒有改變，只有虛數部分有改變，所以在 Smith 圖上的表示，是沿著一條實常數的圓弧曲線移動 $\frac{1}{f}$ 的距離。

5.5.2.2 Gauss 光束在自由空間的 Smith 圖轉換關係

因爲 Gauss 光束在自由空間中行進了 d 距離的波形轉換矩陣關係爲

$$\begin{bmatrix} \tilde{A} & \tilde{B} \\ \tilde{C} & \tilde{D} \end{bmatrix} = \begin{bmatrix} 1 & 0 \\ jd & 1 \end{bmatrix} \ , \tag{5.156}$$

可得 Gauss 光束在自由空間中行進了 d 距離的關係爲

$$p_2 = u_2 + jv_2 = \frac{\tilde{B} - \tilde{D}(u_1 + jv_1)}{\tilde{C}(u_1 + jv_1) - \tilde{A}}$$

$$= \frac{-(u_1 + jv_1)}{jd(u_1 + jv_1) - 1}$$

$$= \frac{(u_1 + jv_1)}{1 - jd(u_1 + jv_1)}$$

$$= \frac{1}{\frac{1}{(u_1 + jv_1)} - jd}$$

$$= \frac{1}{\frac{1}{p_1} - jd} \quad 。 \tag{6.157}$$

我們可以看出這個轉換在 Smith 圖上的表示是波形係數 p_1 的倒數之後，沿著一條實常數的圓弧曲線移動 d 的距離，再作一次倒數的操作。

5.5.2.3 Gauss 光束穿過共振腔的 Smith 圖轉換關係

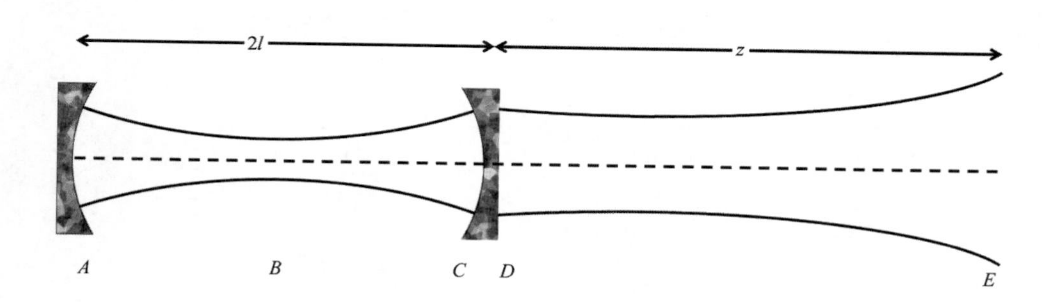

圖 5.25　穿過共振腔的 Gauss 光束

如圖 5.25 所示，我們可以 Smith 圖分析由長度為 $2l$ 的共振腔射出，距離 z 的 Gauss 光束特性。從 A 開始出發，已知 Gauss 光束的光束大小 ω 及曲率半徑 R，因為波形是凸面的，曲率半徑 R 取負值，所以 A 在橫軸的下方，如圖 5.26(a) 所示。

在共振腔內前進了距離 l，所以先倒數，沿著實常數的曲線移動 $+l$ 的距離，如圖所示，再倒數可得 B，如圖 5.26(b) 所示。由 B 在共振腔內又前進了距離 l，所以再倒數，沿著實常數的曲線移動 $+l$ 的距離，再倒數可

得 C，如圖 5.26 所示。

接著穿過焦距爲 $-f$ 的薄透鏡，即沿著實常數的曲線移動 $-\dfrac{1}{f}$ 的距離可得 D，如圖 5.26 (d) 所示。在共振腔外前進了距離 z，所以先倒數，沿著實常數的曲線移動 $+z$ 的距離，再倒數可得 E，如圖 5.26(e) 所示。再由波形係數 p 的關係式 $u+jv=p=\dfrac{1}{\omega^2}+j\dfrac{k}{2R}$ 轉換可得 Gauss 光束的光束大小 ω 和曲率半徑 R。

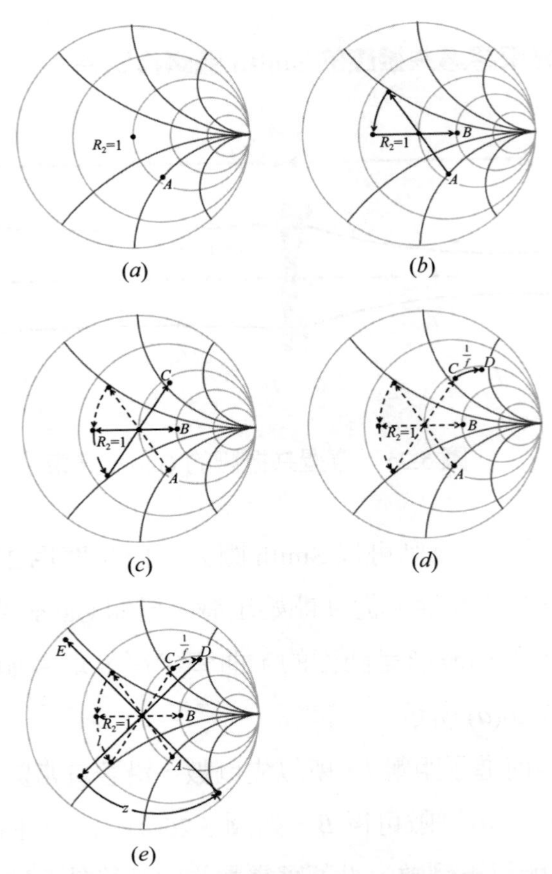

圖 5.26　Gauss 光束穿過共振腔的 Smith 圖轉換過程

5.5.3 Gauss 光束特性的幾何作圖法——傳播圓法

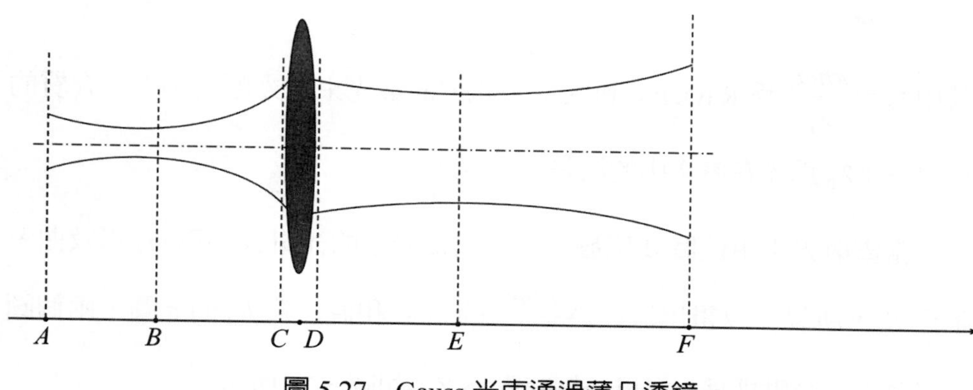

圖 5.27　Gauss 光束通過薄凸透鏡

有一個雷射光束由左至右入射到一個焦距爲 f 的薄凸透鏡，如圖 5.27 所示，其中的 A、B、C、D、E、F 分別對應於 Gauss 光束的起始、Gauss 光束在薄透鏡前的光腰位置、Gauss 光束接觸到薄凸透鏡、由薄凸透鏡離開的 Gauss 光束、Gauss 光束在薄透鏡後的光腰位置、Gauss 光束結束的位置。

我們可以用 Gauss 光束的幾何關係，即（5.87）和（5.88），計算出 Gauss 光束的光斑大小 $\omega(z)$ 和曲率半徑 $R(z)$ 隨傳播距離 z 的變化，也就是藉由 ω 圓的直徑得到光斑大小 $\omega(z)$；藉由 σ 圓的直徑得到曲率半徑 $R(z)$，如前所述，ω 圓的方程式爲

$$\frac{z_R\omega^2(z)}{\omega_0^2}=\frac{\pi n\omega^2(z)}{\lambda_0}=\frac{z_R^2+z^2}{z_R}\quad ; \tag{5.158}$$

σ 圓的方程式爲

$$R(z)=\frac{z_R^2+z^2}{z}\ ，\tag{5.159}$$

其中 $z_R=\frac{\pi n\omega_0^2}{\lambda_0}$ 爲 Rayleigh 範圍；ω_0 爲 Gauss 光束的光腰大小；爲介質的折射率；λ_0 爲光在眞空中的波長。

當雷射光束由位置 A 出發，因爲已知光束的光斑大小爲 ω_A 以及曲率半徑 R_A，所以可以畫出直徑爲 $\frac{\pi n\omega_A^2}{\lambda_0}$ 的 ω 圓和直徑爲 R_A 的 σ 圓，兩個圓在光軸上的交點即爲 A，另一個交點爲 Z，如圖 5.28 所示。

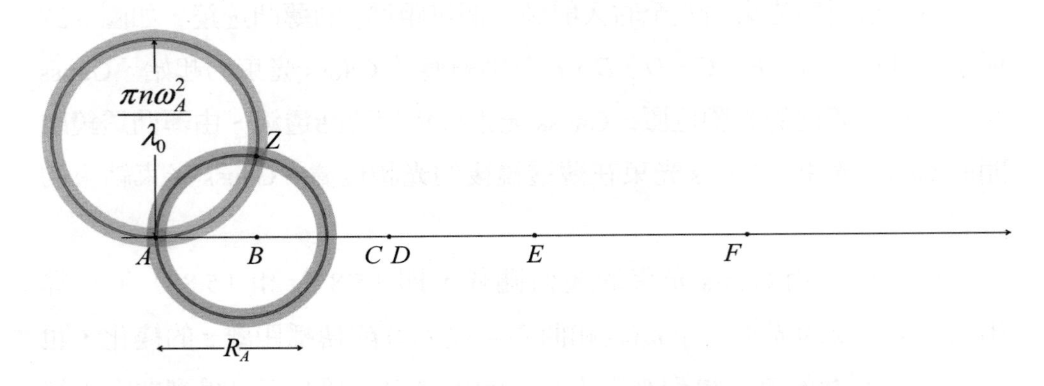

圖 5.28　傳播圓法決定位置 A 的 Gauss 光束大小和曲率半徑

接著我們可由直徑爲 $\frac{\pi n\omega_A^2}{\lambda_0}$ 的 ω 圓和直徑爲 R_A 的 σ 圓在非光軸上的交點 Z 與光軸的距離作爲半徑 z_R 畫圓，如圖 5.29 所示，這個圓的半徑就是共焦參數 z_R，決定了薄凸透鏡之前 Gauss 光束的所有特性，薄凸透鏡之前所有的 ω 圓和 σ 圓都要通過點 Z。

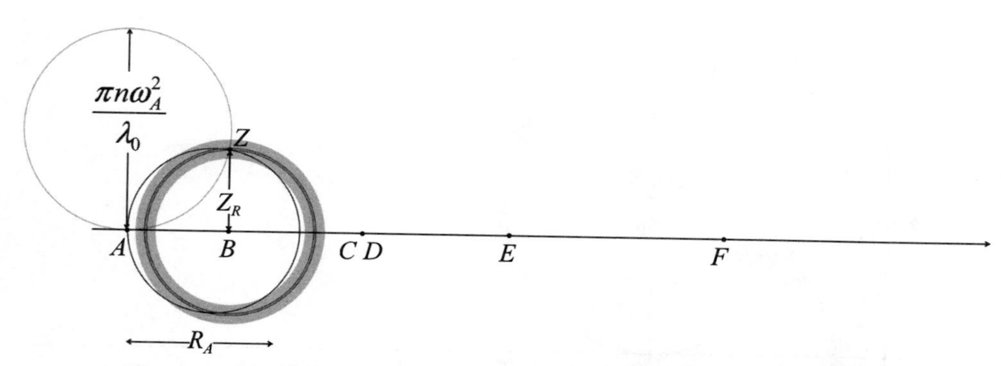

圖 5.29　傳播圓法決定在薄凸透鏡之前 Gauss 光束的共焦參數

因爲 B 是光腰，所以通過點 Z 畫圓，σ 圓的半徑爲無限大，ω 圓的直徑爲 $\frac{\pi n\omega_B^2}{\lambda_0}=z_R$，則兩個圓在光軸上的交點即爲 B，另一個交點當然爲 Z，如圖 5.30 所示。

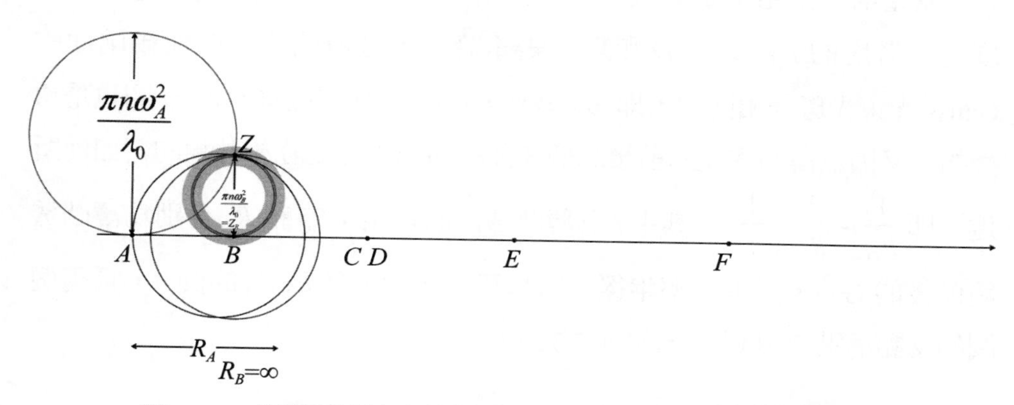

圖 5.30　傳播圓法決定位置 B 的 Gauss 光束大小和曲率半徑

通過點 Z 和點 C 畫圓，ω 圓與光軸相切於點 C，則直徑爲 $\frac{\pi n\omega_C^2}{\lambda_0}$，而 σ 圓與光軸相交於點 C，則直徑爲 R_c，如圖 5.31 所示。

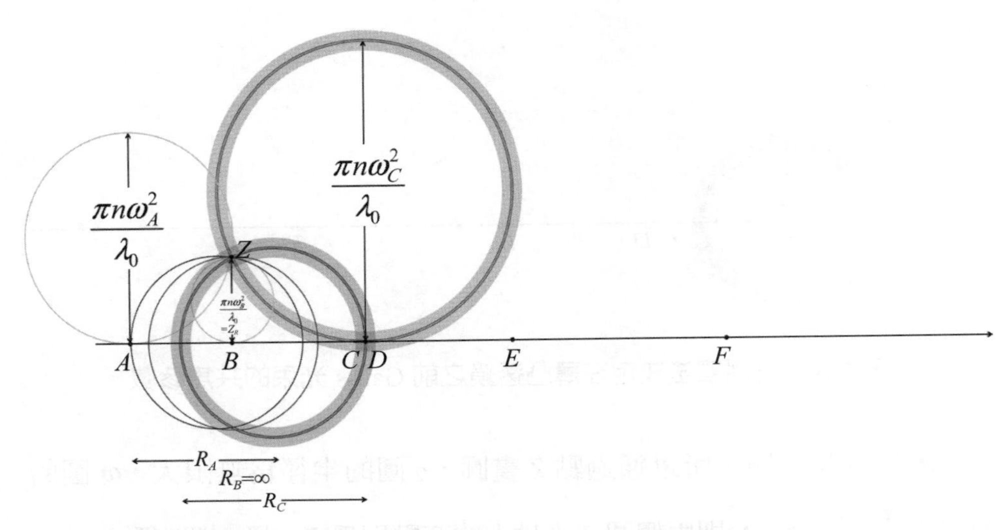

圖 5.31　傳播圓法決定位置 C 的 Gauss 光束大小和曲率半徑

當雷射光束由位置 C 入射後，再由位置 D 出射，因為薄凸透鏡的厚度是不考慮的，所以點 D 和點 C 是重疊的，且薄凸透鏡的前後兩面的 Gauss 光束光斑是相同的，即 $\omega_C=\omega_D$，則位置 D 和位置 C 的 ω 圓也是重疊的。又因為薄凸透鏡的前後二個波前的曲率中心是互相共軛的，如前所述，即 $\frac{1}{R_D}=\frac{1}{R_C}-\frac{1}{f}$，其中 f 為薄凸透鏡的焦距；R_C 和 R_D 分別為薄凸透鏡前後的 Gauss 光束曲率半徑，所以可以畫出直徑為 R_D 的圓 σ，且兩個圓的交點為點 D 和點 Z'，如圖 5.32 所示。

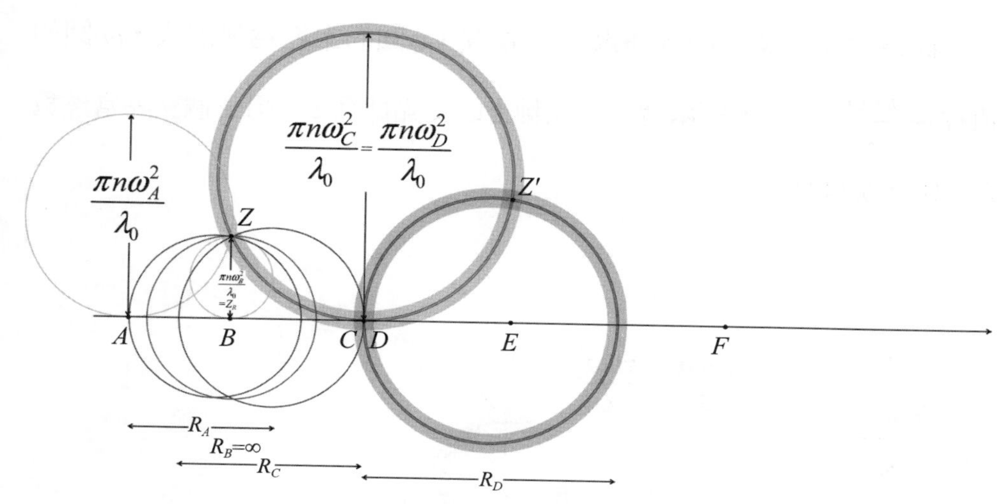

圖 5.32 傳播圓法決定位置 D 的 Gauss 光束大小和曲率半徑

接下來的步驟和前述相似，我們可由點 Z' 與光軸的距離作爲半徑 z_R' 畫圓，如圖 5.33 所示，這個圓的半徑就是共焦參數 z_R'，決定了薄凸透鏡之後 Gauss 光束的所有特性，薄凸透鏡之前所有的 ω 圓和 σ 圓都要通過點 Z'。

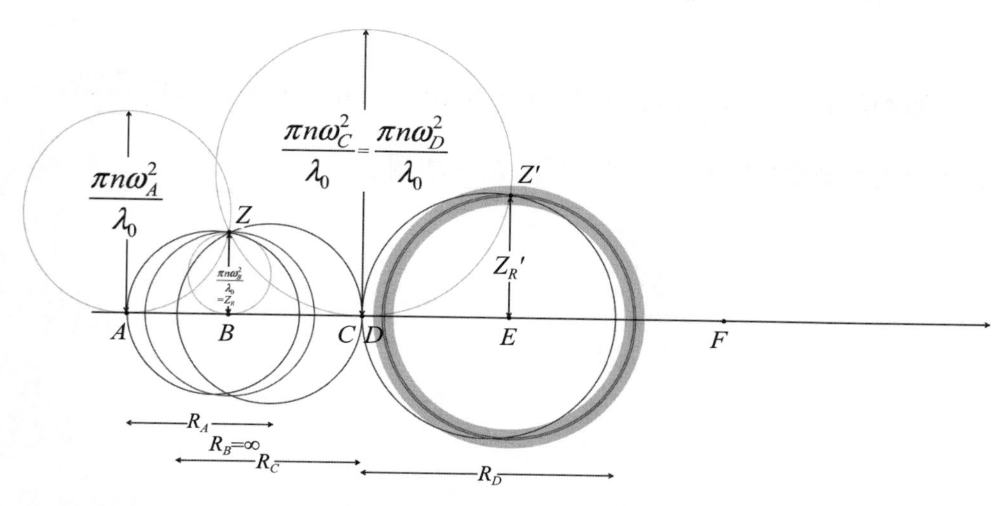

圖 5.33 傳播圓法決定在薄凸透鏡之後 Gauss 光束的共焦參數

因爲 E 是光腰，所以通過點 Z' 畫圓，σ 圓的半徑爲無限大，ω 圓的直徑爲 $\dfrac{\pi n\omega_E^2}{\lambda_0}=z_R'$ ，則兩個圓在光軸上的交點即爲 E，另一個交點當然爲 Z'，如圖 5.34 所示。

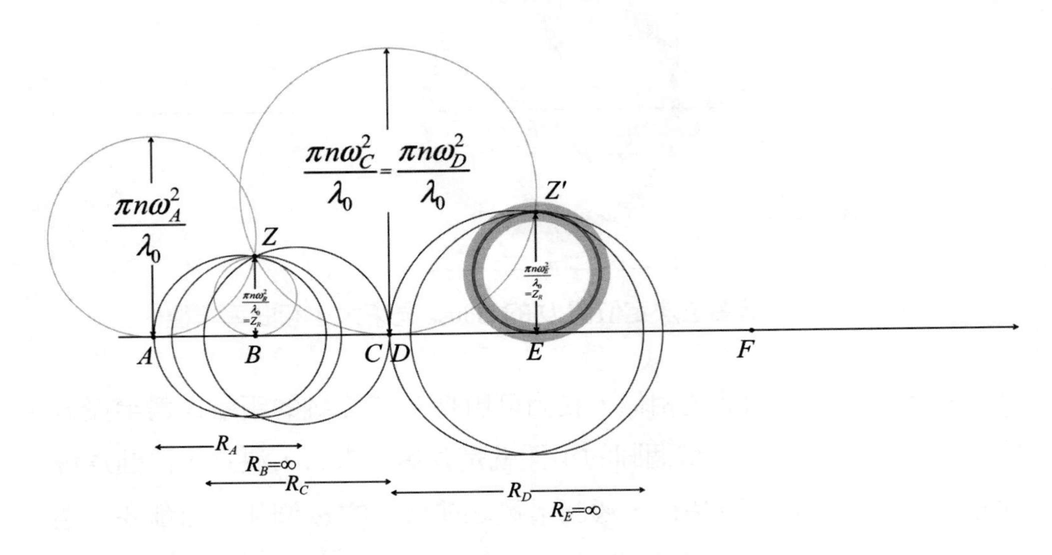

圖 5.34　傳播圓法決定位置 E 的 Gauss 光束大小和曲率半徑

通過點 Z' 和點 F 畫圓，ω 圓與光軸相切於點 F，則直徑爲 $\dfrac{\pi n\omega_F^2}{\lambda_0}$ ，而 σ 圓與光軸相交於點 F，則直徑爲 R_F，如圖 5.35 所示。

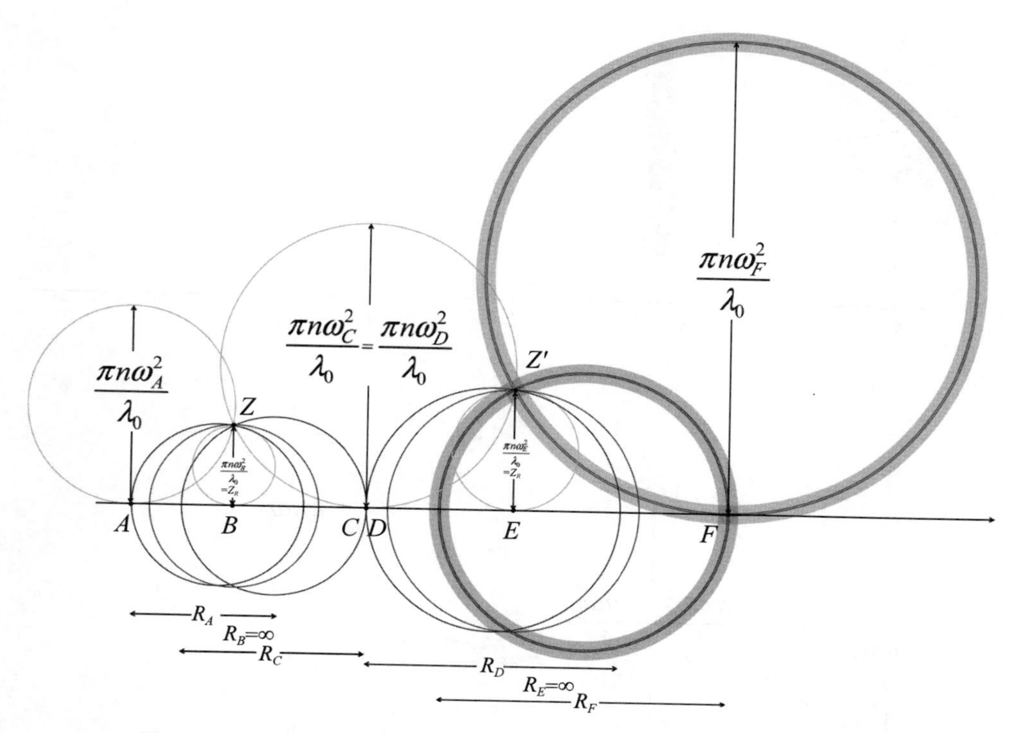

圖 5.35　傳播圓法決定位置 F 的 Gauss 光束大小和曲率半徑

我們把雷射光束由左至右入射到薄凸透鏡的過程和相對應的傳播圓畫在一起，如圖 5.36 所示，可以清楚具體的觀察到雷射光束經由凸透鏡的擴束現象，因為 ω 圓的直徑增加了。

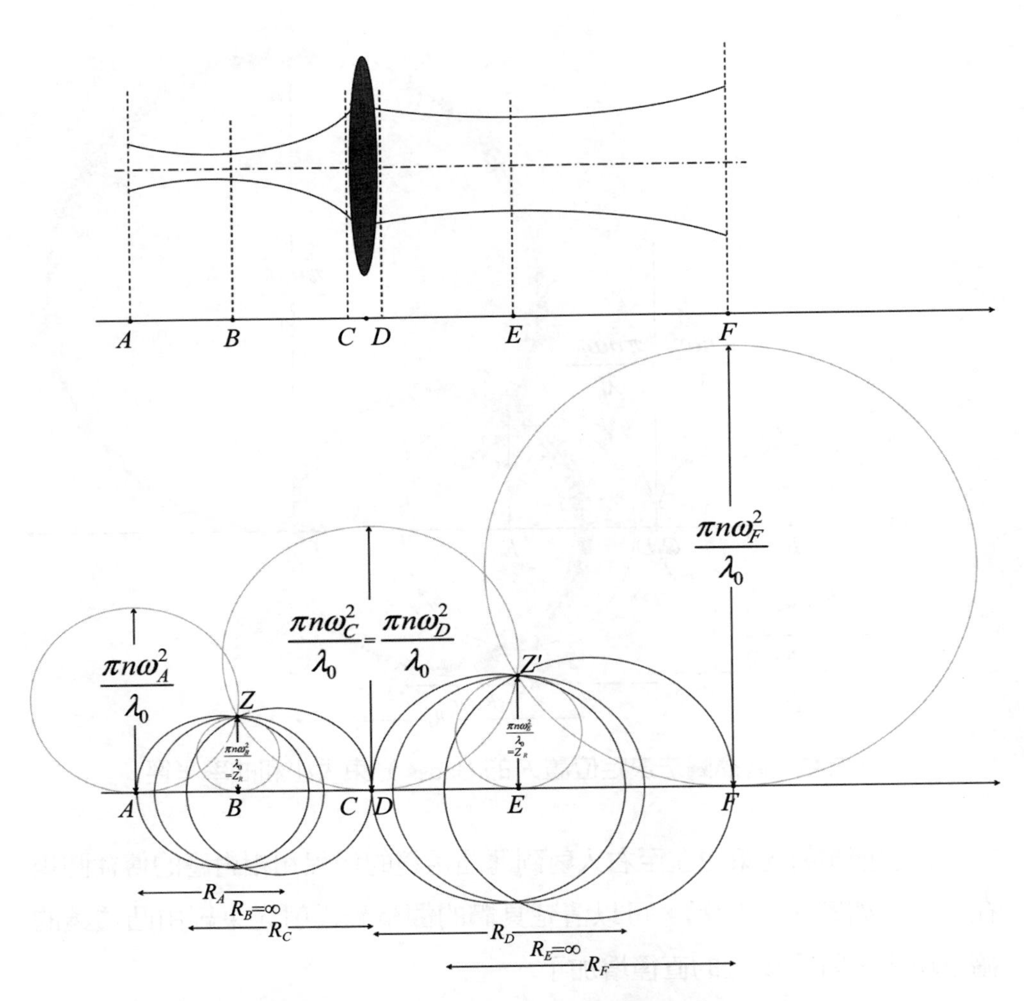

圖 5.36　傳播圓法分析 Gauss 光束通過薄凸透鏡的過程

第六章

雷射脈衝

1 Q 開關雷射的基本原理
2 鎖模雷射的基本原理

雷射有一個很重要的特性就是可以產生巨大的脈衝（Giant pulses）或短脈衝（Short pulses），主要的脈衝雷射是 Q 開關雷射（Q-switched lasers）和鎖模雷射（Mode-locked lasers）。

簡單來說，Q 開關雷射的原理是藉由控制雷射共振腔的 Q 值，如第四章所述，以使雷射產生巨大的脈衝輸出，我們很容易的可以把一個水庫的閘門想像成 Q 開關，下雨的現象就是外加的增益，而水庫所蓄貯的水量則爲同調的光子，所以水庫所蓄貯的水量將隨水庫閘門的高度增加而增加，一旦水庫的閘門突然打開，即水庫閘門的高度突然降低，則水庫所貯的水將傾洩而出，如圖 6.1 所示，也就是 Q 開關控制著雷射的輸出。調控 Q 值的相關技術可將雷射脈寬壓縮至 nano 秒（Nano-second）量級。

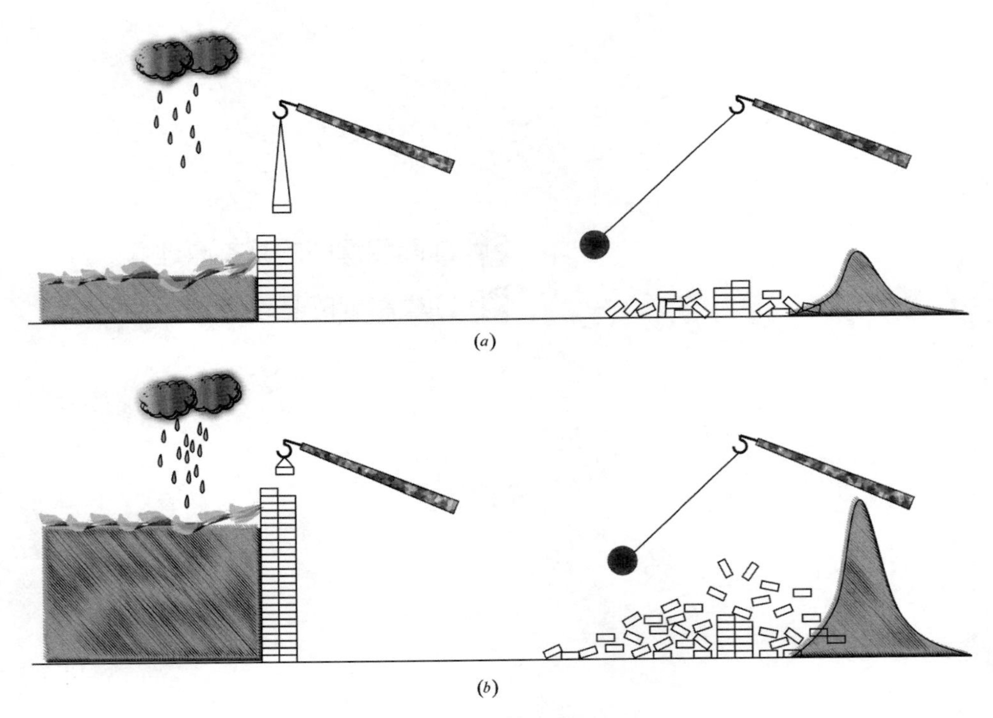

圖 6.1　Q 開關雷射的原理示意圖

我們可以藉由 Beer 定律簡單的分析一下 Q 開關雷射的原理，詳細的過程必須討論光子與電子的耦合方程式，留待下一節再介紹。

因為雷射強度隨著時間的變化為

$$
\begin{aligned}
I(t) &= I_0 e^{(g-\alpha)x} \\
&= I_0 e^{(g-\alpha)ct} \\
&= I_0 e^{t/\tau} \quad ,
\end{aligned}
\tag{6.1}
$$

其中 $I(t)$ 表示雷射強度是時間的函數；x 為光波行進的距離；c 為光速；t 為時間；g 為介質的增益；α 為介質的損耗；τ 為時間常數（Time constant），則由

$$
\frac{t}{\tau} = (g-\alpha)ct \quad , \tag{6.2}
$$

所以時間常數 τ 為

$$
\tau = \frac{1}{(g-\alpha)c} \quad 。 \tag{6.3}
$$

這個時間常數顯然決定了 Q 開關雷射強度隨著時間的變化。

因為 Q 開關雷射是一個脈衝，所以從時間軸上的表現就是雷射強度先上升達到最大值，之後再下降，如果我們要看增益 g 和損耗 α 對時間常數 τ 的影響，就必須先找到極大值。

當增益 g 克服損耗耗 α 時，即 $g=\alpha$ 時，則

$$
I(t) = I_0 e^{(g-g)ct} = I_0 \quad , \tag{6.4}
$$

則雷射強度是一個常數，不再隨著時間變化，即 $\frac{dI}{dt}=0$，而且由雷射強度對時間的一次微分為零，表示雷射強度上升達到極大值，接下來，我

們可以由這個極大值的條件，即以 $g=\alpha$ 爲分界，分成兩種，即 $g>>\alpha$ 和 $g<<\alpha$。

當增益 g 遠高於損耗 α，即 $g>>\alpha$，則時間常數 τ 爲

$$\tau = t_M = \frac{1}{cg} \quad ; \tag{6.5}$$

而當增益 g 遠低於損耗 α，即 $g<<\alpha$，則時間常數 τ 爲

$$\tau = t_A = \frac{1}{c\alpha} \quad 。 \tag{6.6}$$

綜合這些結果可得其物理意義爲，Q 開關雷射脈衝的上升時間 t_M 由增益 g 來決定；而下降時間 t_A 則由損耗 α 來決定，而且由於脈衝是由上升時間 t_M 和下降時間 t_A 所構成，所以 Q 開關雷射脈衝（Q-switch pulse）的波形可能是不對稱的，如圖 6.2 所示。一般而言，雷射介質一旦選定了之後，因爲系統的損耗 α 就是固定的，也就是無法改變下降時間 t_A，只有增益 g 是可以改變的，所以 Q 開關雷射脈衝寬度大多是由增益 g 所決定。

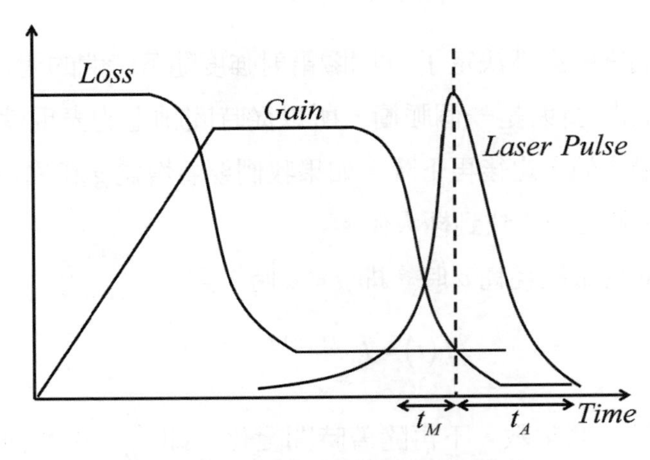

圖 6.2　Q 開關雷射脈衝的形成

所謂鎖模雷射（Single mode phenomenon），如圖 6.3 所示，簡單來說就是使幾個縱模雷射相互之間有相位同調（Phase coherence）的關係，則因爲這幾個模態的關係就好像雷射輸出的一串週期性脈衝之 Fourier 分量一樣，所以在雷射共振腔內會形成單一雷射脈衝，這就是所謂的鎖模（Mode locking），其所產生的脈衝持續時間會因爲多個模態的干射效應而比光子在共振腔來回一次的時間還短。鎖模技術可將雷射脈寬壓縮至 pico 秒（Pico-second）或 femto 秒（Femto-second）量級。

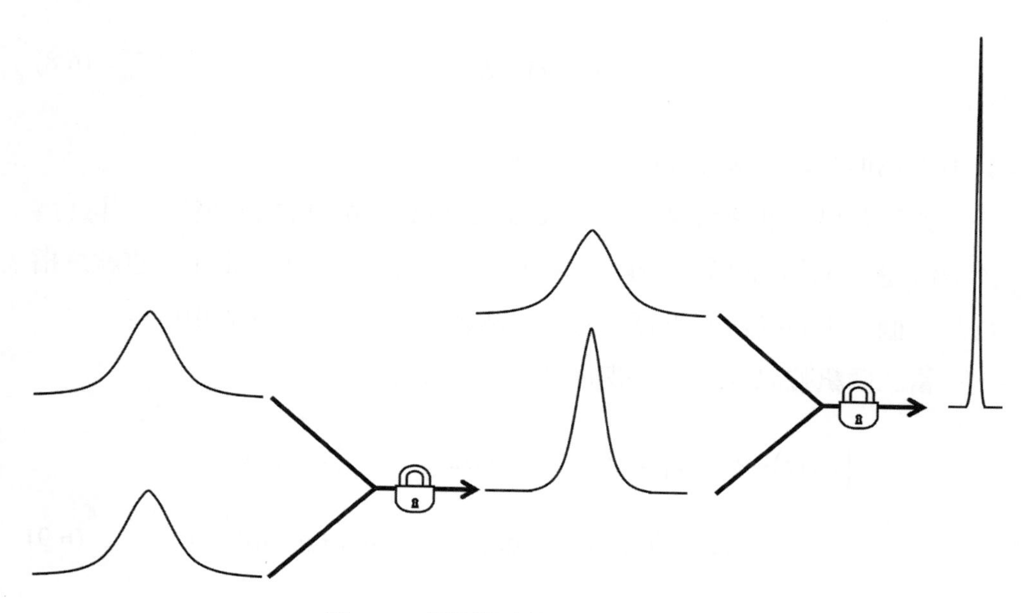

圖 6.3　鎖模雷射的過程示意圖

我們可以藉由兩個訊號的合成關係，簡要說明鎖模雷射的原理。

如果有一個訊號爲$\mathscr{E}_1(t) = \mathscr{E}_0 \cos \omega t$，則被偵測器測到的強度是

$$\left[\mathscr{E}_1(t)\right]^2=\frac{\mathscr{E}_0^2}{2}(1+\cos 2\omega t)$$
$$=\frac{\mathscr{E}_0^2}{2}+\frac{\mathscr{E}_0^2}{2}\cos 2\omega t$$
$$=DC+AC \quad , \tag{6.7}$$

其中 ω 爲訊號的頻率。

若這個訊號通過低通濾波器（Low-pass filter）之後，將只剩下直流項，即訊號強度 $\mathscr{I}_{out}(t)$ 爲

$$\mathscr{I}_{out}(t)=R\frac{\mathscr{E}_0^2}{2} \quad , \tag{6.8}$$

其中 R 爲偵測器（Detector）的阻抗。

如果有另一個訊號 $\mathscr{E}_2(t)=\mathscr{E}_0\cos\left[(\omega+\Omega)t+\Phi\right]$ 再加進來，其中 Ω 爲 $\mathscr{E}_2(t)$ 和 $\mathscr{E}_1(t)$ 之間的頻率差距，且兩個模態間的頻率差距很小，也就意指 Ω 是一個小小的擾動，即 $\Omega \ll \omega$；Φ 爲 $\mathscr{E}_2(t)$ 和 $\mathscr{E}_1(t)$ 之間的相位差。

當二個訊號混合之後，被偵測器接收到的強度爲

$$\left[\mathscr{E}_1(t)+\mathscr{E}_2(t)\right]^2=\mathscr{E}_0^2\left\{1+\cos(\Omega t+\Phi)+\frac{1}{2}\cos 2\omega t\right.$$
$$\left.+\frac{1}{2}\cos 2\left[(\omega+\Omega)t+\Phi\right]+\cos(2\omega t+\Omega t+\Phi)\right\} \quad , \tag{6.9}$$

其中頻率爲 2ω、$2\omega+\Omega$、$2\omega+2\Omega$ 的項都會被低通濾波器濾去，所以訊號強度 $\mathscr{I}_{out}(t)$ 爲

$$\mathscr{I}_{out}(t)=R\mathscr{E}_0^2\left[1+\cos(\Omega t+\Phi)\right] \quad 。 \tag{6.10}$$

因爲當 $\cos(\Omega t+\Phi)=1$ 時，有極大值，所以訊號最強的時刻鎖在 $t=\dfrac{2m\pi-\Phi}{\Omega}$ ，其中 $m=0,\pm1,\pm2,\cdots$，即

$$\mathscr{E}_{out}(t)\Big|_{peak} = 2R\mathscr{E}_0^2 = 4R\frac{\mathscr{E}_0^2}{2} \text{ 。} \tag{6.11}$$

相較於單一訊號的結果，顯然訊號增強成為 4 倍，所以如果可以把雷射全部鎖在同一個時刻，則對於強度增加和線寬壓縮都會有很好的效果。

6.1　Q 開關雷射的基本原理

因為雷射系統中，共振腔的 Q 因子正比於雷射共振腔內儲存的能量與雷射共振腔內的能量比值，即 $Q = 2\pi\nu\dfrac{\text{共振腔內儲存的能量}}{\text{共振腔內損耗的能量}}$，其中 ν 為共振頻率，所以在巨大的脈衝產生之前，我們先增加了雷射共振腔的損耗，也就是雷射共振腔中的 Q 因子數值是小的。如果突然減少共振腔內損耗的能量，即突然調高雷射共振腔中的 Q 因子，則共振腔會輸出雷射脈衝，此雷射脈衝強度將會遠大於一般共振腔輸出的強度，這樣控制或改變共振腔的 Q 因子的方式稱為 Q 開關（Q-switching）技術，而且 Q 開關雷射的模型必須包含光子和粒子的變化速率。

我們現在要求解一組包含光子和粒子互相耦合的速率方程組來介紹 Q 開關雷射的形成，這個解析解可以相當程度精確的描述脈衝的上升時間（Raising time）或建立時間（Build-up time），以及整個脈衝產出和布居反轉的粒子「倒出來」的過程。

在建立光子數 $\phi(t)$ 和布居反轉 $n(t)$ 的速率方程組之前，我們先以圖示意說明 Q 開關的過程，其中會提到建立方程組的幾個前提或假設。

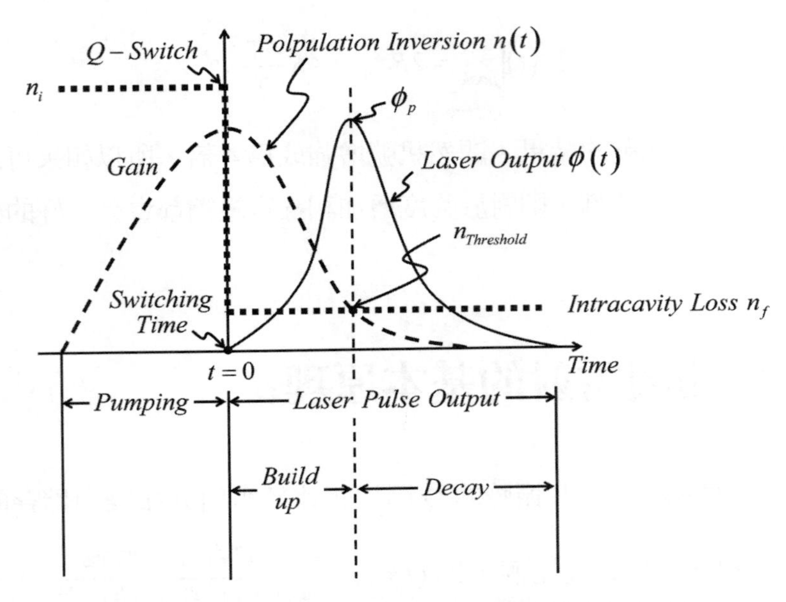

圖 6.4　Q 開關的過程中光子數和布居反轉的變化

我們可以簡單的把這個過程分成三個階段來說明，如圖 6.4 所示。

第一階段是激發過程，也是低 Q 階段（Low-Q stage），在這個階段必須先提高耗損（Loss），以免雷射或同調光子的產生。在這段期間，激發的持續時間一定要比自發性輻射的時間短，以建立大量的布居反轉量及增益。

第二階段是脈衝建立過程，也是高 Q 階段（High-Q state）。在這個階段的一開始，由於耗損的瞬間下降，於是布居反轉量遠大於光子在共振腔內單程的耗損，造成雷射功率呈現指數增加上升，同時高能態的粒子數也迅速被掏空，增益亦快速下降，當增益等於耗損時，脈衝功率就達到極大值。

第三階段是脈衝衰減過程，在這個階段耗損已超過了增益，所以脈衝功率將迅速下降。

這三個階段的整個過程可以呈週期性的重複發生，就是Q開關雷射。

此外，在圖中有兩點要特別注意。

[1] 在 $t = 0$ 之前，或在 $t < 0$ 的時段，也就是 Q 開關打開之前，好像是沒有光子的產生，或者更精確的說，是沒有自發性輻射產生，當然也沒有受激輻射產生，對雷射而言，在這個時段，增益尚未克服耗損。

[2] 從 $t = 0$ 之後，或在 $t \geq 0$ 的時段，因爲 Q 開關在 $t = 0$ 的瞬開打開，且外部的激發亦同時停止，導致增益克服了耗損，所以產生了雷射光子 $\phi(t)$。

我們的速率方程組就是建立在這兩個前提之上的，爲了表示這兩個假設，所以我們再畫另一個圖 6.5。

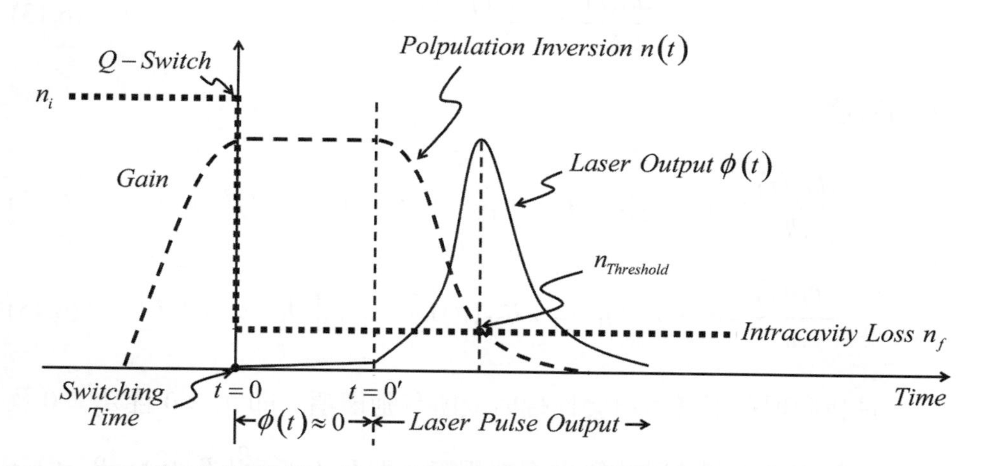

圖 6.5　Q 開關打開之前，增益尚未克服耗損，Q 開關打開之後，增益克服了耗損

在 $t = 0$ 到 $t = 0'$ 的時間內，這一段的布居反轉 $n(t)$ 是常數，保持不變表示沒有激發的過程或是飽和狀態，而且這一段的光子數 $\phi(t)$ 是一個非常小的數值，幾乎爲零。相較於圖 6.4，這一段是多出來的，也不是我們的速度方程組所要描述的，本節所求出的布居反轉 $n(t)$ 或光子數 $\phi(t)$ 解

是圖 6.4 的 $t>0$ 或圖 6.5 的的 $t>0'$ 部分。

如果要以數學方式說明 Q 開關的過程，則必須要建立一組包含布居反轉 $n(t)$ 和光子數 $\phi(t)$ 的速率方程組。首先介紹布居反轉 $n(t)$ 的速率方程式。參考我們在前面已經說明了發生雷射的二個能階粒子分布速率方程式，則若布居反轉 $n(t)$ 爲時間的函數，且上能階粒子分布函數爲 $n_2(t)$ 情況下，能階分布函數爲 $n_1(t)$，所以布居反轉 $n(t)$ 可以表示爲

$$n(t)=n_2(t)-n_1(t)\text{ ，}\tag{6.12}$$

而隨時間的變化速率爲

$$\frac{dn(t)}{dt}=\frac{dn_2(t)}{dt}-\frac{dn_1(t)}{dt}\text{ ，}\tag{6.13}$$

且如前所述，

$$\frac{dn_2(t)}{dt}=S_2-n_2(t)\left[A_2+B_{21}(\nu)I\right]+n_1(\nu)B_{12}(\nu)I\text{ ；}\tag{6.14}$$

$$\frac{dn_1(t)}{dt}=S_1+n_2(t)\left[A_{21}+B_{21}(\nu)I\right]-n_1(t)\left[A_1+B_{12}(\nu)I\right]\text{ 。}\tag{6.15}$$

但是我們現在不考慮自發性輻射或所有弛豫項，即 $A_1\cong 0$ 且 $A_2\cong 0$ 及 $A_{21}\cong 0$，且假設二個能階的簡併度都相等，即 $B_{21}(\nu)=\frac{g_1}{g_2}B_{12}(\nu)=B_{12}(\nu)$ ，則因在 Q 開關打開的瞬間，外部激發也同時停止，即 $S_2=0$，且 $S_1=0$，所以布居反轉的速率方程式爲

$$\begin{aligned}\frac{dn(t)}{dt}&=(S_2-S_1)-n_2(t)\left[A_2+B_{21}(\nu)I\right]+n(t)\left[A_1+B_{12}(\nu)I\right]\\&\quad+n_1(t)B_{12}(\nu)I-n_2(t)\left[A_{21}+B_{21}(\nu)I\right]\\&\cong-2n_2(t)B_{21}(\nu)I+2n_1(t)B_{12}(\nu)I\end{aligned}$$

$$= -2B_{21}(\nu)I[n_2(t) - n_1(t)]$$
$$= -2k\phi(t)n(t) \quad , \tag{6.16}$$

其中我們引入了一個光子和原子的耦合參數（Coupling coefficient between photons and atoms）K。

對於光子數，或者更精確的說是雷射光子數或同調光子數 $\phi(t)$ 的速率方程式建立很簡單，只要布居反轉的粒子數 $n(t)$ 克服了布居反轉的臨界值 n_{th}，就會產生同調光子，即

$$\frac{d\phi(t)}{dt} = K[n(t) - n_{th}]\phi(t) \quad , \tag{6.17}$$

其中 K 是耦合係數，描述光子和原子的交互作用，和前面相同，其實 $K = \dfrac{1}{n_{th}\tau_c}$ 。

綜合以上的結果，描述 Q 開關過程的光子數 $\phi(t)$ 和布居反轉數 $n(t)$ 的速率方程組爲

$$\frac{d\phi(t)}{dt} = K[n(t) - n_{th}]\phi(t) \quad ; \tag{6.18}$$

$$\frac{dn(t)}{dt} = -2K\phi(t)n(t) \quad , \tag{6.19}$$

再加上兩個初始條件，也就是

[1] 在 Q 開關打開時，同調光子數 $\phi_i = 1$。

[2] 布居反轉數 $n_i = \gamma n_{th}$，其中 γ 稱爲初始反轉比例（Initial inversion ratio）；n_{th} 爲布居反轉的臨界值。

現在開始求解，將（6.18）和（6.19）兩式相除得

$$\frac{d\phi}{dn}=\frac{n_{th}-n}{2n}，\tag{6.20}$$

則 $$2\int_{\phi_i}^{\phi(t)}d\phi=\int_{n_i}^{n(t)}\left(\frac{n_{th}}{n}-1\right)dn，\tag{6.21}$$

則 $$2\phi\Big|_{\phi_i}^{\phi(t)}=\left(n_{th}\ln n-n\right)\Big|_{n}^{n(t)}，\tag{6.22}$$

則 $$2\left[\phi(t)-\phi_i\right]=n_{th}\ln\left(\frac{n(t)}{n_i}\right)-n(t)+n_i\text{ 。}\tag{6.23}$$

然而如前所述，由於在Q開關打開的瞬間，同調光子數爲1，即$\phi_i=1$，然而因爲相對於其他所有雷射脈衝時間內的光子數，這個初始的光子數是非常小的數値，可以被忽略，即

$$2\left[\phi(t)-\phi_i\right]=2\left[\phi(t)-1\right]\cong 2\phi(t)\text{ ，}\tag{6.24}$$

則 $$2\phi(t)=n_i-n(t)-n_{th}\ln\left(\frac{n_i}{n(t)}\right)\text{ 。}\tag{6.25}$$

又因爲$\gamma\equiv\frac{n_i}{n_{th}}$，所以Q開關雷射脈衝波形爲

$$\phi(t)=n_i-n(t)-\frac{n_i}{\gamma}\ln\left[\frac{n_i}{n(t)}\right]\text{ 。}\tag{6.26}$$

表示式（6.26）中只有二個參數，一是Q開關打開瞬間的粒子布居反轉數n_i；一是粒子布居反轉的初始值n_i和布居反轉的雷射臨界值n_{th}的比例$\gamma=\frac{n_i}{n_{th}}$。當這兩個參數確定之後，Q開關雷射脈衝就隨著粒子布居反轉對時間的函數$n(t)$而變化了。這個表示式可以獲得有關Q開關雷射脈衝

的許多有用的結果，以下我們將以這個關係找出 Q 開關雷射脈衝的功率峰值（Peak pulse power）。

當脈衝達到峰值時，表示共振腔內的光子數 $\phi(t)$ 達到峰值 ϕ_p，即

$$\frac{d\phi(t)}{dt}=0 \text{ ,} \tag{6.27}$$

且粒子布居反轉數 $n(t)$ 也在臨界值的位置。

我們把這兩個條件代入（6.25）式，即

$$2\phi_p = n_i - n_{th} - \frac{n_i}{\gamma}\ln\left(\frac{n_i}{n_{th}}\right) \text{ ,} \tag{6.28}$$

又布居反轉的初始值 n_i 和布居反轉的雷射臨界值 n_{th} 的比例 $\gamma=\frac{n_i}{n_{th}}$，則

$$2\phi_p = \left[1-\frac{n_{th}}{n_i}-\frac{1}{\gamma}\ln(\gamma)\right]n_i \text{ ,} \tag{6.29}$$

則共振腔內的光子數的峰值 ϕ_p 為

$$\phi_p = \frac{1}{2\gamma}\left[\gamma-1-\ln(\gamma)\right]n_i \text{ ,} \tag{6.30}$$

或

$$\begin{aligned}\phi_p &= \frac{1}{2\gamma}\left[\gamma-1-\ln(\gamma)\right]n_i \\ &= \frac{1}{2}\left[1-\frac{1}{\gamma}-\frac{1}{\gamma}\ln(\gamma)\right]\gamma n_{th} \text{ ,}\end{aligned} \tag{6.31}$$

即

$$\phi_p = \frac{1}{2}\left[\gamma-1-\ln(\gamma)\right]n_{th} \text{ 。} \tag{6.32}$$

這二個同調光子的峰值表示式代表著不同的觀點。

若以表示式（6.30）來討論同調光子的峰值，則當$\gamma >>1$時，即初始布居反轉的粒子數遠大於臨界值，即$n_i >> n_{th}$或$\gamma >>1$，或很大的初始增益，則

$$\begin{aligned}\phi_p\Big|_{\gamma>>1} &= \frac{1}{2\gamma}\left[\gamma-1-\ln(\gamma)\right]n_i\Big|_{\gamma>>1} \\ &\simeq \frac{1}{2\gamma}\gamma n_i \\ &= \frac{1}{2}n_i \quad ,\end{aligned} \tag{6.33}$$

也就是有一半的初始布居反轉粒子會貢獻出光子，其實如果更進一步討論就會知道，若不考慮瓶頸效應（Bottlenecking effect），則

$$\phi_p \simeq n_i \quad , \tag{6.34}$$

也就是所有初始的布居反轉粒子都將貢獻出光子，而所謂的瓶頸效應業已超過本書範疇，在此不再說明。

若以表示式（6.32）來描述同調光子的峰值，則可看出同調光子的輸出和布居反轉的臨界值n_{th}及初始反轉比例γ有關，布居反轉的臨界值n_{th}是當雷射製作完成之後就固定了，即雷射共振腔輸出耦合固定之後，布居反轉的臨界值n_{th}就固定了，而初始反轉比例γ則正比於激發功率或外部施予雷射的能量大小。

由同調光子數的峰值可得Q開關雷射的輸出功率峰值P_p為

$$\begin{aligned}P_p &= \phi_p\frac{\hbar\omega}{\tau_c} \\ &= \frac{\gamma-1-\ln\gamma}{2}\frac{n_{\tau h}\hbar\omega}{\tau_c} \quad ,\end{aligned} \tag{6.35}$$

其中τ_c爲共振腔衰減時間（Cavity decay time）或共振腔生命時間（Cavity life time）。

接下來我們要想辦法算出 Q 開關脈衝的形狀 $\phi(t)$ 和粒子布居的變化 $n(t)$。

由
$$\frac{dn(t)}{dt}=-2kn(t)\phi(t)$$
$$=-2\frac{1}{n_{th}\tau_c}n(t)\phi(t)\quad, \tag{6.36}$$

則
$$\frac{dt}{\tau_c}=-\frac{n_{th}}{2n\phi}dn\quad, \tag{6.37}$$

且
$$2\phi=n_i-n-n_{th}\ln\left(\frac{n_i}{n}\right)\quad, \tag{6.38}$$

則
$$\frac{dt}{\tau_c}=-\frac{n_{th}dn}{n\left[n_i-n-n_{th}\ln\left(\frac{n_i}{n}\right)\right]}\quad。 \tag{6.39}$$

如果我們令 Q 開關在 $t=0$ 時打開，且 $n\ (t=0)=n_i$，則

$$\gamma_c\int_0^t dt=-n_{th}\int_{n_i}^{n(t)}\frac{dn}{n\left[n_i-n-n_{th}\ln\left(\frac{n_i}{n}\right)\right]}\quad, \tag{6.40}$$

其中$\gamma_c=\dfrac{1}{\tau_c}$ 。

我們也可以把上式化成無單位因次式（Dimensionless）的積分。令 $y=\dfrac{n}{n_i}$ ，則$dy=\dfrac{1}{n_i}dn$ ，所以

$$\frac{1}{\tau_c}\int_0^t dt = -\int_{n_i}^{n(t)} \frac{dn}{n\left[\frac{n_i}{n_{th}} - \frac{n}{n_{th}} - \frac{n_i}{n_{th}}\ln\left(\frac{n_i}{n}\right)\right]}$$

$$= -\int_{n_i}^{n(t)} \frac{dn}{n\left[\frac{n_i}{n_{th}} - \frac{n}{n_{th}} + \frac{n_i}{n_{th}}\ln\left(\frac{n}{n_i}\right)\right]}$$

$$= -\int_1^N \frac{dy}{\frac{n}{n_i}\left[\frac{n_i}{n_{th}} - \frac{n}{n_{th}} + \frac{n_i}{n_{th}}\ln y\right]}$$

$$= -\int_1^N \frac{dy}{\frac{n_i}{n_{th}}\frac{n}{n_i}\left[1 - \frac{n_{th}}{n_i}\frac{n}{n_{th}} + \ln y\right]}$$

$$= -\int_1^N \frac{dy}{\gamma y(1-y+\ln y)} \text{，} \tag{6.41}$$

即

$$\frac{t}{\tau_c} = -\frac{1}{\gamma}\int_1^N \frac{dy}{y\left[(1-y)+\ln y\right]} \text{，} \tag{6.42}$$

其中 $N \equiv \frac{n(t)}{n_i}$ 。

如此看來上式好像沒有解析解（Analytical solution），但是，我們可以數值方法輕易找出 $\frac{n(t)}{n_i}$ 對 $\frac{t}{\tau_c}$ 的關係，再把這些數值代入 $2\phi(t) = n_i - n(t) + \frac{n_i}{\gamma}\ln\left(\frac{n(t)}{n_i}\right)$ 而獲得 $\phi(t)$ 對 $\frac{t}{\tau_c}$ 的關係。經過上述運算過程，我們會發現當初始的布居反轉 n_i 愈大，脈衝的形狀呈現愈明顯的非對稱波形，也就是上升的時間較快速；而衰減時間較緩慢。

其實，我們可以很簡單的再一次由同調光子 $\phi(t)$ 的速率方程式得到

這個非對稱的行爲，上升過程爲

$$\begin{aligned}\frac{d\phi(t)}{dt} &= k[n_i - n_{th}]\phi(t) \\ &= \frac{1}{n_{th}\tau_c}[n_i - n_{th}]\phi(t) \\ &= \frac{1}{\tau_c}\left(\frac{n_i}{n_{th}} - 1\right)\phi(t) \\ &= \frac{1}{\tau_c}(\gamma - 1)\phi(t) \\ &= (\gamma - 1)\gamma_c\phi(t) \text{ ；}\end{aligned} \tag{6.43}$$

而下降過程爲

$$\frac{d\phi(t)}{dt} = -\gamma_c\phi(t) \text{ 。} \tag{6.44}$$

所以 $\phi(t)$ 在建立脈衝階段會以 $e^{(\gamma-1)\gamma_c}$ 的速率上升；$\phi(t)$ 在脈衝衰減過程會以 $e^{-\gamma_c}$ 的速率下降。當初始粒子布居反轉 n_i 很大時，即 $\gamma = \frac{n_i}{n_{th}} >> 1$，則很明顯的上升速率會遠大於下降速率，這些行爲特性和公式（6.5）、（6.6）是相同的。

使用 Q 開關的壓縮方法，是不是有極限呢？無論是從公式（6.5）和（6.6）或者由公式（6.43）和（6.44）都可以知道，Q 開關雷射脈衝寬度被雷射介質的特性限制住了。就現有技術而言，最窄的 Q 開關雷射脈衝可達二倍光子在共振腔的輻射壽命或二倍的共振腔壽命，即 $\frac{2L}{c}$，其中 L 爲共振腔的長度；且 c 爲光速。如果要壓縮脈衝寬度，則必須縮短共振腔的長度，但是共振腔的長度如果越短，將限制雷射輸出功率。因此，我們已經無法以 Q 開關的方式進一步獲得更短的脈衝或超短脈衝（Ultra-short pulses），鎖模技術就是一種可以產生超短脈衝的方式。

6.2 鎖模雷射的基本原理

因爲雷射的模態分爲縱模和橫模，所以，所謂的鎖模也可以分爲鎖定縱模、鎖定橫模或者同時鎖定縱模和橫模，其中又以鎖定縱模最常見，也是這一節我們所要介紹的鎖模概念。

現在一個具有 N 個縱模的非均勻的雷射，則在雷射共振腔中的某一個位置的光波電場 $e(t)$，一般可以表示爲 N 個縱模的電場之和，即

$$e(t)=\sum_{m=-\frac{N-1}{2}}^{+\frac{N-1}{2}} \mathscr{E}_n(t)\exp^{j(\omega_0+m\omega_c)t}\exp^{j\phi_m(t)} \quad , \tag{6.45}$$

其中 $\phi_m(t)$ 爲各縱模的相位，或者也可以是各縱模不隨時間改變的初始相位 ϕ_m；$\mathscr{E}_n(t)$ 爲縱模的電場振幅；$\omega_c=\dfrac{2\pi}{\tau_{RT}}=\dfrac{2\pi}{2nL/c}=\dfrac{\pi c}{nL}$ 爲共振頻率；L 爲共振腔長度（Cavity length）或雷射介質的長度；n 爲雷射介質的折射率；$\tau_{RT}=2nL/c$ 就是光波在共振腔來回一次（Round trip）所需的時間；$\phi_m(t)$ 爲各模態的相位。

因爲功率強度 P_m 和電場強度 $\mathscr{E}_m$ 的關係爲 $P_m=\dfrac{\mathscr{E}_m^2}{2\eta_0}$，其中 $\eta_0=\sqrt{\dfrac{\mu_0}{\varepsilon_0}}=120\pi$ 爲眞空的本質阻抗（Intrinsic impedance），所以功率強度 $P(t)$ 爲

$$P(t)=\frac{\left|e(t)\right|^2}{2\eta_0}=\frac{1}{2\eta_0}\left\{\sum_{r=-\frac{N-1}{2}}^{+\frac{N-1}{2}}\left[\mathscr{E}_r(t)\exp^{j(\omega_0+r\omega_c)t}\exp^{j\phi_r(t)}\right]\right\}^*$$

$$\left\{\sum_{m=-\frac{N-1}{2}}^{+\frac{N-1}{2}}\left[\mathscr{E}_s(t)\exp^{j(\omega_0+s\omega_c)t}\exp^{j\phi_s(t)}\right]\right\}$$

$$=\frac{1}{2\eta_0}\left\{\sum_{r=-\frac{N-1}{2}}^{+\frac{N-1}{2}}\left[\mathscr{E}_r(t)\exp^{j(\omega_0+r\omega_c)t}\exp^{j\phi_r(t)}\right]^*\right\}$$

$$\left\{\sum_{s=-\frac{N-1}{2}}^{+\frac{N-1}{2}}\left[\mathscr{E}_s(t)\exp^{j(\omega_0+s\omega_c)t}\exp^{j\phi_s(t)}\right]\right\}$$

$$=\frac{1}{2\eta_0}\sum_{r=-\frac{N-1}{2}}^{+\frac{N-1}{2}}\sum_{s=-\frac{N-1}{2}}^{+\frac{N-1}{2}}\left[\mathscr{E}_r(t)\exp^{j(\omega_0+r\omega_c)t}\exp^{j\phi_r(t)}\right]^*$$

$$\left[\mathscr{E}_s(t)\exp^{j(\omega_0+s\omega_c)t}\exp^{j\phi_s(t)}\right]$$

$$=\frac{1}{2\eta_0}\sum_{r=-\frac{N-1}{2}}^{+\frac{N-1}{2}}\sum_{s=-\frac{N-1}{2}}^{+\frac{N-1}{2}}\mathscr{E}_r^*(t)\mathscr{E}_s(t)\left\{\exp^{j(s-r)\omega_c t}\exp^{j\left[\phi_s(t)-\phi_r(t)\right]}\right\}$$

$$=\frac{1}{2\eta_0}\sum_{r=-\frac{N-1}{2}}^{+\frac{N-1}{2}}\left|\mathscr{E}_r(t)\right|^2+\frac{1}{2\eta_0}\sum_{r=-\frac{N-1}{2}}^{+\frac{N-1}{2}}\sum_{\substack{s=-\frac{N-1}{2}\\ s\neq r}}^{+\frac{N-1}{2}}\underbrace{\mathscr{E}_r^*(t)\mathscr{E}_s(t)}_{\text{關鍵因素}}$$

$$\left\{\exp^{j(s-r)\omega_c t}\exp^{j\overbrace{\left[\phi_s(t)-\phi_r(t)\right]}^{\text{關鍵因素}}}\right\}\text{。}\qquad(6.46)$$

由這個結果我們可以得知相位 $\phi_m(t)$ 和電場振幅 $\mathscr{E}_n(t)$ 是調變多縱模振盪雷射功率強度 $P(t)$ 的兩個關鍵因素，而所謂的「鎖模」或「鎖相」（Phase-locked），乃是將各縱模振盪的相位固定在同一數值或各縱模振盪之間的相位差維持一定，即相位同調。若雷射共振腔長度爲 L，則光波在共振腔來回一次所需的時間 τ_{RT} 爲 $\frac{2nL}{c}$ ，其中雷射介質的折射率爲 n，而 c 爲光速，如果共振腔內有 8 個多縱模自由振盪模態，雖然振幅都相同，但是相對的相位是不規則的，則各縱模間的非干涉疊加導致輸出功率強度呈現出隨機的無規則起伏，基本上會是一個「直流的數值」，然而仔細觀察會發現每隔 τ_{RT} 時間，還是會出現一個稍微明顯的脈衝，如圖 6.6 (a) 所示。如果共振腔內有 8 個縱模模態鎖在相同相位，但是振幅是不同的，則每隔 τ_{RT} 時間會出現明顯的脈衝輸出，但是脈衝之間的功率強度是不規律的，如圖 6.6 (b) 所示。如果共振腔內有 4 個縱模模態鎖在相同相位，並且振幅是相同的，則每隔 τ_{RT} 時間會出現明顯的脈衝輸出，且脈衝之間的功率強度是規律的，如圖 6.6 (c) 所示。如果共振腔內有 5 個縱模模態鎖在相同相位，並且振幅是相同的，則每隔 τ_{RT} 時間會出現明顯的脈衝輸出，且脈衝之間的功率強度也是規律的，如圖 6.6 (d) 所示。如果共振腔內有 8 個縱模模態鎖在相同相位，並且振幅是相同的，則每隔 τ_{RT} 時間會出現明顯的脈衝輸出，且脈衝之間的功率強度也是規律的，如圖 6.6 (e) 所示。如果共振腔內有 8 個縱模模態鎖在相同相位，並且縱模模態振幅分布呈 Gauss 分布，則每隔 τ_{RT} 時間會出現明顯的 Gauss 脈衝（Gaussian pulses）輸出，而脈衝之間可以近似是沒有輸出的，如圖 6.6 (f) 所示。

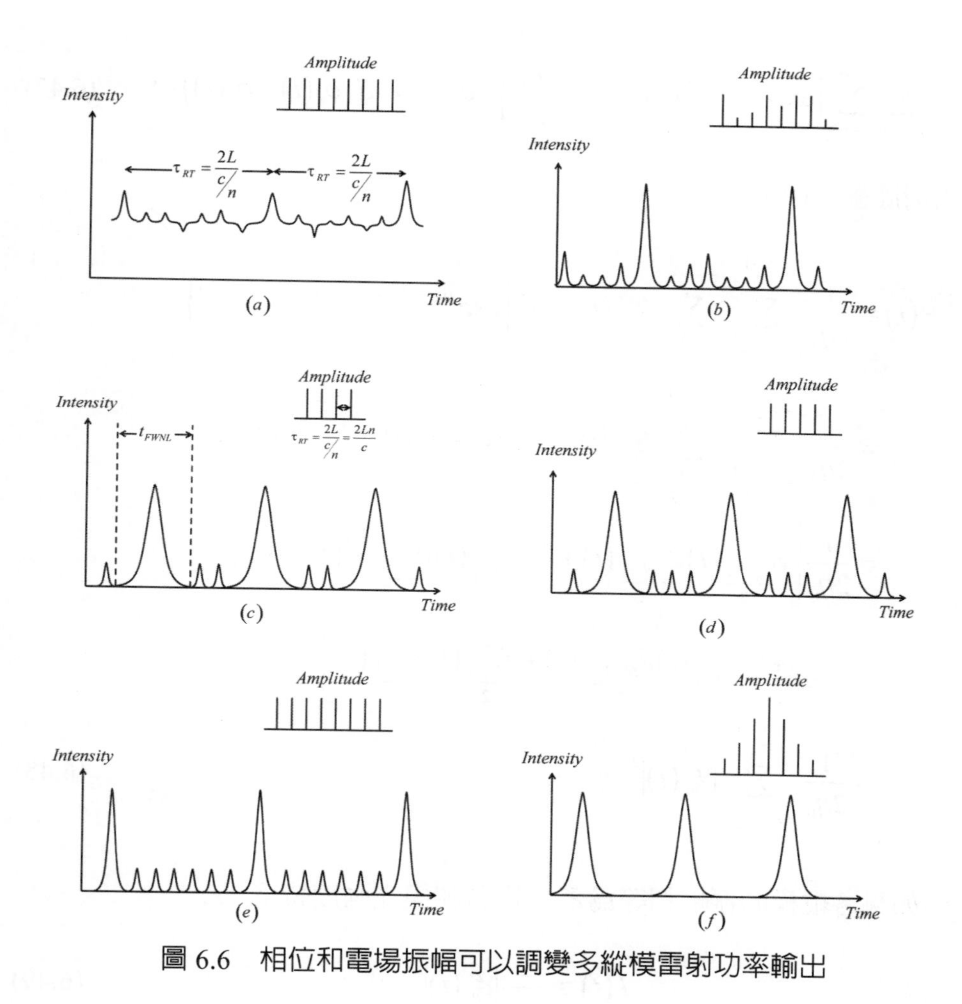

圖 6.6　相位和電場振幅可以調變多縱模雷射功率輸出

現在我們分別就相位 $\phi_m(t)$ 和電場振幅 $\mathscr{E}_n(t)$ 分成三部分來說明是如何調變多縱模鎖模振盪雷射脈衝 $P(t)$ 的，基本上，鎖模脈衝的週期、脈衝的寬度、輸出週期的零點位置、脈衝輸出極大值都可以求出。

第一部分是各縱模振盪的相位不是同調的。因為各模態的相位 $\phi_m(t)$ 彼此是隨機且沒有確定關係完全獨立於 $-\pi$ 和 $+\pi$ 之間作變化的，所以如果模態的數量足夠大，即

$$\sum_{r=-\infty}^{+\infty}\sum_{s=-\infty}^{+\infty}\left\{\exp^{j(s-r)\omega_c t}\exp^{j[\phi_s(t)-\phi_r(t)]}\right\}=\delta(s-r)\delta(\phi_s(t)-\phi_r(t))\ ， \tag{6.47}$$

則雷射脈衝 $P(t)$ 為

$$\begin{aligned}
P(t) &\cong \frac{1}{2\eta_0}\sum_{r=-\frac{N-1}{2}}^{+\frac{N-1}{2}}\sum_{s=-\frac{N-1}{2}}^{+\frac{N-1}{2}}\mathscr{E}_r^*(t)\mathscr{E}_s(t)\left\{\exp^{j(s-r)\omega_c t}\exp^{j[\phi_s(t)-\phi_r(t)]}\right\}\Bigg|_{N\to\infty} \\
&= \frac{1}{2\eta_0}\sum_{r=-\frac{N-1}{2}}^{+\frac{N-1}{2}}\sum_{s=-\frac{N-1}{2}}^{+\frac{N-1}{2}}\mathscr{E}_r^*(t)\mathscr{E}_s(t)\delta(s-r)\delta(\phi_s(t)-\phi_r(t)) \\
&= \frac{1}{2\eta_0}\Bigg[\mathscr{E}^*_{-\frac{N-1}{2}}(t)\mathscr{E}_{-\frac{N-1}{2}}(t)+\mathscr{E}^*_{-\frac{N-1}{2}+1}(t)\mathscr{E}_{-\frac{N-1}{2}+1}(t)+\cdots \\
&\qquad +\mathscr{E}^*_{\frac{N-1}{2}-1}(t)\mathscr{E}_{\frac{N-1}{2}-1}(t)+\mathscr{E}^*_{\frac{N-1}{2}}(t)\mathscr{E}_{\frac{N-1}{2}}(t)\Bigg] \\
&= \frac{1}{2\eta_0}\sum_{m=-\frac{N-1}{2}}^{+\frac{N-1}{2}}\left|\mathscr{E}_m(t)\right|^2\ 。
\end{aligned} \tag{6.48}$$

如果各縱模的振幅相等為 $\mathscr{E}_0$，則各縱模光強度皆為

$$I(t)\cong\frac{1}{2\eta_0}\left|\mathscr{E}_m(t)\right|^2\ ， \tag{6.49}$$

其中 $m=-\frac{N-1}{2},-\frac{N-1}{2}+1,\cdots,\frac{N-1}{2}-1,\frac{N-1}{2}$ ，則雷射脈衝 $P(t)$ 為

$$P(t)=\frac{1}{2\eta_0}NI(t)\ ， \tag{6.50}$$

也就是說，多縱模自由振盪輸出光強度 $P(t)$ 為各縱模光強度 $I(t)$ 之和，亦即如圖 6.7 (a) 所示。

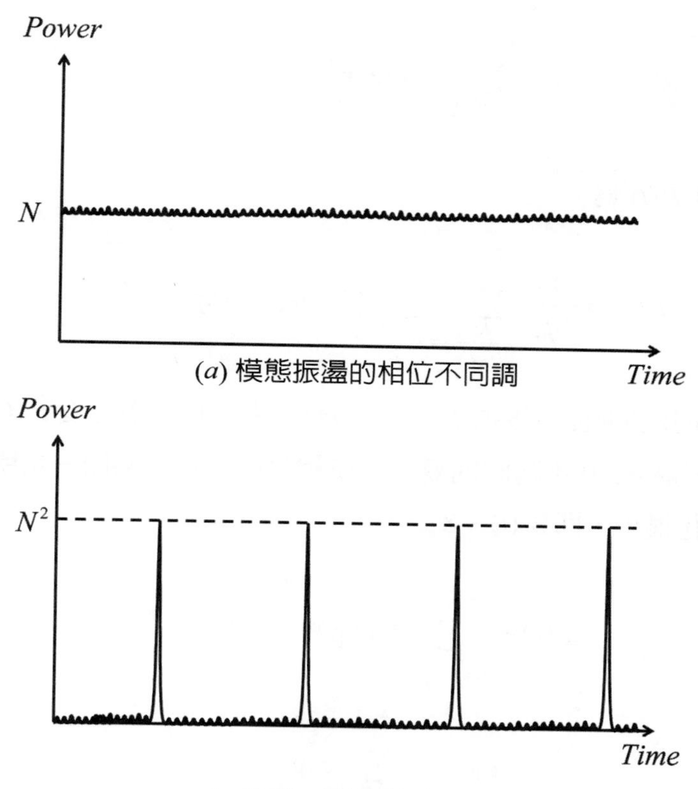

(a) 模態振盪的相位不同調

(b) 模態振盪的相位同調

圖 6.7　多縱模振盪雷射輸出光強度

第二部分是各縱模振盪的相位已是同調的，但是各縱模振盪的振幅之間的大小對雷射脈衝輸出之影響。若相位 $\phi_m(t)$ 被鎖定在一特定的相位，則爲了方便我們可以令所鎖定的相位爲零，即 $\phi_m(t)=0$，而在雷射共振腔中的電場 $e(t)$ 可以表示爲

$$e(t)=\sum_{m=-\frac{N-1}{2}}^{+\frac{N-1}{2}}\mathscr{E}_n(t)\exp^{j(\omega_0+m\omega_c)t}\exp^{j\phi_m(t)}$$

$$= \sum_{m=-\frac{N-1}{2}}^{+\frac{N-1}{2}} \mathscr{E}_n(t)\exp^{j(\omega_0+m\omega_c)t} \quad , \tag{6.51}$$

則功率強度 $P(t)$ 爲

$$P(t)=\frac{1}{2\eta_0}\sum_{r=-\frac{N-1}{2}}^{+\frac{N-1}{2}}\sum_{s=-\frac{N-1}{2}}^{+\frac{N-1}{2}} \mathscr{E}_r^*(t)\mathscr{E}_s(t)\exp^{j(s-r)\omega_c t} \quad 。 \tag{6.52}$$

接下來我們要從電場振幅 $\mathscr{E}_m(t)$ 的變化來分析功率強度 $P(t)$ 的輸出。如果電場振幅 $\mathscr{E}_m(t)$ 不隨時間變化，或相對於共振腔來回一次所需的時間 τ_{RT} 而言變化很小，即 $\mathscr{E}_m(t)\cong\mathscr{E}_m$，則

$$\begin{aligned} e(t) &= \sum_{m=-\frac{N-1}{2}}^{+\frac{N-1}{2}} \mathscr{E}_m \exp^{j\omega_0 t}\ \exp^{jm\omega_c t} \\ &= \mathscr{E}_0 e^{j\omega_0 t}\sum_{m=-\frac{N-1}{2}}^{+\frac{N-1}{2}} \exp^{jm\omega_c t} \quad , \end{aligned} \tag{6.53}$$

由 $\sum_{m=0}^{g-1} a^m = \frac{1-a^g}{1-a}$ 的關係，則雷射共振腔中的電場 $e(t)$ 爲

$$\begin{aligned} e(t) &= \mathscr{E}_0 e^{j\omega_0 t}\frac{\sin\left[\frac{N\omega_c}{2}t\right]}{\sin\left(\frac{\omega_c}{2}t\right)} \\ &= \mathscr{E}(t)e^{j\omega_0 t} \quad , \end{aligned} \tag{6.54}$$

其中 $\mathscr{E}(t)=\mathscr{E}_0\sum_{m=-\frac{N-1}{2}}^{+\frac{N-1}{2}}\exp^{jm\omega_c t}=\frac{\sin\left[\frac{N\omega_c}{2}t\right]}{\sin\left(\frac{\omega_c}{2}t\right)}$ 。

在時間軸上，如圖 6.8 (a) 所示，是 7 個同調的縱模振盪疊加之後一半週期的結果，電場 $e(t)$ 有 7 個波包（Wave packets），有 2 個大的波包夾著 5 個小的波包，因爲電場振幅$\mathscr{E}_m(t)$ 隨時間變化很小，所以 5 個小的波包振幅還是有規律的變化，而 2 個大的波包時間距離則爲光波在共振腔來回一次所需的時間，因爲$\mathscr{E}(t)$ 要和$\mathscr{E}(t+q\Omega)$ 相同，即

$$\begin{aligned}\mathscr{E}(t) &= \sum_{m=-\frac{N-1}{2}}^{+\frac{N-1}{2}} \exp^{jm\omega_c t} \\ &= \mathscr{E}(t+q\Omega) \\ &= \sum_{m=-\frac{N-1}{2}}^{+\frac{N-1}{2}} \exp^{jm\omega_c (t+q\Omega)} \\ &= \mathscr{E}_0 \sum_{m=-\frac{N-1}{2}}^{+\frac{N-1}{2}} \exp^{jm\omega ct} \exp^{jm\omega cq\Omega} \quad ,\end{aligned} \tag{6.55}$$

指數的部分要是的整數倍，即

$$\omega_c q\Omega = q2\pi \quad , \tag{6.56}$$

又 $\omega_c = \dfrac{2\pi}{2nL/c} = \dfrac{\pi c}{nL}$ ，所以

$$q2\pi = \omega_c q\Omega = \frac{\pi c}{nL} q\Omega \quad , \tag{6.57}$$

則

$$\Omega = \frac{2L}{c/n} = \tau_{RT} \quad , \tag{6.58}$$

即雷射脈衝波在時間的週期等於光波在共振腔來回一次所需的時間，也就是二倍的共振腔壽命。

如果這 7 個同調的縱模電場振幅$\mathscr{E}_m(t)$是隨時間變化的，則疊加之後一半週期的電場 $e(t)$ 還是有 7 個波包，仍然是 2 個大的波包夾著 5 個小的波包，但是 5 個小波包的振幅變化則是較無規律的，如圖 6.8 (b) 所示。

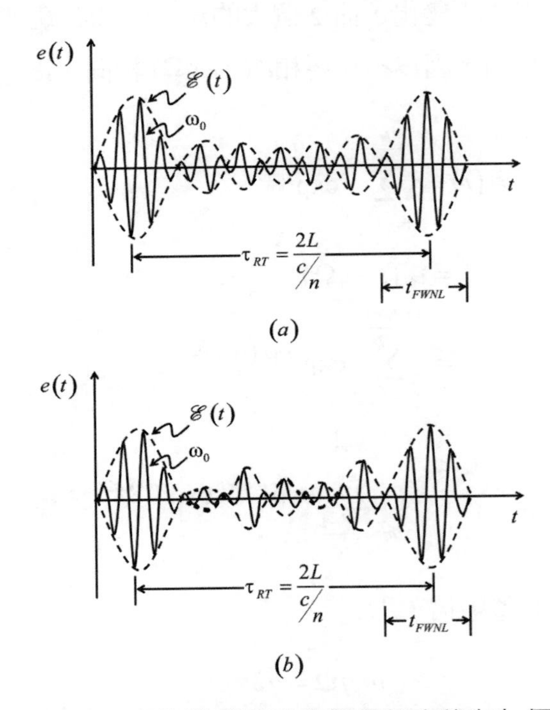

圖 6.8　七個同調的縱模電場振幅疊加之後有七個波包

接下來我們要求出鎖模之後的脈衝寬度（Pulse width）Δt_p 以及脈衝兩側零點的時間寬度（Full width between nulls）t_{FWNL}。

由 N 個縱模所鎖定構成的雷射電場 $e(t)$ 可得功率強度 $P(t)$ 為

$$P(t)=\frac{\mathscr{E}_0^2}{2\eta_0}\left[\frac{\sin\left(\frac{N\omega_c t}{2}\right)}{\sin\left(\frac{\omega_c t}{2}\right)}\right]^2=P_0\left[\frac{\sin\left(\frac{N\omega_c t}{2}\right)}{\sin\left(\frac{\omega_c t}{2}\right)}\right]^2 \quad。\tag{6.59}$$

由上式可以直接得到兩個關於鎖模的特性：N 個縱模振盪經過鎖相之後，振盪縱模 $\mathscr{E}(t)$ 頻率爲 ω_0 是固定的；而其功率強度 $P(t)$ 則是會被調變的。

若參與鎖模的每個模態的強度都是相同的 I_0，則當 $\frac{\omega_c t}{2} = n\pi$；$n = 1,2,3,...$ 時，中心頻率的功率強度將會變成

$$N^2 P_0 = N^2 \frac{I_0}{\tau_{RT}} \quad , \tag{6.60}$$

即

$$P_{ModeLocked} = N^2 P_0 \quad 。 \tag{6.61}$$

因爲每個模態的振幅或強度都是相同的 P_0，所以原來 N 個模態的總強度爲 NP_0。但是當這 N 個模態的總強度鎖在脈衝寬度 Δt_p 的時間內輻射出來，則因爲脈衝寬度 Δt_p 很小，所以雷射功率 $P_{ModeLocked}$ 就增加了，如圖 6.7 (b) 所示。

$$P_{ModeLocked} = N^2 \frac{I_0}{\tau_{RT}} = \frac{NI_0 / \tau_{RT}}{\Delta t_p} \quad , \tag{6.62}$$

則多縱模振盪鎖模之後也改變了脈衝寬度 Δt_p，由上式可得脈衝寬度 Δt_p 爲

$$\Delta t_p = \frac{\tau_{RT}}{N} \quad , \tag{6.63}$$

所以，增加參與鎖模的縱模振盪個數 N 將會壓縮脈衝寬度 Δt_p。

此外，由功率強度 $P(t) = P_0 \left[\frac{\sin\left(\frac{N\omega_c t}{2}\right)}{\sin\left(\frac{\omega_c t}{2}\right)} \right]^2$ 可求得脈衝兩側零點的寬度

t_{FWNL}。因爲假設脈衝是對稱的，所以我們把兩側零點的寬度 t_{FWNL} 分成 2 倍的 $t_{\frac{1}{2}}$，即 $t_{FWNL}=2t_{\frac{1}{2}}$，則當時間爲 $t_{\frac{1}{2}}$，功率強度 $P(t)$ 的分子 $\sin\left(\frac{N\omega_c t}{2}\right)$ 爲零，即

$$\frac{N\omega_c t_{1/2}}{2}=\pi \text{，} \tag{6.64}$$

又

$$\omega_c=\frac{2\pi}{\tau_{RT}} \text{，} \tag{6.65}$$

所以

$$\frac{N}{2}\frac{2\pi}{\tau_{RT}}t_{1/2}=\pi \text{，} \tag{6.66}$$

可得兩側零點的寬度 t_{FWNL} 爲

$$t_{FWNL}=2t_{1/2}=\frac{2\tau_{RT}}{N} \text{，} \tag{6.67}$$

這個結果和脈衝寬度 Δt_p 相似，寬度 t_{FWNL} 也隨著參與鎖模的縱模振盪個數 N 的增加而被壓縮。

第三部分是各縱模振盪的相位是同調的，而且各縱模振盪的振幅之間的模態強度呈 Gauss 分布，則鎖模雷射也會呈 Gauss 脈衝輸出。

首先，要看看參與鎖模的模態強度若呈 Gauss 分布，則在鎖模之後的強度分布在時間空間上的表現會是什麼呢？在說明之前，其實只要對數學稍微敏感一點就可以想像得到：「當模態是呈 Gauss 函數（Gaussian function），且當參與的模態有很多，則鎖模的過程就是積分運算，而 Gauss 函數的積分結果還是 Gauss 函數。」

因爲參與鎖模的模態強度是 Gauss 分布，所以我們令相對於中央線的

第 n 個模態強度或功率 P_n 爲

$$P_n = P_0 \exp\left[-4(\ln 2)\left(\frac{n\omega_c}{\Delta\omega}\right)^2\right] \text{，} \tag{6.68}$$

其中 P_0 爲中央線的功率強度；$\omega_c = \dfrac{2\pi}{\tau_{RT}}$；$\tau_{RT}$ 爲在時域上二個脈衝的間距（Pulse-to-pulse spacing）；而 $\dfrac{1}{\tau_{RT}} = \dfrac{c}{2d}$ 爲頻域上的重複率（Repetition rate）或是共振腔的自由頻域範圍（Free spectral range）;$\Delta\omega$ 爲譜線的寬度。

因爲譜線功率強度 P_n 和電場強度 $\mathscr{E}_n$ 的關係爲

$$P_n = \frac{\mathscr{E}_0^{\,2}}{2\eta_0} \text{，} \tag{6.69}$$

其中 $\eta_0 = \sqrt{\dfrac{\mu_0}{\varepsilon_0}} = 120\pi$ 爲真空的本質阻抗（Intrinsic impedance），所以第 n 個模態的電場強度 $\mathscr{E}_n$ 爲

$$\mathscr{E}_n = \mathscr{E}_0 \exp\left[-2(\ln 2)\left(\frac{n\omega_c}{\Delta\omega}\right)^2\right] \text{。} \tag{6.70}$$

現在考慮一個最簡單的情況，也就是一個有 N 個縱模的非均勻雷射，則在共振腔中的某一個位置的電場 $e(t)$ 可以一般的表示爲

$$e(t) = \sum_{m=-\frac{N-1}{2}}^{\frac{N-1}{2}} \mathscr{E}_n \exp[j(\omega_0 + n\omega_c)t + \phi_n(t)] \text{，} \tag{6.71}$$

其中，中央模態或強度最大的模態的頻率爲 ω_0，其兩側各有 $\dfrac{N-1}{2}$ 個模

態，且模態之間的距離為 $\omega_c = \dfrac{2\pi}{\tau_{RT}}$ ；$\phi_n(t)$ 為各模態的相位。

若各模態的相位是同相的，即相位 $\phi_n(t) = 0$，且假設電場振幅 $\mathscr{E}_n(t)$ 不隨時間變化，或相對於 τ_{RT} 而言變化很小，即 $\mathscr{E}_n(t) \cong \mathscr{E}_n$，則

$$\begin{aligned} e(t) &= \sum_{n=-\frac{N-1}{2}}^{+\frac{N-1}{2}} \mathscr{E}_n \exp^{j\omega_0 t} e^{jn\omega_c t} \\ &= \mathscr{E}_0 e^{j\omega_0 t} \sum_{n=-\frac{N-1}{2}}^{+\frac{N-1}{2}} \exp\left[-2\ln(2)\left(\frac{n\omega_c}{\Delta\omega}\right)^2 + jn\omega_c t\right] \text{。} \end{aligned} \tag{6.72}$$

因為距離中心頻率 ω_0 很遠的模態可能因為無法克服耗損而無法產生雷射，抑或是對中心頻率的強度挹注也很少，幾乎可以忽略，所以我們可以把加總的上下模態限延伸至無限多，即 $\pm\dfrac{N-1}{2} \to \pm\infty$，且用積分的方式把所有的模態全部納入，即

$$\sum_{n=-\frac{N-1}{2}}^{+\frac{N-1}{2}} \to \sum_{-\infty}^{+\infty} \to \int_{-\infty}^{+\infty} dn \text{。} \tag{6.73}$$

令 $\chi_n = n\omega_c$，則

$$\begin{aligned} \Delta x &= x_{n+1} - x_n \\ &= (n+1)\omega_c - n\omega_c \\ &= \Delta n\omega_c \text{，} \end{aligned} \tag{6.74}$$

即 $$dx = \omega_c dn \text{，} \tag{6.75}$$

則 $$dn = \frac{dx}{\omega_c} \text{，} \tag{6.76}$$

所以

$$e(t)=\frac{\mathscr{E}_0}{\omega_c}e^{j\omega_0 t}\int_{-\infty}^{+\infty}\exp\left[-2\ln(2)\left(\frac{x}{\Delta\omega}\right)^2+jxt\right]dx$$

$$=\frac{\mathscr{E}_0}{\omega_c}e^{j\omega_0 t}\exp\left[-\left(\frac{\Delta\omega t}{2\sqrt{2\ln 2}}\right)^2\right]$$

$$\int_{-\infty}^{+\infty}\exp\left\{-\left[\sqrt{2\ln 2}\frac{x}{\Delta\omega}\right]^2+jxt-\left(\frac{\Delta\omega t}{2\sqrt{2\ln 2}}\right)^2\right\}dx$$

$$=\frac{\mathscr{E}_0}{\omega_c}e^{j\omega_0 t}\exp\left[-\left(\frac{\Delta\omega t}{2\sqrt{2\ln 2}}\right)^2\right]$$

$$\int_{-\infty}^{+\infty}\exp\left[-\left(\frac{\sqrt{2\ln 2}x}{\Delta\omega}-j\frac{\Delta\omega t}{2\sqrt{2\ln 2}}\right)^2\right]dx\text{ 。}\tag{6.77}$$

令
$$u=\sqrt{2\ln 2}\frac{x}{\Delta\omega}-j\frac{\Delta\omega t}{2\sqrt{2\ln 2}}\text{ ，}\tag{6.78}$$

則
$$du=\sqrt{2\ln 2}\frac{x}{\Delta\omega}dx\text{ ，}\tag{6.79}$$

則
$$e(t)=\frac{\mathscr{E}_0\Delta\omega}{\omega_c\sqrt{2\ln 2}}e^{j\omega_0 t}\exp\left[-\left(\frac{\Delta\omega t}{2\sqrt{2\ln 2}}\right)^2\right]\int_{-\infty}^{+\infty}e^{-u^2}du$$

$$=\sqrt{\frac{\pi}{2\ln 2}}\mathscr{E}_0\frac{\Delta\omega}{\omega_c}e^{j\omega_0 t}\exp\left[-\left(\frac{\Delta\omega t}{2\sqrt{2\ln 2}}\right)^2\right]\text{ 。}\tag{6.80}$$

所以強度 $P(t)$ 為

$$P(t)=P_0\frac{\pi}{2\ln 2}\left(\frac{\Delta\omega}{\omega_c}\right)^2\exp\left[-2\left(\frac{\Delta\omega t}{2\sqrt{2\ln 2}}\right)^2\right]\text{ ，}\tag{6.81}$$

其中$P_0 = \dfrac{\mathscr{E}_0^2}{2\eta_0}$ 。

顯然的，這是一個 Gauss 函數，如圖 6.6 (f) 所示，也就是相位相同且模態呈 Gauss 分布的鎖模結果仍是呈 Gauss 分布。

第七章

半導體雷射二極體概要

1 半導體雷射結構設計

2 半導體雷射結構特性

3 半導體雷射元件特性

4 半導體雷射的論文發表

半導體雷射或雷射二極體（Laser diodes）的應用非常廣泛，相關的技術與基礎研究，也是一日千里，促使其成功的重要關鍵之一應該是在熱不平衡的條件下所發展出的兩種磊晶技術，即分子束磊晶（Molecular beam epitaxy，MBE）和金屬有機氣相磊晶（Metal-organic vapor phase epitaxy，MOVPE 或 Metal-organic chemical vapor deposition，MOCVD）。基本上，這兩種製備方式都是目前最先進的磊晶系統，各有其特色。一般認爲由於分子束磊晶系統是在超高眞空的條件下所發生的「一次碰撞」，所以可以達到最佳的磊晶品質；而金屬有機氣相磊晶系統的氣體擴散特性則適合降低成本大量生產。或者也有認爲分子束磊晶系統適合成長單極（Unipolar）元件；而金屬有機氣相磊晶系統則適合成長雙極（Bipolar）元件。當然這不是絕對的準則，端賴操作者對系統掌握的嫻熟程度而定。

我們可以嘗試著把半導體雷射物理與前面所介紹的五個構成雷射的條件做簡單的連結。半導體雷射的活性介質當然就是半導體。半導體雷射的共振腔主要是由晶體的自然斷裂面（Cleaved facets）或是週期性的分布式 Bragg 反射（DBR，Distributed Bragg reflector）或分布式反饋（DFB，Distributed-feedback）結構來侷限著光束以及提供回饋。半導體雷射的激發多以電流注入，因此，半導體雷射的元件結構中，必須要有良好的 Ohm 接觸（Ohmic contacts）。半導體雷射的布居反轉條件是，半導體導帶（Conduction band）的準 Fermi 能階（Quasu-Fermi level）和價帶（Valence band）的準 Fermi 能階差值要大於能隙（Bandgap），即 $E_{FC} - E_{FV} > E_g$，其中 E_{FC} 爲導帶的準 Fermi 能階；E_{FV} 爲價帶的準 Fermi 能階；E_g 爲半導體的能隙。半導體雷射的閾値條件會和元件的量子效率（Quantum efficiency）與損耗（Loss）放在一起討論。量子效率原是表示電子轉換成光子的效率，但是會因爲習慣用法或是實際應用所需，所以又會包含斜率效率（Slope efficiency）η_s、微分量子效率（Differential quantum efficiency）η_d、外部量子效率（External quantum efficiency）η_{Ext} 或 η_Q。總損耗（Total loss）α_{tot} 則包含了鏡面損耗（Mirror loss 或 End loss）α_m 及雷射內部損耗（Internal loss）α_i。此外，由半導體雷射的閾值電流對溫度的敏感程度又定義出表示半導體雷射元件特性的特徵溫度（Characteristic temperature）T_0。

在固態物理、半導體物理、光電子學、雷射物理已經有了相當程度基礎的前提下，本章將以量子點半導體雷射（Quantum dot semiconductor lasers）爲例，有三個大方向要介紹，[1] 半導體雷射結構設計、[2] 半導體雷射結構特性、[3] 半導體雷射元件特性，將簡單的說明半導體雷射一些重要的特性，俾使能與本書前述的雷射物理相互呼應，而對於半導體物理或半導體元件物理相關的細節，可參考各領域的專門著作，在此不詳述。

[1] 半導體雷射結構設計

一般而言，半導體雷射結構設計有三個主要的考慮因素：對於光子或光波的考慮；對於載子或電子與電洞的考慮；對於磊晶製程條件的考慮。

[2] 半導體雷射結構特性

爲了確定磊晶成長的磊晶片或是既得的半導體雷射樣品是我們所需要的結構，所以必須使用量測系統來觀察半導體雷射的結構，並且在製程前與製程後也要進行半導體雷射的光的特性及電的特性分析。一般而言，我們希望半導體雷射元件要具有高增益、低閾值電流、高特徵溫度等性質。

[3] 半導體雷射元件特性

我們要以數學模型說明幾個用來標示半導體雷射元件特性參數的物理意義，諸如：特徵溫度、斜率效率、微分量子效率、量子效率、總損耗、鏡面損耗及雷射內部損耗。再者，連續操作的半導體雷射與脈衝操作的半導體雷射，在元件特性上的區別以及在技術上所顯示的意義。

最後，我們要說明如何發表一篇半導體雷射元件的文章，也就是半導體雷射的論文發表可以放哪些圖表，而這些圖表所表達的意義。

7.1　半導體雷射結構設計

半導體雷射二極體（Semiconductor laser diodes）除了二極體（Diodes）固有的 Ohm 接觸電極和 pn 接面（pn junction）之外，還要包含有光波導（Optical waveguide）的結構，如圖 7.1 所示。

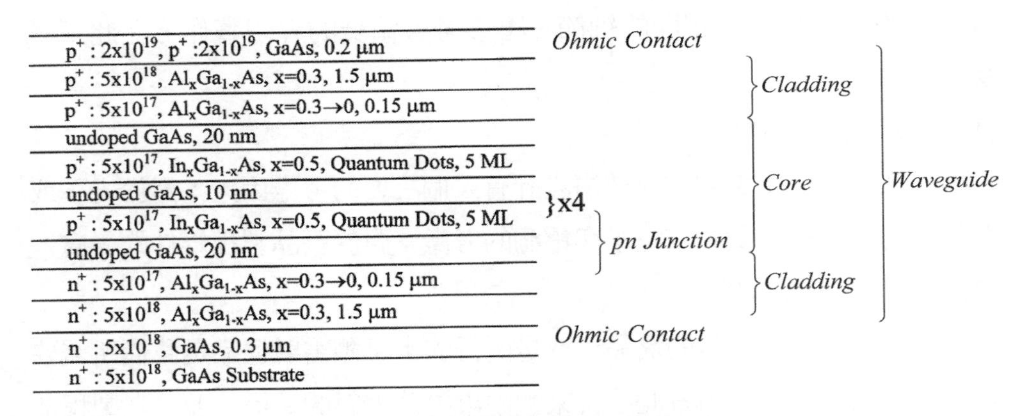

圖 7.1　半導體雷射二極體

良好的 Ohm 接觸當然是爲了可以降低 Joule 效應（Joule effect）而可以有效率的注入電流，所以我們選擇了高摻雜的基板（Substrate），並在上下兩端也置入了高摻雜且低能隙（Low bandgap）的 GaAs，當然這裡所謂的低能隙是相對於 AlGaAs 的，厚度不能太厚，太厚會增加元件的串聯電阻（Series resistance），太薄的 Ohm 接觸效果不好，一般多在 0.2 到 0.3 μm。

緊接著 Ohm 接觸的就是光波導結構的覆蓋層（Cladding layers），覆蓋層的作用是使光波維持在光波導結構的核心層（Core layer），或是雷射結構的活性層（Active layer），所以核心層的折射率要高；覆蓋層的折射率要低；厚度也要足夠厚，而折射率和能隙是反比例的關係，於是我們採用了 AlGaAs；雖然覆蓋層的厚度越厚，波導的效果越好，但是卻會增加元件的串聯電阻，爲了降低元件的串聯電阻，所以我們也加入了高濃度的雜質，而覆蓋層的厚度至少要大於發光的波長的一半，相關說明可以參考電動力學的波導理論和量子力學的物質波。要特別說明，雖然高摻雜的覆蓋層可以降低元件的串聯電阻，但是也可能導致光波侷限能力的下降，這是因爲自由載子吸受（Free-carrier absorption）或是介電常數的升高所致，相關的說明可以參考固態物理或光電子學的說明。

半導體雷射二極體的整體元件結構設計主要有三個考慮：（1）光子侷限（Optical confinement）；（2）載子侷限（Carrier confinement）；（3）磊晶條件（Epitaxy condition）。

大自然就是如此巧妙，因爲光波會往高折射率的區域偏折；載子會被集中在低能態的位置，而半導體的折射率 n 和能隙 E_g 的關係，基本上是呈反比例的，即

$$n^4 E_g = 95 \text{ (e.V.)} ， \tag{7.1}$$

這就是所謂的 Moss 關係（Moss relation）。半導體的折射率 n 和能隙 E_g 的反比例關係恰恰提供了半導體雷射所必要的光子侷限和載子侷限條件。

光子侷限的條件主要是依據電動力學的結果，我們可以知道侷限光波的區域或核心層（Core layer）厚度必須大於 $\frac{\lambda}{2} = \frac{\lambda_0}{2n}$ ，其中 λ 爲光波在介質中的波長；λ_0 爲光波在眞空中的波長，n 爲介質中的折射率。

載子侷限的條件，主要是依據量子力學物質波（Matter waves）的概念，侷限載子的區域厚度必須大於 Bohr 半徑 r_{Bohr}（Bohr radius），即

$$r_{Bohr}=\frac{4\pi\hbar^2\varepsilon_0\varepsilon_r}{m^*e^2}=0.053\frac{\varepsilon_r}{m^*/m_0}\ (nm)\ , \tag{7.2}$$

其中 ε_r 是材料的介電常數（Dielectric constant）；m^* 是電子或電洞的等效質量（Effective mass）；m_0 是電子的質量。

基本上，半導體雷射最重視的是產生光子的活性層。一般常見的半導體雷射結構中的活性層有雙異質結構（Double heterostructure，DH）、單一量子井（Single quantum well，SQW）、分離侷限異質結構（Separate confinement heterostructure，SCH）、漸變折射率分離侷限異質結構（Graded-index separate confinement heterostructure），如圖 7.2 所示的是半導體的導帶部分，下半部價帶的部分雖然有所不同，但基本上是和導帶呈對稱的。

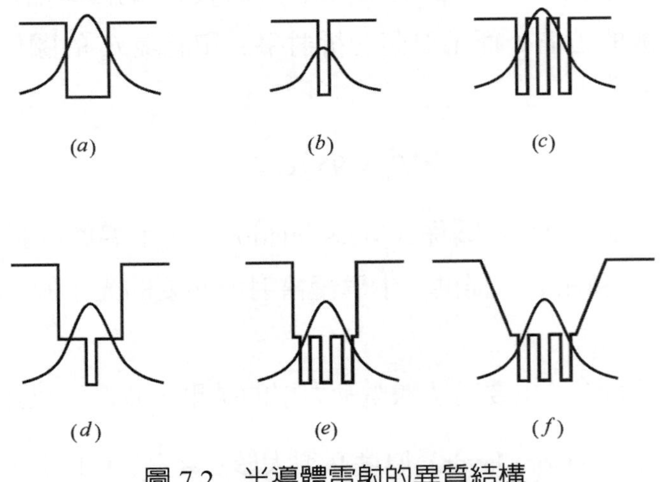

圖 7.2　半導體雷射的異質結構

不同的元件結構是依循著不同的考慮，但是基本上，不外乎是考慮著載子侷限和光波侷限的因素。雙異質結構就是爲了可以把電子和電洞侷限在位置空間（Position space）中的一個區域內，以提高電子和電洞輻射性復合（Radiative recombination）的機率，如圖 7.2 (*a*) 所示。如果爲了降低閾值電流，也可以把活性層的厚度減少，如果活性層的厚度與 Bohr 半徑（Bohr radius）r_{Bohr} 相當時，將會有量子效應（Quantum effects），這樣的結構就是單一量子井（SQW）結構。由於量子井的結構在波向量空間（k space）中的能量或狀態密度是分立的（Discrete），所以雷射閾值條件就容易達成，雷射波長也會比較穩定，如圖 7.2 (*b*) 所示。如果要增加光子的數目，或者說是爲了增加雷射增益，則可增加量子井的數目，即多重量子井（Multiple quantum well，MQW）的結構，如圖 7.2 (*c*) 所示。

雖然我們已經知道了半導體雷射的光子侷限和載子侷限條件，但是這兩個條件的厚度是不相同的，如果代入相關的數值之後，就會發現因爲雷射波長通常比物質波波長還要長，所以光子侷限層的厚度會比載子侷限的厚度要厚。在這種情況下，我們當然可以把半導體雷射結構的活性層厚度設計爲光子侷限層的厚度，但是如此一來，容納載子的厚度就增加了，則閾值電流也可能隨之增加。爲了要同時滿足光子侷限和載子侷限的厚度條件，可以採取分離侷限異質（SCH）結構。所謂的「分離侷限」乃意指光子侷限和載子侷限的厚度是分別設計的，如圖 7.2 (*d*) 所示，中間的單一量子井滿足了載子侷限，而比較厚的部分則是滿足了光子侷限。當然，如前所述，可以多重量子井的結構來增加雷射增益，如圖 7.2 (*e*) 所示。

漸變折射率分離侷限異質結構應該是一般最常採用的半導體雷射結構，如圖 7.2 (*f*) 所示。因爲漸變折射率分離侷限異質結構除了考慮光子和載子分離侷限之外，如果我們把光子和載子都以波動的方式來描述，則漸變折射率對於高階模態（High-order mode）的光波侷限比較弱，所以在核心層中就容易形成單模或者只存在有低階模態（Low-order mode）的光波，如此無論是要製成單模雷射或是增加光子密度以達到閾值條件都是有利的。而漸變折射率對於電子和電洞則是由於界面的緩慢變化，所以整個元件的電阻值也會明顯降低，耗損減少了，效率當然也就提高了。

最後要特別說明的是，有關半導體雷射結構和磊晶製程的關係。有些半導體雷射結構在經過解析之後，會發現無論從載子或光子的觀點來說，似乎都沒有太明顯的作用，這個時候就不妨從磊晶製程的觀點作理解。對於磊晶來說，一般性的原則是希望能在溫度穩定的條件下進行磊晶成長，而且寬能隙（Wide bandgap）的材料熔點通常也會比較高，所以磊晶成長的溫度需要比較高；反之，窄能隙（Low bandgap）的材料熔點通常也會比較低，所以磊晶成長的溫度需要比較低，由於半導體雷射是異質結構，爲了達到良好的晶體品質，所以在磊晶的過程中，成長的溫度就必須高溫低溫不斷的調整設定，但是由於有些情況高溫和低溫的差距有 30℃，甚至高達 60℃，在這種情況下，無論是升溫或是降溫，都無法在溫度改變設定後瞬間達到穩定，所以在等待溫度穩定的過程中，如果不願意暫時中斷成長，就會想辦法加入一層對雷射影響不大的結構。此外，對於製程的步驟來說，雖然琳琅滿目的考慮不一而足，但不外乎有些刻意加入的結構是爲了增加氧化還原，有些刻意加入的結構則是爲了抑制氧化還原。

7.2 半導體雷射結構特性

一旦半導體雷射磊晶成長完成之後，首要工作就是確認結構爲我們所需。有很多已經發展得很好的儀器設備以及分析系統，足以提供這些訊息，然而因爲我們欲以半導體量子點雷射爲例進行說明，所以在結構的分析部分，僅簡單的展示穿透式電子顯微鏡（Transmission electron microscopy，TEM）和原子力顯微鏡（Atomic force microscopy，AFM）的結果。

此外，我們還要從光子與電子的觀點來分析半導體雷射結構的物理性質。在做製程之前，可以先作光激光譜（Photolumincese，PL）以分析基本的半導體雷射光學特性。在製程完成之後，則可以分析半導體雷射的電學特性，最基本的就是電流與電壓的關係（Current-voltage characteristics，I-V curves），以及分析半導體雷射的電激光譜（Electroluminescence，EL）。

當然，進一步的分析，必須再參閱相關專門著作及論文。

7.2.1 半導體雷射的結構分析

在磊晶成長任何的結構或元件之前，通常磊晶研究人員都已經完成了完整的校正程序，包含基板溫度和成長速率，所以當取得結構圖（Layer structures）之後，設定安排好程序就可以開始磊晶了。但是，像半導體量子點這樣的特殊結構，就必須先找到適合的成長條件。原子力顯微鏡則可以確定半導體量子點已經成功的在表面形成，如圖 7.3 所示。

圖 7.3　$In_{0.5}Ga_{0.5}As$ 量子點原子力顯微鏡圖

雖然半導體量子點可以在表面形成，但是可以把量子點置入活性層中嗎？基本上，我們可以藉由穿透式電子顯微鏡確定或顯示半導體雷射元件的異質結構之剖面結構，諸如：異質結構是正確的嗎？厚度有沒有達到我們的要求？特殊的結構是否成功的完成了？如果我們要製作一個量子點雷射，如圖 7.4 所示的穿透式電子顯微鏡圖是證明我們可以成功在活性層中磊晶成長五層的 $In_{0.5}Ga_{0.5}As$ 量子點。在高解析度的穿透式電子顯微鏡（High-resolution transmission electron microscopy，HRTEM）下，甚至可以觀察到晶格結構的細節，例如：缺陷（Defects）和錯位（Dislocations）。

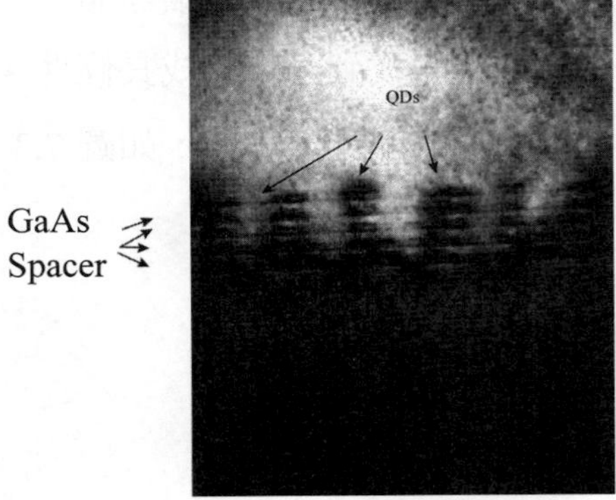

圖 7.4　五層的 $In_{0.5}Ga_{0.5}As$ 量子點雷射結構穿透式電子顯微鏡圖

7.2.2 半導體雷射的光學特性分析

因爲半導體雷射二極體的波長可以藉由改變活性層的化合物種類、成分、量子效應來改變，所以如果是爲了特殊需求而製造的半導體雷射，則我們會在磊晶成長之後，會先作光激光譜（Photolumincese，PL）以大致確定波長。光激光譜的光波是自發性輻射的，其強度會隨著激發光的強度而增加，如圖 7.5 所示。要特別指出的是，光激光譜的輻射峰值和雷射的波長只是相近，一般而言，兩者不會完全相同，姑且不考慮能帶填充效應（Band-filling effect）、聲子瓶頸效應（Phonon-bottleneck effect）、Joule 效應（Joule effect）等特殊效應，因爲半導體雷射二極體是有外加電壓的，所以活性層的能帶就一定會隨著電壓的變化而傾斜，以至於雷射波長略長於光激光譜所觀察到的波長。當然，光激光譜與雷射的關係蘊涵著多重的半導體雷射過程，在此不作進一步討論了。

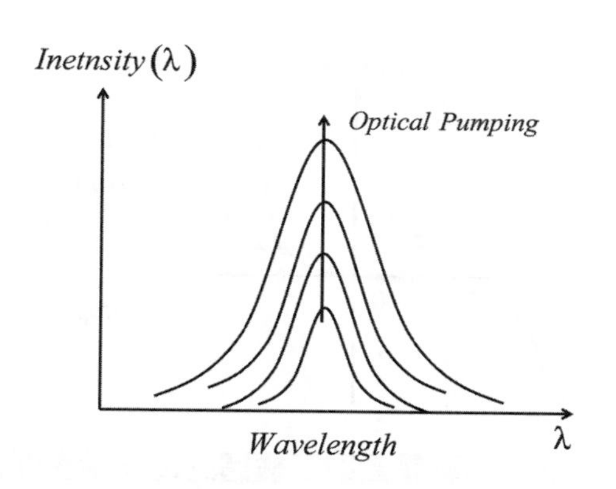

圖 7.5　半導體雷射二極體的光激光譜

7.2.3 半導體雷射的電學特性分析

當半導體雷射製程完成之後，在測量其雷射相關光學特性之前，可以先觀察電流與電壓的關係，因爲其實半導體雷射就是一個 pn 二極體（pn diode），所以也就必須呈現 pn 二極體整流的特性，但是由於在進行量測時，已經注入了電流，於是有可能會在閾値電流的位置觀察到電流突然減小的負電阻現象，如圖 7.6 所示，這是肇因於在達到閾値電流的瞬間突然產生大量同調光子，同調光子來回振盪的效應，同時也「消耗」了大量的電子與電洞所致。在實際的經驗上，因爲有時候這個負電阻現象並不十分明顯，所以即使沒有觀察到這個現象，並不表示該半導體雷射沒有成功，還是要繼續以下要介紹的電激光譜（Electroluminescence，EL）和輸出光與注入電流的關係（Light-current characteristics，L-I）確定受激輻射的發生。

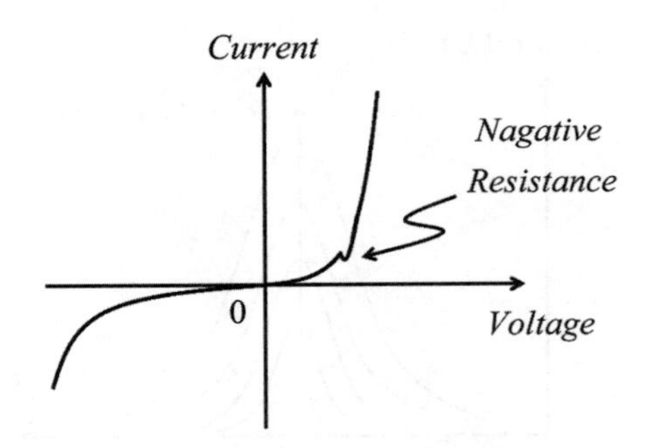

圖 7.6　半導體雷射二極體的電流電壓關係

7.2.4 半導體雷射的光譜

雖然由半導體雷射的二極體電流對電壓特性可能已經觀察到雷射的現象了，但是受激輻射還是得從光譜觀察，受激輻射和自發性輻射的最大差異就是受激輻射的半高寬是窄的；自發性輻射的半高寬是寬的，而且受激輻射的強度會隨著激發強度的增加而呈非線性的增加；自發性輻射的強度，則會隨著激發強度的增加而基本上呈線性的增加。

半導體雷射二極體注入電流之後，若電流尚未達到閾值電流，則電激光譜所觀察到的是自發性輻射，且光強度會隨著注入電流的增加而增加，但是當電流慢慢增加達到閾值電流時，我們會觀察到電激光譜在原來的自發性輻射中出現了受激輻射，如圖 7.7 所示，現在我們可以確認半導體雷射二極體已經成功的被製作出來了。

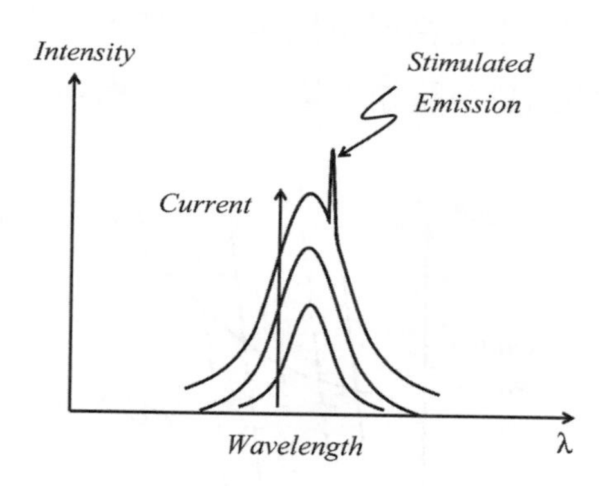

圖 7.7　半導體雷射二極體的電激光譜

如果在達到閾值電流之後持續增加注入電流，則由於競爭的過程使得活性層中所產生的光波能量會迅速交給受激輻射，所以即使注入的電流只比閾值電流多增加一點點，但是受激輻射的強度會突然增加，遠大於自發性輻射，如圖 7.8 所示。

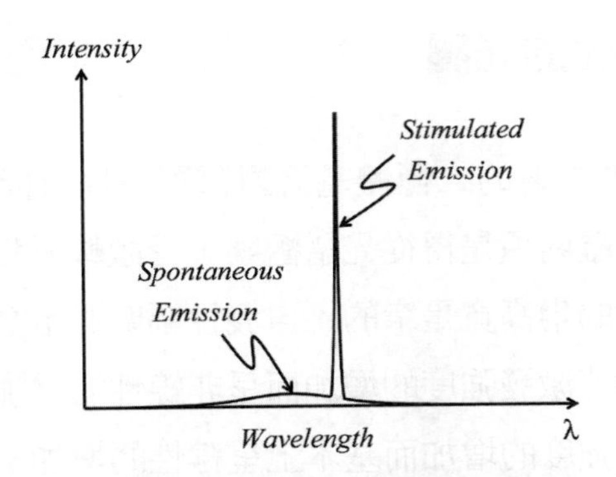

圖 7.8　半導體雷射二極體的受激輻射與自發性輻射

7.2.5 半導體雷射輸出強度與電流注入的關係

電激光譜固然使我們觀察到了半導體雷射二極體如何由自發性輻射演變到受激輻射的過程，但是雷射輸出與注入電流的關係，如圖 7.9 所示，可以提供我們更多的訊息，諸如：量子效率與損耗。

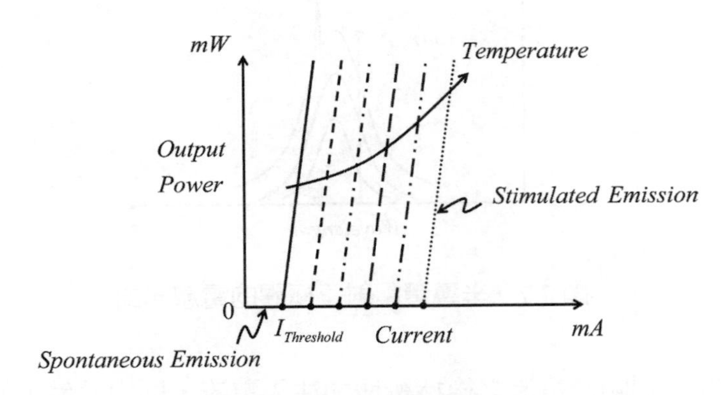

圖 7.9　光強度對電流隨溫度的變化

在半導體雷射二極體的電激光譜中，我們已經知道了，注入電流達閾值電流 $I_{Threshold}$ 前後，光強度的差異是非常大的，所以在光強度對電流的圖中，在小於閾值電流時的自發性輻射強度，相對受激輻射強度是很小的，而一旦外加電流克服了所有損耗，滿足了閾值條件之後，其所產生的受激輻射強度將隨著電流持續增加。此外，閾值電流 $I_{Threshold}$ 會隨著雷射元件所處環境或操作之溫度增加而增加的現象，如圖 7.9 所示，及其相關的雷射元件特性參數會在下一節介紹。

7.3　半導體雷射元件特性

我們可以從光強度對電流隨溫度的變化關係，得到半導體雷射元件最基本的特性，包含：特徵溫度、量子效率與損耗。

簡單來說，半導體雷射的特徵溫度高低標示著元件對溫度的敏感特性，高特徵溫度的元件是我們所希望的。量子效率（Quantum efficiency）是電子轉換成光子的比例，而損耗則是電子或光子的消耗狀態，在本節中，我們會定義出幾種不同的量子效率，其中比較關鍵的是微分量子效率（Differential quantum efficiency）和內部量子效率（Internal quantum efficiency），或者爲了直接表示注入多少電流可以得到多少雷射功率而定義出斜率效率（Slope efficiency）；元件的總損耗（Total loss）則大多考慮鏡面損耗（Mirror loss）或端面損耗（End loss）和內部損耗（Internal loss）。

在一個特定溫度下，我們可以從一個特定長度共振腔之半導體雷射的光強度對電流圖中，得到半導體雷射的閾值電流以及微分量子效率。如果變化了溫度，就可以從閾值電流隨溫度的變化得到特定長度共振腔的半導體雷射特徵溫度；如果變化了共振腔長度，就可以從微分量子效率隨共振腔長度的變化得到特定溫度的半導體雷射內部量子效率和內部損耗，而鏡面損耗與內部損耗之和則爲元件的總損耗。

7.3.1 半導體雷射的特徵溫度

半導體雷射的閾值電流是隨著溫度上升而增加的，即

$$I_{Threshold} = I_0 \exp\left(\frac{T}{T_0}\right) , \tag{7.3}$$

其中 $I_{Threshold}$ 爲閾值或臨界電流；T 爲雷射元件的所處的環境或操作的溫度；T_0 爲半導體雷射元件的特徵溫度，半導體雷射元件的特徵溫度越高，標示著元件對溫度越不敏感，也是我們所希望的元件特性。

由
$$I_{Threshold} = I_0 \exp\left(\frac{T}{T_0}\right) , \tag{7.4}$$

則
$$\frac{I_{Threshold}}{I_0} = \exp\left(\frac{T}{T_0}\right) , \tag{7.5}$$

則
$$\ln\left(\frac{I_{Threshold}}{I_0}\right) = \frac{1}{T_0} T , \tag{7.6}$$

所以我們可以由光強度對電流的量測中再加入溫度的變因，可以得到 $I_{Threshold}$ 爲閾值電流隨溫度的變化關係之後，把 $\ln\left(\frac{I_{Threshold}}{I_0}\right)$ 作爲縱軸；把作爲橫軸，如圖 7.10 所示，直線斜率的倒數就是半導體雷射元件的特徵溫度 T_0。斜率越小的特徵溫度越高；斜率越大的特徵溫度越低。

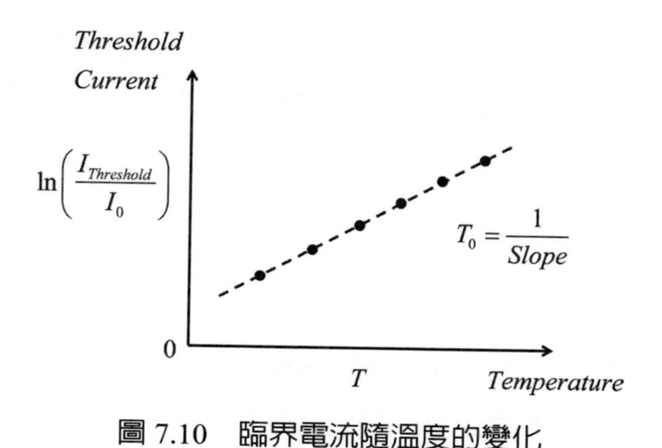

圖 7.10　臨界電流隨溫度的變化

半導體雷射的閾値電流對溫度所呈現的函數關係，可以由半導體統計開始推導，在此不作介紹，以下僅就現象學（Phenomenology）的觀點來說明，因爲當溫度上升時會導致雷射損耗的增加，並且降低元件的量子效率，所以雷射的閾値電流也就隨之增加，而特徵溫度正標示著上述相關過程。

7.3.2 半導體雷射的量子效率與損耗

半導體雷射的量子效率爲同調光子數對注入電子數的比值，所以是沒有單位的（Dimensionless），又稱爲外部量子效率（External quantum efficiency），可由光強度對電流圖中的一個點到原點的連線斜率得到，如圖 7.11 所示，即

$$\eta_Q = \eta_{Ext} = \frac{P/h\nu}{I/e} \text{ ,} \tag{7.7}$$

其中 η_Q 爲量子效率；η_{Ext} 爲外部量子效率；P 爲雷射輸出的功率；h 爲 Planck 常數（Planck constant）；v 爲雷射的頻率；I 爲注入的電流；e 爲電子電荷。

外部量子效率 η_{Ext} 也可以定義爲，

$$\eta_{Ext} = \eta_e \eta_i \quad , \tag{7.8}$$

其中 η_e 爲牽引效率（Extraction efficiency），標示著在活性層產生的同調光子被「牽引」出元件的效率，是沒有單位的；η_i 爲內部量子效率，稍後會介紹如何求得，因爲標示著在活性層中電子電洞復合產生出同調光子的效率，也是沒有單位的。

因爲這個定義所得的量子效率將隨著在光強度對電流圖中所選擇的點不同，而有不同的結果，所以我們定義輸出同調光子數對注入電子數的變化率爲微分量子效率，也是一個沒有單位的量子效率，如圖 7.11 所示，即

$$\eta_d = \frac{dP/h\nu}{dI/e} \quad , \tag{7.9}$$

其中 η_d 爲微分量子效率；爲 dP 雷射輸出的功率變化；h 爲 Planck 常數（Planck constant）；v 爲雷射的頻率；dI 爲注入的電流變化；e 爲電子電荷。

此外，爲了直接表示克服了臨界條件之後，外加輸入電流的電流變化可以得到多少輸出雷射功率的變化而定義出斜率效率，如圖 7.11 所示，即

$$\eta_s = \frac{dP}{dI} \quad , \tag{7.10}$$

其中 η_s 爲斜率效率，單位爲 W/A 或 mW/mA；dP 爲半導體雷射輸出功率變化；dI 爲注入的電流變化。

因爲量子效率與損耗是相反的變化趨勢，也就是低損耗將導致量子效率高；而高損耗則將抑制量子效率，所以接下來我們要說明雷射的損耗以及量子效率與損耗的關係。

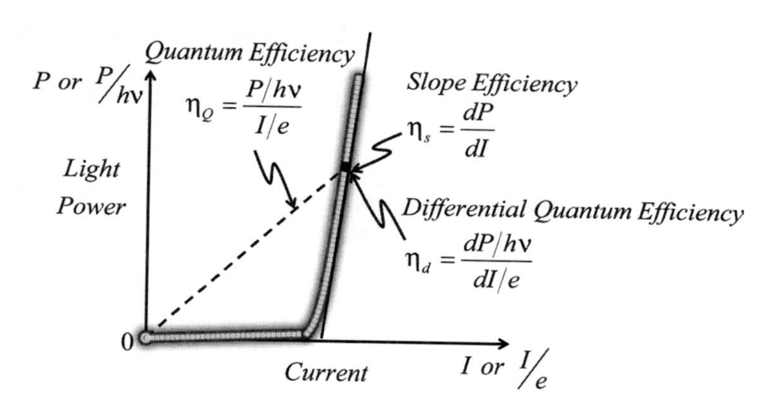

圖 7.11　半導體雷射的三種不同量子效率

一般而言，如果我們將雷射的損耗分成兩大部分，即構成共振腔兩側鏡面造成的鏡面損耗和雷射內部的損耗，鏡面損耗是緣自於半導體的折射率和空氣的折射率不同所致；內部的損耗則包含電子電洞傳輸過程的散射以及光子的吸收與散射，而元件的總損耗 α_{tot} 則爲鏡面損耗和雷射內部的損耗之和，即

$$\alpha_{tot} = \alpha_m + \alpha_i \quad , \tag{7.11}$$

其中 α_{tot} 爲雷射元件的總損耗；α_i 爲雷射的內部損耗；α_m 爲鏡面損耗，且若 L 爲半導體雷射共振腔的長度（Cavity length）；R_1 和 R_2 分別爲半導體雷射共振腔兩端面鏡的反射率，則

$$\alpha_m = \frac{1}{2L}\ln\frac{1}{R_1 R_2} \text{。} \tag{7.12}$$

可得雷射元件的總損耗 α_{tot} 爲

$$\alpha_{tot} = \frac{1}{2L}\ln\frac{1}{R_1 R_2} + \alpha_i \text{。} \tag{7.13}$$

所以微分量子效率 η_d 和內部量子效率 η_i 的關係，和在活性層中所產生的所有同調光子最後被端面鏡引出的比例 $\dfrac{\alpha_m}{\alpha_i + \alpha_m}$ 有關，則

$$\eta_d = \eta_i \frac{\alpha_m}{\alpha_i + \alpha_m} \text{。} \tag{7.14}$$

爲了找出和半導體雷射共振腔長度的線性關係，所以

$$\frac{1}{\eta_d} = \frac{1}{\eta_i}\left(1 + \frac{\alpha_i}{\alpha_m}\right) \text{，} \tag{7.15}$$

代入 $\alpha_m = \dfrac{1}{2L}\ln\dfrac{1}{R_1 R_2}$ ，則微分量子效率和共振腔長度的線性關係爲

$$\begin{aligned} \frac{1}{\eta_d} &= \frac{1}{\eta_i}\left(1 + \frac{2L}{\ln\dfrac{1}{R_1 R_2}}\alpha_i\right) \\ &= \frac{1}{\eta_i} + \frac{1}{\eta_i}\frac{2}{\ln\dfrac{1}{R_1 R_2}}\alpha_i L \text{。} \end{aligned} \tag{7.16}$$

我們對幾種共振腔長度的半導體雷射作光強度對電流的圖，可得微分量子效率 η_d 隨共振腔長度 L 的變化，再把 η_d^{-1} 作爲縱軸；把半導體雷射共振腔長度 L 作爲橫軸，如圖 7.12 所示。直線在縱軸的截距爲 η_i^{-1}，即

內部量子效率的倒數；再代入斜率 $\frac{1}{\eta_i}\frac{2}{\ln\frac{1}{R_1R_2}}\alpha_i$ 中，因為半導體雷射共振腔兩端面鏡的反射率 R_1 和 R_2 是已知的，所以可得雷射的內部損耗，很顯然的，雖然直線斜率和雷射的內部損耗 α_i 有關，但是並非斜率越小的內部損耗 α_i 就越小；斜率越大的內部損耗 α_i 就越大，還要考慮縱軸的截矩 η_i^{-1}。

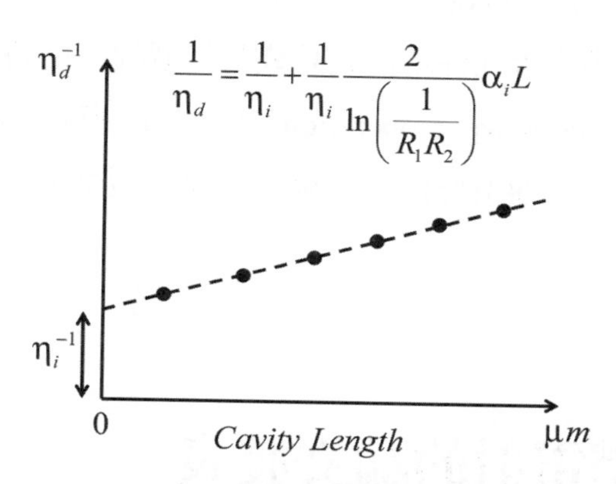

圖 7.12　微分量子效率的倒數對共振腔長度作圖

7.3.3 半導體雷射的脈衝操作與連續操作

對於大功率的雷射，通常在工程上會遇到散熱的問題，一般而言，除了以氣體、液體或固態方式進行熱交換之外，還可以採取非連續產生雷射的方式，但是這樣形成的雷射脈衝當然和第一章所描述的雷射短脈衝特性及在第六章所介紹的 Q 開關雷射和鎖模雷射的暫態現象是不同的。

因為半導體雷射的體積很小，所以在熱交換上，多以熱電冷卻（Thermoelectriccooler，TE cooler）的方式進行。然而既然半導體雷射的體積很小，所以雷射輸出功率應該也不會很大，但是爲什麼會產生這麼大量的熱呢？很顯然是因爲注入的電流轉換成爲光子或同調光子的內部量子效率 η_i 不夠高；或者已產生的光子或同調光子被導引出元件的牽引量子效率（Extract quantum effciciency）η_e 或外部量子效率 η_{Ext} 不夠高，如前所述，而沒有轉換成爲光子的電子以及未被導引出元件的將會釋放熱能。爲了能維持雷射原有的輸出，或者甚至爲了避免元件燒毀，所以我們可以使半導體雷射操作在脈衝操作（Pulsed operations）的模式下。

但是，如果我們改善元件結構設計或製作過程，則將使半導體雷射可在連續操作（Continuous-wave operation，CW）的模式下產生雷射。所以能製作可在室溫環境下連續操作的半導體雷射二極體，表示在技術上已有相當的成熟度了。

7.4 半導體雷射的論文發表

這一節我們將簡要展示一篇半導體雷射元件的論文發表可以具有的型式。基本上，一篇論文是由四個主要部分所組成，分別爲：序言、實驗、結果與討論、結論。當然論文的題目、摘要與引用資料也十分重要，我們可以參考論文撰寫的專門著作，在此不贅述。

序言的目的在於告訴大家本篇論文的重要性，當然爲了彰顯重要性就必須作文獻的探討，看似簡單但是非常關鍵，有時候會因爲論文太過前瞻，已經超越當代所能理解的範圍而導致被拒絕，這種情況在科學歷史上屢見不鮮。實驗的部分可能是比較簡單的，基本上，只要把完成論文所進行的實驗步驟、參數、甚至儀器設備的廠牌和型號陳述出來就可以了。結果與討論部分除了要展現觀察或立論的結果之外，還考驗著作者「論」的能力，有時候也會透露出未來的研究方向，要特別注意的是，基本上要先說明結果再進行討論，而非先有了定理或定論再談觀察結果。結論當然就是總結以上的論述。

7.4.1 序言

低維度半導體異質結構無論在元件應用或是基礎研究都受到很多關注。因爲量子點結構在狀態密度上所具有的 Delta 函數（Delta function）特性，所以半導體量子點雷射會有高微分增益、低臨界電流和高特徵溫度等特性。我們審視文獻報告後會發現，對於自聚式（Self-assembled 或 Self-organized）量子點半導體雷射二極體元件發展過程中，高特徵溫度和室溫連續操作都是主要的追求目標。在本文中，我們將展示一個可以在室溫下連續操作，且特徵溫度高達 122K 的摻雜 Be 的自聚式 $In_{0.5}Ga_{0.5}As$ 量子點雷射。

7.4.2 實驗

雷射活性層是由 5 層的 5 個單層（Monolayer）摻雜 Be 的自聚式 $In_{0.5}Ga_{0.5}As$ 量子點所構成，而每個量子點層之間的間隔是 10nm 的 GaAs 位能障。活性層的二側是 20nm 未摻雜（Undoped）的 GaAs 及 0.15μm 的 GaAs 波導層（Guiding layer）。p 型和 n 型的（Cladding layer）則是 1.5 μm 的 $Al_{0.3}Ga_{0.7}As$。雷射結構示意圖如圖 7.13。

p^+ : $2x10^{19}$, p^+ :$2x10^{19}$, GaAs, 0.2 μm
p^+ : $5x10^{18}$, $Al_xGa_{1-x}As$, x=0.3, 1.5 μm
p^+ : $5x10^{17}$, $Al_xGa_{1-x}As$, x=0.3→0, 0.15 μm
undoped GaAs, 20 nm
p^+ : $5x10^{17}$, $In_xGa_{1-x}As$, x=0.5, Quantum Dots, 5 ML
undoped GaAs, 10 nm } x4
p^+ : $5x10^{17}$, $In_xGa_{1-x}As$, x=0.5, Quantum Dots, 5 ML
undoped GaAs, 20 nm
n^+ : $5x10^{17}$, $Al_xGa_{1-x}As$, x=0.3→0, 0.15 μm
n^+ : $5x10^{18}$, $Al_xGa_{1-x}As$, x=0.3, 1.5 μm
n^+ : $5x10^{18}$, GaAs, 0.3 μm
n^+ : $5x10^{18}$, GaAs Substrate

圖 7.13 磊晶成長在（100）面偏 4 度向（111）A 面的 n 型 GaAs 基板上的 5 層摻雜 Be 的自聚式 $In_{0.5}Ga_{0.5}As$ 量子點雷射結構示意圖

磊晶之後，以標準的黃光（Photolithography）及濕式化學蝕刻（Wet chemical etching）製程製成脊狀波導雷射（Ridge waveguide laser），其串聯電阻（Series resistance）和崩潰電壓（Breakdown voltage）分別爲 4 Ohm 和 22 V。

7.4.3 結果與討論

圖 7.14 是一個 500μm 長的摻 Be 雷射在室溫下，以不同電流驅動的電激發光譜（Electroluminescence spectra，EL）。在 50 mA 的電流注入之後，就可以觀察到波長爲 980μm 的受激輻射。

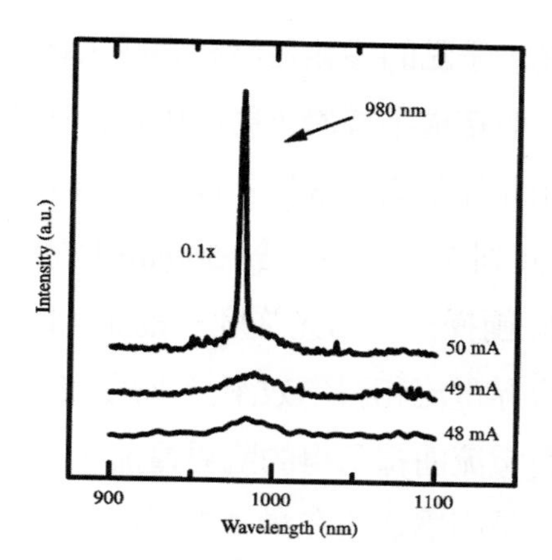

圖 7.14　在偏 4 度的 n 型 GaAs 基板上的摻雜 Be 自聚式 $In_{0.5}Ga_{0.5}As$ 量子點雷射的室溫電激發光譜

圖 7.15 是以臨界電流密度（Threshold current density）爲縱軸；共振腔長度（Cavity length）的倒數爲橫軸的圖，從縱軸截矩可得無限長的共振腔每單一個量子層臨界電流密度爲 288 A/cm^2。由微分量子效率（Differential quantum efficiency）倒數和共振腔長度的關係，可以得知雷射的內部量子效率和內部損耗分別爲 36% 和 4.2cm^{-1}，如圖 7.15 中插圖所示。

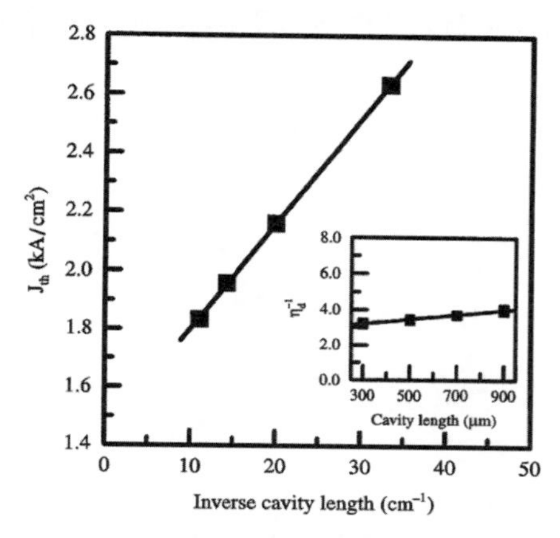

圖 7.15　摻雜 Be 的量子點半導體雷射的臨界電流對共振腔長度的倒數圖；插圖為微分量子效率的倒數對共振腔長度圖

有趣的是，我們在量子點的摻雜並沒有造成大幅度的自由載子吸收，因爲內部量子效率和一般結構半導體雷射的數值是相當的，所以表示我們是可以藉由磊晶成長和元件結構的最佳化而改善內部量子效率。

我們可以在溫度 20 到 70℃之間，對 500μm 長的雷射進行脈衝操作和連續操作。圖 7.16 是脈衝操作下的光強度－電流（L － I）曲線。在 20℃時，每個量子點層的臨界電流和斜率效率分別爲 22mA 和 0.18W/A。值得注意的是，由光強度對電流曲線所得的臨界電流，要比由電激發光譜所得的臨界電流大許多，但是因爲這是在量子點雷射所廣泛使用的定義方式，所以我們也採用了由強度對電流曲線所得的數值作爲臨界電流。由圖 7.16 亦可得在這個溫度範圍的特徵溫度爲 122K，如圖 7.16 裡的插圖所示。此外，我們還注意到了，即使溫度高達 70℃，雷射的斜率效率也不會衰退得很嚴重，這個結果顯示，我們所製作的元件具有非常好的載子侷限能力以及非常小的漏電流。在連續操作的模式，20℃下每個量子點層的臨界電流增加到了 30mA；而斜率效率則降低到 0.12W/A；且特徵溫度爲 56K。我們把可以成功的製成低臨界電流且可連續操作的半導體量子點雷射，歸因於藉由摻雜將電洞置入了活性層，從已發表的文獻可知，這樣的做法是有利於達到布居反轉的。有關於摻雜與不摻雜的雷射元件特性比較，則是未來可以致力研究的。

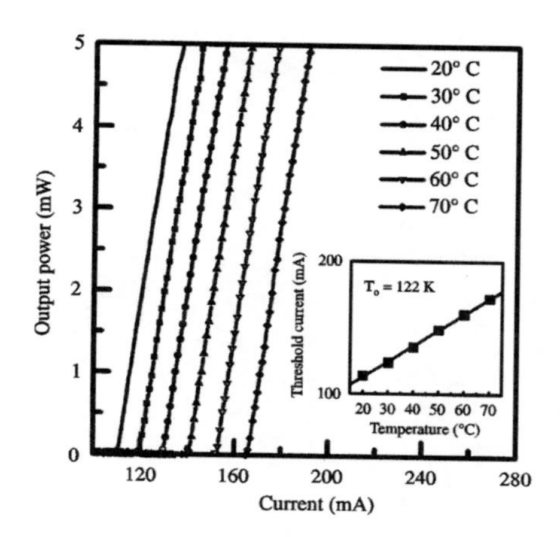

圖 7.16　500μm 長的摻雜 Be 量子點半導體雷射的光強度對電流曲線，其特徵溫度為 122K

7.4.4 結論

我們已經成功展示了一個可以在 70℃高溫下操作，且具有特徵溫度爲 122K 的多層摻雜 Be 的自聚式 $In_{0.5}Ga_{0.5}As/GaAs$ 量子點雷射二極體。在室溫下，10μm 寬、500μm 長的雷射元件，每個量子點層的臨界電流在脈衝操作模式下和在連續操作模式下，分別爲 22mA 和 30mA，其所對應的斜率效率分別爲 0.18W/A 和 0.12W/A。

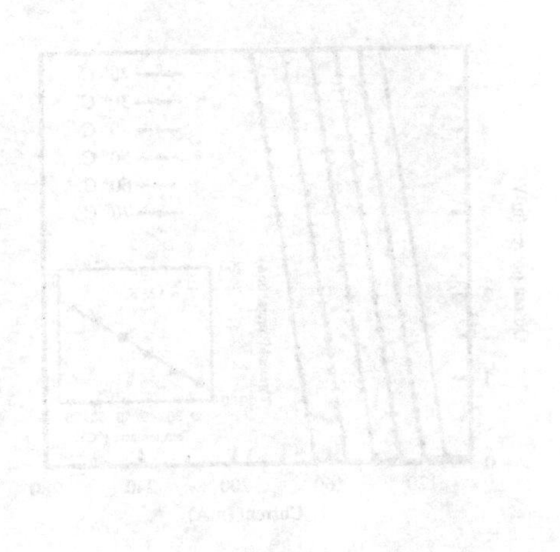

參考資料

1. Basics of Laser Physics, Karl F. Renk, Springer-Verlag, 2012.
2. Classical Electrodynamics, John. D. Jackson, John Wiley & Sons, 3rd edition, 1998.
3. Classical Mechanics, Herbert Goldstein, Charles P. Poole Jr., John L. Safko, Addison-Wesley, 3rd edition, 2001.
4. Diode Lasers and Photonic Integrated Circuits, Larry A. Coldren, Scott W. Corzine and, Milan L. Mashanovitch, John Wiley & Sons, 2nd edition, 2012.
5. Introduction to Laser Physics, Ksoichi Shimoda, Springer-Verlag, 1986.
6. Laser Electronics, Joseph T. Verdeyen, Prentice Hall, 1994.
7. Laser Fundamentals, William T. Silfvast, Cambridge University Press, 2nd edition, 2008.
8. Laser Physics, Marc Eichhorn, Springer-Verlag, 2014.
9. Laser Physics, Murray Sargent, Marlan O. Scully, and Willis. E. Lamb Jr., Addison-Wesley, 1978.
10. Laser Physics, Peter W. Milonni, John Wiley & Sons, 2nd edition, 2010.
11. Laser Physics, Simon Hooker and Colin Webb, Oxford University Press, 2010.
12. Lasers and Electro-optics, Christopher C. Davis, Cambridge University Press, 1996.
13. Lasers, Anthony E. Siegman, University Science Books, 1986.
14. Lasers, K. Thyagarajan and Ajoy K. Ghatak, Plenum press, 1981.
15. Laser-Tissue Interactions, Markolf H. Niemz, Springer-Verlag, 3rd edition, 2003.
16. Photonics, Amnon Yariv and Pochi Yeh, Oxford University Press, 6th edition, 2006.
17. Physics of Photonic Devices, Shun Lien Chuang Publisher, John Wiley & Sons, 2nd edition, 2009.
18. Principles of Lasers, Orazio Svelto, Springer-Verlag, 5th edition, 2010.
19. Quantum Mechanics, Claude Cohen-Tannoudji, Bernard Diu, Frank Laloe, Wiley-VCH, 2 Volume Set edition, 1992.
20. Semiconductor-Laser Fundamentals, Weng W. Chow and Stephan W. Koch, Springer-Verlag, 1999.
21. Solid-State Laser Engineering, Walter Koechner, Springer-Verlag, 6th, 2006.
22. Statistical Mechanics, Kerson Huang, John Wiley & Sons, 2nd edition, 1987.
23. Theory of Semiconductor Lasers, Minoru Yamada, Springer-Verlag, 2014.
24. 近代物理，倪澤恩，五南圖書出版公司，2013。
25. 近代物理習題解答，倪澤恩，五南圖書出版公司，2013。
26. 基礎固態物理，倪澤恩，五南圖書出版公司，2011。

索　引

σ circle　圓　210
ω circle　圓　295

A

ABCD law　ABCD 規則　193, 287
ABCD matrix　ABCD 矩陣　194, 277
AB coefficients　AB 係數　72
Abraham-Lorentz equation of motion　Abraham-Lorentz 運動方程式　36
Absorption amplitude　吸收振幅　224
Absorption coefficient　吸收係數　90
Absorption loss　吸收耗損　243
Absorptions　光學吸收　72
Acceleration　加速　37
Active layer　活性層　385
Active media　雷射介質或活性介質　9, 72
Admittance　導納　322
Amorphous crystal broadening　非晶態晶體增寬機制　74
Amplifying media　放大介質　237
Analytical solution　解析解　364
Annihilation operator　湮滅算符　63
Atomic force microscopy　原子力顯微鏡　389
Atomic wave function　原子的波函數　49
Axially symmetric solution　軸向對稱解　286
Azimuthal　方位角　279

B

Band-filling effect　能帶填充效應　391
Bandgap　能隙　382
Bare-cavity case　雷射介質　235
Bare-cavity mode　空腔模態　235
Basis　本徵態或基底　150, 167
Beam　光束　277
Beam irradiance　輻射度　305
Beam optics　光束光學　277
Beam radius　光束曲率半徑　277-278, 284
Beer–Lambert–Bouguer law　Beer 定律　104
Beer's lawBeer　定律　104
Bessel wave　Bessel 波　277
Bessel waves　Bessel 波　276
Bipolar　雙極　382
Bohr radius　Bohr 半徑　386-387
Boltzmann constant　Boltzmann 常數　85, 96
Boltzmann distribution　Boltzmann 分布　90, 96
Boltzmann distribution law　Boltzmann 定律　96
Boson lasers　Boser　3
Bottlenecking effect　瓶頸效應　362
Breakdown voltage　崩潰電壓　404
Brightness　高亮度　3, 7
Broadening　線寬　11

Build-up time　建立時間　355

C

Carrier confinement　載子侷限　385
Cavity　共振腔　3
Cavity decay time　共振腔衰減時間　363
Cavity field　腔場　156
Cavity length　共振腔的長度　399
Cavity length　共振腔長度　366, 405
Cavity life time　共振腔生命時間　363
Cavity lifetime　共振腔的生命時間　251
Cavity lifetime　共振腔的壽命　249
Cavity lifetime　共振腔壽命　250
Cavity loss　共振腔的損耗　241
Cavity mode　共振腔的模態　243
Cavity radiation field　共振腔內的輻射場　162
Cavity radiation lifetime　共振腔的輻射壽命　250
Cavity stability　共振腔的穩定性　187, 203
Characteristic temperature　特徵溫度　383
Characteristic time　特徵時間　42, 45
Chemical lasers　化學雷射　3
Circularly symmetric　圓形對稱的　279
Cladding layers　覆蓋層　385
Classical radiation theory　輻射的古典理論　14
Cleaved face　自然斷裂面　382
Coefficient of fineness　精細係數　192
Coherence　同調性或相干性　15
Coherence　相干性或同調性　3
Coherence area　同調面積　16, 23
Coherence length　同調長度　16, 23
Coherence time　同調時間　16
Coherence volume　相干體積　5
Collins diagram　Collins 圖　277, 321
Collision broadening　碰撞增寬機制　74
Commutator　交換子　138
Complex amplitude　複數振幅　189
Complex beam parameter　複光束參數　287
Complex beam radius　複光束半徑　287
Complex curvature radius　複曲率半徑　280, 321
Complex radius of curvature　複曲率半徑　321
Complex refractive index　複折射率　228
Conduction band　導帶　382
Confocal cavity　共焦腔　220
Confocal parameter　共焦參數　277-278, 281
Conservation of energy　能量守恆　190
Continuous-wave operation　連續操作　3
Continuous-wave operation　CW 連續操作　402
Convolution　卷積　111
Core layer　核心層　385
Correlation　相關性　15
Coupling　耦合　203

Coupling coefficient between photons and atoms 光子和原子的耦合參數 359
Creation operator 生成算符 63
Cross section area 截面積 101
Current-voltage characteristics I-V curves 電流與電壓的關係 389
Cylindrical coordinate 圓柱座標系 278
Cylindrical mirror system 柱面鏡系統 268

D

Damping 共振阻尼 148, 161
Damping 阻尼 42, 74
Damping factor 阻尼因子 77
Decay 衰減 151
Decay time 衰減時間 243
Defects 缺陷 390
Degeneracy 簡併度 90
Delta function Delta 函數 403
Density matrix theory 密度矩陣理論 135
Density of energy 光波的模態數 30
Density of state 單位體積電磁波振動數 30
Density of the active atoms coupled to the radiation field 介質中和輻射場發生耦合的活性原子之密度 149
Density operator 密度算符 148
Dephase 除相 109
Detector 偵測器 354
Dielectric constant 介電常數 386
Difference equation 差分方程式 206
Differential quantum efficiency 微分量子效率 395
Diffraction angle 繞射角 288-278, 284
Diffraction loss 繞射耗損 243
Diffraction theory 繞射理論 244
Dimensionless 因次的 266
Dimensionless 無單位因次式 363, 397
Diodes 二極體 384
Dipolar broadening 偶極增寬機制 74
Dipole moment 偶極矩 49, 56
Dipole transitions 偶極矩躍遷 148
Dipole-dipole relaxation time 雙極矩—雙極矩弛豫時間 142
Dipole-lattice relaxation time 雙極矩—晶格弛豫時間 141
Direct method 直接求解法 273
Directionality 方向性或指向性 3, 6, 15
Discrete 分立的 387
Dislocations 錯位 390
Dispersion 色散 277
Dispersion amplitude 色散振幅 224
Dissipation processes 耗損過程 243
Distributed Bragg reflector DBR 週期性的分布式 Bragg 反射 382
Distributed-feedback DFB 分布式反饋 382
Doppler broadening Doppler 增寬機制 74
Doppler broadening Doppler 線寬 82, 105
Doppler effect Doppler 效應 82

Doppler lineshape Doppler 線型 86
Doppler width Doppler 半高寬 86
Double heterostructure 雙異質結構 386
Doughnut 甜甜圈 219
Dynamical behaviors 動態行為 157
Dynamical state 動力狀態 135

E

Effective mass 等效質量 386
Eigen-energy 本徵能量 57
Eigen-energy 本徵能量值 49
Eigenfunctions 本徵函數 49
Eigen-ket 本徵狀態 57
Eigenvalue 本徵值 57
Eigenvalue equation 本徵值方程式 56
Einstein AB coefficient Einstein AB 係數 54
Einstein coefficients Einstein 係數 72
Elastic collisions 彈性碰撞 142
Electric dipole 電偶極矩 36
Electric dipole 電偶極 223
Electric dipole operator 電偶算符 149
Electric field lines 電場線 36
Electric susceptibility 電敏係數 227-228
Electric-dipole oscillator 電偶極振子 46
Electroluminescence 電激光譜 389-392
Electromagnetic power 電磁功率 162
Electromagnetic pulse 電磁脈衝 40
Emission profile 輻射函數 74
End loss 端面損耗 395
End loss 鏡面損耗 383
Energy density 能量密度 89-90, 245
Energy flux 單位時間單位面積的能量流 40
Energy operator 能量算符 139
Epitaxy condition 磊晶條件 385
Equation of motion 運動方程式 36, 42, 73, 136
Euclidean geometry Euclid 幾何 304
Excess population 布居反轉量 162
Excitation 激發 3, 151
Excitation rate 激發的速率 73
Explicit function of time 非時間函數 143
External coupling 外部耦合 256
External loss 外部損耗 188
External pumping 外在激發 169
External quantum efficiency 外部量子效率 383, 397
Extraction efficiency 牽引效率 398

F

Fabry-Pérot etalon Fabry-Péro 標準儀 187
Fabry–Pérot interferometer Fabry-Pérot 干射儀 187
Feedback 反饋 3
Femto-second femto 秒 353
Fiber lasers 光纖雷射 3
Fiber optics 光纖光學 278
Field quantization 場的量子化 148
Fineness 精細係數、精緻度 187,

192
First order Gaussian bean 一階 Gauss 光束 321
First-order wave equation 一階波動方程式 279
Flux 強度 100
Fourier transformationFourier 轉換 78
Four-level system 四階系統 73, 169
Free electron lasers FEL 自由電子雷射 3
Free space 自由空間 278, 322
Free spectral range 自由頻域範圍 191, 377
Free-carrier absorption 自由載子吸收 385
Frequency drag 頻率牽引 12, 187
Frequency-pulling 頻率牽引 222
Fresnel number Fresnel 數 246
Fresnel-Kirchhoff integral Fresnel-Kirchhoff 積分 292
Full quantum 全量子 14
Full width between nulls 兩側零點的時間寬度 374
Full width half medium FWHM 半高寬 237

G

Gain 增益 9
Gain media 活性介質或增益介質 237
Gain profile 增益曲線 135, 186
Gain profile 輻射躍遷函數或稱為增益曲線函數 42
Gain saturation 增益飽和 11, 99
Gas lasers 氣態雷射 3
Gaussian beam Gauss 光束 193, 277
Gaussian distribution Gauss 分布 82
Gaussian function Gauss 函數 72, 84, 86, 376
Gaussian modes Gauss 模態 218
Gaussian optics Gauss 光學 277, 300
Gaussian pulses Gauss 脈衝 368
Gaussian wave Gauss 波 276
Geometrical optics 幾何光學 193
Geometry of Gaussian beam Gauss 光束幾何學 315
Giant pulses 巨大的脈衝 350
Graded-index separate confinement heterostructure 漸變折射率分離侷限異質結構 386
Ground state 基態 53
Guiding layer 波導層 403

H

Harmonic oscillation 諧振 15
Harmonic oscillator model 簡諧振子 74
Harmonically 規律的 15
Heisenberg principle Heisenberg 原理 34
Heisenberg uncertainty principle Heisenberg 測不準原理 80
Helmholtz equationHelmholtz 方程式 285
Hermite-Gaussian waves Hermite-Gauss 波 277
High-order mode 高階模態 387

High-Q state 高Q階段 356
High-resolution transmission electron microscopy HRTEM 高解析度的穿透式電子顯微鏡 390
Hole burning 燒孔 11
Homogeneous broadening 均勻線寬 11, 72
Huygens'principle Huygens原理 287
Hypervolume 超體積 34

I

Impedance 阻抗 322, 335
Incoherent 非同調的 156
Indirect method 間接求解法 273
Induced emission 誘發性輻射 66
Induced polarization 誘發極化 227
Inelastic collisions 非彈性碰撞 141-142
Inhomogeneous broadening 非均勻線寬 11, 72
Inhomogeneous broadening lineshape 非均勻線寬的線型 86
Initial condition 初始條件 164
Initial inversion ratio 初始反轉比例 359
Intensity per unit area 強度 100
Interaction between phonon and radiation 聲子和輻射的交互作用 148
Interaction energy 原子和電磁場的交互作用能量 150, 158
Interactions with the lattice 粒子與晶格的交互作用 141-142
Internal loss 內部損耗 188, 383, 395
Internal quantum efficiency 內部量子效率 395
Intrinsic impedance 本質阻抗 366, 377
Isotope broadening 同位素增寬機制 74
Iteration 迭代 273

J

Joule effect Joule效應 384, 391

K

k space 波向量空間 387

L

Ladder operator 階梯算符 63
Laguerre-Gaussian waves Laguerre-Gauss波 277
Lamb theory Lamb理論 14
Lambert–Beer law Beer定律 104
Larmor power formula Larmor功率公式 42
Larmor's formula Larmor功率公式 36
LASER 雷射或激光 2, 4, 95, 262
Laser biomedicine 雷射生物醫學 2
Laser chemistry 雷射化學 2
Laser dosimetry 雷射計量學 2
Laser dynamics 雷射動力學 148
Laser holography 雷射全像術 2
Laser machining 雷射加工處理 2
Laser media 雷射介質 3, 72
Laser spectroscopy 雷射光譜學 2,

128
Laser transient 雷射的暫態現象 14
Lattice defect broadening 晶格缺陷增寬機制 74
Lattice vibration broadening 晶格振動增寬機制 74
Layer structures 結構圖 389
Lens formula for Gaussian beams Gauss光束的透鏡公式 300
Lens waveguide 透鏡波導 203
Lensmaker's equationLensmaker 方程式 200
Less Application of Stimulated Expensive Research MASER的戲稱 163
Life time 生命時間、壽命 68, 243
Light-current characteristics 輸出光與注入電流的關係 392
Linear circuit 線性電路 335
Linear optics 線性光學 69
Linear transformation 線性轉換 334
Lineshape 線寬、輻射躍遷函數、增益曲線函數 92
Linewidth ratio 線寬比例 119
Liouville equationLiouville 方程式 136
Liquid lasers 液態雷射 3
Local gain coefficient 局部的增益係數但是考慮了飽和增益的作用 267
Local intensity 局部強度 266
Longitudinal coherence 縱向相干 4-5, 15
Longitudinal relaxation time 縱向弛豫時間 109, 141
Lorentzian distribution Lorentz 分布 79
Lorentzian function Lorentz 函數 72, 80
Loss 損耗 9, 73, 104, 356, 382
Louville theorem Louville 理論 73
Low bandgap 低能隙、窄能隙 384, 388
Low-order mode 低 階模態 388
Low-pass filter 低通濾波器 354
Low-Q stage 低Q階段 356

M

Macroscopic electric polarization of the active medium 雷射活性介質的巨觀電極化量 148, 160-161
Macroscopic polarization 巨觀電極化量 162
Magnification 放大率 302
Main axis 主軸 196
Matter wave 物質波 386
Maximum information 最大訊息 136
Maxwell-Boltzmann distribution Maxwell-Boltzmann 分布 82, 96
Maxwell-Boltzmann function Maxwell-Boltzmann 函數 84
Maxwell's equationsMaxwell 方程式 14, 276
Metal-organic chemical vapor deposition-MOCVD 金屬有機氣相磊晶 382
Metal-organic vapor phase epitaxy MOVPE 金屬有機氣相磊晶 382
Metastable cavity 介穩共振腔 208
Michelson interference Michelson 干射 16

Michelson interferometer　Michelson 干射儀　25
Microwave Amplification by Stimulated Emission of Radiation　MASER　73, 95, 162-163, 168
Mie scattering　Mie 散射　276
Mirror loss　鏡面損耗　383, 395
Mode locking　鎖模　353
Mode matching　模式匹配　312
Mode size of the beam　光束的模態大小　272
Mode volumes　模態體積　218
Mode-locked lasers　鎖模雷射　4, 350
Mode-pulling　模態牽引　222
Molecular beam epitaxy　MBE 分子束磊晶　382
Momentum space　動量座標　33-34
Money Acquisition Scheme for Expensive Research　MASER 的戲稱　163
Monochromaticity　單色性　3-5, 15
Monolayer　單層　403
Moss relation　Moss 關係　385
Multiple quantum well　多重量子井　387

N

Nano-second　nano 秒　350
Natural emission broadening　自然放射增寬機制　74
Natural emission linewidth　自然輻射線寬　80
Near field　近場　219
Negative Temperature　負溫度現象　9, 97
Newton equation of motion　Newton 運動方程式　42
Nonlinear effects in quantized media　量子介質中的非線性效應　148
Nonlinear optics　非線性光學　2
Normalized image distance　歸一化的物距　300
Normalized object distance　歸一化的像距　300

O

Octant　卦限　32
Ohmic contact　Ohm 接觸　382
Operators　算符　73
Optical amplification　光放大　88
Optical confinement　光子侷限　385
Optical elements　光學元件　193
Optical fiber communications　光纖通訊　278
Optical gain　光學增益　11, 72
Optical path　光程　236
Optical path difference　光程差　7, 17, 190
Optical ray　光線　301
Optical waveguide　光波導　384
Optimal coupling　最佳耦合　11, 112
Optimal output coupling　最佳輸出耦合　248
Orthonormality　正交歸一　49
Oscillating system　振盪系統　242
Output coupling　輸出耦合　187

P

Paraxial optical system 近軸光學系統 287, 289
Paraxial optics approximation 近軸光學的近似條件 194
Paraxial wave equation 近軸的波動方程式 285
Parseval's theorem Parseval 理論 78
Passive resonators 被動的共振腔 222
Peak pulse power 功率峰值 361
Per unit volume per unit frequency interval 單位體積單位頻率的能量 245
Perturbation 微擾項 56
Perturbation theory 微擾理論 48
Phase 相位 88
Phase coherence 相位同調 353
Phase difference 相位差 190
Phase space 相空間 33
Phase-locked 鎖相 367
Phenomenology 現象學 397
Phonon broadening 聲子增寬機制 74
Phonon-bottleneck effect 聲子瓶頸效應 391
Photolithography 黃光 404
Photolumincese 光激光譜 389, 391
Photon mode 光子的模態數 30
Photon phase space 光子相空間 30
Photon spin 光子自旋 137
Photonics 光子學 2
Pico-second pico 秒 353
Pinhole 孔洞 24
Planar waves 平面波 276
Planck constant Planck 常數 398
Plane mirror system 平面鏡系統 268
pn junction pn 接面 384
Polarization 極化 88
Polarization states 極化狀態 137
Population 粒子隨能量的分布 96
Population density 粒子密度 90
Population difference 粒子分布差異 172, 178
Population inversion 布居反轉 3
Population inversion-hole burning 布居反轉燒孔 133
Position coordinate 位置座標 34
Position space 位置空間 33, 387
Poynting vector Poynting 向量 40
Propagation circle method 傳播圓法 277, 321
Pulse width 脈衝寬度 374
Pulsed operation 脈衝操作 3
Pulsed operations 脈衝操作 402
Pulse-to-pulse spacing 二個脈衝的間距 377
Pumping 激發 3, 169
Pumping excitation 泵激發 149
Pumping rate 激發速率、激發速度 73, 113,170, 188, 254
Pure radiation field 純輻射場 57
Purely diagonal 完全對角化的 156

Q

Q-switch pulse Q 開關雷射脈衝 352
Q-switched lasers Q 開關雷射 4, 350
Q-switching Q 開關 355
Quality factor 品質因子 242

Quantum dot semiconductor lasers 量子點半導體雷射 383
Quantum effects 量子效應 387
Quantum efficiency 量子效率 382, 395
Quantum electrodynamics 量子電動力學 14
Quantum electronics 量子電子學 73, 148
Quantum mechanics Boltzmann equation 量子力學的 Boltzmann 方程式 140
Quasu-Fermi level 準 Fermi 能階 382

R

Radiated power 輻射功率 42
Radiation reactive force 輻射作用力 42
Radiative decay rate 輻射衰減率 77
Radiative lifetime 輻射壽命 223
Radiative recombination 輻射性復合 387
Radius of curvature 光束曲率半徑 284
Raising time 上升時間 355
Rapidly varying part 變化較快的部份 278
Rate equation 速率方程式 14, 112, 169
Ray 光線 193, 277, 340
Ray matrices 光線矩陣 187, 193
Ray optics 線光學 304
Ray tracing 光線追蹤 193
Ray vectors 光線向量 193
Rayleigh range Rayleigh 範圍 281
Rayleigh-Jeans'law Rayleigh-Jeans 定律 91
Reflectance 反射率 190
Reflection coefficient 反射係數 190
Reflection loss 反射耗損 243
Reflectivity 反射率 187, 190
Refractive angle 折射角 197
Refractive index 介質折射率 12
Relaxation time 弛豫時間 47
Relaxation time approximation 弛豫時間近似 140
Repetition rate 重覆率 377
Resonant frequency of the unperturbed cavity mode 未受擾動時的共振模態頻率 148, 161
Resonant processes 共振過程 148
Resonator 共振腔 3
Ridge waveguide laser 脊狀波導雷射 404
Rigrod analysis Rigrod 理論 188
Rigrod theory Rigrod 理論 12, 188, 249
Round trip 來回一次 366
Ruby lasers 紅寶石雷射 180

S

Saturated gain coefficient 飽和增益係數 267
Scalar theory of light 光場純量理論 292
Schrödinger equation Schrödinger 方程式 49
Second partial differential equations 二次偏微分方程式 73

Secondary axis 副軸 196
Second-order wave equation 二階波動方程式 279
Self-assembled 自聚式 403
Self-focuses 自身聚焦 218
Self-organized 自聚式 403
Semiconductor laser diodes 半導體雷射二極體 384
Semiconductor lasers 半導體雷射 3
Separate confinement heterostructure 分離侷限異質結構 386
Series resistance 串聯電阻 384, 404
Short pulses 短脈衝 4, 350
Single mode phenomenon 鎖模雷射 353
Single quantum well 單一量子井 386
Single trip 單一趟 242
Single-mode lasers 單模雷射 193
Six-dimensional hyperspace 六維的超空間 33
Slope efficiency 斜率效率 382, 395
Slowly varying part 變化較慢的部份 278
Small signal gain coefficient 小訊號增益係數 99
Smith chart Smith 圖 277, 321, 336
Snell's law Snell 定律 197, 198
Solid angle 立體角 8
Solid state lasers 固態雷射 3
Spatial 空間的 11
Spatial hole burning 空間燒孔 11, 130
Spectral 光譜的 11
Spectral hole burning 時間燒孔 11, 130
Spectral width 頻寬 5
Spherical harmonics 球面波 276
Spherical mirror system 球面鏡系統 268
Spherical waves 球面波 276
Spin coordinate 自旋座標 33
Spin states 自旋態 137
Spin-lattice relaxation time 自旋—晶格弛豫時間 141
Spin-spin relaxation time 自旋—自旋弛豫時間 142
Spontaneous emission 自發性輻射、自發性輻射躍遷 45, 66, 72, 141-142
Spontaneous radiation transition rate 自發性輻射躍遷速率 89
Spontaneous transitions 自發性輻射躍遷 72
Spot size 光斑大小、光斑尺寸 277-278, 283, 330
Stable 穩定 187
Stable cavity 穩定共振腔 208
State function 狀態函數 137
State vectors 狀態向量 136
Steady state 穩定狀態 155
Stimulated emission 受激輻射 66
Stimulated emission coefficient 激輻射係數 89
Stimulated emission cross section 受激輻射截面 100
Stimulated emissions 受激輻射躍遷 72
Stimulated transition rate 受激躍遷速

率 173, 177
Stimulated transitions 受激輻射躍遷 72
Strain broadening 應變增寬機制 74
Substrate 基板 384

T

Taylor expansion Taylor 展開式 194
Temporal 時間的 11
Temporal coherence 時間相干 4, 15
Thermoelectriccooler, TE cooler 熱電冷卻 401
Three-level system 三階系統 73, 169
Threshold condition 臨界條件或閾值條件 2
Threshold current density 臨界電流密度 405
Threshold point 臨界點 73
Threshold pumping rate 臨界激發速率 253
Time constant 時間常數 351
Time evolution of the density matrix 密度矩陣隨時間演變的特性 136
Time-dependent perturbation theory 和時間相關的微擾理論 80
Time-dependent Schrödinger equation 時間相依 Schrödinger 方程式 49
Total Hamiltonian 整體的 Hamiltonian 150
Total loss 總損耗 383, 395
Transition probability 躍遷機率 54
Transmission 穿透率 187
Transmission coefficient 穿透係數 190
Transmission electron microscopy 穿透式電子顯微鏡 389
Transmission line theory 傳輸線理論 321
Transmissivity 穿透率 190
Transmittance 穿透率 190
Transverse coherence 橫向相干 6
Transverse coherence length 縱向同調長度 7, 15
Transverse relaxation time 橫向弛豫時間 109, 141
Travel direction 傳遞方向 88
Two coupled first-order nonlinear rate equation 二個相互耦合的一階非線性速率方程式 162
Two-level system 二階系統 163

U

Ultrafast photonics 超快光電子學 2
Ultra-short pulses 短的脈衝或超短脈衝 366
Undoped 未摻雜 403
Unipolar 單極 382
Unperturbed Hamiltonian 未受干擾時的、沒有微擾的、非微擾 Hamiltonian 49, 56, 138, 150
Unsaturated gain coefficient 未飽和增益係數 99, 267
Unstable 不穩定 187
Unstable cavity 非穩定共振腔 209

V

Vacuum dielectric constant 真空的介電

常數 42
Vacuum permeability 真空磁導常數 40
Valence band 價帶 382
Voight function Voight 函數 11, 111

W

Wave number 波數 32
Wavenumber 波數 285
Wave packets 波包 373
Wave vector 波向量 32, 286
Waveform coefficient 波型係數 329
Waveguide 光波導 9
Wave-particle duality 波動與粒子的二象性 30
Wet chemical etching 濕式化學蝕刻 404
Wide bandgap 寬能隙 388

X

X-ray lasers X 射線雷射 3

Y

Young's double-slit interference Young 雙狹縫干射 28
Young's interference Young 干射實驗 7

Z

Zero power gain 未飽和增益係數 267

國家圖書館出版品預行編目資料

基礎雷射物理／倪澤恩著.
——初版. ——臺北市：五南, 2015.03
面； 公分
ISBN 978-957-11-8043-4（平裝）
1.電射光學 2.物理光學
448.68 104002738

5BH9

基礎雷射物理

Fundamental Laser Physics

作　　者— 倪澤恩(478)
發 行 人— 楊榮川
總 編 輯— 王翠華
主　　編— 王者香
責任編輯— 石曉蓉
封面設計— 小小設計有限公司
出 版 者— 五南圖書出版股份有限公司
地　　址：106台北市大安區和平東路二段339號4樓
電　　話：(02)2705-5066　傳　　真：(02)2706-6100
網　　址：http://www.wunan.com.tw
電子郵件：wunan@wunan.com.tw
劃撥帳號：01068953
戶　　名：五南圖書出版股份有限公司

台中市駐區辦公室/台中市中區中山路6號
電　　話：(04)2223-0891　傳　　真：(04)2223-3549
高雄市駐區辦公室/高雄市新興區中山一路290號
電　　話：(07)2358-702　傳　　真：(07)2350-236

法律顧問　林勝安律師事務所　林勝安律師

出版日期　2015年3月初版一刷
定　　價　新臺幣560元